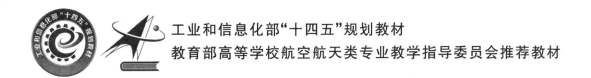

工业和信息化部"十四五"规划教材

教育部高等学校航空航天类专业教学指导委员会推荐教材

飞机总体设计

（第 2 版）

主编　刘　虎　罗明强　孙康文

审定　顾诵芬

北京航空航天大学出版社

内容简介

飞机总体设计是技术与艺术融合、多学科综合交叉、持续发展创新的高科技领域，对飞机的研制及竞争力的提升起着决定性作用。本书介绍飞机总体设计的基础概念、基本流程及各主要环节，为进行总体方案的设计与迭代提供参考。全书共 21 章，除绪论外可分为 5 个部分，即需求与设计要求论证、总体设计的首轮近似、总体布局与布置设计、方案分析与评估、权衡优化与多方案评价。附录中介绍现有机型的方案演变案例、两份有代表性的学生团队设计报告范例及点评等。

本书是高等院校飞行器设计相关专业本科生和研究生的教材或参考书，也可供航空航天工业部门的飞行器设计人员参考。

图书在版编目(CIP)数据

飞机总体设计 / 刘虎，罗明强，孙康文. -- 2 版
. -- 北京：北京航空航天大学出版社，2024.4
ISBN 978-7-5124-4314-3

Ⅰ.①飞… Ⅱ.①刘… ②罗… ③孙… Ⅲ.①飞机—总体设计—高等学校—教材 Ⅳ.①V221

中国国家版本馆 CIP 数据核字(2024)第 025230 号

版权所有，侵权必究。

飞机总体设计
（第 2 版）
主编　刘　虎　罗明强　孙康文
审定　顾诵芬

责任编辑　赵延永　蔡　喆

＊

北京航空航天大学出版社出版发行

北京市海淀区学院路 37 号（邮编 100191）　http://www.buaapress.com.cn
发行部电话：(010)82317024　传真：(010)82328026
读者信箱：goodtextbook@126.com　邮购电话：(010)82316936
涿州市新华印刷有限公司印装　各地书店经销

＊

开本：787×1 092　1/16　印张：29.75　字数：762 千字
2024 年 4 月第 2 版　2024 年 4 月第 1 次印刷　印数：8 601～11 000 册
ISBN 978-7-5124-4314-3　定价：89.00 元

若本书有倒页、脱页、缺页等印装质量问题，请与本社发行部联系调换。联系电话：(010)82317024

编委会

主　编　刘　虎　罗明强　孙康文

编　者（按姓氏笔画排序）

左林玄　龙　腾　田永亮　刘　虎
刘尧龙　孙康文　孙立荣　仪明旭
李　可　李征鸿　杨　超　杨新军
杨　勇　杨穆清　余雄庆　宋文滨
宋　磊　张少卿　张　弛　张云飞
张宇飞　罗明强　周尧明　郑江安
袁昌盛　梁　煜　栗　鸣　黄敏杰

第2版前言

本教材自2019年8月出版以来,在许多高校和工业部门得到了应用,还入选了北京高等学校优质本科教材、教育部航空航天类专业教学指导委员会推荐教材、工业和信息化部"十四五"规划教材。2020年完成的云教材版本荣获"全国交通运输类首批十大云教材"。在此,作者对关注和支持本书的专家、教师和学生们表示衷心的感谢!

本次的修订基于以下两个主要的方面:

第一个方面是针对第一版中的疏漏及在使用中发现的不足进行了完善,如"气动特性分析"中,丰富了对全速势方程等方法的描述并给出实例,为学生实际应用该方法提供更好的参考;在"飞机的稳定性与操纵性"中,补充了通过数据差分的方法获取气动导数的方法;原第10章"机械电气系统和航空电子系统",在新版中分解为第10章"机械电气系统"及第11章"航空电子系统",还补充了环境控制系统和救生系统内容。

第二个方面是根据近年来飞机设计领域的新发展与新趋势扩充了内容,如在"需求与设计要求论证"中,增加了对基于模型的系统工程(Model-Based Systems Engineering,MBSE)方法相关内容介绍;在"军用飞机的效能评估"中,补充了体系建模与仿真评估的新方法与实例;附录D和附录E的设计范例与点评,更新为从近年来学生设计作品中精选出来的宽体客机、协同空战无人机范例,体现民机和军机发展的新特点。

本教材第1版得以顺利完成,全靠七所高校和两个工业部门设计院所联合编写组的齐心协力。在本次修订中,不仅在这些单位中增加了新内容的编写者,还邀请了中国航空研究院的专家加入,实现了"七校三所"的联合。第二版中各主要部分的安排及编写者如下。

1)绪论:第1章,由刘虎、杨新军编写;

2)需求的来源与设计要求论证:第2章,由刘虎、孙康文、郑江安、栗鸣编写;

3)总体设计的首轮近似:第3章,由刘虎、罗明强编写。

4)总体布局与布置设计:第4章到第12章,由田永亮、刘虎、刘尧龙、孙康文、孙立荣、李可、李征鸿、杨超、杨勇、杨穆清、张少卿、张云飞、罗明强、周尧明编写;

5)方案分析与评估:第13章到第18章,由仪明旭、宋文滨、宋磊、张云飞、张宇飞、罗明强、郑江安、袁昌盛、梁煜、栗鸣、黄敏杰编写。

6)权衡优化与多方案评价:第19章到第21章,由龙腾、孙康文、余雄庆、罗明强、梁煜编写。

7)附录:附录A到附录C由孙康文编写,发动机特性估算方法由刘尧龙、周尧明编写,附录D和E的学生设计报告分别由左林玄和黄敏杰、张驰和杨穆清点评。

编写组中,刘虎、罗明强、孙康文、张云飞、周尧明、杨穆清、杨超、黄敏杰、李可、田永亮、梁煜、仪明旭来自北京航空航天大学,余雄庆来自南京航空航天大学,袁昌盛来自西北工业大学,宋文滨来自上海交通大学,龙腾来自北京理工大学,张宇飞来自清华大学,刘尧龙来自浙江大学,左林玄、李征鸿、张少卿、孙立荣、杨勇来自中国航空工业集团公司沈阳飞机设计研究所,杨新军和张驰来自中国商用飞机有限责任公司北京民用飞机技术研究中心,郑江安、栗鸣来自中国航空研究院。全书由刘虎、罗明强和孙康文进行统筹和协调。

在航空业的发展与变革中,飞机总体设计的知识体系和工程实践也将不断完善和演进。鉴于作者的水平有限,本教材仍难免有不当之处,恳请读者予以批评指正。

作 者
2024 年 1 月

前　　言

迈入21世纪以来，经过了百余年发展的航空事业仍然充满着活力与惊喜。在我国，航空业近年来呈现出新型号百花齐放、产业链不断完善的势头，尤其是歼-15、歼-20、运-20、C919、AG600等为代表的新型飞机不仅令身处这个行业的人们感到自豪，更是在不断地激发着国人的飞行梦和爱国情。可以说，每一架飞机的诞生，都饱含着千千万万航空人的伟大梦想、使命担当与无私奉献。

当航空业与不断提高的军民用需求，乃至随之而来的巨大军事价值及商业价值联系在一起时，激烈而残酷的竞争就不可避免。设计作为创新的源头，是保证飞机竞争力的"基因"。因此，对有志于在航空事业中有所发展和成就的年轻人而言，多学习和熟悉飞机设计，尤其是总体设计的知识，进而更好地树立总体意识和全局观念，必然是有所裨益的。

飞机总体设计是飞机设计的初始阶段，也是实现从需求到概念、再到完整方案的关键阶段，具有科学性、工程性、创造性、综合性、迭代性等特点。限于本书的篇幅和实际授课的学时，不可能将总体设计的各项工作都详细阐述。为此，本书除第1章绪论外，在内容组织上采用了包括如下5个主要环节的简化流程：

1) 需求与设计要求论证，主要对应于第2章，介绍主要的飞机研制需求来源，以及如何依据需求对设计要求进行论证分析。

2) 总体设计的首轮近似，主要对应于第3章，介绍如何依据设计要求，通过约束分析和任务分析，初步选择描述飞机的主要总体设计参数。

3) 总体布局与布置设计，对应于第4～11章，介绍如何建立起一个包括总体、主要部件与系统（机翼、尾翼、机身、动力装置、起落装置、结构、机电与航电系统等）的布局和布置的概念方案。

4) 方案分析与评估，对应于第12～17章，介绍如何从重量、气动、飞行性能、操稳、经济性、效能等方面对概念方案进行分析与评估。

5) 权衡优化与多方案评价，对应于第18～20章，介绍如何在已完成的设计与分析的基础上，对方案开展权衡研究、优化设计，以及进行多方案的对比评价与综合决策。

在飞机总体设计领域，国内外都已经有一些优秀的教材，如顾诵芬院士主编的《飞机总体设计》（北京航空航天大学出版社，2001年）、D P Raymer博士所著的《Aircraft Design：A Conceptual Approach》（AIAA Inc.，2018年发行了第6版）等。这些教材各有特色，也为本书的编写提供了宝贵的参考资料。在本书中，作者力图体现如下的三个特点：

1) 立足"看懂走通"。总体设计虽然涉及气动、结构、隐身等多种学科的知识，但考虑到本书的最主要读者是本科生，所以书中力图避免大量的复杂公式和细节描述，而是强调总体的思路、流程和主要方法，并在每章之初给出主要知识点，便于读者看懂和理解。不仅如此，得益于作者团队近20年的计算机辅助飞机总体设计系统的研发经验，本书的章节设置和内容安排力

---

* 本前言中的所有章节次序均对应于第1版，与本版的序号有所差别，特此说明！

图能够相对完整地支持从需求分析、主要总体参数选择、布局与布置设计再到主要性能分析乃至方案权衡优化的全过程，从而便于学生走通一个初始的方案设计迭代。

2）促进"学以致用"。在飞机总体设计的教学中，推荐采用项目牵引式的教学模式，即让学生组成设计团队开展方案设计。为此，本书不仅通过"走通"提供支持，还在每章最后给出了对应的课程设计项目进展建议，附录中给出了两份精简版的优秀学生团队设计报告范例（也是"标靶"）及点评意见，每一章标题处的配图也选自北京航空航天大学历年的优秀学生设计方案，可供读者参考。显然，学生团队的设计距离工业界的实际必然有很大差距，但通过团队协作让学生们发挥主观能动性来实践，一定比"死记硬背"更有价值。

3）强调"传承创新"。100多年的飞机发展史中形成了大量的宝贵数据和方法，其中的一些对于现代飞机仍然有重要的参考价值。因此，本书较多地引用了经典教科书和文献中的相关内容，体现对已有知识的传承。另一方面，本书中也对在飞机设计中应用越来越多的一些新概念和新技术进行了介绍，如系统工程、数字化设计、多学科设计优化、体系仿真、人工智能、虚拟现实等，希望读者能够在掌握好传统经典的基础上进一步开阔眼界，推动飞机设计领域的创新发展。

本书的编写是基于北京航空航天大学"飞机总体设计"国家级精品课十余年来教学经验的总结，更是"航空航天设计联合课程计划（Program of Aerospace Design United Courses, PADUC）"的成果。PADUC旨在实现国内外相关高校优秀航空航天设计课程的共享共建，同时构建高校与工业界联合开展设计教育的纽带，最终提升设计人才的报国情怀、专业知识、创新意识、系统思维、团队协作、国际视野"六位一体"的综合能力。PADUC目前已经联合了国内外近10所高校的飞机设计相关课程，并于2018年在教育部高等学校航空航天类专业教学指导委员支持下发起了"联合杯"大学生先进飞行器总体设计竞赛。这些在飞行器设计专业人才培养方面的探索和实践，得到了中国航空工业集团有限公司、中国商用飞机有限责任公司很多专家的无私帮助。顾诵芬院士、李天院士、孙聪院士等著名专家都曾为学生授课并指导设计，沈阳飞机设计研究所的王永庆总设计师和李志研究员为本书引用相关俄文文献提供了大力支持；PADUC还获得了北京航空航天大学教学改革项目及安世亚太科技股份有限公司产学合作计划的大力支持。正是有了众多参与方的无私奉献、优势互补和共同努力，才使得本书的编写和面世成为了可能。

本书第1章由刘虎、杨新军编写，第2章由孙康文、刘虎编写，第3章由罗明强、刘虎编写，第4章由刘虎、田永亮、杨新军编写，第5章由杨穆清、刘虎编写，第6章由周尧明、刘虎编写，第7章由周尧明、刘尧龙、刘虎编写，第8章由李可、刘虎编写，第9章由杨穆清、杨超编写，第10章由孙康文、李征鸿编写，第11章由田永亮、刘虎编写，第12章由罗明强编写，第13章由张云飞、张宇飞、宋磊、罗明强编写，第14章由罗明强编写，第15章由袁昌盛、宋磊、罗明强编写，第16章由宋文滨编写，第17章由黄敏杰编写，第18章由孙康文、罗明强编写，第19章由余雄庆编写，第20章由龙腾编写；附录A由孙康文编写，附录B由杨穆清、刘虎编写，附录C由刘尧龙、周尧明编写，附录D的民机范例由张驰、孙康文和刘虎点评，附录E的军机范例由左林玄、孙康文和刘虎点评。其中，刘虎、罗明强、孙康文、张云飞、周尧明、杨穆清、宋磊、杨超、黄敏杰、李可、田永亮来自北京航空航天大学，余雄庆来自南京航空航天大学，袁昌盛来自西北工业大学，宋文滨来自上海交通大学，龙腾来自北京理工大学，张宇飞来自清华大学，刘尧龙来自浙江大学，左林玄和李征鸿来自中国航空工业集团有限公司沈阳飞机设计研究所，杨新军和张驰来自中国商用飞机有限责任公司北京民用飞机技术研究中心。全书由刘虎、罗明强和孙康文进行统筹和协调。

中国科学院和中国工程院两院院士、歼8/歼8Ⅱ飞机总设计师顾诵芬先生为本书的编写提供了珍贵的指导并审定了全书,还对"飞机总体设计"课程的教学及实践提出了具体的要求:
1) 高度注重需求分析,弄明白究竟需要什么样的飞机;
2) 认真打牢设计基础,掌握好气动和结构等专业知识;
3) 锻炼总体综合能力,要通过综合权衡迭代形成方案;
4) 持续关注技术发展,及时应用航电等方面的新技术;
5) 善于查找最新资料,用好专业文献和互联网等途径。

北京航空航天大学航空科学与工程学院飞机系武哲教授作为"飞机总体设计"国家级精品课的首任负责人,为课程建设及教材编写提供了关键的支撑和保障;教学督导组的杨乃宾、郦正能、崔德渝、陈晏清、徐扬禾、麦汉超等资深老师、飞机系程小全教授提出了宝贵的意见建议;助教杨晨光、陈子坤、廖志远、熊培森、高菲等同学及科研助理梁侨为本书的整理和编辑做了大量的工作;北京航空航天大学出版社的赵延永、蔡喆等为本书正式出版付出了很多心血。在此对贡献者们一并表示衷心的感谢。

航空科学与工程学院2014级、2015级、2016级的800多名大学三年级本科生对本书的初稿进行了三轮的试用,以张晓岳、赵恒逸、禹逸雄等为代表的很多同学给出了大量的反馈和建议;2014级北航课程设计项目军民机两个冠军小组的傅奕聪、骆明、苏靖怡、刘皓天、王梓兆、栗鸣、郑若达同学根据书稿的完善持续改进了两份范例设计报告,对于验证书中的方法能够实现"走通"发挥了重要作用;王梓兆同学基于设计的公务机方案为教材中相关内容绘制了二维插图。在此对试用过和即将使用本书的同学们的参与和支持致以特别的谢意。

飞机总体设计是多学科综合交叉、技术与艺术融合、持续发展创新的高科技领域,而本书仅仅反映了作者的教学经验与研究应用水平,必然还存在疏漏和不足之处,恳请读者不吝指正,争取修订后再版。

作　者

2019年8月

教学资源

"隐身飞机探究与设计"国家虚拟仿真实验教学项目

http://www.ilab-x.com/details/page?id=2636

主要符号表

符 号	定 义	单 位	备 注
A	机翼展弦比(机翼展长的平方与机翼面积之比)		18章中表示"可用度"
A_1	火力参数		
$A_{1,c}$	航炮(或机枪)的火力系数		
$A_{1,n}$	第 n 种空-空导弹的火力参数		
A_2	探测能力参数		
$A_{2,E}$	目视能力参数		
$A_{2,IR}$	红外搜索跟踪装置探测能力参数		
$A_{2,r}$	雷达探测能力参数		
A_F	机身最大横截面积	m^2	
AP_{bt}	税前飞机价格	百万美元	
AP_{pt}	税后机体价格	百万美元	
A_m	贷款总额	百万美元	
A_{wet}	浸润展弦比		
a	声速	m/s	
a_n	每年支付的本息		
B	机动性参数		
b	翼展	m	
b_H	水平尾翼翼展	m	
b_V	垂直尾翼翼展	m	
B	起落架前主轮距	m	
BPR	涵道比		
C	发动机单位耗油率	kg/(s·N)	18章中表示"作战能力"
C_D	阻力系数		
C_{D0}	零升阻力系数		
C_{Design}	设计优劣指标		
C_{FXNL}	发现目标能力系数		
C_{HF}	盘旋攻击力指标		
C_{HT}	平尾的尾容量		
C_{KD}	空对地攻击能力指标		
C_{KZ}	空战能力指标		
C_L	升力系数,机翼升力系数		

续表

符 号	定 义	单 位	备 注
$C_{L,H}$	水平尾翼升力系数		
$C_{L,F}$	机身升力系数		
$C_{L\alpha}$	机翼升力线斜率	1/(°)	
$C_{L\alpha,H}$	水平尾翼升力线斜率	1/(°)	
$C_{L\alpha,F}$	机身升力线斜率	1/(°)	
$C_{Produce}$	生产效果指标		
C_{VF}	速度攻击力指标		
C_{VT}	垂尾的尾容量		
C_{WQJD}	武器精度系数		
C_{ZJ}	装甲系数		
C_{ac}	航电系统成本	美元	
C_{aed}	机体设计与分析成本	美元	
C_{dst}	研发支持与测试成本	美元	
C_e	发动机成本	美元	
C_{fe}	当量蒙皮摩擦阻力系数		
C_{fp}	火力指标		
C_{gm}	滑行耗油率	kg/(s·N)	
C_{hov}	盘旋性能指标		
C_{ins}	保险费		
C_l	滚转力矩系数		
$C_{l\beta}$	滚转力矩系数对侧滑角的导数	rad^{-1}	
C_m	俯仰力矩系数		
C_{man}	人工成本	美元	
C_{mat}	材料成本	美元	
$C_{m\alpha}$	俯仰力矩系数对迎角的导数	rad^{-1}	
C_n	偏航力矩系数		
$C_{n\beta}$	偏航力矩系数对侧滑角的导数	rad^{-1}	
C_{pol}	燃油成本	美元	
C_{prop}	螺旋桨成本	美元	
C_{qc}	质量控制成本	美元	
C_{tool}	工装成本	美元	
C_v	归一化的速度性能指标		
C_{via}	生存力指标		

续表

符 号	定 义	单 位	备 注
C_{voy}	航程指标		
CEF	考虑通货膨胀的修正因子		
CR	保险费率		
c	局部弦长	m	
c_A	机翼平均气动力弦长	m	
c_r	翼根弦长	m	
c_t	翼梢弦长	m	
D	阻力	N	18章中表示"可靠度"
D_p	折旧年限	年	
DOC	直接使用成本	百万美元	
DP_{ap}	机体折旧年限	年	
DP_{eng}	发动机折旧年限	年	
d_F	机身当量直径	m	
E	待机/巡航时间	h	18章中表示"作战效能"
EP_{bt}	税前发动机价格	百万美元	
EP_{pt}	税后发动机价格	百万美元	
Ex	汇率		
e	奥斯瓦尔德效率因子		
F	推力	N	
F_0	动力装置海平面静推力	N	
F_a, F_b	战斗力指标		
F_{cruise}	发动机巡航推力	N	
$FC_{scheduled}$	计划油耗		
FFC	空中油耗		
FP	燃油价格		
f/c	翼型相对弯度(翼型弯度与弦长之比)		
G	重力($G = mg$)	N	
g	重力加速度值	m/s²	
H_{AA}	空空导弹允许发射总高度差	km	
H_{TF}	突防最低高度	m	
I	红外辐射强度	W/sr	
I_{loan}	(某轮挡时间内的)贷款付息		
I_p	每期支付贴现率		

续表

符号	定义	单位	备注
i	机翼安装角	(°)	
i_H	平尾安装角	(°)	
i_P	发动机短舱安装角	(°)	
IOC	间接使用成本	百万美元	
K	升阻比		
K_1	阻力极曲线方程中二次项系数		18章中表示"平衡系数"
K_2	阻力极曲线方程中一次项系数		
K_{cad}	考虑CAD应用水平的修正因子		
K_{da}	机体折旧	百万美元	
K_{deng}	发动机折旧	百万美元	
K_{diff}	考虑技术复杂度的修正因子		
K_{mat}	考虑全机材料使用情况的因子		
K_{Aim}	瞄准具修正参数		
K_{dt}	雷达体制衡量系数		
K_{gun}	航炮（或机枪）的射速	r/min	
K_n	稳定裕度		
K_{obs}	考虑飞机隐身特性的修正因子		
K_W	武器品种修正系数		
k	涡扇发动机轴数的函数		
L	升力	N	
L_h	平尾升力	N	
l_F	机身长度	m	
l_{Total}	含空速管的飞机总长	m	
m	重量/质量①	kg	
m_0	起飞重量	kg	
m_{af}	机体重量	t	
m_B	最大载弹量	kg	
m_{BD}	当量载弹量	kg	
m_{crew}	乘员重量	kg	
m_E	空机重量	kg	

① 在GB 3102.3—93中，重量是物体在特定参考系中获得其加速度等于当地自由落体加速度的力。质量在SI单位制中是基本量之一，单位为kg。但在我国航空部门质量一词是说明产品或工作的好坏、优劣，认为"质量"为航空工业的"生命"，故本书以"重量"代替SI单位制中的"质量"，符号仍为m，单位为kg。

续表

符 号	定 义	单 位	备 注
m_F	燃油重量	kg	
m_{gun}	弹丸重量	N	
MHR_{aed}	工时	h	
m_{PL}	有效载荷重量	kg	
n_W	同类武器数量	个	
m_{wing}	机翼重量	kg	
m_{fuse}	机身重量	kg	
m_{ht}	水平尾翼重量	kg	
m_{vt}	垂直尾翼重量	kg	
Ma	马赫数		
Ma_{max}	最大马赫数		
MAC	平均气动弦(mean aerodynamic chord)		
N_e	发动机数目	台	
N_{prop}	螺旋桨数目	个	
N_{rdte}	飞机研制阶段的试验飞机架数		
N_{st}	地面试验飞机架数	架	
NC	压气机级数(包括风扇)		
n	过载		17章中表示"贷款年限"
n_{AA}	导弹最大过载		
n_{GJ}	挂架数量	个	
$n_{SS,1}, n_{SS,2}$	损失架数	架	
n_{att}	同时允许攻击目标数量	个	
n_{ms}	同类导弹挂载数量	个	
n_{tr}	同时跟踪目标数量	个	
n_y	每年支付租金次数	次	
n_{ymax}	最大允许过载		
$n_{ymax,str}$	强度限制海平面最大稳定盘旋过载		
P	发动机功率		17章中表示"机体交付价格"
P_a	对地攻击效率系数		17章表示"实际商载"
P_{dt}	雷达发现目标概率		
P_e	突防系数		
P_k	单发杀伤概率		
P_n	导航能力系数		

续表

符　号	定　义	单　位	备　注
Pr_r	飞机的量产率		
P_s	单位剩余功率	m/s	17章中表示"计划商载"
q	动压	N/m²	
R	航程	km	17章中表示"租金"
R_a	工时费	美元/h	
R_{AA}	空空导弹最大实际有效射程	km	
R_D	当量航程	km	
R_{dt}	最大发现目标距离	km	
R_{eng}	人工费率		
R_{In}	机内油最大航程	km	
R_m	远程武器系数		
R_P	每期租金	百万美元	
R_{SS}	损失比		
R_{tool}	小时费率		
R_{WQ}	武器射程	km	
Re	雷诺数		
RSDP	租赁保证金	百万美元	
RSDPR	租赁保证金比例		
RV_a	机体残值		
RV_e	发动机残值		
r_q	翼型前缘半径		
S	机翼面积	m²	18章中表示"保障度"
S_H	水平尾翼面积	m²	
S_V	垂直尾翼面积	m²	
S_{wet}	机翼浸润面积	m²	
SFC	发动机单位耗油率	kg/(s·N)	
SCR	手续费费率		
TOC	总使用成本	百万美元	
TP	飞机交付价格(发动机与机体的总价)	百万美元	
TR_{im}	飞机进口关税税率		
t	轮挡时间(飞行小时)	h	
$t_{adjustment}$	燃油调整量		
t_{ba}	年平均轮挡时间	h	

续表

符 号	定 义	单 位	备 注
t_b	轮挡时间	h	
t/c	翼型相对厚度(翼型最大厚度与弦长之比)		
V	绝对空速	m/s	
V_D	俯冲速度	m/s	
V_F	机身内部容积	m^3	
V_m	承租期满时残值之现值		
V_{max}	最大飞行速度	m/s	
V_s	失速速度	m/s	
V_z	爬升率	m/s	
v_{gun}	航炮弹丸初速	m/s	
v_{TF}	突防速度	km/h	
VATR	飞机增值税率		
VR_m	承租期满时的残值比例		
x_{cg}	重心位置	m	
$\bar{x}_{cg}$	相对重心位置(相对 MAC)		
x_f	焦点位置	m	
$\bar{x}_f$	焦点相对位置(相对于 MAC)		
希腊字母			
α	机翼迎角	(°)	
α_0	机翼零升迎角	(°)	
α_P	发动机短舱迎角	(°)	
$\alpha_{可用}$	过失速机动可用最大迎角	(°)	
β_{LG}	起落架防后倒立角	(°)	
β	侧滑角	(°)	17章中表示"贷款利率"
Λ	后掠角	(°)	
Λ_0	(机翼)前缘后掠角	(°)	
$\Lambda_{100\%}$	(机翼)后缘后掠角	(°)	
$\Lambda_{25\%}$	(机翼)1/4(25%)弦线后掠角	(°)	
$\Lambda_{H25\%}$	水平尾翼1/4(25%)弦线后掠角	(°)	
$\Lambda_{V25\%}$	垂直尾翼1/4(25%)弦线后掠角	(°)	
σ	雷达散射截面(RCS)	m^2	
λ	梢根比$=c_t/c_r$		
λ_H	水平尾翼梢根比		

续表

符 号	定 义	单 位	备 注
λ_V	垂直尾翼梢根比		
λ_F	机身长细比(机身长度与当量直径的比值)		
γ	扭转角(翼梢弦与翼根弦之间的夹角)	(°)	
Γ	机翼上(下)反角	(°)	
φ	起落架擦地角	(°)	
θ	起落架防侧翻角	(°)	
Ψ	起落架停机角	(°)	
η	垂直尾翼倾斜角	(°)	
ρ	大气密度	kg/m³	
δ_f	襟翼偏角	(°)	
δ_e	升降舵偏角	(°)	
δ_r	方向舵偏角	(°)	
δ_a	副翼偏角	(°)	
Φ_{att}	发射包线总攻击角	(°)	
ϕ	滚转角	(°)	
ϕ_{gun}	弹丸口径	mm	
ε	下洗角	(°)	
ε_1	操纵效能系数		
ε_2	生存力系数		
ε_3	航程系数		
ε_4	电子对抗能力系数		
ε_U	上洗角	(°)	
ω_{trc}	导弹最大跟踪角速度	(°)/s	
μ_0	总离轴发射角	(°)	
Ω_{dt}	最大搜索总方位角	(°)	

缩略语*

缩略符	含 义
VR	虚拟现实(Virtual Reality)
CAD	计算机辅助设计(Computer Aided Design)
CFD	计算流体力学(Computational Fluid Dynamics)
CAE	计算机辅助工程(Computer Aided Engineering)
MDO	多学科设计优化(Multidisciplinary Design Optimization)
SE	系统工程(Systems Engineering)
CE	并行工程(Concurrent Engineering)
MBSE	基于模型的系统工程(Model-Based Systems Engineering)
SAE	国际自动机工程师协会(Society of Automotive Engineers)
SRR	系统需求评审(System Requirements Review)
SDR	系统定义评审(System Definition Review)
CoDR	初步方案评审(Conceptual Design Review)
SoS	体系(System of Systems)
NASA	美国国家航空航天局(National Aeronautics and Space Administration)
QFD	质量屋(又称质量功能展开,Quality Function Deployment)
RCS	雷达散射截面(Radar Cross Section)
AIAA	美国航空航天学会(American Institute of Aeronautics and Astronautics)
ATF	先进战术战斗机(Advanced Tactical Fighter)
JSF	联合攻击战斗机(Joint Strike Fighter)
UCAV	无人作战飞机(Unmanned Combat Aerial Vehicles)
BWB	翼身融合体(Blended Wing Body)
VELA	超高效大型飞机计划(Very Efficient Large Aircraft)
JW	联翼布局(Joined Wing)
NACA	美国国家航空咨询委员会(National Advisory Committee for Aeronautics)
MAC	平均气动力弦(Mean Aerodynamic Chord)
DSI	无分离板超声速进气道(Diverterless Supersonic Intake)
FBW	电传操纵系统(Fly-By-Wire)
FBL	光传操纵系统(Fly-By-Light)
LRU	外场可更换组件(Line Replaceable Unit)
NURBS	非均匀有理b样条(Non-Uniform Rational Basis Spline)
CAM	计算机辅助制造(Computer Aided Manufacturing)

续表

缩略符	含义
USAF	美国空军(United States Air Force)
ESDU	工程科学数据集(Engineering Sciences Data Unit)
N-S	纳维-斯托克斯(Navier-Stokes，专指 N-S 方程)
DNS	直接数值模拟方法(Direct Numerical Simulation)
RANS	雷诺平均 N-S 方程(Reynolds-Averaged Navier-Stokes Equation)
LES	大涡模拟方法(Large Eddy Simulation)
DES	分离涡模型(Detached-Eddy Simulation)
ACT	主动控制技术(Active Control Technology)
CCV	随控布局技术(Control Configured Vehicle)同"主动控制技术"
RSS	放宽静稳定度(Relaxed Static Stability)
BC	边界控制(Boundary Control)
DFC	直接力控制(Direct Force Control)
GLA	阵风载荷减缓(Gust Load Alleviation)
RQC	乘坐品质控制(Ride Quality Control)
MLC	机动载荷控制(Maneuvering Load Control)
FMC	颤振模态控制(Flutter Mode Control)
RDT&E	研究、开发、测试和评估成本(Research，Development，Test & Evaluation)
CER	成本估算方法(Cost Estimation Relationship)
WBS	工作分解结构(Work Breakdown Structure)
CBS	成本分解结构(Cost Breakdown Structure)
NRC	非重复成本(Non-Recurring Cost)
DAPCA	飞机发展与采购成本(Development and Procurement Costs of Aircraft)
TOC	总使用成本(Total Operating Cost)
AROC	与飞机有关的使用成本(Airplane Related Operating Cost)
DOC	直接使用成本(Direct Operating Cost)
IOC	间接使用成本(Indirect Operating Cost)
COC	现金使用成本(Cash Operating Cost)
DTC	定费用设计(Design To Cost)
NPV	净现值(Net Present Value)
SBA	基于仿真的采办(Simulation Based Acquisition)
AI	人工智能(Artificial Intelligence)
ES	专家系统(Expert System)
DAI	分布式人工智能(Distributed Artificial Intelligent)

续表

缩略符	含 义
GA	遗传算法(Genetic Algorithms)
CPACS	通用参数化飞机构型模型(Common Parametric Aircraft Configuration Schema)
XML	可扩展标记语言(Extensible Markup Language)
MADM	多属性决策方法(Multi-Attribute Decision Making)
BNP	最佳非模糊性能(Best Non-fuzzy Performance)
AHP	层次分析法(Analytic Hierarchy Process)
TOPSIS	逼近理想解的排序方法(Technique for Order Preference by Similarity to Ideal Solution)
COPRAS	复杂比例评估法(Complex Proportional Assessment)
MOORA	多目标约定排序方法(Multi-Objective Optimization by Ratio Analysis)
PROMETHEE	偏好顺序结构评估法(Preference Ranking Organization Methods for Enrichment Evaluations)

* 按正文中出现先后顺序编排,仅包含最常用的部分缩略语。

目 录

第1章 绪 论 ································ 1
1.1 飞机设计的价值与挑战 ···················· 1
1.2 飞机设计的概念及内涵发展 ················ 2
1.3 飞机总体设计的定位与范围 ················ 5
1.3.1 飞机总体设计在研制流程中的定位 ······ 5
1.3.2 本书的内容及组织方式 ·············· 7
1.4 飞机总体设计的重要性与特点 ·············· 8
1.4.1 总体设计的重要性 ················ 8
1.4.2 总体设计的主要特点 ·············· 10
1.5 设计中的团队协作 ······················ 12
参考文献 ·································· 14

第2章 需求与设计要求论证 ················ 16
2.1 需求的来源 ···························· 16
2.2 需求的论证 ···························· 18
2.2.1 基于模型的系统工程中的需求论证 ······ 18
2.2.2 体系工程与体系架构 ·············· 19
2.2.3 基于仿真的论证方法 ·············· 21
2.3 飞机的设计要求及指标 ·················· 22
2.3.1 飞机的设计要求 ·················· 22
2.3.2 飞机设计规范 ···················· 25
2.3.3 飞机的总体技术指标 ·············· 26
2.4 基于质量屋的相关性及优先级分析 ·········· 27
2.4.1 质量屋的基本概念 ················ 27
2.4.2 质量屋示例 ······················ 29
2.4.3 质量屋的层次性 ·················· 32
参考文献 ·································· 34

第3章 总体设计的首轮近似 ················ 36
3.1 概念构思与概念草图 ···················· 36
3.1.1 概念构思的形成 ·················· 36
3.1.2 概念草图 ························ 38
3.2 飞机主要总体设计参数选择 ·············· 39

3.2.1　飞机的主要总体设计参数 …………………………………………… 39
　　3.2.2　主要总体设计参数的选择方法 ……………………………………… 40
3.3　约束边界分析及设计点选择 ………………………………………………… 41
　　3.3.1　约束分析主管方程 …………………………………………………… 41
　　3.3.2　约束边界分析 ………………………………………………………… 43
　　3.3.3　设计点选取 …………………………………………………………… 45
　　3.3.4　约束分析所需参数的初步估算 ……………………………………… 46
3.4　初步重量估计 ………………………………………………………………… 50
　　3.4.1　初步重量分类 ………………………………………………………… 50
　　3.4.2　空机重量比估算 ……………………………………………………… 50
　　3.4.3　燃油重量比估算 ……………………………………………………… 53
　　3.4.4　起飞重量估算 ………………………………………………………… 57
　　3.4.5　设计要求初步权衡 …………………………………………………… 57
参考文献 ……………………………………………………………………………… 59

第4章　飞机的总体布局设计 …………………………………………………… 60

4.1　总体布局设计的任务与作用 ………………………………………………… 60
4.2　典型布局形式的分类及特点 ………………………………………………… 62
　　4.2.1　气动布局的含义 ……………………………………………………… 62
　　4.2.2　正常式布局的特点 …………………………………………………… 62
　　4.2.3　鸭式布局的特点 ……………………………………………………… 63
　　4.2.4　无尾布局的特点 ……………………………………………………… 64
　　4.2.5　三翼面布局的特点 …………………………………………………… 65
4.3　新概念布局形式 ……………………………………………………………… 66
　　4.3.1　前掠翼布局军用飞机的发展 ………………………………………… 66
　　4.3.2　新概念民用飞机布局 ………………………………………………… 67
　　4.3.3　其他新概念布局形式 ………………………………………………… 69
4.4　隐身对布局设计的影响 ……………………………………………………… 70
　　4.4.1　隐身技术的基本概念 ………………………………………………… 70
　　4.4.2　隐身布局设计的基本原则 …………………………………………… 73
参考文献 ……………………………………………………………………………… 78

第5章　机翼与尾翼设计 ………………………………………………………… 80

5.1　翼型的选择 …………………………………………………………………… 80
　　5.1.1　翼型的几何参数和气动参数 ………………………………………… 80
　　5.1.2　翼型的种类与选择 …………………………………………………… 82
5.2　机翼的参数选择 ……………………………………………………………… 84
　　5.2.1　机翼的几何参数 ……………………………………………………… 84
　　5.2.2　机翼参数选择 ………………………………………………………… 85

  5.2.3 机翼垂直及纵向位置选取原则 ··· 88
  5.2.4 边条的作用 ··· 90
  5.2.5 翼尖的典型形状与作用 ··· 91
 5.3 机翼的增升装置和副翼 ··· 93
  5.3.1 襟翼的主要形式参数选择 ··· 93
  5.3.2 襟翼的参数选择 ··· 95
  5.3.3 副翼参数选择 ··· 95
 5.4 尾翼的设计 ··· 96
  5.4.1 尾翼的布置形式 ··· 96
  5.4.2 尾翼布置中的特殊考虑 ··· 98
  5.4.3 尾翼参数选择 ··· 99
 参考文献 ··· 102

第6章 机身设计与装载布置 ··· 103

 6.1 机身几何参数初选 ··· 103
 6.2 民机客舱设计与布置 ··· 104
  6.2.1 影响客舱舒适性的主要因素 ··· 104
  6.2.2 客舱剖面设计 ··· 105
  6.2.3 客舱纵向尺寸与布置 ··· 111
 6.3 货舱布置 ··· 114
 6.4 驾驶舱布置 ··· 116
  6.4.1 民机驾驶舱布置 ··· 116
  6.4.2 作战飞机座舱布置 ··· 118
  6.4.3 人机工效评价 ··· 120
 6.5 武器的布置 ··· 122
  6.5.1 外挂形式及特点 ··· 122
  6.5.2 武器舱形式及特点 ··· 122
 参考文献 ··· 124

第7章 动力装置选择与进排气系统设计 ··· 125

 7.1 动力装置选择 ··· 125
  7.1.1 发动机选择 ··· 125
  7.1.2 发动机布置 ··· 125
  7.1.3 发动机的尺寸与特性 ··· 128
 7.2 进气系统设计 ··· 129
  7.2.1 进气道设计要求及性能参数 ··· 129
  7.2.2 进气道布置 ··· 129
  7.2.3 进气道的形式及主要参数选择 ··· 132
  7.2.4 附面层抽吸及隔道 ··· 133

7.3 排气系统设计 ·· 135
   7.3.1 尾喷管设计要求 ······································ 135
   7.3.2 尾喷管主要设计参数 ·································· 135
   7.3.3 反推力装置的应用 ···································· 136
   7.3.4 推力矢量控制 ·· 136
参考文献 ·· 138

第 8 章 起落装置设计 ·· 139
8.1 起落装置的设计要求与分类 ································ 139
8.2 起落架的布置 ·· 141
   8.2.1 起落架的主要布置形式 ································ 141
   8.2.2 起落架的收置 ·· 142
8.3 起落架主要布置参数的选择 ································ 145
8.4 机轮的选择 ·· 146
   8.4.1 机轮数量与飞机重量的关系 ···························· 146
   8.4.2 轮胎参数的初选 ······································ 147
参考文献 ·· 148

第 9 章 结构布局设计 ·· 149
9.1 载荷分类及结构布局设计要求 ······························ 149
   9.1.1 主要载荷的分类及特点 ································ 149
   9.1.2 结构布局设计的主要内容 ······························ 151
9.2 结构总体方案选择 ·· 151
9.3 主要部件结构形式选择 ···································· 154
9.4 结构布局设计的其他考虑 ·································· 158
9.5 全机承力系统综合检查和结构选材 ·························· 160
   9.5.1 全机承力系统综合检查 ································ 160
   9.5.2 典型的结构材料 ······································ 160
9.6 气动弹性对设计的影响 ···································· 163
参考文献 ·· 165

第 10 章 机械电气系统 ······································ 166
10.1 概 述 ·· 166
10.2 飞机的液压系统 ·· 167
10.3 飞机的机械与电传操纵系统 ································ 170
10.4 飞机的供电系统 ·· 172
   10.4.1 飞机供电系统概述 ···································· 172
   10.4.2 某机载供电系统组成及工作原理示例 ···················· 173
   10.4.3 供电系统设计技术展望 ································ 174

10.5 飞机的燃油系统 ································· 175
10.5.1 燃油系统功能 ································· 175
10.5.2 燃油系统组成 ································· 176
10.5.3 燃油系统设计示例与技术发展 ································· 177
10.6 飞机的环境控制系统 ································· 178
10.6.1 环境控制系统概述 ································· 178
10.6.2 环境控制系统工作原理示例 ································· 179
10.6.3 环境控制系统设计技术发展方向 ································· 180
10.7 救生系统 ································· 181
10.7.1 救生系统概述 ································· 181
10.7.2 救生系统的组成及基本技术形式 ································· 182
10.7.3 救生系统技术发展 ································· 184
10.8 飞机机电综合管理系统 ································· 185
10.8.1 工作原理 ································· 185
10.8.2 设计原则 ································· 186
10.8.3 技术展望 ································· 187
参考文献 ································· 187

第11章 航空电子系统 ································· 188
11.1 航空电子系统的基本概念和作用 ································· 188
11.2 航空电子系统的发展 ································· 189
11.3 航空电子系统的物理组成 ································· 190
11.3.1 信息感知系统 ································· 190
11.3.2 综合核心处理系统 ································· 195
11.3.3 人机交互系统 ································· 198
11.4 未来航电系统发展 ································· 199
参考文献 ································· 201

第12章 总体布置与外形设计 ································· 202
12.1 总体布置的任务与主要内容 ································· 202
12.2 飞机的设计布置图 ································· 204
12.3 外形定义的坐标系及常用几何模型 ································· 208
12.3.1 全机坐标系和局部坐标系定义 ································· 208
12.3.2 常用的几何造型方法 ································· 209
12.4 主要部件的外形设计 ································· 210
12.4.1 翼面类部件外形设计 ································· 211
12.4.2 机身外形设计 ································· 211
12.4.3 机翼整流带外形设计 ································· 213
12.5 浸润面积与体积的计算 ································· 213

12.6 面积律修形 ··· 215
参考文献 ··· 218

第 13 章 重量特性分析 ··· 219

13.1 飞机重量分类 ·· 219
13.2 重量和重心估算 ·· 219
    13.2.1 近似分类重量法 ·· 220
    13.2.2 统计分类重量法 ·· 221
13.3 重心调整与重量控制 ·· 228
参考文献 ··· 229

第 14 章 气动特性分析 ··· 230

14.1 气动设计输入与设计目标提取 ····························· 230
14.2 气动特性工程估算方法 ····································· 231
    14.2.1 升力线斜率随马赫数的变化 ·························· 231
    14.2.2 最大升力系数及其迎角随 Ma 的变化 ·············· 233
    14.2.3 升力系数曲线 ··· 238
    14.2.4 阻力特性 ··· 239
    14.2.5 极曲线 ·· 241
14.3 气动特性分析工具介绍与算例 ····························· 242
    14.3.1 气动分析工具分类与适用范围 ······················· 242
    14.3.2 气动导数计算 ··· 248
    14.3.3 不同软件的适用性 ····································· 248
    14.3.4 气动分析算例 ··· 252
参考文献 ··· 254

第 15 章 飞行性能计算 ··· 256

15.1 主要性能及计算所需数据 ·································· 256
15.2 机动性能计算 ·· 256
    15.2.1 水平加(减)速性能 ····································· 256
    15.2.2 定常盘旋性能 ··· 258
    15.2.3 爬升性能 ··· 259
15.3 能量机动与使用包线 ·· 261
    15.3.1 能量机动法 ·· 261
    15.3.2 飞行包线 ··· 264
15.4 续航性能计算 ·· 265
    15.4.1 等高等速巡航性能 ····································· 265
    15.4.2 等高最大巡航航程及续航时间 ······················· 266
    15.4.3 商载-航程图 ··· 266

15.5 下降性能计算 ··· 267
15.6 起飞与着陆性能计算 ··· 269
  15.6.1 起飞性能计算 ·· 269
  15.6.2 着陆性能计算 ·· 271
参考文献 ··· 273

第16章 飞机的稳定性与操纵性 ··· 274
16.1 飞机稳定性与操纵性的基本概念 ··································· 274
16.2 飞机的静稳定性与动稳定性 ·· 275
  16.2.1 纵向气动导数与静稳定性 ······································ 275
  16.2.2 横航向气动导数与静稳定性 ··································· 277
  16.2.3 飞机模态特性与动稳定性 ······································ 279
  16.2.4 飞机稳定性的判定依据 ·· 282
16.3 飞机的操纵性 ··· 283
  16.3.1 纵向操纵性 ··· 283
  16.3.2 横航向操纵性 ··· 284
16.4 飞行控制系统与主动控制技术 ······································· 285
  16.4.1 飞行控制系统的物理意义 ······································ 285
  16.4.2 主动控制技术的发展 ··· 285
  16.4.3 先进主动控制概况 ·· 286
参考文献 ··· 288

第17章 飞机的经济性和环保性 ··· 290
17.1 飞机的经济性 ··· 290
  17.1.1 飞机全寿命周期成本 ··· 290
  17.1.2 民用飞机使用成本 ·· 293
  17.1.3 飞机的经济性设计 ·· 300
17.2 飞机的环保性 ··· 302
  17.2.1 飞机噪声 ·· 302
  17.2.2 飞机排放 ·· 307
17.3 新技术的经济性和环保性评估 ······································· 308
参考文献 ··· 308

第18章 军用飞机的效能评估 ··· 311
18.1 军用飞机效能研究的定义与特点 ··································· 311
18.2 解析法及参数法 ·· 313
  18.2.1 顺序评估法 ··· 313
  18.2.2 相对值评估法 ··· 314
  18.2.3 对数法 ·· 316

18.3 基于仿真的效能评估方法 316
　18.3.1 建模与仿真 318
　18.3.2 指标体系设计 321
　18.3.3 效能评估方法 324
　参考文献 327

第 19 章　设计中的权衡研究 328
19.1 权衡的基本概念 328
19.2 改进的参数选择与重量核算 330
19.3 参数选择矩阵和参数选择矩阵曲线 332
19.4 毯式图 337
参考文献 339

第 20 章　飞机总体方案的优化 340
20.1 概　述 340
20.2 优化设计的基本概念 341
　20.2.1 优化设计的数学模型 341
　20.2.2 优化算法 342
　20.2.3 优化方法应用的要点 342
20.3 基于工程分析模型的总体参数优化方法 343
　20.3.1 总体参数优化问题的表述 343
　20.3.2 实现总体参数优化的步骤 344
20.4 多学科设计优化方法 346
　20.4.1 多学科设计优化的背景 346
　20.4.2 MDO 的基本内容 347
　20.4.3 飞机总体 MDO 的关键技术 349
参考文献 354

第 21 章　多方案评价与决策 355
21.1 多方案评价与决策的意义 355
21.2 权重计算方法 355
21.3 多属性决策排序算法 358
21.4 多方案评价案例 362
参考文献 364

附录 A　苏-27 总体设计方案的演变 366
A.1 多用途歼击机的提出与竞标 366
A.2 设计方案的演变与重大改进 368
　A.2.1 初期方案的演变 368

    A.2.2 T-10 原型机试飞及其问题 ······ 371
    A.2.3 空战模拟及改进方案 T-10S 的提出 ······ 372
    A.2.4 T-10S 的试飞与服役 ······ 374
  A.3 苏-27 的系列化发展 ······ 374
  参考文献 ······ 375

附录 B 参考机翼的等效方法 ······ 376
  参考文献 ······ 378

附录 C 发动机特性估算方法 ······ 379
  C.1 涡扇和涡喷发动机 ······ 379
  C.2 涡桨发动机 ······ 385
  C.3 活塞发动机 ······ 387
  参考文献 ······ 388

附录 D 先进宽体客机设计报告范例与点评 ······ 389
  D.1 需求分析 ······ 390
    D.1.1 需求论证 ······ 390
    D.1.2 主流航线分析 ······ 391
    D.1.3 高原航线分析 ······ 392
  D.2 总体方案描述 ······ 392
    D.2.1 基本设计指标 ······ 392
    D.2.2 典型任务剖面 ······ 393
    D.2.3 概念草图绘制 ······ 393
    D.2.4 约束边界分析 ······ 394
    D.2.5 首轮近似结果 ······ 395
    D.2.6 机翼设计 ······ 395
  D.3 主要性能分析 ······ 397
    D.3.1 巡航状态气动特性 ······ 397
    D.3.2 稳定性 ······ 398
    D.3.3 综合飞行性能与方案对比 ······ 399
    D.3.4 重量特性分析 ······ 400
    D.3.5 适航性评估 ······ 401
  D.4 布置设计 ······ 401
    D.4.1 起落架布置 ······ 401
    D.4.2 客/货舱设计 ······ 402
    D.4.3 动力系统设计 ······ 403
    D.4.4 折叠翼尖设计 ······ 403
  D.5 方案优化 ······ 404

  D.5.1 机身优化 ·········· 404
  D.5.2 机翼优化 ·········· 405
 D.6 主要特点及竞争优势分析 ·········· 406
  D.6.1 经济性分析 ·········· 406
  D.6.2 噪声分析 ·········· 407
  D.6.3 环保性分析 ·········· 407
参考文献 ·········· 408

附录 E 协同空战无人机设计报告范例与点评 ·········· 410

 E.1 需求分析 ·········· 411
  E.1.1 设计需求分析 ·········· 411
  E.1.2 任务剖面设计 ·········· 411
  E.1.3 质量屋分析 ·········· 414
 E.2 国内外发展现状 ·········· 415
 E.3 方案设计思想 ·········· 415
  E.3.1 概念草图设计 ·········· 416
  E.3.2 首轮参数估算 ·········· 416
 E.4 总体方案描述 ·········· 418
  E.4.1 总体参数及外形参数 ·········· 418
  E.4.2 动力装置及进排气系统设计 ·········· 419
  E.4.3 机翼与尾翼设计 ·········· 420
  E.4.4 机身设计 ·········· 421
  E.4.5 起落装置设计 ·········· 421
  E.4.6 总体布置设计 ·········· 421
  E.4.7 结构设计及材料选择 ·········· 422
  E.4.8 机电及航电系统清单 ·········· 423
  E.4.9 隐身设计 ·········· 423
 E.5 主要性能分析 ·········· 425
  E.5.1 重量特性分析 ·········· 425
  E.5.2 气动特性分析 ·········· 427
  E.5.3 方案优选 ·········· 430
  E.5.4 飞行性能 ·········· 431
 E.6 其他性能分析 ·········· 436
  E.6.1 静稳定性分析 ·········· 436
  E.6.2 成本估算 ·········· 436
  E.6.3 作战效能评估 ·········· 437
  E.6.4 主要特点与优势分析 ·········· 437
 E.7 权衡优化与新技术 ·········· 438
  E.7.1 重量核算 ·········· 438

  E.7.2 参数选择矩阵与毯式图 ································· 438
  E.7.3 新技术 ·· 438
 E.8 设计指标满足情况 ·· 439
参考文献 ··· 440

第1章 绪 论

知识点
- 飞机设计在航空发展与竞争中的重要意义;
- 对飞机设计的概念及其发展的理解;
- 典型的设计阶段划分形式及各阶段主要任务;
- 总体设计在型号研制项目中的重要性及主要特点;
- 团队协作在设计中的价值及代表性的团队协作原则。

1.1 飞机设计的价值与挑战

飞行是人类在好奇心与好胜心驱动下一直努力追求的梦想。很多人从孩提时代起,就对天空充满了向往。但是,人类可以行走、奔跑、爬行、攀登,甚至像鱼儿一样游泳,唯独无法单独依靠自己的身体实现飞行。正是这种梦想与现实的差距,激励着从古至今的无数探索者为征服天空而不懈努力。

飞机无疑是人类为了实现"飞行梦"而发明的最重要的工具,也是陆海空的载人交通工具中最晚实现的。从中国古代的"鸢",到达芬奇构想的飞机草图,再到莱特兄弟的"飞行者"1号,其跨度几乎就是2000余年的人类文明史(见图1.1),这也体现了飞机的高技术和复杂性[1]。然而,从1903年至今的100余年间,飞机的发展速度之快、对世界的影响之大,与其他的载人交通工具相比可谓毫不逊色。作者认为,导致这种变化和跨越的重要原因之一在于,飞机一旦在实际运用中初露锋芒,就已经不仅仅是为了实现梦想而生,而是在战争的军事需求与交通的民用需求牵引下,被不断发展的科学技术推动着高度实用化并不断演化的空中"法宝"。

(a) 木鸢想象图

(b) 达芬奇构想的飞机草图

(c) 莱特兄弟的"飞行者"1号

图1.1 人类对于飞翔梦想的不断追求

"千里之行,始于足下"。飞机设计是将需求转变为现实、将飞机创造出来的关键阶段,同时也存在很多风险和挑战。美国飞机设计教育家 Raymer 博士描述道,飞机设计进入初步设计阶段后,就是"在用自己的飞机公司做赌注了(You bet your company![2])";英国 Cranfield 大学航空系前任主任 Fielding 教授则描述为"导致灾难的必然之路就是拿出一架没人买的飞机(A certain path to disaster is to produce an aircraft that no one will buy![3])"。如果设计方案确定不好,很可能导致企业的失败。在航空史上,由于飞机设计的失误及在竞争中的失利,使辉煌一时的飞机公司陷入困境的案例并不鲜见。

1.2 飞机设计的概念及内涵发展

"设计"是指"根据一定要求,对某项工作预先制定图样、方案"[4]。飞机设计作为典型的工程设计[5],可以将其概念描述为:飞机设计是指设计人员应用自然规律和气动、结构、动力、材料等学科知识,通过分析、综合和创造思维,将设计要求转化为一组能完整描述飞机的参数(文档、图纸等)的过程。

上述的方式显然并非飞机设计的唯一定义,但其中体现了两个重要的观念。其一是飞机设计必须依靠设计人员的创造思维。正如航空工程的先驱者冯·卡门教授所说:"工程师创造未有的世界(Engineers create the world that has never been.)。"飞机设计是"从无到有"的过程,这就要求设计人员不能仅仅是复制已有的产品,而必须加入自己的创造性,实现新飞机设计的创新(颠覆性的或局部改进式的创新都是有价值的)。对创造性思维的鼓励,不光是因为其带来的超越已有产品和竞争对手的价值,同时也有助于避免落入单纯复制已有产品(尤其是飞机这样高度复杂的工业产品)时"知其然不知其所以然"导致的陷阱。

值得注意的是,定义中的"设计人员"往往指的是由大量设计人员组成的团队。对于超轻型飞机或其他的小型飞机,由一个或少数几个设计人员来完成整个设计工作是可能的,但在绝大部分的飞机研制部门(飞机公司、设计研究院所、设计局等),都需要组织严密、分工协作的团队来完成设计。强调团队与强调创造思维并不矛盾,因为"创造性的想法,通常都是从某一个人的头脑中产生"[2],而只有通过团队的力量才能够将个人的想法加以完善并最终实现。不仅如此,团队的有效沟通和协作,比如最常用的"头脑风暴",会有效地激发个人的创造性思维,而且在不同设计人员都能够充分发挥创造思维的团队中,往往能够产生"1+1>2"的效果,从而使设计工作更加富有成效。

定义中体现的第二个重要观念在于,飞机设计的内涵是动态发展演进的,也不应给其外延设定所谓的"边界"。这可以从如下的四个方面来理解。

1. 设计要求在需求的牵引下"水涨船高"

自飞机发明以来,对"更高(升限)、更快(速度)、更远(航程)、更强(载重量)"的追求就没有停止过,达到"双三(升限 30 000 m,最大飞行马赫数 3.5)"的 SR-71、555 座级的空中客车 A380 都是这种追求的典型。量化的设计要求背后,除了少数是出于爱好和竞技等目的提出的之外,几乎都有非常实际的军民用需求牵引,例如波音 B787 就是波音公司在"点对点直飞"的航空运输市场需求判断下的产物。随着需求的不断提高,"更隐蔽"(隐身,即低可探测性)、"更安静"(低噪声,尤其是对下一代的超声速客机)等设计要求都已出现。

由此可见,如果说设计要求是飞机设计的依据,那么需求就是飞机设计的源头。随着时代的发展,新型的军民用飞机都会在高度复杂的运用环境中执行任务,例如军用飞机所处的联合作战体系、民用飞机所处的未来交通体系、航空应急救援体系等。因此,优秀的设计人员必须对需求有更深刻全面的认识,并且应该能够与飞机的需求方/潜在用户一起,对设计对象究竟如何运用和各种要求的影响进行深入的论证,而不能仅仅等待着需求方给出非常明确和量化的设计要求后才开展设计工作。洛克希德·马丁公司的"创新中心(Center for Innovation)"是这方面的范例——将作战概念、作战方法、作战设计等全局性问题视为比先进技术、先进武器等具体实物更加先期的思考环节,以此不断保持军事装备设计理念的前瞻性与先进性[6](见图1.2)。

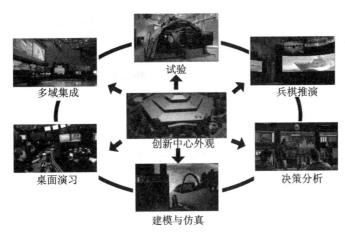

图 1.2 洛克希德·马丁公司"创新中心"的主要职能

2. 飞机设计涵盖的学科不断扩展

在飞机诞生之初,气动、结构、动力、材料等学科就已经发挥了关键的作用。其中,空气动力学是使飞机区别于汽车、轮船等交通工具的最具特色的学科,一直在为不同速度、高度、尺度的飞机的设计提供支撑。其他传统学科的发展对飞机的进步所起到的影响也不可忽视,例如在材料学科就有着"一代材料,一代飞机"的说法,而动力学科的进步对飞机设计的影响更是不言自明。

此外,各种新兴学科在不断加入,包括航空电子、自动控制、计算机、隐身、可靠性、生物学等。这些新学科的加入与跨界融合,经常能带来意想不到的独特产品,例如世界上第一种正式服役并参战的隐身战机 F-117A 就曾被称作是"电子工程师设计的飞机"。因此,探讨"究竟哪些学科算是飞机设计?"的时候,重要的不是看定义中列出了哪些学科或者之前有哪些学科,而是在于为了满足需求而究竟需要哪些学科。

3. 描述飞机的参数及形式逐步丰富

文档和图纸是描述飞机设计成果的最传统和应用最广的方式。从最初的草图、主要指标、主要总体设计参数等,到设计完成后汗牛充栋的各类技术文档及三面图、布置图等图纸,体现的正是设计的不断具体化和完善化。满足正确、完备、清晰、规范等要求的文档和图纸,不仅能准确无误地描述飞机,也是积累设计数据与经验的重要形式——这种积累对于飞机设计是极为宝贵的。

各种实物样机、半实物样机作为文档和图纸的扩展,在飞机设计中的应用已经有了很长的时间。随着计算机技术的发展,数字样机、虚拟样机甚至虚拟现实(Virtual Reality,VR)样机等得到的应用也越来越多,尤其是数字样机已经成为了现代飞机设计中不可或缺的重要手段(见图1.3)。在利用各种计算机辅助设计(Computer Aided Design,CAD)系统中生成的数字样机时,应注意其本质是为了更好地描述飞机,而不是追求"炫酷"效果,否则就成了舍本逐末。

(a) CATIA软件中建立的数字样机　　(b) 洛克希德·马丁公司在F-35项目中应用VR技术[7]

图1.3　数字样机与虚拟现实样机展示

4. 分析与综合的手段层出不穷

实验和计算是工程中最常用的两种分析手段,对于飞机设计也是如此。可以说,在飞机设计中涉及的每一个需要分析的学科,都有相应的实验和计算手段提供支撑,而且二者除了各自的发展外,更需要在飞机设计中相辅相成地发挥作用。例如,计算流体力学(Computational Fluid Dynamics,CFD)是应用于飞机设计的计算机辅助工程(Computer Aided Engineering,CAE)技术的重要组成部分,其发展为在气动分析中平衡计算精度和所需资源提供了有效的支撑,但其分析结果仍然需要通过风洞实验等手段的验证。

在支撑飞机设计中的多学科综合、科学决策方面,除了传统的毯式图、质量屋等手段外,多学科设计优化(Multidisciplinary Design Optimization,MDO)的提出和发展无疑是令人瞩目的。此外,从更加全局的层面上提升飞机设计的效率与质量的努力也从来没有停止过。例如,系统工程(Systems Engineering,SE),即"组织管理'系统'的规划、研究、设计、制造、试验和使用的科学方法,是一种对所有'系统'都具有普遍意义的科学方法。"[8,9],并行工程(Concurrent Engineering,CE),即"集成地、并行地设计产品及其相关过程(包括制造过程和支持过程)的系统方法"[10],都在飞机设计中得到了积极的应用。

尤其值得关注的是,系统工程的原理和方法,如基于模型的系统工程(Model-Based Systems Engineering,MBSE)等已经得到了更高程度的重视和更加深入的应用。图1.4所示为系统工程中经典的"双V图",其中的ARP 4754A是国际自动机工程师学会(Society of Automotive Engineers,SAE)颁布的民用飞机系统开发指南,是用来指导飞机的系统安全性和适航评估的标准性文件。

综上,从本章给出的飞机设计的概念描述可以看出,一个飞机设计人员(尤其是总体设计人员),在专业知识的基础上,如果能以创造思维为核心,对需求保持高度的关注和重视,从飞机全生命周期的纵向维度和相关科学与技术发展的横向维度上努力开阔视野,并且善于进行团队协作,应当能够对其设计出更优秀的飞机有更大的帮助。

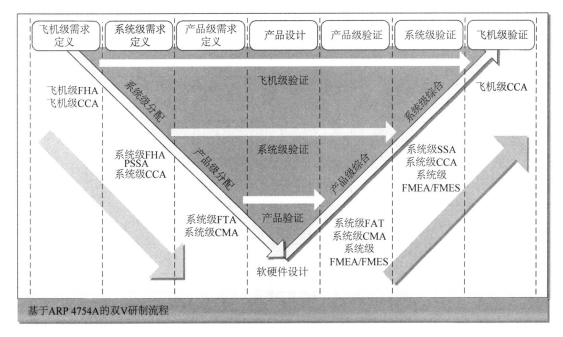

图 1.4　系统工程双 V 图

1.3　飞机总体设计的定位与范围

1.3.1　飞机总体设计在研制流程中的定位

总体设计是飞机设计的前期,而飞机设计又是飞机研制的前期。为了更好地认识飞机总体设计的定位,可以将其放在飞机研制的全过程中进行考察。事实上,对于飞机设计和研制的阶段划分和各阶段应完成的任务,国内外的各种文献和工业界实践中并没有形成完全统一的表述形式[1,2,11-22]。本书在此介绍我国、美英等西方国家、俄罗斯的三种比较常用的形式。

文献[1]和[11]引用了我国 1995 年颁布的《常规武器装备研制程序》文件中的方式,即论证阶段、方案阶段、工程研制阶段、设计定型阶段、生产定型阶段,如图 1.5 所示。其中,论证阶段的任务是研究设计新飞机的可行性;方案阶段的任务是设计出可行的飞机总体方案;工程研制阶段需要进行详细设计,提供原型机图纸,试制原型机;设计定型阶段主要进行定型试飞;生产定型阶段的任务是少量改进和小批量生产。这种划分方式中,飞机设计主要涵盖论证、方案和工程研制三个阶段,而飞机总体设计主要涉及其中的论证和方案阶段。

对于民用飞机,我国于 2017 年发布了航空行业标准 HB8525—2017《民用飞机研制程序》[12],其中将民用飞机产品与服务研制分为需求与概念论证、初步设计、详细设计、试制与验证、批量生产五个阶段,并设置了 11 个控制点进行研制的全过程控制(见图 1.6),分别为 G1 机会识别、G2 项目筹划启动、G3 市场需求确定、G4 初步技术方案遴选、G5 总体技术方案审查、G6 初步设计审查、G7 详细设计审查、G8 首飞审查、G9 型号合格证(Type Certificate,TC)

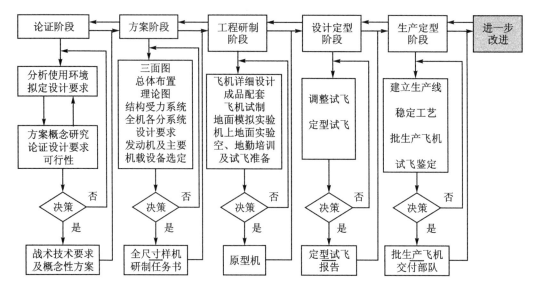

图 1.5　飞机研制的五个阶段[1]

图 1.6　民用飞机研制程序[12]

取证、G10 首次交付使用、G11 项目关闭审查。

文献[2]中介绍了在西方航空界广泛应用的方式,即设计要求阶段、概念设计阶段、初步设计阶段、详细设计阶段、制造阶段。在这种形式中,概念设计阶段需要回答"依据何种要求进行设计?方案是什么样的?多重?多贵?应权衡哪些因素?应采用哪些技术?按所提要求能否完成可行和卖得出去的设计?"等一系列关键问题;初步设计阶段的任务包括冻结布局、外形定义与光顺、研发测试和分析数据库、设计主要部件、实际费用估计等;详细设计阶段的任务包括设计用于制造的零件、设计加工与制造流程、结构与起落架等主要部件试验、完善重量和性能估计等。这种划分方式中,飞机设计主要涵盖设计要求、概念设计、初步设计、详细设计四个阶段,而飞机总体设计主要涉及其中的前三个阶段。

文献[13,14]中介绍了俄罗斯的一种流程,其中飞机设计的主要阶段包括要求研究(也称为"外部设计")、初步方案设计、草图设计、生产图设计,之后则是进行制造和试飞。根据这种方式,飞机总体设计主要涉及要求研究、初步方案设计和草图设计。需要注意的是,这里提到的草图设计,跟本书第 3 章将提到的概念构思中的"草图"所指是完全不同的。草图设计是要将前面各阶段获得的飞机几何参数、重量参数和动力装置参数落实到具体的结构布局上,并且需要满足各种不同的甚至是彼此矛盾的技术要求,其中包括使用要求和工艺要求。在俄罗斯的飞机研制中还高度重视"航空综合体",即认为飞机是航空综合体这一更复杂系统架构的组成部分,在研制新飞机时应当考虑航空综合体内还包含其他飞机、飞行机组人员、技术保障人员、飞行前准备设备和保障设备,这与本书第 2 章中将介绍的"体系"的思想相类似。

由上可见,尽管表述形式有所区别,但飞机总体设计在飞机研制中的定位和涵盖的主要内容是大体一致的。因此,本书的内容并不特别根据某一种划分方式进行组织。事实上,限于篇幅和授课的学时,将飞机总体设计中的各项内容都详细地加以阐述也是不现实的。本书介绍的内容主要集中在总体设计的方案阶段,并且强调对设计要求进行研究和论证的重要性。这是因为现代和未来的飞机总体设计师,已经不是仅仅根据给定的要求开展设计工作,而必须能够与用户一起深入研究需求,并在设计过程中一直与用户密切沟通以完善要求和设计。

1.3.2 本书的内容及组织方式

本书结合教学的需求,在内容组织上采用如图 1.7 所示的简化流程,包括了 5 个主要的环节:

1) 需求与设计要求论证。介绍主要的飞机研制需求来源,以及如何依据需求对设计要求进行论证分析,主要对应于第 2 章。

2) 总体设计的首轮近似。介绍如何依据设计要求,通过约束分析和任务分析初步选择描述飞机的主要总体设计参数,对应于第 3 章。

3) 总体布局与布置设计。介绍如何建立起一个包括总体、主要部件与系统(机翼、尾翼、机身、动力装置、起落装置、结构、机电与航电系统等)的布局和布置的概念方案,对应于第 4～12 章。

4) 方案分析与评估。介绍如何从重量、气动、飞行性能、操稳、经济性、效能等方面对概念方案进行分析与评估,对应于第 13～18 章。

5) 权衡优化与多方案评价。介绍如何在已完成的设计与分析基础上,对方案开展权衡研究、优化设计,以及进行多方案的对比评价与综合决策,对应于第 19～21 章。

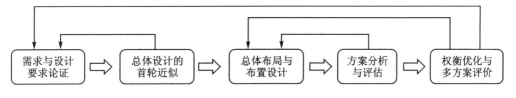

图 1.7 本书的内容组织

此外,为了便于在课堂教学中对学生的设计项目进行监督和指导,可以参考美国普渡大学"飞机设计(Aircraft Design)"课程中的三节点方式,即系统需求评审(System Requirements Review,SRR)、系统定义评审(System Definition Review,SDR)、初步方案评审(Conceptual Design Review,CoDR)进行评审,各节点的内容包括但不限于:

(1) 系统需求评审 SRR
- 明确所设计飞机的军事或市场需求;
- 比较现有同类飞机的型号、数量、主要性能,包括航程、载客数、运营成本等;
- 对设计要求进行细化和完善;
- 2～3 个概念草图。

（2）系统定义评审 SDR
- 约束分析、参数选择；
- 概念方案的基本描述，布局三面图或立体图；
- 方案与其他现有飞机的对比；
- 准备采用的新技术；
- 注明相对于 SRR 阶段的变化。

（3）初步方案评审 CoDR
- 最终的设计要求；
- 依据的设计规范及规章标准；
- 全机三面图、三维模型；
- 全机总体布置图，含机舱、结构、起落架、动力系统、有效载荷等；
- 飞机的主要成品清单，如航电、机电等；
- 重量重心、气动、飞行性能、操稳性等的分析；
- 成本、环保性、效能等的评估；
- 权衡与优化；
- 多方案评价与决策；
- 相对于现有同类型飞机的优势。

这三个节点并非权威的或工业界通用的方式（虽然工业界的设计中的确有大量的评审节点），但是对于课程教学是适用的，而且通过内容的裁减也可以与本书的五个环节基本一致。需要注意的是，由于 CoDR 阶段内容较多，在课程教学中可在初步的总体布局与布置设计完成后设置一个中间的评审或研讨节点，以提高学生设计方案的质量。

1.4 飞机总体设计的重要性与特点

1.4.1 总体设计的重要性

飞机设计对整个飞机研制乃至一个飞机公司的重要性在前文中已经强调，但对于飞机设计前期的总体设计而言，其重要性更是可以用"牵一发而动全身"来形容。在文献[2]中给出了机翼的一个翼梁在不同设计阶段的典型状态（见图1.8），其中详细设计阶段需要确定出每一个细节尺寸与参数，初步设计需要表示出梁的截面变化，而对于概念设计仅仅是一个从翼根到翼梢的平面。但是，复杂度的变化并不代表设计越早期越简单——画出这个翼梁平面并不难，难的是确定"画在哪儿、画多大"，因为这就初步确定了机翼的翼盒、机翼油箱、前缘襟翼等一系列的布置，进而会影响到机翼的重量、气动特性、结构强度、航程等各个方面。

在整个研制周期中，飞机总体设计阶段所占时间相对较短，需要投入的资源（包括经费、人员等）相对较少，约占总研制工作量或费用的 20%～30%[1]，但需要做出大量的关键决策，并且决定了一架飞机 70% 以上的技术可行性和全寿命周期成本，如图1.9所示。

总体设计阶段的失误，将造成后期设计与研制工作的巨大浪费，甚至导致整个项目的失败。一个典型的案例是波音公司在联合攻击战斗机（Join Strike Fighter，JSF）竞争中提出的 X-32 方案（见图1.10(a)），其无尾大三角翼布局直到原型机制造接近完成时，才发现无法适

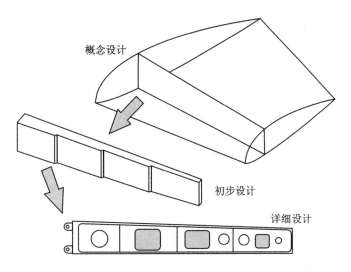

图 1.8 机翼的一个翼梁在不同设计阶段的典型状态[2]

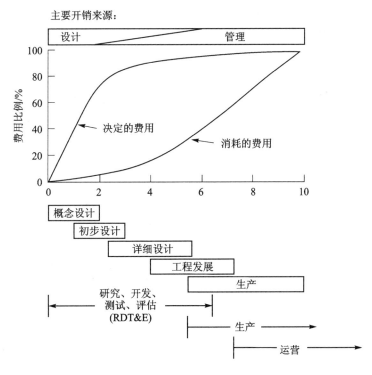

图 1.9 飞机研制阶段花费[18]

应设计要求的变化,不得不改为常规布局形式(见图 1.10(b)),但新布局方案已经来不及进行制造和试飞了。这被认为是"波音公司的方案存在缺陷的一个重要征兆"[23]。

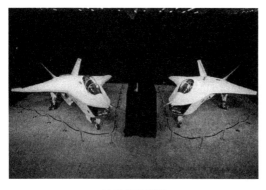

(a) X-32验证机　　　　　　　　　　(b) X-32的改进方案

图 1.10　X-32 方案验证机与改进方案对比

1.4.2　总体设计的主要特点

认识到飞机总体设计的重要性是学习这一课程的出发点,而把握其主要特点有助于在学习过程中更好地紧扣目标。如下的五个特点都是值得注意的:

① 科学性。尽管在总体设计阶段,尤其是其前期的工作中不确定因素很多,但也必须以各学科的专业知识为基础,做到有理有据、严谨求实。毕竟一旦发生故障,飞机是无法"靠边停车"或"抛锚"的,在总体设计阶段由"想当然"或马虎大意造成的任何隐患都可能会付出生命的代价。

② 工程性。飞机设计属于工程设计,总体设计也不例外。这就要求在总体设计中必须充分考虑需求,立足于有效解决设计中的各种问题,保证设计成果在工程上的可实现和能实用,并且能够持续地积累设计数据与经验。

③ 创造性。在总体设计中再次强调创造性,不仅是因为创造性带来的巨大价值,还因为总体设计阶段的自由度是整个设计过程最高的(见图 1.11)。面对特定的设计要求,永远不会有总体设计方案的"标准答案",从而给设计人员发挥创造性提供了绝佳的机会。当然,总体设计中的创造(或者说创新)并不是漫无边际的,而必须以科学性和工程性为前提。

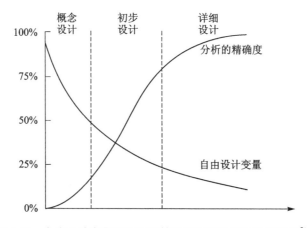

图 1.11　自由设计变量和分析的精确度在设计过程中的变化[24]

④ 综合性。总体设计的"总"字很好地诠释了综合性——必须综合考虑设计要求的各个方面,进行不同学科和专业间的权衡与协调。从单一的学科或专业出发得到的所谓"理想设计",更适合存在于各种漫画之中而非变为现实,如图1.12所示。通过"系统综合"[25]进行总体设计相对于单一学科"系统分析"会更具挑战性,但卓越的综合与协调能力也正是总设计师必备的特质之一。

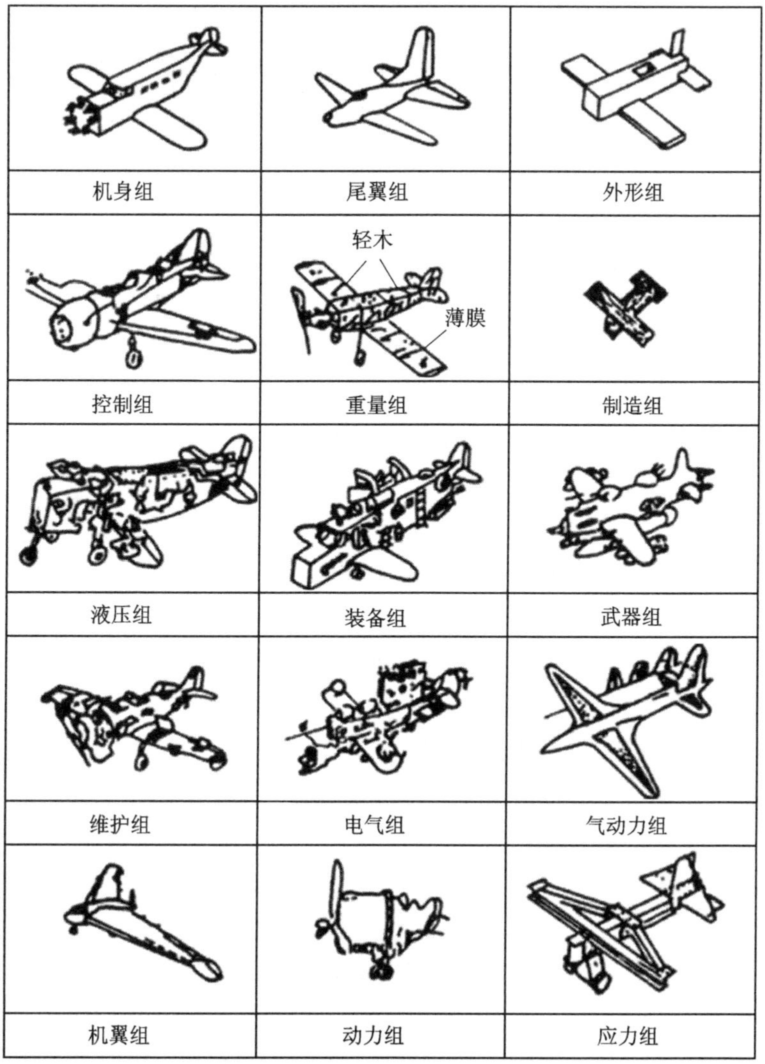

机身组	尾翼组	外形组
控制组	重量组（轻木、薄膜）	制造组
液压组	装备组	武器组
维护组	电气组	气动力组
机翼组	动力组	应力组

图1.12 从各专业角度出发设计的飞机[1]

⑤ 迭代性。总体设计是一个循环迭代的过程,无论是文献[2]中Raymer描绘的"设计轮(Design Wheel)"、文献[3]中Fielding描绘的螺旋,还是文献[26]中的方案演变历程图(见图1.13),都形象地体现了这一特点。总体设计人员不能指望一蹴而就地得到满足设计要求的理想方案,而必须采取多方案对比、多轮次逼近的方法,逐步实现总体设计方案的从无到有、从粗到细直至优化。正如文献[2]所述,在设计过程中会有很多个设计方案版本的迭代,其中的第一版是永远不会被制造出来的。

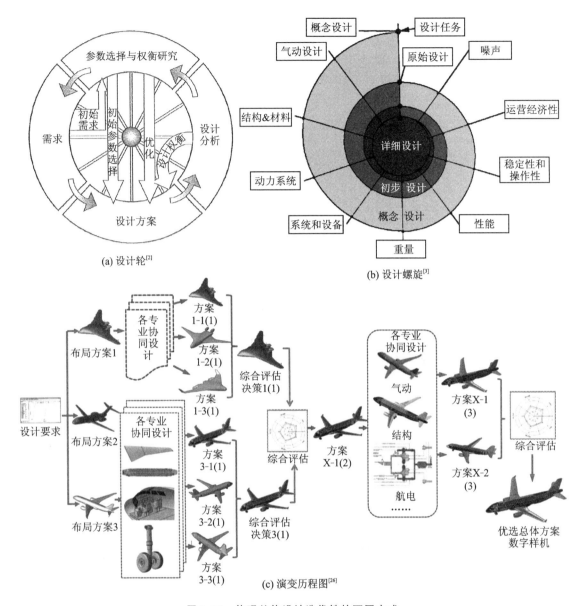

图 1.13 体现总体设计迭代性的不同方式

1.5 设计中的团队协作

洛克希德·马丁公司(简称为洛马公司)的"臭鼬工厂(Skunk Works)"创建于 1943 年,并凭借着一系列极具创新性的产品成为了航空业的传奇:美国空军的第一种实战型喷气式战斗机 XP-80、U-2 侦察机、SR-71 侦察机以及 F-117A 战斗机、F-22 战斗机和 F-35 战斗机,乃至正在进行的各种研究计划,如图 1.14 所示。

"臭鼬工厂"从创始人 Kelly Johnson 以来,就有高度重视人才、重视创新的传统和与之匹配的团队协作管理模式。Johnson 提出的"14 条法则"[18,26]中的一些内容时至今日仍有重要

图 1.14 "臭鼬工厂"设计的飞机

的借鉴价值,例如"项目经理必须有实际权力在各方面控制该项目""应当有一个强有力但必须精干的型号办公室"等。

现在,将跨学科的设计、工程、制造及运营人员乃至用户代表整合在一起的集成产品团队(Integrated Product Teams,IPT)[2]模式已经得到了广泛应用。关于团队协作(Teamwork)的作用,已经被无数的文献所强调,也已经被无数的航空业乃至商业、体育等其他领域的实践所证明。团队协作显然不是让大家坐在一起做同样的"家庭作业",而是应该一起明确需要解决的问题,让每个团队成员都负责某一特定任务并开展工作。并非所有的团队协作都能带来成功,在文献[28]中 Parker 提出的高效团队与低效团队的特点对比(如表1.1)就值得注意。

表 1.1 高效团队与低效团队的特点对比

序 号	高效团队的特点	低效团队的特点
1	氛围是非正式、放松的和舒适的	氛围是互不关心/无聊或紧张/对抗的
2	所有的成员都参加讨论	少数团队成员居于支配地位
3	团队的目标能被充分的理解/接受	旁观者难以理解团队的目标
4	成员们能倾听彼此的意见	团队成员不互相倾听,讨论时各执一词
5	存在不同意见,但团队允许它的存在	分歧没有被有效地加以处理
6	绝大多数的决定能取得某种共识	在真正需要关注的事情解决之前就贸然行动
7	批评是经常的、坦诚的和建设性的,不是针对个人的	提出批评的时候令人尴尬,甚至导致对抗
8	成员们能自由地表达感受和想法	个人感受都隐藏起来了
9	行动:分配明确,得到接受	行动:不清晰——该做什么? 谁来做?
10	领导者并不独裁	领导者明显表现出太软弱或太强硬
11	更高层的组织者对行动进行评估并解决问题	更高层的组织者对团队的成绩和进展不进行检查

用源自波音公司的一幅体现系统思想(systems thinking)的漫画(见图1.15)作为总结:团队就意味着"无论大家喜欢与否,大家都是在同一条船上了"。要想成功地完成设计,只能齐心

协力、同舟共济。

图 1.15　缺乏系统思想的代价

课程设计项目进展建议

- 充分理解飞机总体设计的重要性及特点；
- 组建设计团队并初步分工，注意该分工应根据不同的设计阶段动态调整，并且分工绝不意味着在课程中只需掌握自己任务相关的知识；
- 选定课程设计项目的题目；
- 团队应对设计项目的挑战性和迭代性有一致认识。

参考文献

[1] 顾诵芬, 解思适. 飞机总体设计[M]. 北京：北京航空航天大学出版社，2001.
[2] RAYMER D P. Aircraft Design：A Conceptual Approach[M]. 6th ed. Reston：AIAA Inc.，2018.
[3] FIELDING J P. Introduction to Aircraft Design[M]. Cambridge：Cambridge University Press，1999.
[4] 辞海编辑委员会. 辞海[M]. 上海：上海辞书出版社，2010.
[5] 余雄庆. 飞机总体设计电子教案[M/A]. http://aircraftdesign.nuaa.edu.cn/pd-2004/.
[6] 张京男, 蔡闻一, 王邵飞, 等. 美国洛马公司的研发源动力——创新中心[J]. 国际太空，2014，5：65-69.
[7] PASCALE R. Save on F-35 Program Using Immersive Engineering F-35 Sail Lead [R]. Maryland：Lockheed Martin，2007.
[8] 钱学森. 论系统工程[M]. 长沙：湖南科学技术出版社，1982.
[9] 美国国际系统工程协会（INCOSE）. 系统工程手册：系统生命周期流程和活动指南[M]. 4 版. 张新国，译. 北京：机械工业出版社，2017.
[10] CARTER D E, BAKER B S. CE, Concurrent Engineering：The Product Development Environment for The 1990s[M]. New Jersey：Addison Wesley Publishing Company，1992.
[11] 飞机设计手册总编委会. 飞机设计手册第 4 册：军用飞机总体设计[M]. 北京：航空工业出版社，2000.
[12] 中国航空综合技术研究所. HB 8525—2017《民用飞机研制程序》[S]. 北京：中国标准出版社，2017.
[13] М А. Погосяна. лроекмирование самолемов（издание пямое перерабоманное）[M]. Москва：Инновационное машиностроеие，2018.
[14] 叶格尔 С М, 等. 飞机设计[M]. 张锡纯，吴文正，译. 北京：国防工业出版社，1987.
[15] 飞机设计手册总编委会. 飞机设计手册第 5 册：民用飞机总体设计[M]. 北京：航空工业出版社，2000.
[16] 詹金森 L R, 辛普金 P, 罗兹 D. 民用喷气飞机设计[M]. 李光里等，译. 北京：中国航空研究院，2001.

[17] HOWE D, RORIE G. Aircraft Conceptual Design Synthesis[M]. London: Professional Engineering Publishing Limited, 2000.

[18] NICOLAI L M, CARICHNER G E. Fundamentals of Aircraft and Airship Design: Volume 1-Aircraft Design[M]. Revised Edition. Reston: AIAA Inc., 2010.

[19] AJOY K K. Aircraft design[M]. Cambridge: Cambridge University Press, 2010.

[20] GUDMUNDSSON S. General Aviation Aircraft Design: Applied Methods and Procedures[M]. Oxford: Butterworth-Heinemann, 2014.

[21] 李为吉,王正平,艾剑良. 飞机总体设计[M]. 西安:西北工业大学出版社,2005:57-131.

[22] 杨景佐,曹名. 飞机总体设计[M]. 北京:航空工业出版社,1991.

[23] PBS. Battle of the X-Planes[M/CD]. http://www.pbs.org/wgbh/nova/xplanes/, 2003-02-04.

[24] MANNING V M. Large-Scale Design of Supersonic Aircraft via Collaborative Optimization[D]. Stanford: Stanford University, 1999.

[25] 程不时. 飞机设计中的"系统综合"//谢础. 振兴跨世纪中国航空——中国航空学会成立三十周年学术研讨会论文集[C]. 北京:北京航空航天大学出版社,1994:36-42.

[26] 刘虎,罗明强,田永亮,等. 飞机总体设计支持技术探索与实践[M]. 北京:北京航空航天大学出版社,2013.

[27] 凯利·约翰逊,玛吉·史密斯. 我怎样设计飞机——美国飞机设计师凯利·约翰逊自传[M]. 程不时,赵中,译. 北京:航空工业出版社,1990.

[28] PARKER G M. Team Players and Teamwork: New Strategies for Developing Successful Collaboration[M]. San Francisco: John Wiley & Sons, Inc., 1990.

第 2 章 需求与设计要求论证

🎯 **知识点**

- 用户需求对飞机设计的牵引作用;
- 基于模型的系统工程"V"模型概念;
- 体系的概念、主要特征及实例;
- 飞机的典型设计要求及指标;
- 军用飞机和民用飞机在用户需求和设计指标上的异同;
- 质量屋的基本概念及其应用方法。

2.1 需求的来源

需求是飞机设计的基础,所有设计都围绕需求来开展,牵引整个设计工作。如果需求不正确、不完整、不一致,就可能导致飞机功能缺失、无法达到既定的性能等,给产品造成重大的不良影响。在需求的来源上,军用飞机和民用飞机存在明显的区别。对于军用飞机而言,其需求主要由军方根据以下三大因素提出[1]:

① 政治上,未来周边或国际政治环境和冲突规模的估计;
② 经济上,全寿命周期费用和可承受能力的估计;
③ 技术上,未来敌机发展方向的估计和新技术应用的风险分析。

长期以来,技术上的因素,即潜在对手机型的威胁往往是发展新飞机最为直接的需求牵引。例如,苏联时代提出的"空军远景前线歼击机计划"中针对苏-27 的设计需求是它应当"适合于对抗美国的新一代歼击机"(20 世纪 60 年代中期美国空军开展的 F-X 计划,也即后来的 F-15 歼击机)[2]。在这种情况下,从需求转化为设计要求时,对手机型的性能就成了主要依据。

随着现代战争模式的不断演变,以及网络中心战、反介入/区域拒止、空海一体战、多域作战等新的作战概念层出不穷,考虑各军兵种间联合条件下的整体能力已显得越来越重要[3]。因此,新型飞机的设计和发展必须跳出仅仅关注单个飞机性能的局限,而必须针对可能的联合作战任务,进行多航空武器系统甚至多武器系统、海陆空天电多维度综合能力的设计要求和优势分析,也就是要面向体系、强调系统与综合匹配能力,即体系中的系统实现其预定目标或完成特定任务的可能性。

例如,图 2.1 中给出了某国空军实验室提出的以打击、情报/监视/侦察、机动为核心,空军应当具备的七项能力,包括持续精确打击、远距打击、全球快速打击、联合空中作战、持续 ISR(情报/监视/侦察)、多任务机动、空天快速响应。以这些能力需求为基础,通过与工业部门、学术界的共同论证(这样的论证通常会持续数年),才能逐步形成兼具先进性和合理性的新飞机设计要求。

图 2.1　某国空军研究实验室提出的空军能力需求示例[3]

而在民用飞机方面,主要表现为民用飞机很难说有什么"固定客户",因此要发展什么样的飞机,一般都是由飞机公司根据市场调研的分析报告,提出初步设想,经过与可能用户(一般为航空公司)进行反复沟通和协调后,再制定相应的设计要求[1]。在这个过程中,设计要求也需要有正确的预见性,因此必须结合长期的市场调查和详细的分析研究,在实际操作过程中不断修正。

市场判断的差异往往会导致截然不同的设计方向,波音 B787 和空客 A380 的研究就是最具代表性的案例。在波音看来,传统的民航营运模式是中心对中心。随着航空公司的竞争越来越激烈,旅客的需求将越来越得到重视,结果是航线越开越多。航线越开越多,营运模式就从传统的中心对中心,转变成以直飞为主的"点对点"模式。中心的辐射功能则处于不断的弱化过程中。为此,波音把研发目标指向适合于点对点飞行的中型飞机上,即波音 B787。空客则认为通过枢纽中转的轴辐模式仍然是未来航空运输发展的方向,应主要面向高密度、大客流量、远航程的枢纽机场发展大型客机,即空客 A380[4]。

为了进一步帮助设计人员理解问题并定义目标系统的所有外部特征,需求工程的概念和方法得到了不断发展,即通过应用已证实有效的原理、方法,通过合适的工具和记号,系统地描述待开发系统及其行为特征和相关约束。作为系统工程的重要关注点之一[5],在新飞机的研制中必须高度重视需求的获取、识别、分析、确认和跟踪。

2.2 需求的论证

2.2.1 基于模型的系统工程中的需求论证

飞机是典型的复杂系统,遵循系统工程(SE)所提出的系统设计框架,即需求定义、功能分析、逻辑设计以及物理设计(R-F-L-P),对以更优的方式综合、开发和运行满足客户需求的高质量产品有重要的作用。其中,需求定义是整个设计方案的来源与约束,需求随着正向设计的深入不断分解和细化,并贯穿于系统设计的全生命周期。传统的基于文本的系统工程(TSE)使用文本文档、电子表格、演示文档等形式创建需求说明书、需求跟踪和验证矩阵等需求文档交付物,具有信息表达不完整、信息有歧义、难以变更追溯、难以进行分系统综合等缺点,因此国内外飞机设计机构正在积极转向基于模型的系统工程(MBSE)实践中。

国际系统工程协会(INCOSE)对基于模型的系统工程的定义为"一种应用建模方法的正式方式,用于支持系统需求、设计、分析、检验和验证活动,这些活动从概念设计阶段开始,贯穿整个开发过程及后续的生命周期阶段"[6]。相比于传统基于文本的系统工程,基于模型的系统工程采用正规化的建模语言,设计过程中交付的产物主要是运行分析模型、需求模型、功能模型、专业模型、系统模型等,这些模型为飞机系统设计过程中不同专业人员提供了对飞机系统的统一理解,具备可追溯、可修改、可仿真、可验证、可确认的特点。基于模型的系统工程"V"模型如图2.2所示。

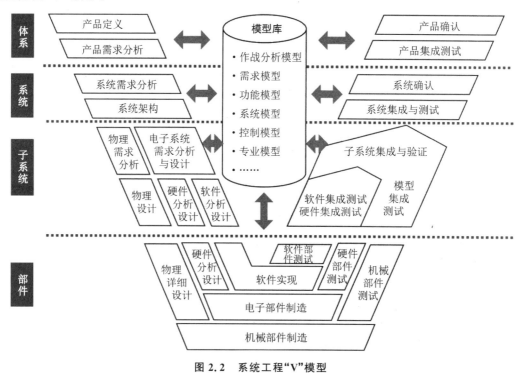

图2.2 系统工程"V"模型

为了在复杂系统的研制过程中有效实践基于模型的系统工程,美国先后推出《数字工程战略》(2018年)、《使命任务工程指南》(2020年)等顶层文件。其中,数字工程战略旨在打造数字工程生态系统,使用数字工程环境、流程、方法和工具,支持装备系统的规划、需求、设计、分析、验证、确认、使用和持续保障。值得关注的是,数字孪生技术是数字工程的关键技术之一,基于模型的系统工程是数字工程的重要组成部分[7]。使命任务工程旨在将使命任务的分析工程化,向需求分析过程提供基于工程的任务输出,指导复杂系统原型开发,支撑领导层做出关键决策。数字工程是使命任务工程的基本要素,模型开发、集成、使用、分析和策划是使命任务工程活动的核心要素[8]。

2.2.2 体系工程与体系架构

本书中所谓的"体系",其英文名称为"System of Systems"(缩写为 SoS)。体系概念最早的定义可以追溯到20世纪50年代,但之后的很长一段时间都是只在理论层面上存在,并未得到学术界和应用领域的广泛关注。1995年,美国海军上将 Owens 首次在军事领域引入了 SoS 理论,并强调其在军事领域发展体系的重要性[9]。自此之后,体系理论逐渐开始应用于各种军事项目,尤其是面向联合作战的研究与应用中。例如,在民用领域,波音 B787 的研制前期就充分考虑了在民航体系环境下进行运营的需要,提出了"电子使能(E-enabled)"的要求(见图 2.3);在军事领域,美国国防高级研究计划局(DARPA)在 2017 年提出的"马赛克战"是体系作战背景下美军进行兵力设计的全新顶层概念,旨在发展动态、协同、高度自主的作战体系,逐步并彻底变革整个装备体系和作战模式[10,11](见图 2.4)。

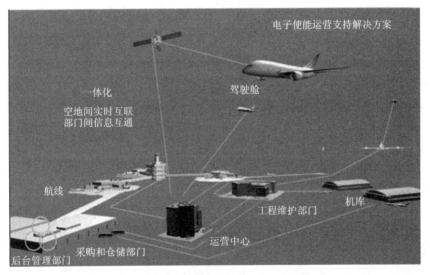

图 2.3 波音公司提出的民机"电子使能"概念

对于体系的定义,仍然没有一个统一的标准,以下是两种典型的定义方式。

美国国防部对体系的定义:体系是一系列系统的整合,通过将独立的多个系统统一为更大的系统,将形成更独特的系统能力[12]。

国际系统工程协会(INCOSE)对体系的定义:体系是指其元素在管理上和运行上是独立系统的系统。体系典型地带来大规模跨学科问题,涉及多重的、混合的和分布式的系统,这些部件系统的互操作集合通常产生单个系统无法单独达成的结果[6]。

尽管没有一个精准的定义,但仍可通过对特征的描述来识别体系。其中,Maier 在 1998 年提出的 5 项特征得到的认可程度最高[8]:

图 2.4 DARPA 提出的"马赛克战"概念

1）成员系统独立运行，将其分解后，成员系统均可独立运行；
2）成员系统独立管理，具有不同的功能和使命；
3）成员系统在地理上分布范围广泛，通常分布于很大区域内；
4）涌现行为（emergent behavior），使体系具有成员系统不具备的功能；
5）体系的进化性，能够随着外界的变化和成员系统的相互作用，持续发展和变化。

随着对体系研究的深入，人们对其提出了一些新的特征，例如美国普渡大学的DeLaurentis教授在2005年就提出了跨学科性、异质性和网络性这三个特征。基于这些特征有助于进行体系与系统的区别。例如，单独的一架飞机不是一个体系，虽然其由发动机子系统、燃油子系统、控制子系统等组成，但是如果移除其中某一子系统，其他子系统都不能正常运行。航空运输则是一个体系，大量的飞机和相关的其他为其服务的系统，例如机场设置、地面服务系统、空管指挥系统，共同构成了一个体系，移除其中某一个系统，各自仍然可以完成自己的功能运行。

体系组成元素的多样性、边界模糊性以及其动态演化的涌现性导致了体系问题相较于单一系统问题更加复杂，使得传统的系统工程理论和技术不能有效解决体系问题，体系工程因此应运而生。体系工程是系统工程的延伸，是体系开发、管理与应用的相关方法、理论、技术和过程[14]。传统系统工程旨在解决系统的开发与使用，分析和综合寻找最优解决方案；而体系工程重在体系的规划与实施，重点是平衡与演化分析体系能力的合适解决方案[15]，如图2.5所示。

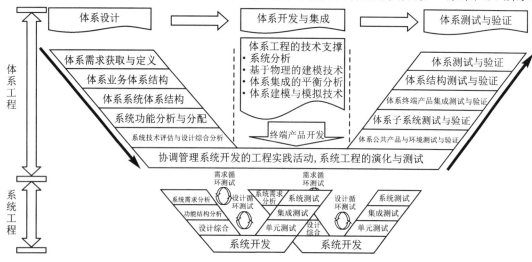

图 2.5 体系工程过程与系统工程过程[16]

体系需求是有层次的需求，包括使命任务需求、能力需求、系统需求等等，要考虑各个利益攸关者的关切、需求的不确定性与演进性以及能力的基线状态。美国近 20 年来在以架构为中心、基于模型支撑体系架构设计与需求开发方面做了大量工作。1996 年，美军采用架构技术开展 C4ISR（指挥/控制/通信/计算机/情报/监视/侦察）的设计和建设，到 2003 年正式形成美国国防部架构框架（DoDAF）1.0，到 2009 年演进为支持建模和仿真的 2.0 版本，建立了由作战、系统和技术高度集成的联合一体化能力体系架构框架，通过结构化描述作战任务、呈现作战场景、描述装备和非装备解决方案，自上而下地管理作战需求，从源头解决了各军种装备重复建设、联合作战能力冗余等问题，促进了"作战概念—体系分析—武器平台"的统一论证和渐进式采办模式的形成。

2.2.3 基于仿真的论证方法

体系的广受关注，为需求的提出和设计要求的论证提供了更广阔的空间和更高的要求。如何将体系化运用中的用户需求转换为飞机的设计要求，是近年来各方研究的热点。国内外的许多研究机构都从事这方面的研究。由于体系的规模大、复杂度高，很难通过实际的体系级试验来分析某一设计要求对需求的影响及对体系的贡献。因此，基于仿真的方法已经成为目前研究和应用的主流之一。

美军在装备论证中非常重视联合作战仿真技术，在基于仿真的采办（Simulation Based Acquisition，SBA）研究中提出了一个重要的研究领域"国防采办中建模与仿真的分析应用（use of Modeling and Simulation for Analysis in defense acquisition, MS&A）"。在工业界，为给美国执行军事任务和国土安全建立作战概念和网络中心战提供解决方案，美国洛克希德·马丁公司设立了创新中心，目的是向指挥官、政策制定者、作战人员、分析家和工程人员提供一个合作环境，用于评估和试验新的作战概念和能力。目前，基于仿真的论证方法被广泛应用于装备作战能力、维修性、保障性、机场适应性等单项性能的评估，以及复杂任务下的系统效能评估等。

对于系统工程而言，应该在整个系统的采办过程中应用仿真这一重要的工具，并且越早应用仿真，降低风险越有效。在采办过程中应用仿真的优点包括但不局限于以下几点[17]：

① 在系统的需求分析阶段，仿真有助于可视化表达客户要求，是各个利益攸关方进行对话的有效工具；

② 在系统开发全过程中，仿真产生的数字模型会不断完善细化，最终形成系统数字模型；

③ 在系统的概念设计阶段，仿真可以用来验证不同的设计方案，及时识别风险；

④ 在系统的试验阶段，可以减少所需的试验次数，拓展试验范围，降低试验成本；

⑤ 在系统的运行阶段，可以用来训练系统的操作人员。

图 2.6 给出了一种面向体系和基于能力的技术评估流程。该流程以战略轰炸机为研究对象，体现了如何将宏观的能力要求逐步转化为可以评估的效能指标（效能是设计要求的重要组成部分，在本书的第 18 章中还会专门介绍）。整个流程被分为 10 个步骤[3]：

① 明确目标和约束条件；

② 建立任务情景；

③ 定义架构组成和建模/仿真方法；

④ 建立战略目标与可能执行的各种任务间的映射；

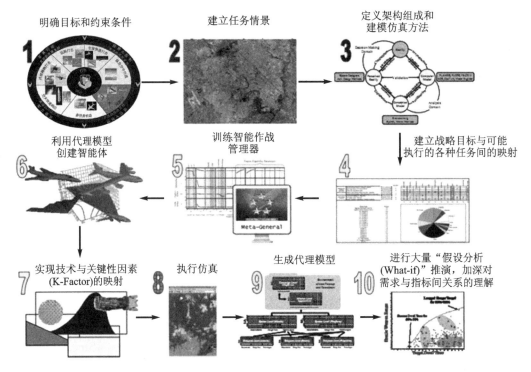

图 2.6 基于能力的体系技术评估流程[3]

⑤ 训练"智能作战管理器",即进行仿真中的作战指挥行为建模;
⑥ 利用代理模型创建智能体;
⑦ 实现技术与关键性因素(K-Factor)的映射;
⑧ 执行仿真;
⑨ 生成代理模型;
⑩ 进行"假设分析(What-if)"的大量推演,形成对需求与指标间关系的深刻理解。

上述流程对于其他类型飞机的需求分析和设计要求论证也有很好的参考价值。与之类似的工作还有很多,例如针对不同航线网络体系的需求进行的民机论证方法研究。限于篇幅,本书不对此进行更深入的讨论,但建立起体系的概念并充分意识其作用,是在新形势下学习飞机总体设计时不应忽略的。

2.3 飞机的设计要求及指标

2.3.1 飞机的设计要求

用户的需求通常以定性的方式呈现,要完成飞机设计,必须将用户的定性需求转换成具有定量化特征的设计要求及总体技术指标。虽然飞机设计要求没有固定的格式,但对飞机设计而言,它仍然是一项非常重要的技术文件[18,19]。这一技术文件对于军方、事业单位或航空公司而言,重要的不是格式,而是它的内容。飞机的主要设计要求包括但不限于如下内容。

1. 飞机的用途和任务

飞机的用途和任务将直接决定后续设计过程中所参考的对象、参数的核算方法与迭代的过程。因此,需要明确所设计的飞机是民用机还是军用机?主要用途是什么?其他用途又是什么?例如,对于一个大型的军用运输机,它的主要用途当然是运输人员和运送物资,但是也可能会有其他用途,比如说改装成其他的特种飞机,如预警机、加油机等。这种可能的用途,需要在设计要求里体现出来。

2. 飞行剖面

典型的飞行剖面定义为:为完成某一特定飞行任务而绘制的飞机航迹图形,是飞机战术技术要求的组成部分和重要的设计依据,也是形象地表达飞行任务的一种形式。按航迹所在平面分垂直飞行剖面和水平飞行剖面。经常使用的是垂直飞行剖面。飞行剖面以起飞基地为原点,由起飞、爬升、巡航、机动飞行、攻击、下降和着陆等若干个飞行阶段组成,如图 2.7 所示。

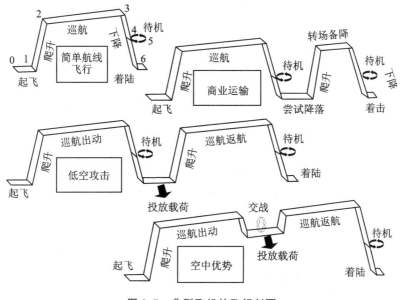

图 2.7 典型飞机的飞行剖面

在每个飞行阶段,详细的图示中一般都标明飞行速度、高度、耗油量(或余油量)、飞行时间、离开原机场的距离和飞行方式等。此外,根据任务形式、机型的不同,飞行剖面的具体表现形式也会存在一定的差别。例如,对于民用飞机而言,飞行剖面相对比较简单,主要包括起飞—爬升—巡航—待机—下降—着陆;而对于军用飞机,其飞行剖面相对比较复杂,典型的包括起飞—爬升—巡航—待机—下降—投弹—爬升—巡航—待机—下降—着陆。当然,对于飞行剖面本身的描述方式可以有很多种,表现形式只是一方面。重要的是,对于每一段究竟需要怎样的性能数据,将会对后面的设计带来更加深远的影响。

3. 飞行性能

正如在飞行剖面介绍时所提到的,飞行性能是在设计要求里必须给出来的内容。一般的飞行性能主要包括:飞行速度、飞行高度、航行能力、起飞着陆性能、机动性等。其中,飞行速度又包括最大飞行速度、巡航速度和失速速度等;飞行高度包含巡航高度、升限(理论升限、实用升限)等;航行能力包含航程、作战半径以及最大续航时间等;起飞着陆性能包含起飞速度、起飞滑跑距离、着陆速度、着陆滑跑距离等;机动性则包含爬升性能、加速性能、减速性能、盘旋性能等。这些都必须有详细的数据作为支撑。对于战斗机,侧重考虑最大飞行速度、升限、机动性方面的要求;对于轰炸机和运输机,则更注重一定装载下的航程(包含空中加油后的航程)和起降性能要求;对于多发动机的飞机,还需考虑在一些发动机出现故障后用剩余发动机工作时,对飞机性能规定的一些具体指标。

4. 有效载荷

有效载荷又被称为商载或酬载。对于军用飞机、民用飞机,其指代对象不同。对于军用飞机而言,主要指飞行员及机上所携带的各类武器;而对于民用飞机,主要指机组人员、乘客以及所运送的货物。

5. 功能系统

功能系统主要涵盖机载通信系统、导航系统、显示系统、飞行控制系统、防撞系统、气象雷达系统、飞机管理系统;针对军用飞机还会包括战术任务系统、军用通信系统、空中雷达、声呐、光电系统、电子预警、电子支援以及防御支援、机载网络等系统。

6. 隐身性能要求

该项要求主要针对军用飞机,主要是通过包括雷达隐身、红外隐身、可见光隐身以及声隐身等技术手段使所设计的飞行器尽可能不被敌方探测系统所探测到。由于当前用于发现及跟踪飞机的主要手段是雷达,且多数空空导弹和一部分地空导弹采用雷达制导,因此飞机必须将针对雷达的隐身设计放在首位。

7. 作战效能

作战效能是指飞机完成预定作战任务能力的大小,属于综合性指标,可以用来进行同类飞机的优劣对比[20],主要包含飞机的空战能力和空地作战能力等,与飞机的总体设计参数关系密切[21]。

8. 使用维护要求

使用维护要求主要涉及飞机使用过程中需满足的边界条件,以及飞机在使用前后,地面检测、保障工作所需遵循的相关技术内容。

9. 机体结构方面的要求

对飞机机体结构承受正、负最大过载的要求,对承受动强度、使用寿命方面的要求,直接关系到飞机机体结构的设计以及相关结构材料的选取,因而是飞机设计阶段对飞机机体方面的两项重要要求。

10. 研制周期和费用

现代飞机的综合技术水平要求日益提高,开发和制造是一项非常庞大的工程,其研制周期已不断增长。合理引入新技术,有效控制产品的研制周期,在恰当的时间内更加贴合军方/民用市场的需求,已成为现代飞机设计初期必须明确、认真考虑的问题。

此外,注重飞机的经济可承受性,以寿命周期费用的观点研究投入的费用已成为各方面的共识。F-22生产数量的一减再减,F-35研制项目的提出及其相对F-22需求数量的提升,足以说明如美国这样的经济强国都需非常重视飞机装备费用的有效控制。

11. 环保性要求

不同于20世纪飞机"速度至上"的设计理念,进入21世纪以来,随着低碳理念的深入人心、环保压力日益增大,越来越多的设计人员将"低碳环保"视为飞机设计的首要目标,从外形、材料、发动机等多方面入手,努力提升飞机的环保性能。

例如,早在2011年年初,美国国家航空航天局(National Aeronautics and Space Administration,NASA)就公布了新一代宽体客机的3种设计方案。每个设计方案都力求在15年以内达到一个比较理想的环保目标,如将燃油消耗降低40%,氮氧化合物排放量降低75%,以及将噪声减小42 dB等。

2.3.2 飞机设计规范

仅仅依靠设计要求是不能完全指导设计工作的。飞机设计自1903年莱特兄弟开始,针对飞行过程中出现的各种技术问题已进行了不断地总结和探索,形成了较为完整、形成体系的设计规范,可更加全面地辅助用户所给的设计要求,完成飞机设计的方案分析与细化优选。

飞机设计规范由国家有关部门制定和颁布,是指导飞机设计工作的通用性技术文件,针对各类飞机给出了许多指令性的规定,包括:飞机的设计情况、安全系数、过载系数、飞行载荷、突风载荷、飞行品质、飞行包线、起飞与着陆要求、飞机重心的稳定性裕度、强度和刚度等。已有的典型设计规范包括:美国军用飞机设计规范(MIL系列)[22],民用飞机适航规章(FAR-25、FAR-23等);中国军用飞机强度规范,民用飞机的中国民用航空规章(CCAR-25、CCAR-23等)。并且,针对不同类型的飞机,对应的适航规章将不同,例如FAR-25、CCAR-25以及CS-25(欧盟体系内的适航标准)主要针对运输类飞机,FAR-23、CCAR-23以及CS-23主要针对正常、实用、特技和通勤类飞机,而针对滑翔机则有FAR-21.17(b)、CS-22与之对应[23]。此外,航空规章不只针对于设计阶段,形成体系的航空规章将覆盖与飞机整个寿命周期相关的制造、运行、维修、机场、空管、人员、行政以及事故调查等多个方面和阶段,如图2.8所示。图中的数字是适航规章的编号。这也体现了一位优秀的飞机设计师不能把视野局限在与研制相关的规章上,还必须从全寿命周期的角度了解更全面的规章要求,才能保证设计出来的飞机可以得到用户的认可。

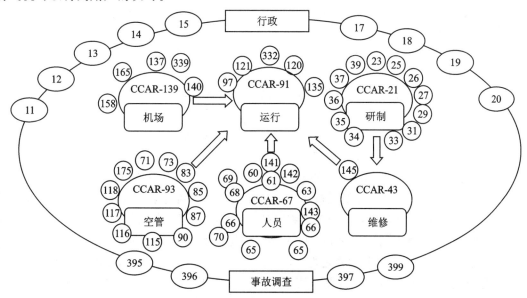

图 2.8 航空规章的覆盖性

在这些规范中,很多涉及飞机技术层面上的要求都有指令性的规定,但是,不能说设计要求只满足这些指令性规定即可,因为这些规定仅是飞机面向用户的最低要求。

2.3.3 飞机的总体技术指标

为了便于飞机设计后续工作的开展,必须将上述定性要求、定量要求进行系统梳理,形成飞机设计过程中完整、可接受、可实施、能与飞机设计相关分析计算模型相对应的指标性参数集合。

飞机设计技术指标的制定一般由总设计师和总体设计部门根据飞机使用技术要求或战术技术要求,以及有关的设计规范等文件而制定,目的是全面指导和协调整个飞机设计的工作。因此,飞机设计技术指标确定所包含的内容主要有以下3点:

① 飞机设计要求的具体化和某些必要的补充;
② 必须与飞机设计规范的要求相一致;
③ 考虑当前和今后一个时期内,该指标有一定的先进性和可实现性。

一般的飞机设计过程中,最为关键的飞机总体技术指标包括以下内容。

1. 军用飞机

① 作战半径:指军机携带正常任务载荷,在不进行空中加油,自机场起飞,沿指定航线飞行,执行完任务后,返回原机场所能达到的最远单程距离。它小于等于1/2航程,是衡量飞机战术技术性能的主要指标之一。

② 有效载荷:主要指飞机上所搭载的用于执行既定任务的相关设备、武器、物品或者人员,是反映飞机执行任务能力的一个主要指标。

③ 升限:指飞机所能达到的最大平飞高度,主要包括理论升限和实用升限。理论升限指发动机在最大油门状态下飞机能维持水平直线飞行的最大高度。实用升限指发动机在最大油门状态下,飞机爬升率为某一规定小值(如 0.5 m/s)时所对应的飞行高度。

④ 最大使用过载:作用在飞机上的气动力和发动机推力的合力与飞机重力之比称为飞机的过载。飞机所能承受过载的大小是衡量飞机机动性的重要参数。过载越大,飞机的受力越大。为保证飞机的安全,飞机的过载不能过大。战斗机的过载一般为 $-4g \sim +9g$($9g$ 也是飞行员能够承受的最大过载值)。

⑤ 最大平飞速度:指飞机在水平直线飞行条件下,把发动机推力加到最大所能达到的最大速度。

⑥ 最大爬升率:飞机在某一高度上,以最大油门状态,按不同爬升角爬升,所能获得的爬升率的最大值称为该高度上的最大爬升率。

⑦ 起降距离:飞机从起飞线开始滑跑、离地并爬升到机场上空安全高度所经过的水平距离为飞机的起飞距离。同理,飞机从机场上空的安全高度到落地后停止的距离为飞机的降落距离。在作战环境下,对安全高度的要求将降低,甚至会在简易的跑道上执行任务。

⑧ 飞行品质:指涉及飞行安全和驾驶员操纵难易程度的飞机的各种特性。典型的包含操纵效能、驾驶力、静稳定性以及动稳定性。

⑨ 隐身能力:使敌方的各种探测系统(主要是声、光、电、热)无法发现自身的能力。

⑩ 使用维护要求:相比于民机,军机的应用环境更加恶劣,考虑的因素通常会更多。

2. 民用飞机

① 航程:通常指飞机在正常承载、空中不加油的情况下所能达到的最远距离。

② 载客/货量:按照民航相关规范要求执行时,所能运输的人员数量/货物重量。

③ 起降距离:同军用飞机,但从安全性的角度考虑将严格执行安全高度要求。

④ 飞行品质:概念同军用飞机。

⑤ 安全性:飞机携带既定载荷,在既定环境中按既定要求正常飞行和起降的能力。

⑥ 经济性:在做好项目市场预测、工业实施计划及技术方案等研究的基础上,计算飞机项目投入的费用和产生的效益,以此判断项目的可行性和合理性。

⑦ 舒适性:指乘客乘坐飞机的舒适程度,主要指客舱内的舒适性,包括对客舱内温度、噪声、客舱压力、人机工效、工业设计和集成设计等的要求。

⑧ 环保性:飞机在使用过程中不对环境造成破坏的能力,主要是对飞机排放废气和噪声的控制。

⑨ 使用维护要求:飞机的使用维护要求包含使用时的机组人员数量、地面支持设备等,以及维护过程中的场地、地面配套设备、人员、备件和针对不同级别的维护时间等要求。

2.4 基于质量屋的相关性及优先级分析

2.4.1 质量屋的基本概念

质量屋(又称质量功能展开,Quality Function Deployment,QFD),是一种立足于在产品开发过程中最大限度地满足用户需求的系统化、用户驱动式质量保证方法。其主要作用为:通过认真研究和分析用户的需求,将用户的需求转化为可以量化和实施的产品设计质量特性,可有效提高产品质量、缩短开发周期、降低生产成本和增加用户的满意程度[24]。

质量屋诞生于 20 世纪 60 年代,由日本教授赤尾洋二和水野滋提出,于 1972 年首次被日本三菱公司的神户造船厂采用,属于从船舶行业中引入的舶来词。20 世纪 80 年代初引入美国并得到全面的发展,80 年代中期引入到中国。目前已被通用、克莱斯勒、惠普等多家国际知名公司及我国航空设计单位所采用。

QFD 是 ISO9000 中一个重要的统计技术,目的是量化分析用户需求与设计特征之间的相关性及优先性,经数据分析处理后找出对满足用户需求贡献最大的设计特征,即关键设计特征,以此指导设计人员抓住主要矛盾,开展稳定性优化设计,进而开发出满足用户需求且受外界因素干扰最小的产品。

图 2.9 所示是一典型质量屋的单元组成[25]。该图包括左墙——用户需求,右墙——用户需求的权重及其等级,天花板——产品主要设计特性,屋顶——设计特性间相关矩阵,房间——用户需求与设计特性间关系矩阵,地板——设计特性评估,地下室——设计特性的目标值。

1. 用户需求

用户需求解释面向对象的问题,主要是将用户的要求进行分类,并对所有类别的要求进行重要程度分析,给出相应的权重。必须从掌握第一手市场调查信息入手,需求的具体形式及其内容可能存在一定的不同,但会存在共性问题。此外,来自用户/客户的设计需求(左墙)大部

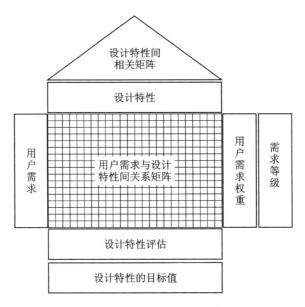

图 2.9 质量屋的基本组成

分都是定性的,如低成本、长航时、低可探测性等,目标指向较模糊,尤其是与飞机设计的相关技术指标、技术参数间看不出明显的对应关系。

关于用户需求名目,还可通过现有经验进行列举。此外,在建立质量屋的过程中还应该注意将表达同一含义或相似含义的用户需求进行合并,如航程远和低油耗可以合并,因为用户需求总数越少,建立和管理 QFD 矩阵越容易。

2. 设计特性

设计特性是指与用户需求相对应的产品特性,设计特性的权重由设计特性与不同用户需求间的关系程度综合确定。真正能指导飞机设计的是产品的主要设计特性,如高巡航 Ma 数、低燃油消耗率、高的最大升力系数等。

设计特性的选取,一般由设计师根据用户需求,结合设计理论和经验进行罗列,所选取的设计特性应满足两大特点:针对性,针对用户需求提出;可测量性,便于对设计特性进行有效控制和评判,以及后期开展设计方案的优化。例如,巡航马赫数、升阻比、燃油消耗率等,都是有具体数据指代其性能优劣的。屋顶部分(见图 2.9)表示各设计特性之间的相互关系,根据设计理论即可进行相应判断。

3. 需求权重及等级

需求权重及等级指从用户的角度,对本企业的产品和市场上其他竞争者的产品在满足用户需求方面进行评估。针对需求名目及其排序、权重的具体参数,目前最直接的方法是采用市场问卷调查的形式对用户的需求及其需要满足的程度进行整理、归类,并结合计算公式进行重要性排序和权重的分配。

从前面的介绍中可以看出,调查的对象很广,包括:

① 针对民用飞机,有航空公司、乘客、制造商、公众、驾驶员、空勤人员、地勤人员等;

② 针对军用飞机,有军机装备决策层、一线部队、生产单位,同样也包括空、地勤人员(飞行员是关注重点)。

当然,对于当前处于学习阶段的在校学生而言,进行设计时主要还是依靠对文献信息和网络信息的收集、整理与分析。

基于上述的调查问卷分析,形成综合评分的计算公式为

$$P_j = \sum_{i=1}^{m} \frac{P_{ij}}{\sum_{j=1}^{n} P_{ij}} \Big/ m \tag{2.1}$$

式中,m 为受访者人数;n 为用户需求的项数;P_{ij} 表示第 i 个受访者对第 j 项用户需求的评分;P_j 的取值越大,说明第 j 项用户需求越重要。

4. 用户需求与设计特性间关系矩阵

用户需求与设计特性间关系矩阵反映用户需求与产品设计特性的关联程度,主要包括两个方面的分析,一方面是分析不同企业间对用户需求的满足程度,另一方面反映不同用户需求间的相对重要性。针对关系矩阵,一般会用 0~9 这 10 个数表示设计特性与用户需求的相关程度,也可以用 9-3-1 三级评价指标进行评价。此处,还需充分发挥专家论证组的作用,进行专家评分和相关程度的核算,类似于上述的用户需求权重核算,这也是为了得到设计特性间的相对重要程度,并罗列于"地板"上,从而可以根据设计阶段的不同对设计特性的使用数量进行必要的取舍。关于这些设计特性的具体值须从工程分析和实际测试中获得,以便于对"地下室"中列出的目标值进行具体比较。

5. 设计特性间相关矩阵

设计特性间相关矩阵主要反映产品特性之间的相互关系,典型的关系包括强正相关、正相关、负相关、强负相关。针对设计特性之间的关系,需要结合设计理论进行评判,确定哪些设计特性可以同时满足,哪些设计特性不能共存。针对不能共存的设计特性,需要结合下面的设计特性评估进行取舍,优先选择对设计方案影响大的设计特性。

6. 设计特性评估

对设计特性进行竞争性评估,确定不同设计特性间的相对重要程度。相应的计算公式为

$$P_k = \sum_{j=1}^{n} (N_{jk} \cdot P_j) \tag{2.2}$$

式中,n 为用户需求的项数;N_{jk} 为第 j 项用户需求与第 k 项设计特性间的相关性数值(不关联的项则无需考虑);P_j 为第 j 项用户需求的权重;P_k 的取值越大,说明第 k 项设计特征的重要程度越高。

在设计过程中,必须按照上述的重要程度进行设计方案的折中与分析,优先考虑对设计方案影响大的相关设计特性。

7. 目标值

目标值是针对各个设计特性的要求确定的,表示在设计过程中必须达到的设计特性取值。可以结合设计理论找到具体的数值与之对应,如高巡航 Ma 数的目标值为 0.88、低燃油消耗率的目标值为 0.7、高最大升力系数目标值为 1.8 等。

2.4.2 质量屋示例

下面以某多功能战斗机开发为例对质量屋的构建进行具体说明[25],如图 2.10 所示。由图可知,整个质量屋分为用户需求的分析、设计特性的确定、用户需求的权重设置、用户需求与

设计特性间关联矩阵的设定、设计特性间相关性矩阵的设定、设计特性权重的评估以及设计特性目标值的设定七个方面。

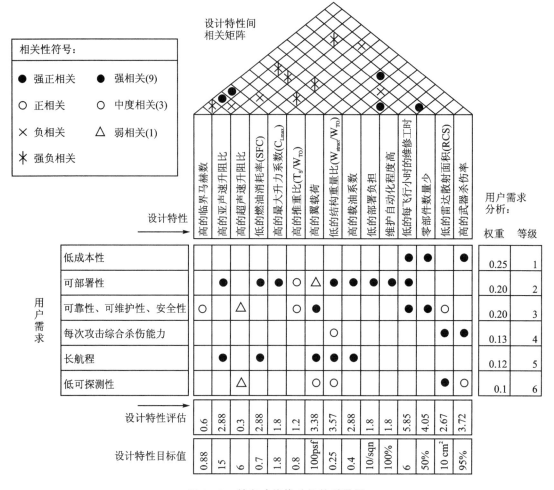

图 2.10 某多功能战斗机的质量屋

① 用户需求包括:低成本性,可部署性,可靠性、可维护性、安全性,每次攻击综合杀伤能力,长航程以及低可探测性。

② 设计特性包括:高的临界 Ma 数、高的亚声速升阻比、高的超声速升阻比、低的燃油消耗率、高的最大升力系数、高的推重比、高的翼载荷、低的结构重量比、高的载油系数、低的部署负担、维护自动化程度高、低的每飞行小时的维修工时、零部件数量少、低的雷达散射截面(Radar Cross Section, RCS)值、高的武器杀伤率。

③ 用户需求的权重设置:该参数是通过对用户需求进行市场调查和分析的方式获得的。结合式(2.1)可得低成本性,可部署性,可靠性、可维护性、安全性,每次攻击的综合杀伤能力,长航程以及低可探测性的权重分别为 0.25,0.20,0.20,0.13,0.12,0.1。

以第 2 项用户需求(可部署性)的计算为例说明如下:假设针对各项用户需求的评分情况如表 2.1 所示(此处按总分为"1"的要求面向受访者进行调查,实际上可以是十分制、百分制等任意合适的形式),则按照式(2.1)的计算过程为

$$P_2 = \sum_{i=1}^{m} \frac{P_{ij}}{\sum_{j=1}^{n} P_{ij}} \Big/ m = \frac{\dfrac{P_{12}}{\sum_{j=1}^{n} P_{1j}} + \dfrac{P_{22}}{\sum_{j=1}^{n} P_{2j}} + \dfrac{P_{32}}{\sum_{j=1}^{n} P_{3j}} + \dfrac{P_{42}}{\sum_{j=1}^{n} P_{4j}} + \dfrac{P_{52}}{\sum_{j=1}^{n} P_{5j}}}{m}$$

$$= \frac{\dfrac{0.18}{1} + \dfrac{0.24}{1} + \dfrac{0.15}{1} + \dfrac{0.23}{1} + \dfrac{0.2}{1}}{5} = 0.2$$

④ 用户需求与设计特性间关联矩阵的设定：通过专家评分和相关程度的核算，形成如图 2.8 中间各部分的表达形式，如可部署性与高的亚声速升阻比之间属于强相关，用黑色实心圆表示；可部署性与高的推重比之间中度相关，用空心圆圈表示；可靠性与高的超声速升阻比之间弱相关，用三角形表示。

⑤ 设计特性间相关性矩阵的设定：基于既有的飞机设计理论知识可判定，高的临界马赫数不能与高的亚声速升阻比并存，高的超声速升阻比不能与高的升力系数共存，而高的临界 Ma 可以和高的超声速升阻比共存，其他类似。

表 2.1 用户需求受访评分表示例

需求项	受访者 1	受访者 2	受访者 3	受访者 4	受访者 5	权 重
低成本性	0.22	0.18	0.33	0.28	0.24	0.25
可部署性	0.18	0.24	0.15	0.23	0.2	0.2
可靠性、可维护性、安全性	0.18	0.19	0.22	0.17	0.24	0.2
每次攻击综合杀伤能力	0.13	0.16	0.11	0.12	0.13	0.13
长航程	0.09	0.15	0.11	0.12	0.13	0.12
低可探测性	0.2	0.08	0.08	0.08	0.06	0.1
合计	1	1	1	1	1	1

⑥ 设计特性的权重评估：可通过式(2.2)针对每个设计特性分别计算获得。例如，针对低燃油消耗率的设计特性权重计算，可以看出，主要相关的客户需求为可部署性和长航程，并且均是强相关，相应的用户需求权重分别是 0.20、0.12，因此，其权重可计算如下：

$$R_{\text{LowSFC}} = 9 \times 0.20 + 9 \times 0.12 = 2.88$$

类似地，针对高翼载荷的设计特性权重计算如下：

$$R_{\text{High Wing Loading}} = 1 \times 0.20 + 9 \times 0.20 + 9 \times 0.12 + 3 \times 0.10$$
$$= 3.38$$

可以看出，针对本示例，高翼载荷的重要程度要比低燃油消耗率高。其他设计特性的权重计算类似。根据上述计算可知，低的每飞行小时的维修工时(Low MMH/FH)是位列第一位必须考虑的设计特性，高的武器杀伤率是位列第二位必须考虑的设计特性，位列第三位的是低的零部件数量。

⑦ 设计特性目标值的设定：可通过设计需求论证方法和历史数据的参考进行目标值的设定。本示例中高临界 Ma 数的目标值为 0.88、低燃油消耗率的目标值为 0.7、高的最大升力系数目标值为 1.8。

2.4.3 质量屋的层次性

因为针对某一特定的产品可以用多种质量特性,比如物理特性、性能特性、经济特性、使用特性等来体现,只有将这些特性落实到产品的研制和生产的整个过程中,最终转换成产品特征,才能真正体现用户需求。

当然,正如上面指出的,质量屋的应用不仅需要应用到设计阶段,更应应用到产品的整个研制过程中。也就是说 QFD 实际上是要求产品开发者在听取用户对产品的意见和需求后,通过合适的方法和措施将用户需求量化,采用工程计算的方法将其一步步地展开,将用户需求落实到产品的研制和生产的整个过程中,最终在研制的产品中更好地体现用户需求。同时,在实现用户的需求过程中,帮助企业各职能部门制定出相应的技术要求和措施,使他们之间能够协调一致地工作。

更为具体的说明是,完整的质量屋将如图 2.11 所示,具有明显的结构层次性,即质量屋的各个部分中,设计目标与要求、飞机级需求、系统级需求、子系统级需求、产品规范以及这些信息间的继承关系均为已知量,需要确定的是各级目标与要求的重要度排序,并基于此确定质量特性排序。

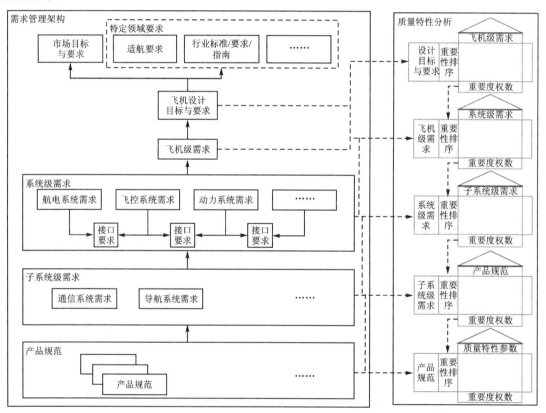

注:实线箭头表示满足;
虚线箭头表示信息流。

图 2.11 质量屋的结构层次性[26]

此外,QFD 各质量屋相关矩阵的配置,应该是在包括市场、设计、工艺、制造、质量和销售等部门人员的多功能工作小组(teamwork)的共同参与下协同完成的。矩阵的展开和分解要贯穿于产品开发过程的各个阶段。通过对产品质量要求及现状进行分析，找出质量保证与改进的关键及可能存在的问题；分析影响产品质量的因素，确定主要原因，并制订相应的对策和执行计划。这才是保证所研制的产品能最大限度地满足用户需求的关键所在。

基于上述说明，针对 2.4.2 节的示例可以进行 QFD 的进一步分解，如图 2.12 所示。由图可知，原先的"设计特性"转换成了"用户需求"，需要找出其与更低一层的"设计特性"间的相互关系，如高的亚声速升阻比与高的展弦比、低的浸润面积等之间的关系。依据对这些关系的分析，可进一步形成该级"设计特性"的重要性排序。此处的分析表明 V 尾在该级的重要程度最高。

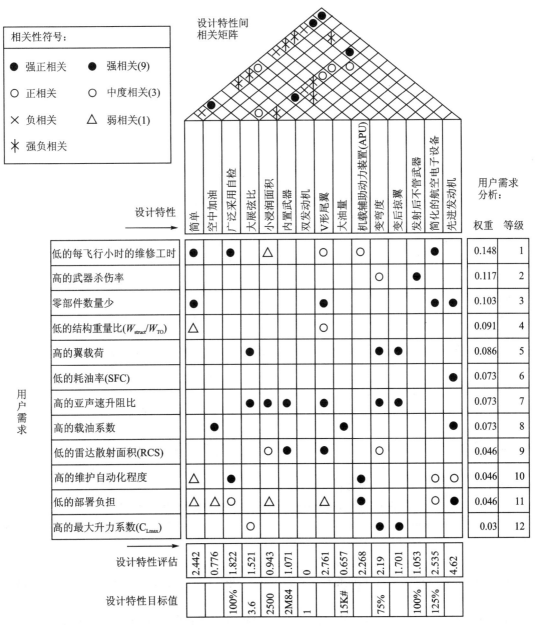

图 2.12 二级质量屋分解图

最后需要说明的是,质量屋这样的分析工具,需要适度使用。正如文献[27]中所述:虽然质量屋的应用可以帮助设计人员定义需求,评估它们的相对重要性,甚至选择设计特征和评估技术的适用性,就这个方面而言,质量屋的应用是有价值的。但是,如果在该方法的应用上投入过多的时间和精力,将会损害实际的飞机布局设计和基于布局的权衡研究,毕竟应用该方法的初衷是尽量减小分析的复杂度,而不是代替分析。所以,更加稳妥的做法是,在进行合理的质量屋分析后,尽快进入到第3章"总体设计的首轮近似",并使用它来评估相关参数的重要性和确定细化的需求,这时的分析结果更加可信。

课程设计项目进展建议

- 充分查找资料,对所选题目的军事或市场需求进行认真研究;
- 对已服役的或预研中的同类机型数据进行对比分析;
- 仔细分析所选题目,对设计要求进行细化和完善;
- 给出典型任务剖面;
- 查找相关适航条例(民机);
- 采用质量屋对设计要求进行定量分析,初步识别重点需求和相应的主要设计特征;
- 准备系统需求评审(SRR)。

参考文献

[1] 方宝瑞. 飞机气动布局设计[M]. 北京:航空工业出版社,1997.

[2] 巴维尔·普鲁因斯基,弗拉基米尔·安东诺夫,维亚切斯拉夫·金肯,等. Su-27研制历程——历史的起点[M]. 王永庆,李志,译. 北京:航空工业出版社,2017.

[3] PATRICK T B. A Methodology for Capability-based Technology Evaluation for Systems-of-systems [D]. Atlanta: Georgia Institute of Technology, 2007.

[4] 约翰·纽豪斯. 最高的战争[M]. 宁凡,译. 北京:北京师范大学出版社,2007.

[5] 贺东风,赵越让,钱仲焱,等. 中国商用飞机有限责任公司系统工程手册[M]. 上海:上海交通大学出版社,2017.

[6] 国际系统工程协会. 系统工程手册[M]. 4版. 张新国,译. 北京:机械工业出版社,2017.

[7] Office of the Deputy Assistant Secretary of Defense for Systems Engineering. Digital Engineering Strategy [R]. U. S. Dept. of Defense, 2018.

[8] Office of the Deputy Director forEngineering , Office of the Under Secretary of Defense for Research and Engineering. Mission Engineering Guide[R]. U. S. Dept. of Defense, 2020.

[9] OWENS W A. The Emerging US System-of-systems[R]. National Defense Univ Washington DC Inst For National Strategic Studies, 1996.

[10] 李磊,蒋琪,王彤. 美国马赛克战分析[J]. 战术导弹技术,2019(06):108-114.

[11] BRYAN C, DAN P, HARRISON S. Mosaic Warfare: Exploiting Artificial Intelligence And Autonomous Systems To Implement Decision-Centric Operations[R]. Center for Strategic and Budgetary Assessments, 2020.

[12] Department of Defense. Defense Acquisition Guidebook[M]. U. S. Dept. of Defense, 2004.

[13] MAIER M W. Architecting Principles for Systems-of-systems[J]. Systems Engineering, 1998, 1(4): 267-84.

[14] 胡晓峰,张斌. 体系复杂性与体系工程[J]. 中国电子科学研究院学报,2011,6(05):446-450.

[15] 游光荣,张英朝. 关于体系与体系工程的若干认识和思考[J]. 军事运筹与系统工程,2010,24(02):13-20.

[16] 刘俊先,张维明.基于能力、架构中心的体系工程过程模型[J].科技导报,2022,40(06):83-92.
[17] PASCAL C,DOMINIQUE L.体系的建模与仿真[M].北京:国防工业出版社,2017.
[18] 顾诵芬,解思适.飞机总体设计[M].北京:北京航空航天大学出版社,2001.
[19] 余雄庆.飞机总体设计电子教案[M/A].http://aircraftdesign.nuaa.edu.cn/pd-2004/.
[20] 李涛.层次分析法在飞机作战效能评估中的应用:探索 创新 交流(第2集)[C]//中国航空学会.第二届中国航空学会青年科技论坛文集.北京:航空工业出版社,2006:638-645.
[21] 王和平.飞机总体参数与作战效能的关系研究[J].航空学报,1994,15(9):1077-1080.
[22] 典型军用飞机设计规范.http://aircraftandairframestructuralcompone.emilspec.com/.
[23] SNORRI G. General Aviation Aircraft Design: Applied Methods and Procedures[M]. Boston: Butterworth-Heinemann, 2014.
[24]《健壮设计手册》编委会.健壮设计手册[M].北京:国防工业出版社,2002.
[25] BRANDTS A, STILES R J, BERTIN J J, WHITFORD R. Introduction to Aeronautics: A Design Perspective[M]. 2nd ed. Reston: AIAA Inc., 2004.
[26] 张春秀.基于QFD和需求管理的民机项目质量管理初探[J].项目管理技术,2014,12(6):108-113.
[27] RAYMER D P. Aircraft Design: A Conceptual Approach[M]. 6th ed. Reston: AIAA Inc., 2018.

第 3 章　总体设计的首轮近似

🎯 **知识点**
- 概念草图的作用及绘制方法；
- 飞机主要总体设计参数及参数选择的迭代性；
- 约束边界曲线绘制及初始设计点的选取方法；
- 初步重量估算的主要过程。

3.1　概念构思与概念草图

3.1.1　概念构思的形成

在明确了设计要求后，就可以进行设计方案的概念构思了。要形成一个优秀、合理的概念构思，做到如下两个方面是非常有必要的。

1. 熟知同类用途飞机的布局形式，结合创造思维和美学观念进行构思

文献[1]中引用了新中国第一位飞机总设计师徐舜寿先生的名言来说明其重要性："设计飞机也像作诗一样——熟读唐诗三百首，不会吟诗也会吟；看多了飞机图纸，设计飞机自然就有思路了"。每一架设计出来的飞机，甚至是在竞争中落选的飞机或中止研制的飞机（见图 3.1），都凝聚着其设计团队的聪明才智和专业知识。因此，充分了解不同布局的利弊和特点，能够让总体设计人员在面对新的设计要求时更加胸有成竹。

过去的经典并不意味着未来的成功，所以仅仅知道过去的设计方案还是远远不够的。设计人员必须在专业知识基础上，在概念构思中充分发挥自己的创造性。同时，还应当注意在构思中融入美学观念。虽然对于"美"并没有所谓的权威标准，但正如法国著名的飞机设计师达索所说，"看得顺眼的飞机，通常飞得都不错"。这其实也是在提醒作为从事飞机设计乃至于其他工程设计的人员，提升人文与艺术素养，不仅有利于平衡自身的工作与生活，对于提高设计水平也是有帮助的。

2. 持续积累数据，并且有效地进行利用

在概念构思的形成过程中，不光要对新方案有整体性想法，还应持续地对各种更加具体的数据进行积累。所谓"勿在浮沙筑高台"，只有在这种积累的基础上才能更好地融会贯通，尽可能保证概念构思的合理性。在飞机设计中需要积累的数据包括但不限于：

(a) YF-23验证机　　　　　　　　(b) 麦道公司的JSF方案

(c) 雅克-141垂直起降战斗机　　　　　(d) XB-70轰炸机

图 3.1　在竞争中落选的飞机或中止研制的飞机案例

① 飞机的外形数据,如机长、翼展等。

② 发动机的尺寸及相关特性等。

③ 主要装载/成品件的形状和重量,如座椅、导弹、炸弹、集装箱等。

④ 相关领域的最新技术研究水平,如气动、隐身、飞控、结构等方面当前的水平和之后一定时间内可能达到的水平。设计一架新型的飞机,必须要用新技术;不使用新技术,设计出的飞机就没有竞争力。

显然,最好的积累数据方式就是自己实际参与型号的设计,但这样的机会是非常难得的。在日常的学习和工作中,数据来源至少包括如下方面:

① 飞机的技术说明书。来自飞机制造商的技术说明书是了解特定飞机的第一手资料,能详细说明飞机的性能特性、系统组成。

② 综合性的飞机手册。例如英国简氏信息集团出版的《简氏飞机年鉴(Jane's All The World's Aircraft)》、航空工业信息中心编写的《世界飞机手册》等。

③ 设计教科书与手册。例如国内的《飞机设计手册》丛书、各类飞机设计教科书,美国航空航天学会(American Institute of Aeronautics and Astronautics,AIAA)的教育系列丛书等。

④ 与飞机设计相关的期刊杂志。例如《航空知识》《兵器知识》《国际航空》《Aviation Week》等。

⑤ 专业的学术论文及报告。例如《航空学报》中英文版、AIAA的系列期刊及会议报告、美国国家航空航天局(NASA)的报告等。

⑥ 互联网。互联网的广泛使用为获取各种飞机的信息提供了巨大的便利。前面各项中所列的很多资料都在以电子文档的形式存在于互联网上,更不用说每天都会更新的各类航空相关新闻、社交媒体中传播的数据了。对于习惯于使用互联网的年轻学生,有两点建议是值得

注意的。一是不应"厚此薄彼",即完全依赖于互联网的信息而忽略传统的手段,因为大量有价值的设计数据仍然是在传统媒介中存在的;二是必须对互联网上的数据进行鉴别,尽量从官方网站或信息中获取。

数据的积累是需要坚持开展的工作,而且总体设计人员还必须将其有效利用起来,才能发挥出数据的价值。"大数据"是近年来一个非常热门的技术概念,其实对数据的重视和运用早就是飞机设计的内在要求了,并且在百余年的航空工业发展中不断实践。在总体设计阶段大量使用的各种工程化的经验公式,就是体现数据运用的典型例子。

3.1.2 概念草图

在大脑中形成概念构思之后,就要用概念草图(conceptual sketch)的方式表现出来。概念草图只是用来体现设计者的主要设计意图和设计思想(见图 3.2),不需要进行详细绘制和设计。概念草图通常可以手工方式进行绘制,起到如下的主要作用即可:

① 确定设计方案的整体印象;
② 勾画出初始的气动布局;
③ 明确初始的总体布置,包括有效载荷、乘员、起落架、发动机、燃油和主要的系统布置等;
④ 用于总体设计首轮近似时的初始总体设计参数的估算。

虽然现在也可以借助于 AutoCAD、CATIA 等计算机辅助设计工具,或者 Maya、3DMax 等动画工具进行三维造型,但这些方式往往需要对软件工具的熟练掌握和更丰富的造型信息,所以它们更适合在第一轮手绘概念草图的基础上,用于概念方案的更完善表达。

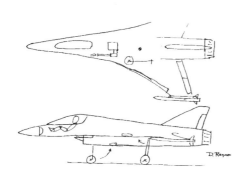
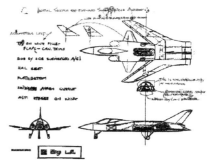
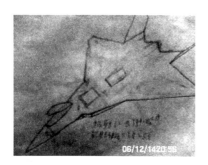

图 3.2 概念草图示例

由于总体设计是一个反复迭代、逐步逼近的过程,最好能构思出多个候选方案并用草图形式加以描述。在可能的情况下,需要对多个方案进行分析和优化,最后再进行多方案优选和细化设计。图 3.3 体现的是 2014 年度北京航空航天大学某飞机设计小组绘制的公务机备选方案概念草图。

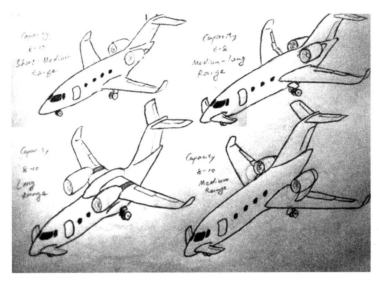

图 3.3　某公务机备选方案概念草图

3.2　飞机主要总体设计参数选择

3.2.1　飞机的主要总体设计参数

一架飞机在飞行过程中,要能平稳飞行,就需要处于受力平衡状态,如图 3.4 所示。飞机在飞行过程中主要受四个力的作用:自身的重力 $G(G=mg)$、飞行时产生的升力 L、飞行时产生的阻力 D、发动机的推力 F。

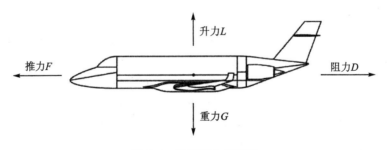

图 3.4　飞机受力平衡图

如果飞机在水平匀速直线飞行,那么升力与重力平衡,推力与阻力平衡,可得到两组平衡方程。飞机的很多性能指标都可根据平衡方程推导出来。

$$L = G = mg \tag{3.1}$$

$$F = D \tag{3.2}$$

$$L = \frac{1}{2}\rho V^2 S C_L \tag{3.3}$$

$$D = \frac{1}{2}\rho V^2 S C_D \tag{3.4}$$

式中，ρ 为飞行高度上的空气密度，kg/m^3；V 为当时的飞行速度，m/s；S 为机翼面积，m^2；C_L 为飞机升力系数；C_D 为飞机阻力系数。

由飞机的运动方程，可推得起飞状态下飞机的主要总体设计参数有三个：

- 起飞重量　　　　　　　　　　　m_0　　kg
- 机翼面积　　　　　　　　　　　S　　m^2
- 动力装置海平面静推力　　　　　F_0　　N

注意，此处的机翼面积指的是参考机翼面积，即延伸到飞机中心线，包含插入到机身内的机翼的总面积，具体定义参见 5.2.1 节及图 5.8。

机翼是飞机产生升力的主要部件。升力的大小和机翼面积的关系最大，面积越大，升力也越大。阻力由发动机的推力克服，设计飞机时，原则上要让阻力尽可能小。我们要计算多大的推力能够让飞机飞行，然后根据这个推力来选合适的动力装置装到飞机上，所以需要知道动力装置海平面静推力这个参数。确定这三个主要参数之后，就可以进行后续的设计工作了。需要说明的是，飞机设计是一个反复循环迭代的过程，设计过程中发现什么参数有问题，就需要重新进行设计分析。

由上述三个主要设计参数可推导出两个组合参数：

- 推重比（起飞）　　　　　　　　$\dfrac{F_0}{m_0 g}$
- 翼载荷（起飞）　　　　　　　　$\dfrac{m_0}{S}$　　kg/m^2

推重比，顾名思义，就是飞机的推力和起飞重量之比，是一个量纲为 1 的参数。翼载荷，就是单位机翼面积上的起飞重量。这些参数的单位，在不同的教科书和设计手册中经常会不同，使用中不能混淆。

3.2.2　主要总体设计参数的选择方法

飞机总体设计是一个不断迭代、不断权衡的过程。主要总体设计参数和概念方案之间有着"鸡生蛋，蛋生鸡"的辩证关系（见图 3.5），一方面飞机主要总体设计参数可以指导飞机方案和概念草图的构思，另一方面基于概念草图可以更好地开展飞机主要总体设计参数的选取。设计者可以先构建概念草图，再进行总体参数选择，也可以先直接基于设计要求及经验数据进行总体参数选择，并将总体参数结果直接用于指导概念草图的构思。不管哪种方式，最终都将通过反复迭代形成满足设计要求的飞机设计方案。

飞机主要总体设计参数的选取包括初步重量估算和设计点（推重比和翼载荷）选取。在不同的文献中二者确定的先后顺序也有所差异。一种是先进行重量估算，再进行设计点选取，如文献[1~3]；另一种是先结合设计要求选取设计点，再进行重量估算，如文献[4]和文献[5]。本书采用第二种方式，即先选取设计点，再进行重量估算。事实上，在总体设计的首轮近似中，重要的不是从哪个环节开始，而是一定要先开始构思或估算，再逐步迭代完善。

图 3.5 总体设计参数选择与概念方案的辩证关系

关于设计点的选取,主要方法有统计分析、对比分析和约束边界分析三种。统计分析方法指结合现有飞机统计数据给出当前设计飞机的推重比和翼载荷的估算值,其特点是简单、直接,难点是经验数据和公式的积累与验证。对比分析方法则是根据各项性能要求分别定出所需的推重比和翼载荷数值,然后进行对比取值,通常选取翼载荷最小值、推重比最大值为设计点,以保证设计参数满足所有飞行条件,其特点是可按各项性能要求确定推重比和翼载荷,思路清晰,难点是在设计指标多时较为复杂。约束边界分析方法同样以性能要求为出发点,基于约束边界分析获得满足性能要求的推重比和翼载荷的可选区域,并在区域内对设计点进行综合分析及选取,其特点是简明、直观,难点是不易确定各项设计要求与推重比及翼载荷的函数关系。本书重点介绍约束边界分析方法。需要注意的是,在实际方案完善过程中,还需要把实际方案数据带回约束边界曲线中进行主要总体设计参数的校核和修改。

3.3 约束边界分析及设计点选择

3.3.1 约束分析主管方程

飞机的主要性能要求可以表示为起飞推重比 $\dfrac{F_0}{m_0 g}$ 和起飞翼载荷 $\dfrac{m_0}{S}$ 的函数,每一项性能要求可以在起飞推重比-起飞翼载荷坐标中构成一条约束曲线。图 3.6 给出了约束曲线示例。

为便于推导飞机性能约束边界曲线,将飞机看作一个质点,并假定推力和气动阻力方向在一条直线上,此时飞机的功率(等于力与速度的乘积)与飞机能量(动能与重力势能之和)随时间的变化率相等,从而可以建立如下方程:

$$\{F-(D+D_f)\} \cdot V = mg\frac{dh}{dt} + m\frac{d}{dt}\left(\frac{V^2}{2}\right) \tag{3.5}$$

式中,F 为发动机推力,N;D 为飞机干净构型气动阻力,N;D_f 为飞机附加阻力,如起落架放下后所增加的阻力等,N;m 为飞机重量,kg;$mg\dfrac{dh}{dt}$ 为飞机势能变化量;$m\dfrac{d}{dt}\left(\dfrac{V^2}{2}\right)$ 为飞机动能

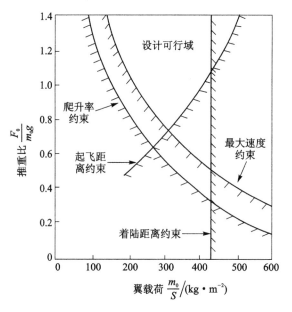

图 3.6 约束曲线示例

变化量;g 为重力加速度,可取 9.8 m/s^2。

该公式可以按照另一种形式出现:

$$\left\{\frac{F-(D+D_f)}{mg}\right\} = \frac{1}{V}\frac{d}{dt}\left\{h+\frac{V^2}{2g}\right\} = \frac{1}{V}\frac{dz_e}{dt} = \frac{1}{V} \cdot P_s \tag{3.6}$$

式中,$z_e = h + \frac{V^2}{2g}$ 为飞机单位能量,是飞机单位重量所具有的总能量;$P_s = \frac{dz_e}{dt}$ 为飞机单位剩余功率,即单位能量的变化率

$$P_s = \frac{d}{dt}\left\{h+\frac{V^2}{2g}\right\} = \frac{dh}{dt} + \frac{V}{g}\frac{dV}{dt} \tag{3.7}$$

式中,$\frac{dh}{dt}$ 表示爬升率;$\frac{dV}{dt}$ 表示水平加减速能力。

以海平面起飞推力和起飞重量为基础,引入两个系数表达飞机任意时刻的重量和发动机推力:

$$F = \alpha F_0 \tag{3.8}$$

$$m = \beta m_0 \tag{3.9}$$

式中,α 为飞行中某时刻的发动机安装推力与海平面静推力 F_0 之比;β 为瞬时重量系数,飞行中某时刻的飞机重量 m 与起飞重量 m_0 之比,从而将主管方程演变为

$$\frac{F_0}{m_0 g} = \frac{\beta}{\alpha}\left\{\left(\frac{D+D_f}{\beta m_0 \cdot g}\right) + \frac{1}{V}\frac{d}{dt}\left(h+\frac{V^2}{2g}\right)\right\} \tag{3.10}$$

式中,干净构型下阻力 D 表示为

$$D = qS \cdot C_D = qS \cdot (K_1 C_L^2 + K_2 C_L + C_{D0}) \tag{3.11}$$

式中,C_{D0} 为零升阻力系数;g 为重力加速度;q 为动压,$q = 1/2\rho V^2$;V 为飞行速度;ρ 为大气密度;K_1 为阻力极曲线方程中的二次项系数;K_2 为阻力极曲线方程中的一次项系数。

根据飞机升力-重力平衡关系可得

$$L = n \cdot mg = qC_L S \tag{3.12}$$

转化可得

$$C_L = \frac{n \cdot mg}{qS} = \frac{n\beta g}{q}\left(\frac{m_0}{S}\right) \tag{3.13}$$

式中,n 为过载系数。

将式(3.13)代入式(3.11)可得

$$D = qS \cdot \left\{ K_1 \left(\frac{n\beta g}{q}\frac{m_0}{S}\right)^2 + K_2\left(\frac{n\beta g}{q}\frac{m_0}{S}\right) + C_{D0} \right\} \tag{3.14}$$

将式(3.14)带入式(3.10),获得约束分析主管方程为

$$\frac{F_0}{m_0 g} = \frac{\beta}{\alpha}\left\{ \frac{qS}{\beta m_0 g}\left[K_1\left(\frac{n\beta g}{q}\frac{m_0}{S}\right)^2 + K_2\left(\frac{n\beta g}{q}\frac{m_0}{S}\right) + C_{D0} + \frac{D_f}{qS}\right] + \frac{1}{V}\frac{d}{dt}\left(h + \frac{V^2}{2g}\right) \right\} \tag{3.15}$$

3.3.2 约束边界分析

1. 起飞滑跑距离约束计算

此时,$dh/dt = 0$,并假定 $F_0 \gg (D + D_f)$,则主管方程(3.15)变为

$$\frac{F_0}{m_0 g} = \frac{\beta}{\alpha g}\frac{dV}{dt} = \frac{\beta}{\alpha g}\frac{dV}{dx/V} \tag{3.16}$$

式(3.16)变换可得

$$dx = \frac{\beta}{\alpha g} \cdot \frac{m_0 g}{F_0} \cdot V dV \tag{3.17}$$

积分可得

$$x_{\text{TGR}} = \int_{V=0}^{V_{\text{LOF}}} dx = \int_{V=0}^{V_{\text{LOF}}} \left(\frac{\beta}{\alpha g} \cdot \frac{m_0 g}{F_0} \cdot V\right) dV = \frac{\beta}{\alpha} \cdot \frac{m_0 g}{F_0} \cdot \frac{V_{\text{LOF}}^2}{2g} \tag{3.18}$$

式中,x_{TGR} 为起飞地面滑跑距离;V_{LOF} 为起飞离地速度,可以定义为

$$V_{\text{LOF}} = k_{\text{LOF}} V_s \tag{3.19}$$

式中,k_{LOF} 为起飞安全速度系数,军机一般取为 1.1,民机一般取为 1.15~1.25;V_s 为飞机失速速度,其计算公式为

$$V_s = \sqrt{\frac{2\beta g}{\rho C_{L\max-\text{Takeoff}}} \cdot \frac{m_0}{S}} \tag{3.20}$$

式中,$C_{L\max-\text{Takeoff}}$ 为飞机最大升力系数,对于起飞状态,瞬时重量系数 β 取 1。

结合式(3.19)和式(3.20),可得

$$\frac{V_{\text{LOF}}^2}{2} = k_{\text{LOF}}^2 \frac{V_s^2}{2} = \frac{\beta k_{\text{LOF}}^2 \cdot g}{\rho C_{L\max-\text{Takeoff}}}\frac{m_0}{S} \tag{3.21}$$

将式(3.21)代入式(3.18),可得起飞距离约束方程为

$$\frac{F_0}{m_0 g} = \frac{\beta^2}{\alpha}\frac{k_{\text{LOF}}^2}{x_{\text{TGR}}\rho C_{L\max-\text{Takeoff}}}\left(\frac{m_0}{S}\right) \tag{3.22}$$

2. 爬升率约束计算

此时设定:$dV/dt = 0$,过载 $n \approx 1$,$D_f = 0$,则约束主管方程(3.15)变为

$$\frac{F_0}{m_0 g} = \frac{\beta}{\alpha}\left\{K_1 \frac{\beta \cdot g}{q} \cdot \left(\frac{m_0}{S}\right) + K_2 + \frac{C_{D0}}{\frac{\beta \cdot g}{q} \cdot \left(\frac{m_0}{S}\right)} + \frac{1}{V}\frac{dh}{dt}\right\} \quad (3.23)$$

3. 最大马赫数约束计算

此时设定：$dh/dt = 0, dV/dt = 0, n = 1(L = mg), D_f = 0$，则约束主管方程(3.15)变为

$$\frac{F_0}{m_0 g} = \frac{\beta}{\alpha}\left\{K_1 \frac{\beta \cdot g}{q}\left(\frac{m_0}{S}\right) + K_2 + \frac{C_{D0}}{\frac{\beta \cdot g}{q}\left(\frac{m_0}{S}\right)}\right\} \quad (3.24)$$

4. 水平加减速约束计算

此时设定：$dh/dt = 0, D_f = 0, n = 1(L = mg)$，则约束主管方程(3.15)变为

$$\frac{F_0}{m_0 g} = \frac{\beta}{\alpha}\left\{K_1 \frac{\beta \cdot g}{q}\left(\frac{m_0}{S}\right) + K_2 + \frac{C_{D0}}{\frac{\beta \cdot g}{q}\left(\frac{m_0}{S}\right)} + \frac{1}{g}\frac{dV}{dt}\right\} \quad (3.25)$$

式中，$\frac{dV}{dt}$ 代表水平加减速特性，初步计算时，可以简化为

$$\frac{dV}{dt} = \frac{|V_{\text{final}} - V_{\text{initial}}|}{\Delta t_{\text{allowable}}} \quad (3.26)$$

式中，V_{final} 为加减速终止速度；V_{initial} 为加减速起始速度；$\Delta t_{\text{allowable}}$ 为加减速允许时间。

5. 持续盘旋过载约束计算

所谓持续盘旋是指飞机在盘旋的时候不允许减速或损失高度，在持续盘旋中，推力等于阻力，而升力必须等于过载 n 乘以 mg。此时飞机的单位剩余功率 $P_s = 0$，设定 $dh/dt = 0, dV/dt = 0$，$D_f = 0$，则约束主管方程(3.15)变为

$$\frac{F_0}{m_0 g} = \frac{\beta}{\alpha}\left\{K_1 n^2 \frac{\beta \cdot g}{q}\left(\frac{m_0}{S}\right) + K_2 n + \frac{C_{D0}}{\frac{\beta \cdot g}{q}\left(\frac{m_0}{S}\right)}\right\} \quad (3.27)$$

6. 瞬时盘旋过载约束计算

飞机最大瞬时盘旋过载只受飞机最大升力系数和结构强度限制，在总体参数计算时，可暂不考虑结构强度限制，仅考虑最大升力系数。最大瞬时盘旋过载计算式为

$$n_{\max} = \frac{C_{L\max}}{C_{L0}} \quad (3.28)$$

其中，$C_{L\max}$ 为最大升力系数，C_{L0} 为巡航升力系数。

$$C_{L0} = \frac{2\left(\frac{m}{S}\right)g}{\rho V^2} \quad (3.29)$$

代入上式可得

$$n_{\max} = \frac{\rho V^2 C_{L\max}}{2\left(\frac{m}{S}\right)g} \quad (3.30)$$

最大瞬时盘旋过载对翼载荷的约束为

$$\left(\frac{m}{S}\right) = \frac{\rho V^2 C_{L\max}}{2 n_{\max} g} \quad (3.31)$$

注意,此时翼载荷为进行最大过载机动时的翼载荷,不是起飞翼载荷。起飞翼载荷还需根据任务段重量系数换算。

7. 升限约束计算

此时设定:$dV/dt = 0, D_f = 0, n = 1 (L = mg)$,并且 $\dfrac{dh}{dt} > 0$,则约束主管方程(3.15)变为

$$\frac{F_0}{m_0 g} = \frac{\beta}{\alpha} \left\{ K_1 \frac{\beta \cdot g}{q} \cdot \left(\frac{m_0}{S}\right) + K_2 + \frac{C_{D0}}{\dfrac{\beta \cdot g}{q} \cdot \left(\dfrac{m_0}{S}\right)} + \frac{1}{V} \frac{dh}{dt} \right\} \tag{3.32}$$

式中,$\dfrac{dh}{dt}$ 表示飞机的爬升率(当 $dV/dt = 0$ 时,等于飞机单位剩余功率 P_s)。根据我国国军标要求,对于亚声速飞机以 $\dfrac{dh}{dt} = 0.5 \text{ m/s}$,对于超声速飞机以 $\dfrac{dh}{dt} = 5 \text{ m/s}$ 作为评估战斗机实用升限的标准。

8. 着陆滑跑距离约束计算

此时,$dh/dt = 0$,并假定 $F \ll (D + D_f)$,且阻力以着陆地面摩擦阻力为主,$(D + D_f) \approx \mu mg$(μ 为着陆摩擦阻力系数,一般为 0.2~0.3,在没有实验数据的情况下,可初步取为 0.25)。此时飞机做减速运动,则方程(3.6)变为

$$-\mu = \frac{1}{g} \frac{dV}{dt} = \frac{1}{g} \frac{dV}{-dx/V} \tag{3.33}$$

式(3.33)变换可得

$$dx = \frac{1}{\mu g} \cdot V dV \tag{3.34}$$

积分可得

$$x_{LGR} = \int_{V=0}^{V_{TD}} dx = \int_{V=0}^{V_{TD}} \left(\frac{1}{\mu g} \cdot V\right) dV = \frac{V_{TD}^2}{2\mu g} \tag{3.35}$$

式中,x_{LGR} 为着陆地面滑跑距离,V_{TD} 为由擦地角确定着陆接地速度,可以定义为

$$V_{TD} = k_{TD} V_s \tag{3.36}$$

式中,k_{TD} 为着陆接地安全速度系数,是着陆接地安全速度与失速速度之比,一般取 1.25~1.30;失速速度 V_s 可通过式(3.20)计算,其中最大升力系数取着陆最大升力系数。

将式(3.20)、式(3.36)代入式(3.35)可得

$$x_{LGR} = \frac{V_{TD}^2}{2\mu g} = \frac{k_{TD}^2}{2\mu g} \cdot \frac{\beta m_0 g}{\dfrac{1}{2}\rho S C_{L\max\_Landing}} = \frac{k_{TD}^2 \beta}{\rho C_{L\max\_Landing} \mu} \cdot \frac{m_0}{S} \tag{3.37}$$

基于式(3.37)得着陆滑跑距离约束方程为

$$\left(\frac{m_0}{S}\right) = \frac{x_{LGR} \rho C_{L\max\_Landing} \mu}{k_{TD}^2 \beta} \tag{3.38}$$

3.3.3 设计点选取

在获得各类性能要求下的约束边界曲线后,便可以在推重比-翼载荷图的可行域中选取设计点。约束边界曲线的另一个作用是,用于判断所给定设计要求是否有冲突,如果通过适当调

整设计要求也无法获得有效的设计点,则需要对设计要求进行检查、权衡,并与设计要求提出方沟通协调,以确定是否需要修改设计要求。

选取设计点时,还可以结合现有飞机推重比、翼载荷的统计数据以辅助判断选取结果的合理性。表 3.1 和表 3.2 给出了不同飞机类型典型装机推重比和典型起飞翼载荷。更多的参数选择方法可以参考文献[1~7]。

表 3.1　不同飞机类型典型起飞推重比[2]

飞机类型	典型起飞推重比 $\dfrac{F_0}{m_0 g}$
喷气教练机	0.4
喷气战斗机(空中格斗飞机)	0.9
喷气战斗机(其他)	0.6
军用运输/轰炸机	0.25
喷气运输机	0.25

表 3.2　不同飞机类型典型起飞翼载荷[2]

飞机类型	典型起飞翼载荷 $\dfrac{m_0}{S}/(\mathrm{kg \cdot m^{-2}})$
滑翔机	29
自制飞机	54
通用航空飞机(单发)	83
通用航空飞机(双发)	127
双涡轮螺旋桨飞机	196
喷气教练机	245
喷气战斗机	342
喷气运输机/轰炸机	587

3.3.4　约束分析所需参数的初步估算

在约束边界曲线方程中,涉及部分气动特性、发动机特性参数以及重量系数,如果当前设计接近于某已有机型,则可采用已有机型的相关数据,否则可以按照下述方法进行初步估算。需要说明的是,在生成设计方案并获得方案各种实际特性后,还应该返回本章代入设计方案特性重新计算核实。

1. 气动特性初步估算

在约束边界曲线方程中,涉及的气动特性参数包括起飞、着陆性能约束分析时的 $C_{L\max}$、C_{D0} 及气动力阻力方程中的二次项系数 K_1、一次项系数 K_2。初步分析时可以假定 $K_2=0$。

(1) 最大升力系数 $C_{L\max}$

最大升力系数取决于机翼的几何形状、翼型、襟翼几何形状及其展长、前缘缝翼及缝翼几何形状等。大多数飞机在起飞和着陆时,使用不同的襟翼状态。在着陆过程中,襟翼偏转到最大位置,以提供最大的升力和阻力。一般起飞最大升力系数大约是着陆最大升力系数的

80%。表 3.3 给出了不同飞机的典型 $C_{L\max}$ 值。

表 3.3 最大升力系数典型值[3]

序号	飞机类型	$C_{L\max}$	$C_{L\max\_Takeoff}$	$C_{L\max\_Landing}$
1	运动螺旋桨飞机	1.2～1.8	1.2～1.8	1.2～2.0
2	单发螺旋桨飞机	1.3～1.9	1.3～1.9	1.6～2.3
3	双发螺旋桨飞机	1.2～1.8	1.4～2.0	1.6～2.5
4	农业飞机	1.3～1.9	1.3～1.9	1.3～1.9
5	公务机	1.4～1.8	1.6～2.2	1.6～2.6
6	涡轮螺旋桨支线飞机	1.5～1.9	1.7～2.1	1.9～3.3
7	喷气运输机	1.2～1.8	1.6～2.2	1.8～2.8
8	军用教练机	1.2～1.8	1.4～2.0	1.6～2.2
9	战斗机	1.2～1.8	1.4～2.0	1.6～2.6
10	军用巡逻机、轰炸机和运输机	1.2～1.8	1.6～2.2	1.8～3.0
11	水陆两用飞机	1.2～1.8	1.6～2.2	1.8～3.4
12	超声速巡航飞机	1.2～1.8	1.6～2.0	1.8～2.2

（2）系数 K_1

初步估算时,可以按照如下公式选取 K_1：

$$K_1 = \frac{1}{\pi A e} \quad (3.39)$$

式中,A 为展弦比,通过表 3.4 或相似飞机展弦比统计分析初步确定；e 为奥斯瓦尔德系数,典型的取值范围为 0.7～0.85,可采用下式初步估算：

直机翼飞机 $\quad e = 1.78(1 - 0.045 A^{0.68}) - 0.64 \quad (3.40)$

后掠翼飞机 $\quad e = 4.61(1 - 0.045 A^{0.68})(\cos \Lambda_0)^{0.15} - 3.1 \quad (3.41)$

式中,Λ_0 为机翼前缘后掠角,初始计算时可通过经验曲线图 3.7 或相似飞机统计值选取。

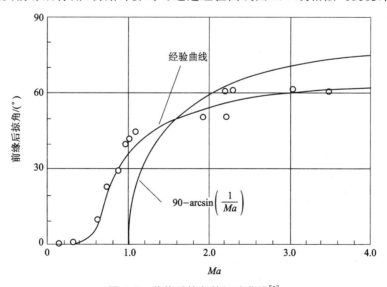

图 3.7 前缘后掠角的经验曲线[2]

对于战斗机,系数 K_1 还可以参考图 3.8 选取。

表 3.4　机翼等效展弦比[2]

等效展弦比 $A_{等效}=a(Ma_{max})^C$	a	C
喷气教练机	4.737	−0.979
喷气战斗机（格斗）	5.416	−0.622
喷气战斗机（其他）	4.110	−0.622
军用运输/轰炸机	5.570	−1.075
喷气运输机	7.50	0

注：机翼等效展弦比＝翼展的平方/(机翼和鸭翼面积之和)。

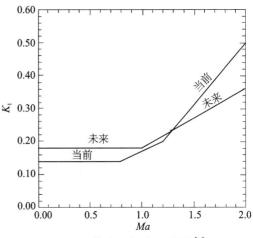

图 3.8　战斗机典型 K_1 取值[4]

（3）零升阻力系数 C_{D0}

对于民用飞机，初始估算时可以认为 $C_{D0}=C_{Dmin}$，C_{Dmin} 可参照图 3.9 选取。

对于战斗机，零升阻力系数 C_{D0} 可以参考图 3.10 选取。

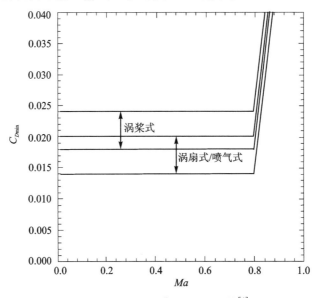

图 3.9　民用飞机典型 C_{Dmin} 取值[4]

2. 发动机特性初步估算

在约束分析方程中涉及发动机特性的主要参数是 α，可通过下述公式初步估值[4]。

（1）高涵道比涡扇发动机

$$\alpha = \{0.568 + 0.25(1.2-Ma)^3\}\sigma^{0.6} \tag{3.42}$$

式中，σ 为空气密度比，与高度相关，可通过查大气数据表获得。

（2）带加力的低涵道比混合涡扇发动机

$$\alpha_{mil} = 0.72\{0.88 + 0.245(|Ma-1.6|)^{1.4}\}\sigma^{0.7} \tag{3.43}$$

$$\alpha_{max} = \{0.94 + 0.38(Ma-0.4)^2\}\sigma^{0.7} \tag{3.44}$$

式中，下标 mil 表示军用推力状态，max 表示最大推力状态。

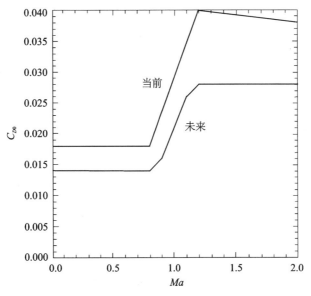

图 3.10 战斗机典型 C_{D0} 取值[4]

(3) 带加力的先进涡轮喷气发动机

$$\alpha_{\text{mil}} = 0.76\{0.907 + 0.262(|Ma - 0.5|)^{1.5}\}\sigma^{0.7} \quad (3.45)$$

$$\alpha_{\max} = \{0.952 + 0.3(Ma - 0.4)^2\}\sigma^{0.7} \quad (3.46)$$

(4) 先进的螺旋桨发动机

$$\alpha = \sqrt{\sigma} \quad Ma \leqslant 0.1 \quad (3.47)$$

$$\alpha = \frac{0.12}{Ma + 0.02}\sqrt{\sigma} \quad 0.1 < Ma < 0.8 \quad (3.48)$$

3. 重量系数初步估算

在任务分析方程中,涉及重量系数 β 的选取。在初始估算时,可以参考经验值选取,图 3.11 和图 3.12 给出了典型的战斗机和民用运输飞机重量系数。

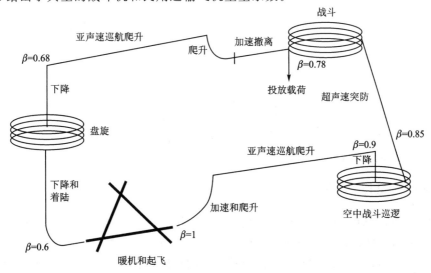

图 3.11 战斗机典型 β 取值[4]

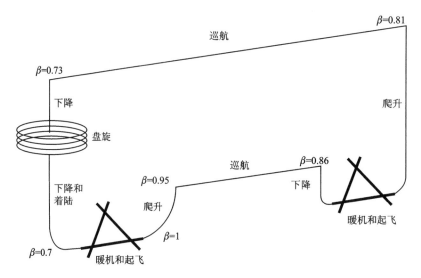

图 3.12 民用运输飞机典型 β 取值[4]

3.4 初步重量估计

3.4.1 初步重量分类

可以将飞机的起飞重量 m_0 分为以下四大类：

$$m_0 = m_{\text{crew}} + m_{\text{PL}} + m_{\text{F}} + m_{\text{E}} \tag{3.49}$$

式中，m_{crew} 为乘员重量；m_{PL} 为有效载荷重量；m_{F} 为燃油重量；m_{E} 为空机重量。对上式变形可得

$$m_0 = m_{\text{crew}} + m_{\text{PL}} + \left(\frac{m_{\text{F}}}{m_0}\right) \cdot m_0 + \left(\frac{m_{\text{E}}}{m_0}\right) \cdot m_0 \tag{3.50}$$

式中，$\dfrac{m_{\text{F}}}{m_0}$ 称为燃油重量比，即燃油重量与起飞重量之比；$\dfrac{m_{\text{E}}}{m_0}$ 称为空机重量比，即空机重量与起飞重量之比。

对上式再次变形可得

$$m_0 = \frac{m_{\text{crew}} + m_{\text{PL}}}{1 - (m_{\text{F}}/m_0) - (m_{\text{E}}/m_0)} \tag{3.51}$$

式中，分子为乘员重量与有效载荷重量之和，通常由设计要求提出，为已知条件；分母上的空机重量比 m_{E}/m_0 和燃油重量比 m_{F}/m_0 是需要进一步确定的。

3.4.2 空机重量比估算

空机重量比可以通过图 3.13 所示的经验曲线按统计规律估算。表 3.5 针对图 3.13 所示的趋势，给出了统计曲线的拟合方程及不同飞机相关系数的一些经验取值。值得注意的是，这些公式都是以起飞重量为底的指数方程，指数是小的负值，表明空机重量比随起飞重量的增加而减小，不同类型的飞机对应不同的指数，正好反映出变化曲线所具有的不同斜率；还表明某

些类型的飞机在参数选定方面,比其他类型的飞机更敏感。表 3.5 中,K_{VS} 为可变后掠常数,对可变后掠机翼,取 1.04;对固定后掠机翼,取 1.00。

表 3.5 相对于 m_0 的空机重量比[2]

$m_E/m_0 = A m_0^C K_{VS}$	A	C
滑翔机-不带动力	0.83	−0.05
滑翔机-带动力	0.88	−0.05
自制飞机-金属/木材	1.11	−0.09
自制飞机-复合材料	1.07	−0.09
通用航空飞机-单发动机	2.05	−0.18
通用航空飞机-双发动机	1.4	−0.10
农用飞机	0.72	−0.03
双涡轮螺桨飞机	0.92	−0.05
飞船	1.05	−0.05
喷气教练机	1.47	−0.10
喷气战斗机	2.11	−0.13
军用货机/轰炸机	0.88	−0.07
喷气运输机	0.97	−0.06
无人机-战术侦察 & 无人战斗机	1.47	−0.16
高空无人机	2.39	−0.18
小型无人机	0.93	−0.06

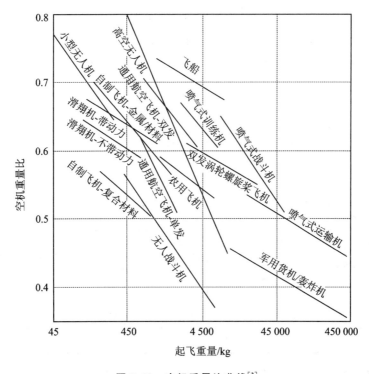

图 3.13 空机重量比曲线[2]

表 3.6 和表 3.7 中公式的结果与统计值吻合较好,标准偏差小于表 3.5 中公式,这些公式可以反映主要设计变量对重量的影响。这些变量包括展弦比 A、推重比 $\dfrac{F_0}{m_0 g}$(或功率重量比)、翼载荷 $\dfrac{m_0}{S}$ 和最大马赫数 $Ma_{\max}$(或最大飞行速度 $V_{\max}$),其中推重比、翼载荷来自于 3.3 节所选取的设计点,最大速度来自于设计要求,初步估算时展弦比可以按照等效展弦比并参考表 3.4 选取。当完成具体设计方案后,可将方案的实际展弦比代入重新计算。

如果飞机使用了复合材料(可减轻飞机重量),可以近似取值为 m_E/m_0 统计值的 0.95 倍。需要说明的是,这些公式仅用于空机重量比的初步估算,不应当用来对一架具体的飞机进行设计权衡研究。具体飞机的设计权衡研究必须采用后续章节的部件重量分类计算方法。当有了具体方案后,还需要将方案实际展弦比等数据代入公式重新计算核对。对于大量采用复合材料的新型飞机,建议根据相近飞机的数据参考取值。

表 3.6 空机重量比经验统计公式(喷气式飞机)[2]

$m_E/m_0 = \left\{ a + b\left(\dfrac{m_0}{0.453\,6}\right)^{C1} \cdot A^{C2} \cdot \left(\dfrac{F_0}{m_0 g}\right)^{C3} \cdot \left(0.204\,8\dfrac{m_0}{S}\right)^{C4} \cdot Ma_{\max}^{C5} \right\} \cdot K_{\mathrm{VS}}$							
	a	b	$C1$	$C2$	$C3$	$C4$	$C5$
喷气教练机	0	4.28	−0.10	0.10	0.20	−0.24	0.11
喷气战斗机	−0.02	2.16	−0.10	0.20	0.04	−0.10	0.08
军用运输机/轰炸机	0.07	1.71	−0.10	0.10	0.06	−0.10	0.05
喷气式运输机	0.32	0.66	−0.13	0.30	0.06	−0.05	0.05

表 3.7 空机重量比经验统计公式(螺旋桨飞机)[2]

$m_E/m_0 = a + b\left(\dfrac{m_0}{0.453\,6}\right)^{C1} \cdot A^{C2} \cdot \left(0.616\,7\dfrac{P_0}{m_0}\right)^{C3} \cdot \left(0.204\,8\dfrac{m_0}{S}\right)^{C4} \cdot (2.236\,9 V_{\max})^{C5}$							
	a	b	$C1$	$C2$	$C3$	$C4$	$C5$
滑翔机(无动力)	0	0.76	−0.05	0.14	0	−0.30	0.06
滑翔机(带动力)	0	1.21	−0.04	0.14	0.19	−0.20	0.05
自制飞机(金属/木材)	0	0.71	−0.10	0.05	0.10	−0.05	0.17
自制飞机(复合材料)	0	0.69	−0.10	0.05	0.10	−0.05	0.17
通用航空飞机(单发)	−0.25	1.18	−0.20	0.08	0.05	−0.05	0.27
通用航空飞机(双发)	−0.90	1.36	−0.10	0.08	0.05	−0.05	0.20
农用飞机	0	1.67	−0.14	0.07	0.10	−0.10	0.11
双发涡轮螺旋桨飞机	0.37	0.09	−0.06	0.08	0.08	−0.05	0.30
飞船	0	0.42	−0.01	0.10	0.05	−0.12	0.18

表 3.7 中,P_0 为飞机起飞功率,kw;$V_{\max}$ 为最大飞行速度,m/s。

3.4.3 燃油重量比估算

可以将飞机的机上燃油分为如下几类：
$$机上燃油 = 任务燃油 + 储备燃油 + 死油$$
式中,任务燃油为飞机完成飞行任务所需要消耗的燃油;储备燃油为飞机需额外储备的燃油,如应对恶劣天气时需要备降其他机场的用油;死油指的是飞机油箱底部无法利用的燃油,通常储备燃油和死油总共约为任务燃油的6%。

对于燃油重量估算的首轮近似而言,可以假设任务燃油与起飞重量成正比,则 m_F/m_0 近似地与起飞重量无关,可根据任务段重量比通过任务分析计算。

任务段重量比定义为飞机在某一任务段结束时的重量除以该任务段开始时的重量。任意的第 i 段重量比为
$$\frac{m_i}{m_{i-1}}$$
式中,m_i 指第 i 任务段结束时的重量,i 为正整数。

整个任务段结束时的飞机重量与起飞重量之比等于各个任务段重量比的乘积。假设任务段共有 x 段,则任务剖面结束后的重量比为
$$\frac{m_x}{m_0} = \frac{m_1}{m_0}\frac{m_2}{m_1}\frac{m_3}{m_2}\frac{m_4}{m_3}\frac{m_5}{m_4}\frac{m_6}{m_5}\frac{m_7}{m_6}\cdots\frac{m_x}{m_{x-1}} \tag{3.52}$$

在总体设计参数的首轮近似中,认为任务过程中的总重减少是由燃油消耗和装载投放所致。考虑到余油储备燃油和死油(取占比6%),则燃油重量比为
$$\frac{m_F}{m_0} = 1.06 \cdot \left(1 - \frac{m_x}{m_0} - \frac{m_{PL投放}}{m_0}\right) \tag{3.53}$$
式中,$m_{PL投放}$ 为任务过程中投放的装载总重量。对民用飞机而言,该值取0,其燃油重量比公式为
$$\frac{m_F}{m_0} = 1.06 \cdot \left(1 - \frac{m_x}{m_0}\right) \tag{3.54}$$
将式(3.48)代入上式,对考虑装载投放的飞机可得
$$\frac{m_F}{m_0} = 1.06 \cdot \left(1 - \frac{m_1}{m_0}\frac{m_2}{m_1}\frac{m_3}{m_2}\frac{m_4}{m_3}\frac{m_5}{m_4}\frac{m_6}{m_5}\frac{m_7}{m_6}\cdots\frac{m_x}{m_{x-1}} - \frac{m_{PL投放}}{m_0}\right) \tag{3.55}$$
对民用飞机而言,计算如下:
$$\frac{m_F}{m_0} = 1.06 \cdot \left(1 - \frac{m_1}{m_0}\frac{m_2}{m_1}\frac{m_3}{m_2}\frac{m_4}{m_3}\frac{m_5}{m_4}\frac{m_6}{m_5}\frac{m_7}{m_6}\cdots\frac{m_x}{m_{x-1}}\right) \tag{3.56}$$
以下分别对各个任务段的重量比计算方法进行说明。

1. 暖机和起飞段

暖机和起飞段的重量比建议取值范围为 0.97~0.99。

2. 爬升段

爬升段重量比可通过经验公式估算(飞机从 $Ma=0.1$ 开始爬升,加速到巡航高度和巡航马赫数)。

亚声速巡航
$$\frac{m_i}{m_{i-1}} = 1.0065 - 0.0325 Ma \tag{3.57}$$

超声速巡航

$$\frac{m_i}{m_{i-1}} = 0.991 - 0.007Ma - 0.01Ma^2 \tag{3.58}$$

式中，Ma 为飞机巡航马赫数。

如果不是从 $Ma=0.1$ 开始加速，那么式(3.57)和式(3.58)对所给定的最终 Ma 所计算的重量比，就应当除以用式(3.57)和式(3.58)对开始 Ma 所计算的重量比。例如开始 Ma 数为 0.8，终止 Ma 为 2.0，则任务段重量比 $\left(\frac{m_i}{m_{i-1}}\right)_{Ma=0.8\sim2.0} = \left(\frac{m_i}{m_{i-1}}\right)_{Ma=0.1\sim2.0} \bigg/ \left(\frac{m_i}{m_{i-1}}\right)_{Ma=0.1\sim0.8}$，$Ma$ 从 $0.1\sim2.0$ 加速时任务段重量比通过式(3.58)计算为 0.937，Ma 从 $0.1\sim0.8$ 加速时任务段重量比通过式(3.57)计算为 0.980 5，则 Ma 为 $0.8\sim2.0$ 加速时重量比为 0.937/0.980 5，即 0.956。

3. 巡航段

巡航段重量比可以根据勃列盖(Breguet)航程公式计算，即

$$\frac{m_i}{m_{i-1}} = \exp\left(\frac{-1000gRC}{V(L/D)}\right) \tag{3.59}$$

式中，V 为巡航速度，m/s；R 为航程，km；L/D 为升阻比，可以根据概念草图的初始参数估计；C 为发动机单位耗油率，kg/(s·N)，首次近似时可以通过对不同类型发动机进行统计拟合获得。各参数具体的取值方法如下。

(1) 单位耗油率（C 或 SFC）

单位耗油率指单位时间内产生单位推力所消耗的燃油量。对不同类型的发动机可以进行统计拟合，见表 3.8。

表 3.8　典型发动机单位耗油率[2]

典型发动机的单位耗油率	巡航 10^{-5} kg/(s·N)	待机 10^{-5} kg/(s·N)
纯涡轮喷气式	2.55	2.27
低涵道比涡轮风扇	2.27	1.98
高涵道比涡轮风扇	1.41	1.13

(2) 升阻比

在巡航和待机时，升力等于重力，所以升阻比 L/D 可以表示为阻力与重力之比的倒数，即

$$\frac{L}{D} = \frac{1}{\dfrac{C_{D0}}{C_L} + K_1 C_L} = \frac{1}{\dfrac{qC_{D0}}{\beta m_0 g/S} + K_1 \dfrac{\beta m_0 g}{qS}} \tag{3.60}$$

式中，C_{D0} 为零升阻力系数，可由图 3.9(民机)或图 3.10(军机)初步选取；β 为当前状态重量系数比，可由图 3.11(军机)或图 3.12(民机)初步选取；K_1 为阻力极曲线方程中的二次项系数，参见 3.3.4 节。

按照式(3.60)所计算的升阻比取决于 m_0/S、C_{D0}、K_1 等参数。这些参数选取不当或概念方案超出了这些参数估计公式的适用范畴，可能会得到不合理的升阻比计算结果。此时可以采用另一种基于概念草图和统计参数的估计方法，这时认为升阻比可以通过两个设计因素来

初估:
① 机翼翼展(b),指机翼左翼梢到右翼梢的长度;
② 机翼浸润面积(S_{wet}),指没有被机身遮挡住的露在外面的机翼面积,通俗来讲就是指投入水中能被浸湿的那一部分机翼的面积。

升阻比可以通过如下过程计算。首先,计算浸润展弦比A_{wet},可以认为其等于机翼等效几何展弦比$A_{等效}$(参见表3.4选取)除以浸润面积比S_{wet}/S。

$$A_{wet} = A_{等效} / (S_{wet}/S) \tag{3.61}$$

式中,浸润面积比S_{wet}/S可以结合所构思的概念草图基本布局,并基于已有飞机数据进行统计估算。也就是说,将设计人员新绘制的概念草图放到统计图与之最类似飞机的位置附近,从左侧的纵坐标即可读出大致的浸润面积比,如图3.14所示。

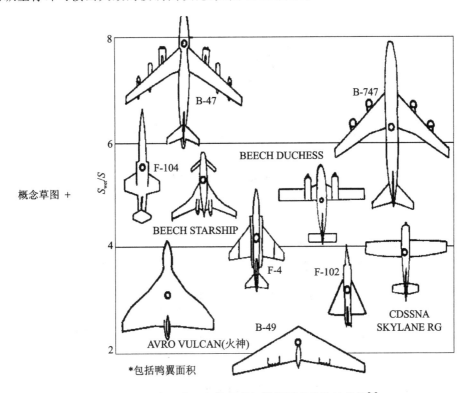

图 3.14 结合现有飞机数据进行浸润面积比统计估算[2]

获得浸润展弦比后,结合图3.15获取最大升阻比L/D_{max}或K_{max}。针对不同类型飞机,巡航和待机状态升阻比的参考取值如表3.9所列。

表 3.9 巡航和待机状态升阻比选取

飞机类型	巡 航	待 机
喷气式飞机	$0.866K_{max}$	K_{max}
螺旋桨飞机	K_{max}	$0.866K_{max}$

4. 格斗段

格斗飞行阶段消耗的燃油重量等于推力、耗油率和格斗时间的乘积。飞行阶段重量比为

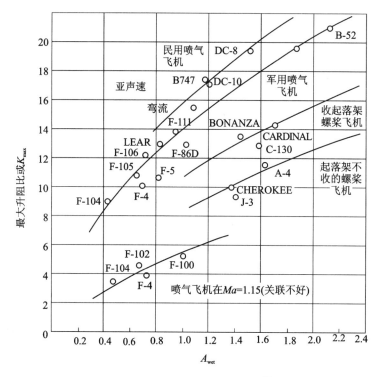

图 3.15　最大升阻比统计估算[2]

$$\frac{m_i}{m_{i-1}} = 1 - Cg\left(\frac{F}{mg}\right)_{格斗} d - \frac{\Delta m_{\text{PL投放}}}{m_{i-1}} \quad (3.62)$$

式中，d 为格斗时间，s；$\Delta m_{\text{PL投放}}$ 是某格斗段的投放装载重量，由任务剖面给定，kg，所有任务段投放装载重量之和应等于投放装载总重量 $m_{\text{PL投放}}$；m_{i-1} 是格斗段开始时的重量，需要按下式换算：

$$m_{i-1} = \beta m_0 = m_0 \cdot \prod_{j=1}^{i-1} \frac{m_j}{m_{j-1}} \quad (3.63)$$

式中，$\left(\dfrac{F}{mg}\right)_{格斗}$ 是定义在格斗状态的推重比，而不是起飞状态推重比，也需要进行换算，换算表达式如下：

$$\left(\frac{F}{mg}\right)_{格斗} = \left(\frac{F}{mg}\right)_{起飞} \cdot \frac{F_{格斗}}{F_0} \bigg/ \prod_{j=1}^{i-1} \frac{m_j}{m_{j-1}} = \left(\frac{F_0}{m_0 g}\right) \cdot \alpha \bigg/ \prod_{j=1}^{i-1} \frac{m_j}{m_{j-1}} \quad (3.64)$$

式中，$i-1$ 为格斗段之前的任务段数量；$\dfrac{F_0}{m_0 g}$ 为起飞推重比，来自于所选取的设计点；格斗推力与起飞推力之比 $\dfrac{F_{格斗}}{F_0}$ 或 α 可以通过 3.3.4 节的发动机特性初步计算式(3.42)~式(3.48)获得。

结合式(3.62)、式(3.63)和式(3.64)，格斗段重量比计算如下：

$$\frac{m_i}{m_{i-1}} = 1 - Cgd\left(\frac{F_0}{m_0 g}\right) \cdot \alpha \bigg/ \prod_{j=1}^{i-1} \frac{m_j}{m_{j-1}} - \frac{\Delta m_{\text{PL投放}}}{m_0 \cdot \prod_{j=1}^{i-1} \frac{m_j}{m_{j-1}}} \quad (3.65)$$

如果格斗是由转弯圈数定义的（在设计要求中往往会给出），则必须计算格斗的持续时间 d。完成 x 圈转弯所需的时间是转过的总弧度除以转弯速率，即

$$d = \frac{2\pi x}{\omega} \tag{3.66}$$

式中,ω 为格斗转弯角速度,rad/s。通过向心力计算公式 $F_{向心} = mV\omega = mg\sqrt{n^2-1}$ 可得

$$\omega = g\sqrt{n^2-1}/V \tag{3.67}$$

将式(3.67)代入式(3.66),可得格斗持续时间为

$$d = \frac{2\pi V x}{g\sqrt{n^2-1}} \tag{3.68}$$

式中,n 为格斗时的持续盘旋过载,一般也会在设计要求中给出。

5. 待机段

待机段重量比估算公式为

$$\frac{m_i}{m_{i-1}} = \exp\frac{-3\,600gEC}{L/D} \tag{3.69}$$

式中,E 为巡航时间或待机时间,h;单位耗油率 C 和升阻比 L/D 的计算参见巡航段中相关计算。

6. 着陆段

着陆段重量比可以取值 0.992~0.997。

3.4.4 起飞重量估算

根据上述推导过程,空机重量比 m_E/m_0 和燃油重量比 m_F/m_0 都可以表达成起飞重量 m_0 的函数,即

$$m_E/m_0 = f_1(m_0) \tag{3.70}$$

$$m_F/m_0 = f_2(m_0) \tag{3.71}$$

代入起飞重量组成公式,可得起飞重量的迭代函数式为

$$m_0 = \frac{m_{crew} + m_{PL}}{1 - f_2(m_0) - f_1(m_0)} = F(m_0) \tag{3.72}$$

初始给定一个 m_0,并按照上述公式计算出 $F(m_0)$ 值,不断迭代计算 m_0,直至初始 m_0 与估算所得 $F(m_0)$ 的值非常接近(小于某一可接受的误差量 Δ)。该接近的参考标准为

$$|m_0 - F(m_0)| < \Delta \tag{3.73}$$

为了减少迭代次数,可以根据同类飞机数据进行 m_0 初值设定,一般情况下迭代几次就可以收敛。如果 m_0 初值设置过于离谱(比如远远小于有效载荷重量),则可能出现迭代不收敛的问题。

总结上述过程,起飞重量估算的整体流程如图 3.16 所示。

3.4.5 设计要求初步权衡

在方案设计中的一个重要环节就是与用户一道评审和仔细分析设计要求。例如,当用户希望增加航程时,就需要计算"权衡分析后的航程",以确定设计起飞重量的增加量,同样也可以通过权衡的结果反过来与用户协商设计要求的合理性及调整的可能性。

为此,可按下述过程计算:以初始航程为基准变动形成系列航程,重新计算各任务段的重量比,进而计算得到起飞重量,再将各航程及其对应的起飞重量绘制在坐标图中,并采用平滑曲线连接,从而得到航程权衡分析图(见图 3.17),通过权衡分析图可以直观地认识并分析航

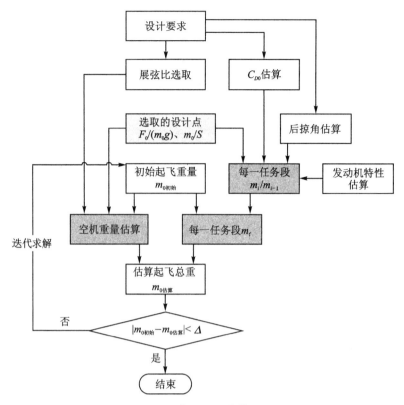

图 3.16 起飞重量估算流程

程对起飞重量的影响。

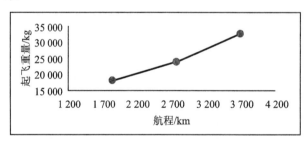

图 3.17 航程权衡分析图

用同样的方式可以进行"有效载荷权衡分析"(见图 3.18)。特别地,在没有装载投放的情

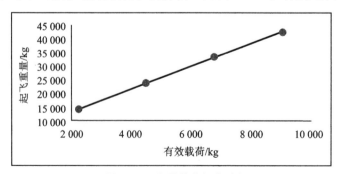

图 3.18 有效载荷权衡分析图

况下,保持各任务段重量比和燃油比不变,可直接调整式(3.47)方程中的有效装载参数计算获得起飞重量,并绘制有效载荷权衡分析图。

除了航程、有效装载外,还有许多项目需进行权衡研究,而且权衡会贯穿在设计的多个阶段,更深入的权衡方法将在第18章中详细介绍。

课程设计项目进展建议

- 完成两个以上方案的概念草图;
- 完成首轮约束边界分析,选取初始设计点;
- 通过任务分析完成首轮重量估算;
- 对航程、巡航速度等关键设计要求进行必要的单参数权衡研究;
- 确定首轮近似的主要总体设计参数;
- 进一步收集同类机型相关数据;
- 查阅了解动力、航电等相关领域的资料。

参考文献

[1] 顾诵芬,解思适. 飞机总体设计[M]. 北京:北京航空航天大学出版社,2001.
[2] RAYMER D P. Aircraft Design:A Conceptual Approach[M]. 6th ed. Reston:AIAA Inc.,2018.
[3] 李为吉. 飞机总体设计[M]. 西安:西北工业大学出版社,2005.
[4] MATTINGLY J D, HEISER W H, PRATT D T, et al. Aircraft Engine Design [M]. 2nd ed. Reston:AIAA Inc.,2002.
[5] BRANDT S A, STILES R J, BERTIN J J. Introduction to Aeronautics:A Design Perspective[M]. 2nd ed. Reston:AIAA Inc.,2004.
[6] JENKINSON L R, SIMPKIN P, RHODES R. Civil Jet Aircraft Design[M]. Reston:AIAA Inc.,1999.
[7] 杨景佐,曹名. 飞机总体设计[M]. 北京:航空工业出版社,1991.
[8] 方振平,陈万春,张曙光. 航空飞行器飞行动力学[M]. 北京:北京航空航天大学出版社,2015.

第4章 飞机的总体布局设计

> **知识点**
> - 飞机总体布局设计的任务与作用；
> - 典型常规布局形式及各自优缺点；
> - 典型非常规布局形式的优缺点及发展趋势；
> - 雷达散射截面的概念及隐身设计的相对性；
> - 隐身布局设计的基本原则。

4.1 总体布局设计的任务与作用

在飞机的总体设计中，对于布局（configuration，也称为"型式"）并没有严格的统一定义。比较典型的两种说法是：

① 布局就是飞机各部件数目、外形和相对位置的总称。

② 为满足不同的设计要求，以及不同的气动、重量、刚度和使用维护等各方面的具体要求，飞机的各个部件有各不相同的外形，其组合就形成了不同的布局。

本书将总体设计阶段的布局工作称为总体布局设计，其主要任务包括：

① 气动布局形式的选择；

② 机翼外形和机翼机身的相互位置；

③ 尾翼的数目、外形及与机翼、机身的相互位置；

④ 机身形状，包括机舱及武器布置等；

⑤ 发动机的数目和安装位置；

⑥ 起落架的类别、形式和收放位置。

本章主要介绍气动布局形式的选择，以及隐身这一重要要求对军用飞机总体布局设计的影响。第二到第六项任务，则在本书的第5~8章再分别介绍。需要注意的是，布局设计的具体工作内容与总体布置（layout）会有一定的重叠（第12章中会归纳总体布置的主要工作）。作为区分，布局设计侧重全机的外部形式及各部件的相互关系，而总体布置侧重于机体内部的部件位置安排与协调。

如果说飞机设计对整个研制具有关键影响、总体设计对飞机设计具有关键影响，那么布局设计则对总体设计有着关键影响。在总体设计过程中，影响飞机性能和效能的重大决策基本上都是在布局设计过程中做出的。正确地选择飞机的布局对设计周期和设计质量有很大的影响。不恰当的飞机布局，会引起以后设计中的重大返工。例如，如果在风洞试验甚至在试飞之后，发现飞机的性能或操纵安定性差，则可能推翻整个方案，从而大大影响设计进度。

布局设计也是总体设计创造性的最突出体现。设计人员在选择飞机的布局时，必须以设计要求为依据，但布局与设计要求之间并没有一一对应的关系。美国的"先进战术战斗机"（Advanced Tactical Fighter，ATF）竞争中的 YF-22 和 YF-23（见图 4.1）、"联合攻击战斗机"（Joint Strike Fighter，JSF）竞争中的 X-32 和 X-35（见图 4.2），都是在同一套设计要求下选择了大相径庭布局的典型案例。

(a) YF-22　　　　　　　　　(b) YF-23

图 4.1　ATF 竞争中的两个方案

(a) X-32　　　　　　　　　(b) X-35

图 4.2　JSF 竞争中的两个方案

在航空界，不同公司或机构的传统和积累对布局的设计会有重要影响。设计过某种布局的飞机越多，在开展新设计时往往也越容易继承这种布局，从而避免新尝试可能带来的风险。例如，洛克希德·马丁公司的 X-35 就和 YF-22 在布局上非常类似，而达索公司的战斗机设计传统则偏好于大三角翼的形式（见图 4.3）。当然，在继承的同时，也必然会设计出一套全新的布局参数，从而满足新的设计要求。

(a) "幻影"Ⅲ　　　　(b) "幻影"2000　　　　(c) "阵风"

图 4.3　达索公司的三型大三角翼形式战斗机

4.2 典型布局形式的分类及特点

4.2.1 气动布局的含义

飞机的气动布局是指不同气动承力面的安排形式。气动承力面中，机翼是产生升力的主要部件，前翼（又称鸭翼）、水平尾翼（简称平尾）和垂直尾翼（简称垂尾或立尾）等是辅助承力面（或称为配平翼面），用于保证飞机的操纵性和稳定性。

根据辅助承力面和机翼之间的相对位置和辅助承力面的多少，可以划分出以下四种主要的常规布局形式，如图 4.4 所示。

① 正常式布局：平尾位于机翼之后；
② 鸭式布局：没有水平尾翼，在机翼之前有前翼；
③ 无尾布局：只有机翼，没有水平尾翼及前翼；
④ 三翼面布局：机翼之前有前翼，之后有平尾。

上述的四种形式分类依据中，并没有对是否有立尾进行说明，因为四种形式中通常都是有立尾的。在无尾布局中，如果连立尾也去掉了，则可以称为飞翼布局，最典型的就是 B-2 隐身轰炸机。

(a) 正常式布局

(b) 鸭式布局

(c) 无尾布局

(d) 三翼面布局

图 4.4　四种典型布局形式

4.2.2 正常式布局的特点

正常式飞机布局积累的知识和设计经验最为丰富，因此目前无论是战斗机、小型通用飞机、公务机、大型运输机还是大型客机，多数机型仍采用正常式布局，如图 4.5 所示。该类飞机正常飞行时,可保证飞机各部分的合力通过飞机的重心,进而保持稳定的运动。正常式布局的水平尾翼一般提供向下的负升力,为了保证飞机的静稳定性,且有的飞机机翼的迎角大于尾翼的迎角。在新型的作战飞机设计中,出于提高隐身性能等方面的考虑,将垂尾和平尾的功能融合为V型尾翼,如图4.1中的YF-23,这可以认为是正常式布局的演化。

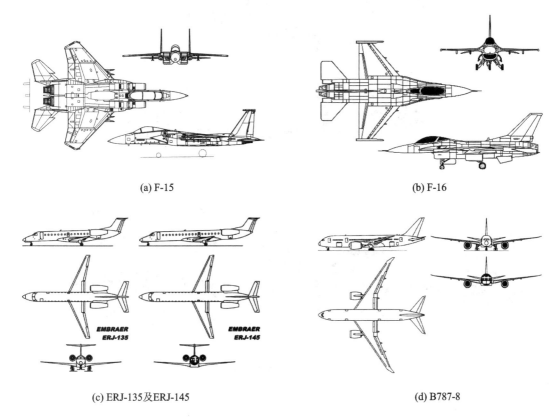

(a) F-15　　　　　　　　　　　　　(b) F-16

(c) ERJ-135及ERJ-145　　　　　　(d) B787-8

图 4.5　正常式布局飞机示例

4.2.3　鸭式布局的特点

鸭式布局是飞机最早采用的布局形式,莱特兄弟设计的飞机就是鸭式布局(见图4.6)。但是由于前翼提供不稳定的俯仰力矩,造成鸭式飞机发展缓慢。随着主动控制技术的发展,鸭式布局技术日趋成熟。鸭式飞机在中、大迎角飞行时,如果采用近距耦合鸭翼型式[1],前翼和机翼前缘同时产生脱体涡,两者相互干扰,使涡系更稳定,可产生很高的涡升力。

鸭式布局的难点在于前翼位置的选择和大迎角时俯仰力矩上仰的问题。由于前翼位于飞机的重心之前,俯仰力矩在大迎角的情况下提供较大的抬头力矩(上仰力矩),不能够稳定地飞行,因此必须提供足够的低头力矩来与之平衡。常用的方法包括在后机身加边条、限制放宽静稳定余度、采用发动机推力矢量技术等。

前翼尖端涡流布置不当,会引起机翼弯矩增加,阻力增大。因此,民用飞机很少采用鸭式布局。在少数的小型民用飞机上安装的前翼(见图4.7),也常常会将前翼布置在机翼的远前下方,减少前翼对主翼的气动影响。

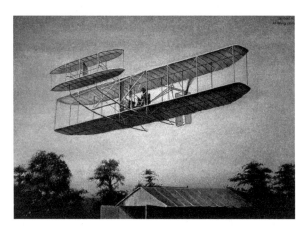

图 4.6　莱特兄弟的"飞行者"1 号

(a) 南京航空航天大学AD200超轻型飞机

(b) 比奇公司星舟公务机

图 4.7　采用鸭式布局的民用飞机

4.2.4　无尾布局的特点

无尾布局飞机一般采用大后掠角的三角形机翼，用机翼后缘的升降副翼作为俯仰操作面。无尾飞机进行抬头操纵时，升降副翼上偏产生向下的升力，使全机总升力减小。由于升降副翼通常距离重心较近，力臂较短，导致其俯仰操纵效率不高，同时在产生抬头力矩时必须付出较大的负升力代价。飞机起降阶段需要较大的升力系数，为此通常采用后缘襟下偏以起到增升作用，但后缘下偏同时也会带来低头力矩的增大。对于采用纵向静稳定设计的无尾布局飞机来说，需要依靠升降副翼上偏产生抬头力矩以实现俯仰配平。下偏增升与上偏配平之间的效果彼此矛盾，因此采用静稳定设计的无尾布局飞机通常不会采用后缘襟翼增升装置。相对于主要依靠升降舵偏转以实现巡航状态下俯仰力矩配平的正常式布局飞机来说，操纵力臂较短的无尾布局飞机为了最大程度减小俯仰配平所需的升降副翼偏量以降低配平阻力，通常采用机翼几何/气动扭转的方法使其在巡航迎角下俯仰力矩平衡，该种设计被称为俯仰自配平设计。

同正常式布局飞机相比，无尾布局具有飞机结构重量小、隐身特性好、气动阻力（尤其是超声速阻力）较小等优点。正因如此，无尾布局几乎成了追求高隐身性的无人作战飞机（Unmanned Combat Aerial Vehicles，UCAV）的主流布局形式，并且在高空高速侦察机 SR-71、X-43 和 X-37B 等高超声速验证机中得到采用，如图 4.8 所示。

(a) SR-71战略侦察机与F-16XL验证机

(b) 协和超声速客机

(c) X-47B无人作战飞机

(d) MQ-25无人加油机

(e) X-43高超声速验证机

(f) X-37B空天飞机

图 4.8　无尾式布局示例

4.2.5　三翼面布局的特点

三翼面布局的提出是为了综合正常式布局和鸭式布局的优点,即得到更好的气动特性,特别是操纵和配平特性。增加前翼可以使全机气动载荷分布更为合理,从而减轻机翼上的气动载荷,有效地减轻机翼的结构重量;前翼和机翼的襟副翼、水平尾翼一起构成飞机的操纵控制面,保证飞机大迎角的情况下有足够的恢复力矩,允许有更大的重心移动范围;前翼的脱体涡提供非线性升力,提高全机最大升力。正因为这些优点,三翼面布局主要为强调高机动性的战斗机所采用。

三翼面布局的缺点也是明显的:由于增加了前翼,飞机的总重会有所增加,阻力增大;全机的雷达散射截面会增大,大大影响飞机的隐身性。有趣的是,目前已经服役和验证机阶段的三翼面战斗机,几乎都是在正常式布局飞机基础上加装前翼而来的,如图 4.9 所示。

(a) 从苏-27到苏-33/苏-37

(b) 从F-15到F-15 S/MTD

图 4.9　从正常式布局发展而来的三翼面飞机

4.3　新概念布局形式

4.3.1　前掠翼布局军用飞机的发展

前掠翼布局其实是一种从20世纪40年代就出现的概念，德国的容克Ju-287是最早进行了飞行验证的前掠翼飞机。美国的X-29、俄罗斯的苏-47(2002年之前称为S-37)都是典型的前掠翼布局验证机，如图4.10所示。事实上，按照气动布局的划分原则，这些飞机都可以归到常规的四种形式里面，但是由于前掠翼自身的特色，也可将其作为单独的一类进行讨论。

(a) 容克Ju-287　　　　　　(b) X-29　　　　　　(c) 苏-47

图 4.10　前掠翼布局的飞机

前掠翼具有后掠翼的气动优点：前掠翼的来流速度同样可以分解为垂直和平行两个速度分量，其垂直速度分量必然小于来流速度，因此前掠翼与后掠翼一样，也有延缓激波产生，减弱激波强度和降低波阻的作用。但前掠翼不存在后掠机翼翼梢分离的缺点：在迎角增大时，由于从外往里的展向流的作用，前掠机翼的根部最先进入失速。因为根部的失速区不包围副翼，这样的失速不会导致飞机横向操纵性的丧失。这就提高了飞行的安全性，并提高了超声速飞机的大迎角机动性能[2]。

尽管前掠翼的翼根分离失速有其不利因素,但只需要在前面安装一对前翼就能使这一问题得到比较好的解决:大迎角飞行时,前翼向后拖出的两个翼尖涡正好流经机翼翼根处,从而将即将分离或已经分离的翼根表面气流带走,改善前掠翼翼根的流动状态。正因如此,X-29和苏-47分别采用带前翼的鸭式布局和三翼面布局。

前掠翼布局之所以还未被广泛应用,是因为前掠机翼的发散(静气动弹性发散)问题[3]:在气动力的作用下,使外翼向前上方扭转,迎角增大,如图4.11所示;迎角增大后,升力增大,又使外翼向上扭转得更厉害;如此恶性循环,直到机翼折断。为了防止发散,需要增加机翼的抗弯扭刚度,从而导致机翼结构重量的增加,以致抵消了采用前掠翼所带来的好处。

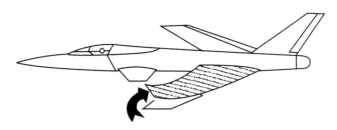

图 4.11　前掠翼的扭转变形示意图

20世纪70年代以后,复合材料的应用为克服弯扭扩散带来了希望。通过复合材料的弯扭变形耦合效应,也就是通过布置不同纤维方向的铺层,使机翼的弯曲变形引起附加的负扭转变形,从而抵消由升力引起的前掠翼正扭转。随着复合材料技术的不断发展和成熟,前掠翼布局已经不仅仅是验证机或科幻作品中的想象图了。俄罗斯的SR-10前掠翼教练机的首批飞机在2018年实现了量产,如图4.12所示。

图 4.12　俄罗斯 SR-10 前掠翼教练机

4.3.2　新概念民用飞机布局

与军用飞机多种多样的布局形式不同,民用飞机绝大多数均采用成熟的正常式布局形式。喷气式民用飞机的布局形式自20世纪40年代以来几乎就没有什么变化,如图4.13所示。然而,正常式布局的民用飞机经过几十年的发展已经日趋完善,其提升潜力越来越小,而随着世界航空市场竞争的日趋激烈,以美国、欧盟为代表的航空强国和各大飞机制造商纷纷对未来具有应用前景的突破性技术开展了大量研究,对新概念布局形式进行不断的探索,其中较有代表性的布局形式有翼身融合体布局、联翼布局、支撑机翼布局等。

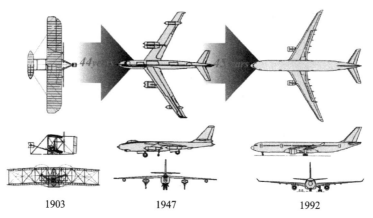

图 4.13　民用飞机的布局演化[4]

1. 翼身融合体（Blended Wing Body，BWB）

翼身融合体布局飞机方案已经成为未来大型客机最热门的气动外形选择之一。翼身融合体布局之所以受到关注，主要是有以下优点[5,6]：

① 结构重量小。采用全无尾布局，从结构上省掉了垂尾与平尾，大大减小了结构重量，使整个飞机重量较相同量级的常规布局飞机大为减小。同时，翼身融合体布局的宽短式机身设计在同等条件下结构强度更好。

② 空气动力效率高，气动载荷的分布可达到最佳。翼身融合体布局飞机其机翼与机身的融合大大减小了传统布局翼身间的干扰阻力和诱导阻力，从而减小了飞机的总阻力，同时使得整个飞机机体成为一个大的升力面，大幅提高了飞行器的续航时间、航程和有效载荷。根据资料显示，翼身融合体布局的浸润面积减少 1/3，最大升阻比可达到 23～30，可使飞机的使用成本降低约 20%。

③ 有效装载空间大。翼身融合体布局飞机改变了常规布局的机身载重方式。大型翼身融合体宽敞的中央机身机翼融合体内，可安排客、货舱和各种设备，使得可装载体积增大 20%～30%。

④ 飞行效率高。对于发动机安置于翼身融合体布局飞机上侧后部的设计，可通过发动机与边界层的相互作用进一步提高飞行效率。

虽然翼身融合体布局与传统布局相比具有以上的优势，但是这种布局也存在很多不足：翼身融合体布局没有尾翼，纵向稳定性下降，甚至静不稳定；同时由于无尾翼，只能利用升降副翼和阻力舵进行飞机的操纵，使纵向和横向运动发生耦合，操控性差；翼身融合体布局在起降时为配平飞机升降舵向上偏转，提供负升力，导致起飞着陆性能不理想，特别是着陆性能更差。

作为 BWB 研究的两大主要推动力量，波音公司（与 NASA 等机构合作）和空客公司（通过资助 Very Efficient Large Aircraft，VELA）均对大型 BWB 布局的气动特性、稳定性、操纵性以及结构设计等领域进行了比较深入的研究[7,8]。

目前最具代表性的成果是 1997 年 NASA、美国工业界和学术界联合完成的一种翼身融合体客机的初步方案设计[9]，并完成了代号为 X-48B 的验证机（见图 4.14）。翼身融合体布局飞机的后续发展，还需拭目以待。

2. 联翼布局（Joined Wing，JW）

联翼布局（又称联结翼布局或连接翼布局）的尾翼翼尖在机翼翼尖或机翼中部与机翼相

连,形成一个框架式结构[10],如图 4.15 所示。与常规布局相比,联翼布局的优点包括[11]:
① 提高了抗弯扭强度,减小了结构重量;
② 提供直接升力和直接侧向力控制能力;
③ 减少了诱导阻力;
④ 可以更好地采用面积律,从而减少跨声速和超声速波阻。

联翼布局由于前后翼的联结,不仅总重量增加,而且导致其在气动、结构、操稳特性等多方面存在耦合,使用上存在着一些限制,目前正式投产的很少,如我航空工业的"翔龙"无人侦察机,其在民用旅客机上的应用还在探索之中。

图 4.14 X-48B 翼身融合体布局验证机　　图 4.15 空客公司的联翼布局新概念客机设计方案

3. 支撑机翼(Strut-Braced Wing)

支撑机翼是在正常式布局飞机的机翼上增加一个支撑(见图 4.16)[12,13]。这种方式可以减小机翼弯矩,增大展弦比和升阻比,减轻重量。相对于 BWB 和联翼布局,支撑机翼是对现有的正常式布局形式改变较小的做法,在一定程度上有助于提高普通旅客对新概念客机的接受度。

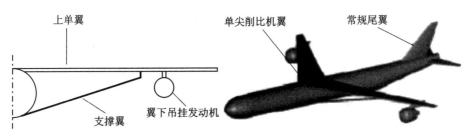

图 4.16 支撑机翼概念方案[13]

4.3.3 其他新概念布局形式

除了上述各种形式外,新概念布局形式还有斜翼布局(用一个转轴代替常规变后掠机翼的两个转轴,以降低结构重量和跨声速阻力,见图 4.17(a))、超大展弦比布局(用于高空太阳能飞机,见图 4.17(b))、变体飞机[14](用于无人作战飞机,见图 4.17(c))、飞行汽车(用于通用航空中的个人交通,见图 4.17(d))等。由于篇幅所限,本书不再一一介绍。

显然,人类对各种创新布局形式的探索从未停止。正如双翼机和三翼机退出历史舞台、单翼机统治天空一样,今天被看作"常规"的布局,在未来的某天或许就会被其他更广泛使用的形

(a) 斜翼布局

(b) 超大展弦比布局

(c) 变体飞机

(d) 飞行汽车

图 4.17 其他新概念布局示意图

式所取代。而这些未来的"常规",或许就是今天的某种"新概念"或"非常规"。

4.4 隐身对布局设计的影响

4.4.1 隐身技术的基本概念

隐身技术(Stealth Technology)又称为低可探测技术(Low Observability Technology),泛指为了减少飞机被敌方侦察手段捕捉、跟踪和攻击所采用的技术,涉及的侦察手段包括雷达、红外线、光电和目视等。隐身技术实质上就是尽量降低飞机的雷达、红外、激光、电视、目视、声、磁信号特征,使敌方各种探测设备很难发现、探测和跟踪,从而使其防空武器系统不能或很难发挥应有的作用,提高飞机的生存力[15]。

隐身技术是一门跨学科的综合技术,涉及的领域包括电磁理论、材料与结构、能量转换、热与燃烧理论、空气动力学、声及光学和高难度的测试技术等。考虑到雷达是防御系统中主要的探测设备,一般都以减小雷达散射截面(Rador Cross Section,RCS)作为隐身的首要任务。

雷达散射截面(RCS)用以度量目标在雷达波照射下所产生的回波强度大小,用 σ 表示,常用单位为 m^2 或 dBm^2。RCS 与目标形状、尺寸、结构及材料有关,与入射电磁波的频率、极化、入射角等参数有关。一架飞机 RCS 越小,该飞机反射的雷达能量就越小,被敌方雷达接收的信号也就越小,因而不易被发现;RCS 越大,说明反射越强,越容易被发现。

各型飞机的 RCS 值的量级差别很大。图 4.18 形象地对比了一些典型军用飞机的 RCS 值的相对大小。即便是同一架飞机,对于每一个视角(敌方雷达所在的方位)的 RCS 值也是不同的。例如,F-16 的 RCS 值正前方为 4 m², 而侧向大于 100 m²。需要注意的是, 本节中提到的各种飞机的 RCS 数据, 都是在特定的条件(包括飞机姿态、视角、雷达波段、统计的扇区角度范围等)下得到的结果, 而且通常用头向一定扇区(如正负 30°)或全向的均值来衡量(RCS 均值应采用具有实际物理意义的算术平均值)。

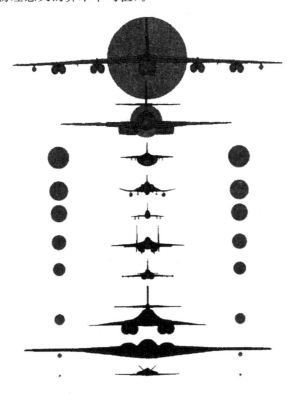

图 4.18　不同飞机的 RCS 值对比[16]

一架飞机对应于不同视角的 RCS 分布,就形成了 RCS 曲线图,如图 4.19 所示。由于同一飞机不同视角下的 RCS 以 m² 表示的时候,往往会相差好几个数量级,以至于在同一个坐标图中表示出来会难以分辨。为了能够表示得更为清楚方便,引入了对数表示法,即

$$\sigma_{dBm^2} = 10 \lg \sigma \tag{4.1}$$

采用对数的 dBm² 单位表示时, 按式(4.1)计算的 σ 与 σ_{dBm^2} 的对应值见表 4.1。由此可见, 一个纵坐标范围从 $-30 \sim 30$ dBm² 的坐标系(横坐标通常是视角), 就可以涵盖迄今几乎所有飞机在全向上的 RCS 值范围, 从而大大方便了表示和分析。但必须强调的是, dBm² 并没有实际的物理意义, 而且 dBm² 本身就有"比例"的意思, 所以在将两个 RCS 值进行对比时, 二者的差值的单位应当用 dB, 而不是 dBm²。例如, 方案 1 的 RCS 为 10 dBm², 方案 2 的 RCS 为 5 dBm², 则方案 1 的 RCS 比方案 2 的高 5 dB。

表 4.1　σ 与 σ_{dBm^2} 的对应值

σ/m^2	σ_{dBm^2}/dBm^2
1000	30
100	20
10	10
1.0	0
0.1	-10
0.01	-20
0.001	-30

根据雷达方程,即雷达接收功率与目标 RCS 之间的关系,可以推导出雷达探测的最远距

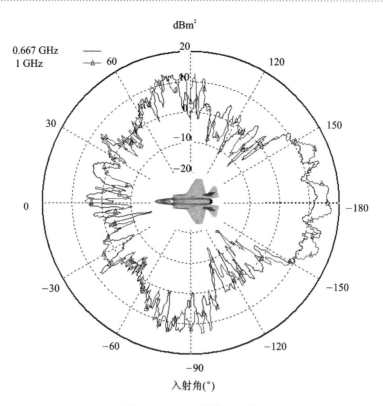

图 4.19 RCS 曲线图示例

离[16]。同一部雷达的探测距离与 RCS 的关系式为

$$R_{\max} \propto \sigma^{1/4} \tag{4.2}$$

当飞机的 RCS 减小以后,雷达探测距离与原探测距离比 $R_1/R_0 = (\sigma_1/\sigma_0)^{1/4}$,其中 R_0,σ_0 为原探测距离和 RCS 值,R_1,σ_1 为 RCS 减小后的探测距离和 RCS 值。例如,某雷达对 RCS 为 $1\ \text{m}^2$ 的目标探测距离为 $100\ \text{km}$,则该雷达探测距离与目标 RCS 的关系如图 4.20 所示。

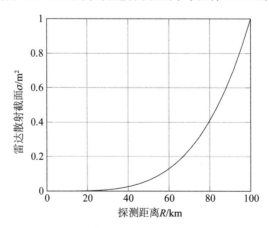

图 4.20 雷达探测距离与目标 RCS 的关系示例[16]

由图 4.20 可见,只有在飞机的 RCS 缩减程度有数量级的提升时,才能使敌方雷达的探测距离有比较明显的缩短。这也意味着飞机的隐身设计工作往往需要付出很大的努力,才能产

生实质性的影响。不过凡事皆应有度,没有必要追求 RCS 绝对的低。这一方面是因为 RCS 往 0.1、0.01 甚至 0.001 m^2 这样的程度缩减时,需要付出巨大的代价;另一方面也是因为当 RCS 小到一定程度时,就能够和自然界中的一些飞禽或大型水鸟(见表 4.2)相当,从而让雷达难以分辨。在这种情况下,再进行缩减的意义不大。

表 4.2 几种昆虫与鸟类的雷达散射截面示例

名 称	长度/mm	直径/mm	横向 RCS/dBm²	头向 RCS/dBm²
蓝翅蝗虫	20	4	−30	−40
工蜂	13	6	−40	−45
绿头苍蝇	9	3	−46	−50
成年鸭子	高约 55 cm、长约 45 cm、宽约 20 cm		−12	

4.4.2 隐身布局设计的基本原则

在满足基本气动要求的情况下,考虑减少飞机 RCS 的外形措施有以下几条原则。

1. 消除能形成角反射器的外形

角反射器(angle reflector)是一种由三个平面相互垂直的金属板(网)构成的立体角。其特点在于:无论光线从哪一个方向射向它,它都能将入射光线逆原方向反射回去,如图 4.21 所示。角反射器在军事上通常是作为迷惑雷达的伪装器材,但在飞机的设计上就必须加以避免。

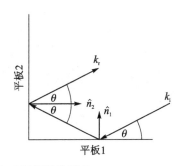

图 4.21 角反射器及其原理

飞机上构成角反射器效应的外形一般有两类(见图 4.22):

① 两个近似平板的表面互相垂直,如机翼下表面与挂架、垂直侧面的机身与机翼上或下表面、垂直立尾与平尾等;

② 近似圆柱体与平板相切,如上或下单翼与圆机身、副油箱与机翼下表面等。

消除角反射器的措施包括:采用翼身融合消除垂直侧面机身与机翼的角反射器,采用倾斜的双立尾来消除垂直立尾与平尾的角反射器(见图 4.23),采用武器内埋或保形外挂消除机翼下表面与挂架的角反射器等。

2. 变后向散射为非后向散射

通过改变飞机外形,将它的雷达波散射方向偏转到敌方雷达接收不到的方向上,使 RCS 显著降低。例如,在突防时,将雷达天线偏转一个角度,以减小正前方镜面反射回波;将双垂尾设计成向外或者向内倾斜 15°~30°,可减小侧向的镜面反射;将机身设计成圆弧形,消除垂直

图 4.22　具有多种角反射器特征的典型飞机

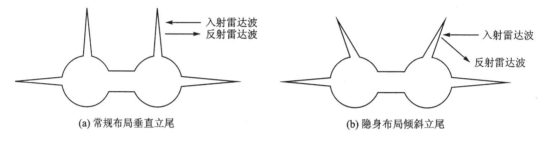

(a) 常规布局垂直立尾　　　　　　　　(b) 隐身布局倾斜立尾

图 4.23　用倾斜的双立尾来消除角反射器

斜面；进气道采用 S 弯形等都是变后向散射为非后向散射的措施。

F-117 的多面体机身起到了明显地改变雷达波散射方向的作用，但这种外形在气动方面的损失严重；YF-22、YF-23 等飞机则是采用平板曲面机身来达到这一目的，如图 4.24。

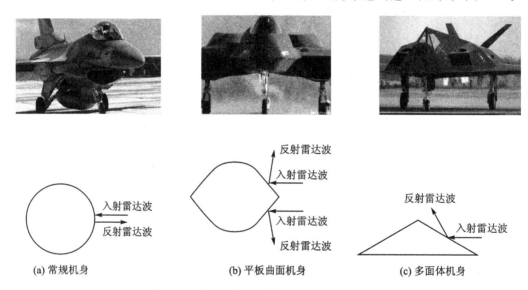

(a) 常规机身　　　　　(b) 平板曲面机身　　　　　(c) 多面体机身

图 4.24　变后向散射为非后向散射的机身设计

3. 采用一个部件对另一强散射部件的遮挡措施

遮挡技术也是外形隐身中的一个基本手段。例如，若雷达波从飞机的下方入射，则进气道采用背部进气形式，可用机翼及机身遮挡进气道（如 F-117、X-47B 等无人作战飞机）。但对于高机动性的战斗机，要求具有良好的大迎角特性，背部进气难以满足这个要求，这也是隐身与气动特性之间的矛盾。

利用机翼对机身的遮挡可减小侧向 RCS。试验表明,一个中单翼的翼身融合体的侧向 RCS 值相比于单独机身(无机翼)时要小得多,就是因为机翼根部占据了机身后向散射最突出的一部分。F-22 采用菱形机翼,根弦很长,遮挡了中、后机身。

又如,在旋转体的前机身的两侧各形成一个凹面尖劈,使其凹面同机身的凸面光滑过渡,形成两侧有棱边的机身(如 F-22 的前机身,见图 4.25),其 RCS 值远比旋转体机身小,是因为棱边遮挡了前机身的后向强散射部位,而且棱边引起的边缘绕射回波比曲面引起的镜面后向散射低得多。

图 4.25　F-22 的棱边机身

4. 将全机各翼面的棱边都安排在少数几个非重要的照射方向上去

战斗机的机翼和尾翼(包括前翼)的前后缘、翼尖、机身两侧的棱边、进气道唇口、尾喷口都是产生棱边散射的散射源。当采用各种措施使飞机的强散射源变弱,镜面反射消失后,这些棱边散射的强度就成为主要散射源了。而且这些棱边大部分位于飞机水平面内,在水平极化下回波的峰值更高。

为此,应当让全机翼面的棱边方向集中到一两个非重要方位角上(大于正前方 40°以外)。如 F-22、F-35、苏-57、X-48B 等隐身飞机的机翼和平尾前缘彼此平行(见图 4.26),两者的后缘也互相平行,使雷达波反射尖峰叠在一起,以减少强尖峰个数。

5. 采取措施消除强散射源

进气道、座舱、天线舱、各种外挂物、通风口、表面突出物等都是需要特别处理的强散射源,采取的措施包括:

① 对于进气道,采用进气口斜切及将进气道设计成 S 弯形(见图 4.27);
② 采用特殊的隐身镀膜座舱盖;
③ 采用具有频率选择表面的雷达罩;
④ 武器尽量内埋,取消外挂(见图 4.28);
⑤ 尽量减少突出物及突出的通风口。

6. 结构细节设计

飞机各种强散射源被减弱以后,飞机表面的各种缝隙、台阶、铆钉等所谓的次弱散射源就会对 RCS 产生较大影响,需要对结构进行细节设计,包括铆钉、台阶等的处理,以及将口盖边

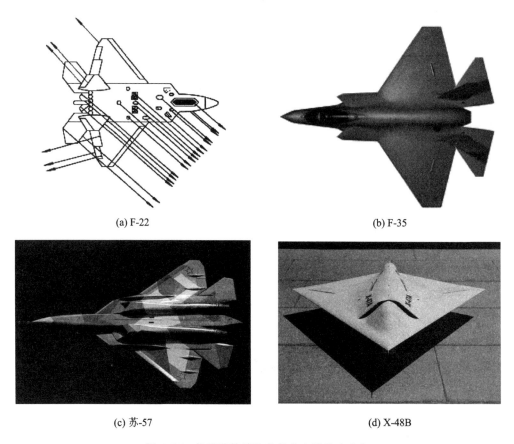

(a) F-22　　　　　　　　　　　　　　(b) F-35

(c) 苏-57　　　　　　　　　　　　　　(d) X-48B

图 4.26　将翼面的棱边安排在少数几个方向

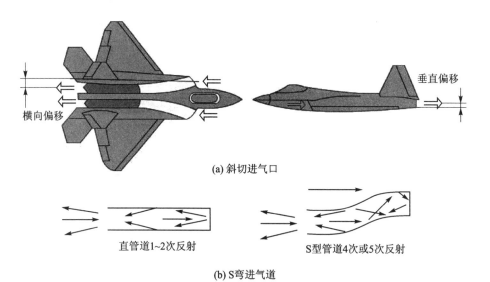

(a) 斜切进气口

直管道1~2次反射　　　　　S型管道4次或5次反射

(b) S弯进气道

图 4.27　大 S 弯的进气道设计

缘和缝隙等设计成锯齿形状等，如图 4.29 所示。此外，还可以在飞机表面蒙皮之间的接合部加上连接片，使飞机表面电流连续，从而降低蒙皮边缘不连续引起的后向散射。

7. 利用吸波材料降低回波强度

当某些部件不能采用外形隐身措施时，可以利用吸波材料降低回波强度，但是吸波材料过于昂贵，而且对维护的要求很高。例如，B-2 轰炸机的隐身涂料维护需要在恒定的温度中进行，对环境要求极高，为此美军还为 B-2 准备了专门的环境控制机库，如图 4.30 所示。除了传统的吸波材料外，近年来逐步兴起的超材料技术也为隐身提供了一种可能的新途径，但目前尚未看到在飞机上得到实际应用的公开报道。

图 4.28　内埋式弹仓

图 4.29　锯齿形的口盖边缘和缝隙

图 4.30　B-2 轰炸机的特殊机库

实际上，隐身飞机的设计往往是采取多种综合措施的结果。以 F-22 为降低可探测性做出的主要设计为例（图 4.31），机头部分使用通透性良好的雷达整流罩，并用金属吸波材料对座舱盖镀膜，同时机头外形设计减少曲面上曲率变化大的点以及分裂角；机身侧向有一定角度的倾斜,使用 S 型进气道,同时进气道前缘与机翼、尾翼前缘表面后掠角一致,垂直尾翼倾斜一定角度消除角反射器;将武器部署在飞机内部,使用流线型与凸缘结构变后向散射为非后向散射消除影响;为减少次弱散射源,结构细节设计上减少外部天线的数量,减少舱门的数量,减少间隙与缝隙等。

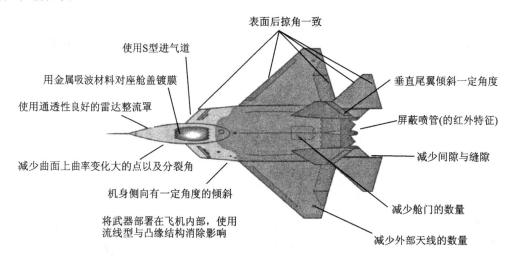

图 4.31 隐身飞机上采取的综合措施示例[17]

课程设计项目进展建议

- 对概念草图体现的方案进行总体布局优缺点分析,形成至少两种总体布局方案的初步三面图或初步立体图;
- 检查总体布局是否满足基本原则,如军用飞机的隐身设计原则;
- 初步对比分析不同方案的优缺点;
- 初步对比分析提出的方案与同类已有机型;
- 提出拟采用的主要新技术。

参考文献

[1] 方宝瑞. 飞机气动布局设计[M]. 北京:航空工业出版社,1997.
[2] 叶露,向小军. 前掠翼布局流动机理研究[J]. 中国民航飞行学院学报,2010,21(1):18-21.
[3] 陈桂彬,邹丛青,杨超. 气动弹性设计基础[M]. 北京:北京航空航天大学出版社,2004.
[4] LIEBECK R H. Design of the Blended Wing Body Subsonic Transport[J]. Journal of Aircraft,2012,41(1):10-25.
[5] 张彦仲. 大飞机气动总体技术的发展[J]. 中国工程科学,2009,11(5):4-17.
[6] 朱自强,王晓璐,吴宗成,等. 民机的一种新型布局形式——翼身融合体飞机[J]. 航空学报,2008,29(1):49-59.
[7] NASA. Blended-Wing-Body Technology Study Final Report:NASA-20275[R]. 1997.
[8] AIRBUS. 2020 Horizon:Very efficient large aircraft(VELA)[EB/OL]. http://www.2020-horizon.com/VELA-Very-efficient-large-aircraft%28VELA%29-s15765.html. 2014-9-16.
[9] RISCH T,COSENTINO G,REGAN C,et al. X-48B Flight Test Progress Overview[C]. Orlando(FL) USA:47th AIAA Aerospace Sciences Meeting including The New Horizons Forum and Aerospace Exposition,2009.

[10] WOLKOVITCH J. Joined-wing Research Airplane Feasibility Study[C]. San Diego (CA): Aircraft Design Systems and Operations Meeting, 1984.
[11] 郑诚行. 连翼布局飞机及探测无人机研究进展[J]. 飞行力学, 2006, 24 (4):1-5.
[12] 朱自强. 民机空气动力设计先进技术[J]. 物理, 2016, 45(10):651-659.
[13] 朱自强, 吴宗成, 陈迎春, 等. 民机空气动力设计先进技术. 上海:上海交通大学出版社, 2013.
[14] 徐德起. 情志蓝天:记航空气动专家、中国科学院院士李天[M]. 北京:航空工业出版社, 2011.
[15] 飞机设计手册总编委会. 飞机设计手册第 4 册:军用飞机总体设计[M]. 北京:航空工业出版社, 2000.
[16] 姬金祖, 黄沛霖, 马云鹏, 等. 隐身原理[M]. 北京:北京航空航天大学出版社, 2018.
[17] М. А. Погосяна. лроекмирование самолемов (издание пямое перерабоманное)[M]. Москва:Инновационное машиностроеиие. 2018.

第 5 章　机翼与尾翼设计

◎ 知识点
- 不同类型翼型的特点及适用的飞机类型；
- 机翼的几何参数及参考机翼等效方法；
- 机翼气动焦点和平均气动弦长的概念；
- 机翼主要参数的选取原则；
- 机翼相对机身的典型垂直位置及其优缺点；
- 边条及翼尖的形式和作用；
- 不同增升装置的特点及选用原则；
- 不同尾翼布置形式的特点及布置时的特殊考虑；
- 初步选择尾翼参数的尾容量系数法。

5.1　翼型的选择

5.1.1　翼型的几何参数和气动参数

飞机的主要气动力由机翼产生，而翼型相当于机翼的心脏，对机翼气动特性起主要作用。翼型影响着巡航速度、起飞着陆速度、失速速度、飞行品质和各个飞行阶段的气动效率，因此翼型的选择是机翼设计的重要一环，而翼型选择的基础是对翼型的主要几何和气动参数的了解。

翼型是由中弧线（或弯度线）和基本厚度分布叠加而成的。翼型的基本几何参数如图 5.1 所示。这些主要参数对气动特性（包括升力系数、阻力系数、力矩系数、气动中心和压力中心等）的影响及选取原则如下。

1. 弦　长

翼型前缘定义为翼型最前端的点，翼型后缘定义为翼型最后端的点。翼型前、后缘的连线称为弦线，弦长以 c 表示。在将翼型用到机翼上的时候，弦线长度是一个常用的缩放基准。

2. 前缘半径

翼型前缘处内切圆的半径称为翼型的前缘半径，以 r_q 表示。通常由它与弦长的比值表示不同前缘半径的大小。前缘半径大的圆前缘翼型从后缘开始失速，随迎角增加分离前移，失速迎角大，最大升力系数大，但波阻也大，因此这类翼型适合于亚声速飞机；前缘半径小，则前缘在小迎角时就开始分离,随迎角增加再附着;前缘半径越小越易分离,最大升力系数小,但波阻也小,因此适合于超声速飞机。

此外,翼型后缘角定义为翼型后缘处上下表面切线夹角的一半,以 τ 表示。但后缘角对气动特性的影响没有前缘半径明显。

3. 厚 度

NACA(National Advisory Committee for Aeronautics,美国国家航空咨询委员会,NASA 的前身)翼型的翼型厚度定义为翼型周线内切圆的最大直径,但工程上或其他一些翼型厚度定义为垂直于弦线度量的翼型高度或上、下表面间的距离。最大厚度 t 与弦长 c 之比为相对厚度,表示为 t/c。

相对厚度直接影响飞机的阻力(特别是波阻)、最大升力系数、失速特性和结构重量。相对厚度对亚声速阻力影响不大,而超声速时波阻增加约与相对厚度的平方成正比。因此,超声速战斗机的相对厚度一般为 4%~6%,如太小则影响结构高度与机翼的可用容积,而最大厚度位置大约在 40%~45%处。

随着翼型相对厚度增加,最大升力系数先增大,然后减小。对于每一种翼型,有一个最佳的相对厚度,范围大约为 10%~14%,亚声速飞机翼型的相对厚度多在此范围内。图 5.2 给出了翼型相对厚度的经验曲线,其中横坐标是设计马赫数。

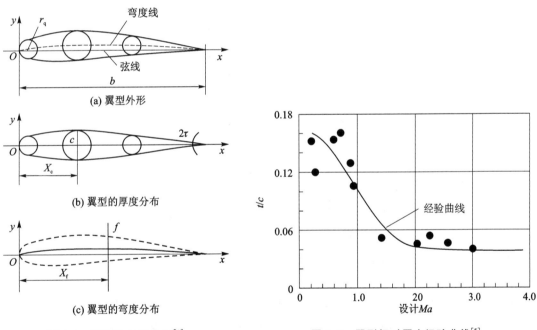

图 5.1　翼型的几何参数[1]

图 5.2　翼型相对厚度经验曲线[5]

4. 弯 度

弯度线也称中弧线或中线,代表翼型的弯曲程度。对最经典的 NACA 系列翼型来说,它被定义为翼型周线内切圆圆心的轨迹线。工程上常使用垂直于弦线方向上度量的上、下表面间的距离的中点连线。翼型的弯度定义为沿垂直于弦线度量的弯度线到弦线的最大距离,弯度与弦长的比值称为相对弯度,表示为 f/c。

弯度的确定通常是保证翼型在正常的巡航速度飞行时处于设计升力系数状态的基础。设计升力系数指的是具有最小阻力时的升力系数。对于任何一种翼型，在其设计升力系数附近，有最有利的压力分布，阻力最小，升阻比最大。

对于低速飞机，巡航速度比较小，所需的升力系数要大，应当采用相对弯度较大的翼型，对于高速飞机则应选取相对弯度较小的翼型或无弯度的对称翼型。平尾、立尾等翼面由于需要在正负迎角、正负侧滑角下工作，这些翼面往往采用无弯度的对称翼型。

5. 气动中心与压力中心

气动中心又称焦点，其定义是：绕该点的俯仰力矩在任何迎角下均保持常数，是升力增量的作用点。通常升力垂直于来流，阻力与来流平行，则力矩取距前缘 1/4 弦长的点作为参考来定义，一般翼型的焦点位于该点或该点附近。压力中心是压力合力的作用点。一般气动设计并不特别关心压力中心的位置，但是压力中心对结构设计具有一定的意义，压心的前后位置直接影响扭矩的大小。

5.1.2 翼型的种类与选择

翼型的分类有许多种方法。按照相对厚度可以分为厚翼翼型、中等厚度翼型和薄翼翼型等；按照用途，可以分为飞机机翼翼型、直升机旋翼翼型、螺旋桨翼型等。这里参照方宝瑞的《飞机气动布局设计》[2]将翼型分为早期翼型、层流翼型、高升力翼型和超临界翼型。

1. 早期翼型

早期翼型大多都是在二战以前，基于风洞试验研究出来的，包括英国的 RAF 系列翼型、德国哥廷根大学研究的哥廷根翼型、美国 NACA 的 CLARK 翼型以及稍晚些研究出来的 NACA 4 位数字和 5 位数字翼型，如图 5.3 所示。目前在高速战斗机上已经很少采用早期翼型，但在低速的通用飞机上仍有应用。

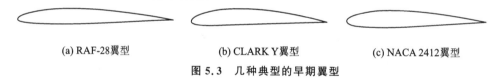

(a) RAF-28翼型　　(b) CLARK Y翼型　　(c) NACA 2412翼型

图 5.3　几种典型的早期翼型

2. 层流翼型

小迎角时翼型的阻力主要是摩擦阻力。一架双发旅客机表面摩阻占全机阻力的 20%。而层流翼型的阻力不到紊流翼型的阻力的一半，因此用增加翼型表面层流范围的方法来减少翼型的阻力有重要的实际价值。

NACA 先后发展了 NACA1~6 系列层流翼型，其中早期的 1~5 系列因为在非设计点性能下降非常快，现在已经基本不用了。NACA6 系列翼型的基本厚度分布是按照所要求的阻力、临界马赫数和最大升力特性导出的，其中线是按照预先指定的载荷分布设计的。这一系列翼型因为低阻、高临界马赫数及非设计条件下也有比较满意的气动特性，至今仍广泛地应用于高速飞机。例如，美国的 F-16 战斗机采用了 NACA64A204 翼型作为基本翼型。图 5.4 所示为几种典型的层流翼型。

在一定的升力系数范围内，层流翼型表面能保持相当大的层流流动，翼型在这个升力系数范围内，阻力显著减小。但是这个效应对 Re 数和表面光滑度非常敏感。机翼上的灰尘、雨滴和昆虫残骸均可使流动转捩为紊流而增加阻力。例如，P-51 战斗机虽然采用了层流翼型，但实际层流几乎不存在。

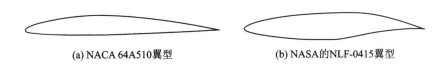

(a) NACA 64A510翼型　　　　　　(b) NASA的NLF-0415翼型

图 5.4　几种典型的层流翼型

3. 高升力翼型

早期翼型中的美国 CLARK Y、NACA 44 族、NACA24 族、NACA230 族及英国的 RAF6 等翼型在较高升力下阻力较小，具有良好的高升力特性。20 世纪 60 年代后期，美国人采用计算流体力学的方法又设计了先进高升力翼型 GAW-1、GAW-2。

这些翼型具有大的上表面前缘半径，以减小大迎角下负压峰并因此推迟翼型失速。翼型的上表面比较平坦，使得在升力系数为 0.4（对应迎角为 0°）时上表面有均匀的载荷分布。下表面后缘有较大弯度（后加载）并具有上、下表面斜率近似相等的钝后缘。但是这类翼型也有一定的缺点，包括失速特性差，在失速临界迎角附近上表面分离区面积很快大范围扩大，导致升力系数突然大幅度下降，低头力矩很快增加。低头力矩较大，NACA 翼型的零升力矩不小于−0.09，而 GAW-1、GAW-2 翼型的零升力矩达到−0.12，为配平低头力矩需偏转安定面，损失升力，并增加配平阻力，如图 5.5 所示。

(a) GAW-1翼型　　　　　(b) GAW-2翼型　　　　　(c) NACA 23016翼型

图 5.5　几种典型高升力翼型

4. 超临界翼型

当翼型表面最大速度达到声速时，相应的自由流马赫数称为临界马赫数。对普通翼型来说，随着马赫数增加，激波强度增加，阻力显著增加。通常把阻力急剧上升时对应的自由流的马赫数称为阻力发散马赫数。超临界翼型的目的就是在超临界状况下无激波或仅有弱激波存在，以减小阻力。图 5.6 中直观地给出了普通翼型和超临界翼型的激波形式对比。

超临界翼型的外形特点是：头部半径大，上表面较为平坦，后缘弯度较大，下表面有反凹（见图 5.7）。头部丰满的目的是消除前缘的负压峰，使气流不致过早达到声速；上表面中部比较平直，有利于提高临

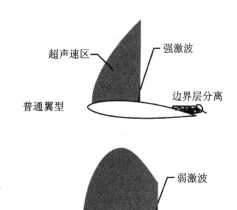

图 5.6　普通翼型和超临界翼型的对比

界马赫数，减小激波强度；后部向下弯曲有利于缓和激波诱导边界层分离。为弥补上表面平坦引起的升力不足，下表面后部有反凹，使后部升力增加，后缘加载。

高速战斗机的方案设计初期，不必花太多的时间去精选合适的翼型，而是利用已有气动试验数据的翼型，从中选择比较合适的，如 NACA64A 或 65A 的对称层流翼型，确定好相对厚度；而前缘半径、弯度和扭转，则可在详细设计时根据不同的任务要求和机翼平面形状再进行精修设计。

(a) NASA SC(2)-0412翼型　　　(b) NASA SC(2)-0412翼型　　　(c) NASA SC(2)-0414翼型

图 5.7　几种典型超临界翼型

对于要求设计升力系数大的中小型飞机,如"全球鹰"等长航时无人侦察机,往往使用高升力翼型。对于低速的通用飞机,甚至还会采用一些经典的早期翼型,如塞斯纳系列有的就用了NACA4 位数翼型。

大展弦比、中等后掠的跨声速运输机,则一般采用自己设计的超临界翼型,如美国的NASA SC 系列超临界翼型。此外,还需注意翼型的配置,翼尖用失速性能好的翼型,翼根则用升阻比高、相对厚度大的翼型。

在一些手册和飞机设计教科书,如《Aircraft Design-A Conceptual Approach》(中文版《现代飞机设计》)中会提供翼型的数据,现在更为方便的查询形式则是利用网络数据库资源,如美国伊利诺伊大学的翼型数据库有 1 000 多种翼型的数据(http://www.ae.illinois.edu/m-selig/ads/coord_datbase.html)。此外,一些专门的翼型设计软件(如 profili)中也可提供数据供参考。

5.2　机翼的参数选择

5.2.1　机翼的几何参数

图 5.8 给出了机翼的主要几何参数的定义。图中 S 为机翼面积(注意:指延伸到飞机中心线的参考机翼面积),m^2;b 为机翼展长,m;c_r 为翼根弦长,m;c_t 为翼尖弦长,m;$A=b^2/S$ 为机翼展弦比;Λ_0 为机翼前缘后掠角;$\lambda=c_t/c_r$ 为梢根比(又称尖削比,是根梢比的倒数);t/c 为翼型相对厚度(t 为最大厚度);γ 为扭转角(翼尖弦与翼根弦之间的夹角)。

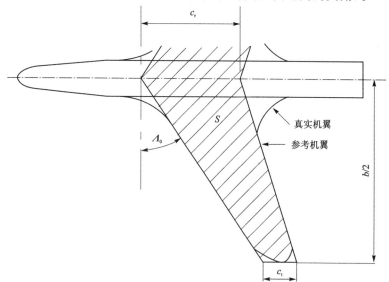

图 5.8　机翼的几何参数[3]

在不同的教科书或手册上,采用的符号往往是不一样的,因此必须要注意相互的对应关系。参考机翼是开始布局时的基本机翼几何形状,如图 5.8 所示。参考机翼是假想的,它的前后缘通过机身延伸到飞机的中心线。如果机翼是由多个翼段组成的有弯折翼,参考机翼的等效方法可参考附录 B。

5.1 节中提到了翼型的气动焦点位置。类似地,对于梯形机翼,存在一根弦线,使得机翼在亚声速流中绕该弦线 1/4 弦点的俯仰力矩随着迎角的变化基本为一常数,该点即为机翼的"气动中心",这根弦线即为"平均气动弦"(Mean Aerodynamic Chord,MAC)。平均气动弦和气动中心位置可以用如图 5.9 所示的作图法确定(其中,典型的亚声速气动中心在 $0.25\bar{c}$ 处,超声速气动中心在 $0.4\bar{c}$ 处)。

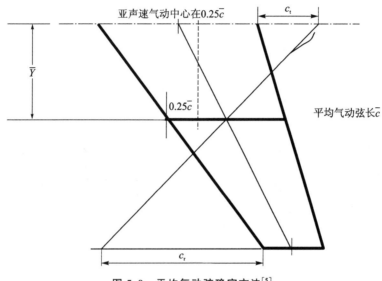

图 5.9 平均气动弦确定方法[5]

5.2.2 机翼参数选择

机翼的设计应以满足设计要求中的飞机性能为主要依据,即应保证在起飞、着陆和空中机动状态下有尽可能大的升力及高的升阻比;在巡航状态和大速度下有尽可能小的气动阻力;在全包线范围内有良好的纵向及横侧向的操纵安定特性,特别是在低速时要有线性的俯仰力矩特性、较高的副翼效率及横向特性。此外,还应满足强度和气动弹性要求,使机翼具有足够的结构刚度和较小的结构重量及较大的颤振速度。具体而言,机翼的各主要参数可参照如下原则选择。需要说明的是,此时选择出的是参考机翼的初始参数,而实际机翼应结合各种约束、创造性和后续分析结果进行设计和完善。

1. 展弦比

展弦比越大,即翼展长,翼尖效应(翼尖处下面高压气流流向上翼面,减小了翼尖附近的升力)对机翼影响区比例越小,其升力线斜率及升阻比都较大,如图 5.10 所示。由于翼尖涡减小了翼尖处的有效迎角,所以小展弦比机翼的失速迎角大。对于大展弦比的飞机,尤其是大型的民用旅客机和军用运输机,通常采用加装翼梢小翼的方式,有效地减小翼尖涡的影响。

大型民用客机和军用运输机为提高升阻比,减小升致阻力,展弦比应选在 10 左右。比如图 5.11(a)中波音 B787 的展弦比达到了 11。战斗机着眼于高机动性和减少超声速阻力,展弦

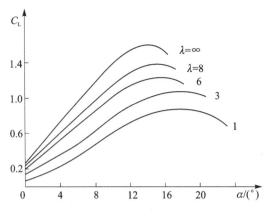

图 5.10 展弦比对升力特性的影响[5]

比一般选 2.0~4.0。图 5.11(b)中米格-35 的展弦比约为 3.5。

(a) 波音B787　　　　　　　　　　(b) 米格-35

图 5.11 不同类型飞机的展弦比

2. 后掠角

增加后掠角(通常指的是前缘后掠角,见图 5.12 中的 Λ_0),可以提高临界 Ma 数,延缓激波的产生,这是高亚声速飞机采用后掠角的根本原因。后掠角增加,可以降低气动阻力,但同时会使机翼结构重量增大。因此,后掠角的选择需要权衡气动和结构重量的影响。虽然前掠翼同样可以起到延缓激波产生的作用,但是由于发散的问题(在第 4 章中有相应的介绍)而很少采用。

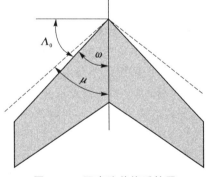

在图 5.12 中,ω 是机翼前缘半顶角 $\left(\omega=\dfrac{\pi}{2}-\Lambda_0\right)$,

图 5.12 亚声速前缘后掠翼

μ 是扰动锥半顶角 $\left(\mu=\arctan\dfrac{1}{\sqrt{Ma^2-1}}\right)$。令 $n=\tan\omega/\tan\mu$,则 $n<1$ 为亚声速前缘(机翼前缘在激波锥之内),$n=1$ 为声速前缘,$n>1$ 为超声速前缘(机翼前缘在激波锥之外)。选择后掠角时,应避开声速前缘,采用亚声速或超声速前缘。

当飞行 $Ma>2$ 时,如果采用亚声速前缘,则后掠角可能很大,这样会引起机翼结构重量过分增大,同时翼梢气流分离更为严重。这时应当避开声速前缘,采用超声速前缘。

在进行初始的前缘后掠角选取时,除了注意上述的原则外,还可以结合如图 5.13 所示的经验曲线,其中 Ma 通常就是取设计要求中的巡航速度。

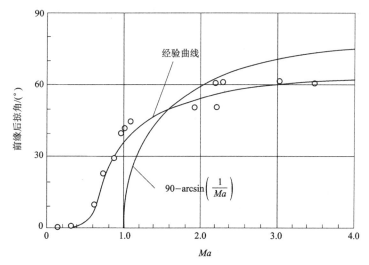

图 5.13 前缘后掠角的经验曲线[5]

3. 梢根比

梢根比影响机翼的升力沿展向分布的规律。大部分低速平直机翼的梢根比为 0.4~0.5,后掠机翼的梢根比多在 0.167~0.5 范围内。除三角翼外,一般梢根比大于 0.2,以避免翼尖失速。现代战斗机往往在翼尖悬挂导弹,由于悬挂装置和翼尖刚度的要求,翼尖弦长一般要大于 1 m。

图 5.14 给出了梢根比选取的经验曲线。其横坐标是机翼的 1/4 弦线后掠角——这是在机翼的平面形状形成后才能得到的一个数据,意味着使用这个图的时候是需要进行迭代求解的。

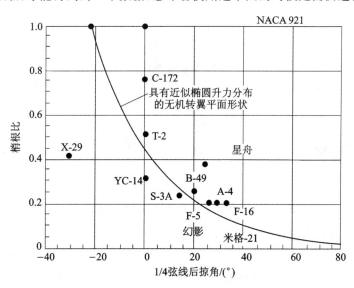

图 5.14 梢根比选取的经验曲线[5]

4. 其他参数

① 安装角。安装角是机翼相对于机身的偏角。工程上常常给出翼根和翼尖处的安装角，并将两者之间的差值定义为扭转。对于多数初始设计，可假定通用航空飞机和自制飞机的安装角约为 2°，运输机约为 1°，军用飞机约为 0°。

② 扭转角。机翼扭转可以防止翼尖失速，改善升力分布，减小升致阻力，改善巡航特性。一般翼根、翼尖的相对扭转角为 ±3°左右。

③ 上(下)反角。上反角可提供横向安定效应，下反角减少横向安定效应。对于后掠机翼，为防止过大的横向安定性，大后掠时一般选 1°~2°下反角。粗略地说，10°的后掠角可提供大约 1°的有效上反。表 5.1 中给出了典型上反角的统计值。

表 5.1 典型上反角统计值[5]

飞机类型	机翼位置		
	下单翼	中单翼	上单翼
直机翼	5°~7°	2°~4°	0°~2°
亚声速后掠翼	3°~7°	−2°~2°	−5°~2°
超声速后掠翼	0°~5°	−5°~0°	−5°~0°

5.2.3 机翼垂直及纵向位置选取原则

1. 机翼相对机身的垂直位置

上单翼、中单翼、下单翼是三种典型的机翼相对机身的垂直位置，如图 5.15 所示。选择时需要考虑到气动干扰问题。中单翼的气动干扰阻力最小，下单翼的干扰阻力最大。如果下单翼布局采用整流蒙皮，则可以大大降低气动干扰；中单翼对飞机的横滚力矩特性影响不大，上单翼使滚转力矩系数变大，其效果相当于机翼具有较大的上反角，下单翼正好相反。因此，往往可以看到上单翼飞机的机翼下反比较明显，而下单翼的飞机上反明显，从而将不利的影响适当抵消。

(a) 上单翼　　　　　　(b) 中单翼　　　　　　(c) 下单翼

图 5.15 三种典型的机翼相对机身的垂直位置

结构布置的影响也是进行三种形式选择时的重要因素。其中，上单翼结构布置的主要优缺点包括：

① 机身更加接近地面。这对运输机来说是很明显的优点，因为这简化了装卸货物的过程。

② 应急着陆时,机翼不能对机身起到保护作用;水上迫降时,机身在水面下,应急疏散旅客困难。

③ 机翼可以贯穿机身,机翼的升力自身可以平衡,减轻了飞机的结构重量。

④ 由于机翼的位置很高,无法装起落架,起落架只能装到机身上。这时,起落架难以保证滑跑的稳定性,因为起落架的轮距不容易保证。

⑤ 在侧滑时的滚转稳定性很好。一些上单翼飞机往往采用下反来减少过分的滚转稳定。

中单翼结构布置的主要优缺点包括:

① 中单翼的气动干扰阻力最小,对滚转稳定性影响不大。

② 中单翼主要的不足在结构上。对上单翼和下单翼布局来说,机翼可以贯穿机身,这种安排不会影响内部装载的布置,而中单翼会受到机身内部装载布置的强烈影响。

③ 中单翼布局通常采用环形加强隔框来传递机翼的载荷,或采用折梁等方式穿过机身(见图5.16),这样可能会增加机翼的结构重量。

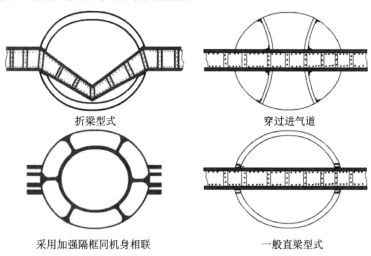

图 5.16 中单翼与机身连接的典型结构形式

下单翼结构布置的主要优缺点包括:

① 有利于起落架的设计,起落架可以直接收回机翼中。对双螺旋桨发动机来说,起落架可方便地收回到发动机短舱,但需考虑发动机和螺旋桨桨叶的离地高度,会造成起落架长度增加,重量增大。

② 为了增加滚转稳定性,机翼需要上反。

③ 下单翼在应急着陆时对机身起到保护作用;水上迫降时,机身在水面上,应急疏散旅客比较方便。

④ 机翼可以贯穿机身,降低飞机的结构重量。

⑤ 机身离地高度较大,装卸货物不便。

选择垂直位置时,必须根据上述的优缺点,认真分析不同布局的特点,并结合飞机的设计要求才能确定。一般来说,轻型飞机采用下单翼,军用战斗机采用中单翼,军用运输机采用上单翼,旅客机采用下单翼。这种建议并不是绝对的,例如图5.15中的三型战斗机就采用了三种不同的方式。

2. 机翼的纵向位置

机翼的纵向位置需要根据飞机的重心和飞机的稳定性、操纵性指标来确定。初始选择时，可以分如下几种情况进行考虑：

① 对于尾翼在后的稳定飞机，机翼的最初位置应使飞机重心位于30% MAC处；考虑机身和尾翼的影响后，重心应大致在25% MAC处。

② 有后尾翼的不稳定飞机，机翼位置取决于所选择的不稳定水平，通常应使重心位于MAC的40%处。

③ 对于鸭式飞机，由于鸭翼下洗对机翼的影响，这些经验法则很不可靠。对于带有计算机飞控系统的操纵型鸭翼（不稳定飞机），机翼最初应布置在使飞机重心位于机翼MAC大约15%～20%处。

显然，机翼的位置对全机的重心是有很大影响的，可见上述的纵向位置确定过程必然需要进行迭代。

5.2.4 边条的作用

边条是前缘尖锐、后掠角很大（60°以上）的涡流控制面[4]。边条翼在大迎角飞行时产生脱体涡（见图5.17），本身具有涡升力，同时还控制和改善机翼的外翼气流分离，提高机翼的升力。虽然边条的涡升力容易引起俯仰力矩发生上仰，但是随着主动控制技术的发展，放宽静稳定性可以有效解决纵向力矩不稳定的问题。

边条的一个作用是希望用它来产生稳定的前缘涡系。在低、亚、跨声速区域，为了使边条在大迎角下仍然保持稳定的前缘涡的流型，对前缘后掠角也有一定限制要求。只有前缘后掠角达到70°以上，前缘涡才比较稳定。当前缘后掠角较大时，将会出现非对称涡的现象，这种涡的不对称将会引起翼面上左右两侧力的不对称，从而产生滚转力矩。研究表明，前缘后掠角小于76°可以防止非对称涡现象的出现。因此，边条前缘后掠角的选择，应该是在70°～76°之间为好。

一般边条的形状有拱形、三角形和S形，如图5.18所示。对边条的前缘形状而言，采用曲线前缘比用直线前缘好。如果从最大升力系数及过失速升力特性出发，应选择拱形前缘边条。如果希望升阻比大一些，力矩特性好一些，而且有较好的过失速升力特性，则应该选择边条面积与基本翼面积比小一些的S形边条。一般情况下，不要选择三角形直线前缘边条。

图5.17 边条产生的脱体涡

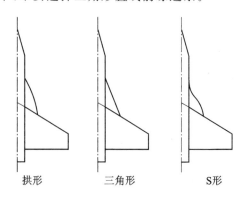

图5.18 三种不同的边条前缘形状

边条面积越大,增升效果就越好,升力线斜率也越大,可以提高大迎角下的升阻比。边条面积的增加对机翼力矩特性的影响是,边条面积增加,焦点前移的倾向更大,上仰出现的迎角也越大,这时突然上仰的程度也越严重。边条翼力矩特性中的焦点过分前移和力矩的突然抬头是选择边条面积的主要限制因素。因此,在选择边条面积时,不能采用太大的边条面积比,建议边条面积与主翼面积的比应该大于 0.05,且小于 0.2~0.3 为好。

5.2.5 翼尖的典型形状与作用

翼尖形状对亚声速气动性能有两大主要作用。一个作用是影响飞机的浸润面积,尽管这一影响非常小。另一个更重要的作用是影响翼尖涡的展向位置,进而对诱导阻力产生重要影响。

光滑的圆形翼尖使得机翼下表面的气流能够很容易地绕到机翼上表面。尖锐的翼尖使得气流不容易绕到机翼上表面,从而可以降低诱导阻力。多数现代低阻翼尖都采用某种形式的翼尖形状,如图 5.19 所示。最常用的低阻翼尖是霍纳翼尖(由 S·Hoerner 发明)。该翼尖上表面与机翼上表面保持连续,下表面形成尖锐的翼尖。下表面与水平面夹角为 30°,可以是斜切,也可以是凹曲面。

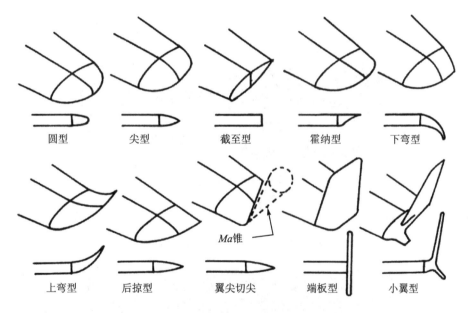

图 5.19 各种翼尖形状[5]

翼尖下垂或者上翘与霍纳翼尖相似,但是翼尖向上或者向下弯曲,从而在不增加实际翼展的情况下增加有效翼展。这一作用类似于翼尖端板,这将在下面进行讨论。

机翼翼尖后掠对阻力也有影响。翼尖涡大约位于机翼翼尖后缘的位置,所以后掠翼尖可以增加后缘的翼展,降低诱导阻力。但是,后掠翼尖可能增加机翼的扭转载荷。

超声速飞机有时候会采用翼尖切尖设计。切尖的角度等于马赫锥角,因为马赫锥角范围内的机翼面积对升力贡献很小。这样的翼尖可以降低机翼的扭转载荷。F-15 战斗机机翼和平尾都采用了这种设计,如图 5.20 所示。

图 5.20　F-15 战斗机的翼尖切尖

诱导阻力是由于机翼下表面气流绕到机翼上表面造成的。为阻止气流绕到上表面,最直接的办法就是安装机翼翼尖端板。翼尖端板的应用很少,翼尖端板会增加浸润面积,从而增加阻力。翼尖端板一般只能将有效展长增加端板高度的 80%。

翼梢小翼可以利用翼尖涡的能量,使得升阻比增加 20%。合理设计翼梢小翼的弯度和扭转,可以在翼尖涡流中产生升力,该升力具有向前的分量,可以降低总阻力。一般而言,合理设计的翼梢小翼产生的有效展长的增量是翼梢小翼高度的两倍。图 5.21 所示为 B737-800 的翼梢小翼,图 5.22 所示为 A320 翼梢小翼。

图 5.21　波音 B737-800 翼梢小翼

图 5.22　空客 A320 翼梢小翼

5.3 机翼的增升装置和副翼

5.3.1 襟翼的主要形式参数选择

襟翼是飞机主要的增升装置,其作用主要是增加翼型的相对弯度和面积,并对附面层进行控制,延迟翼面上的气流分离,目的是增加飞机升力,改善起降性能。襟翼分为后缘襟翼和前缘襟翼。图 5.23 和图 5.24 分别给出了常见的前后缘襟翼形式。

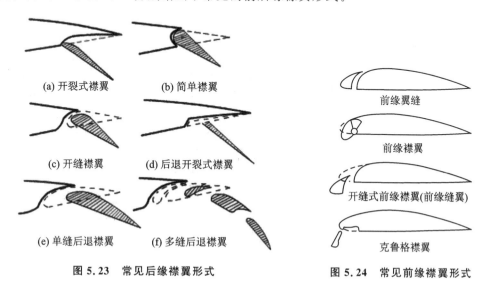

图 5.23 常见后缘襟翼形式　　图 5.24 常见前缘襟翼形式

一般而言,战斗机多选用普通襟翼,有时甚至将襟翼与副翼合二为一,形成襟副翼。比如苏-27 战斗机就采用简单襟翼,同时也是襟副翼。但是在苏-27 的基础上改进的舰载机苏-33 为了降低起飞和着舰速度,采用了双缝襟翼,如图 5.25 所示。

图 5.25 苏-27(左侧)的简单襟翼和苏-33(右侧)的双缝襟翼对比

多缝襟翼多用于对起降速度和起降距离有较高要求的飞机。比如美国 C-17 采用双缝襟翼,如图 5.26 所示。

后缘襟翼缝道越多增升效果越好,但结构越复杂,重量越大,维护成本越高。过去的大型客机多采用双缝甚至三缝襟翼。随着设计水平的提高,单缝襟翼的增升效果越来越好,大型客机已经很少采用三缝襟翼。最新的空客 A380 和波音 B787 仅采用单缝襟翼就能够满足设计要求,大大降低了结构复杂性,降低了重量,如图 5.27 所示。

图 5.26　C-17 的双缝襟翼

图 5.27　空客 A380 采用单缝襟翼

前缘缝翼可以显著地提高失速迎角，从而可以获得更大的升力。从阻力方面看，前缘缝翼会带来更大的阻力，而升阻比也逊于前缘襟翼。从机构复杂度来看，前缘襟翼只需简单铰链即可，而缝翼则需要设计相应的导轨或者连杆机构等装置，机构重量、复杂度、可维护性以及成本大大增加。

因此，一般战斗机多采用前缘襟翼（见图 5.28），而客机多采用前缘缝翼或者克鲁格襟翼（见图 5.29、图 5.30），或者与可下偏前缘的组合形式。比如空客的 A380 和 A350XWB 的前缘增升方案均为在机翼内侧采用前缘襟翼，外侧采用前缘缝翼的设计。

图 5.28　F-16 和 F/A-18E 的前缘襟翼放下状态

图 5.29　空客 A320 的前缘缝翼　　图 5.30　波音 B747 前缘的克鲁格襟翼

5.3.2 襟翼的参数选择

襟翼提供的升力增量 ΔC_L 与其面积、偏度、后退襟翼的后退量、带缝襟翼的缝隙形式有关。在选取各种参数时,可以参考如下的数据。

① 襟翼面积:后缘襟翼面积相对机翼面积一般取 10%～15%。

② 襟翼展长和弦长:襟翼的展长受副翼位置的限制,一般不能超过机翼展长的 60%;为了增加面积,只能增加弦长。开裂式襟翼相对弦长在 25% 左右;简单襟翼 30%;后退襟翼及单缝襟翼在 25%～35%;若采用襟副翼(把襟翼和副翼的作用合在一起),其相对展长可达 70%～80%,相对弦长在 20% 左右。

若前缘襟翼展长在 0.8 翼展范围,可分内、外两段:前缘襟翼根弦在 15%～20%,翼尖弦在 20%～30%(相对当地机翼弦长)。

③ 襟翼偏角:后缘襟翼的偏角因襟翼形式不同而不同。一般情况下,无缝襟翼偏度应小于 25°,单缝襟翼偏度在 30°～35°,双缝襟翼偏度可达 40°～50°,开裂襟翼可达 60°。

襟翼顺气流偏角一般不超过 30°,并且在不同的飞行状态下偏角也不同。一般在起飞着陆时,前缘偏 10° 左右,后缘偏 30° 左右;巡航状态前、后缘偏 5° 左右;大机动时前缘偏 25°～30°,后缘偏 5°～10°。

5.3.3 副翼参数选择

副翼布置在机翼后缘两侧的横向操纵面(见图 5.31),其作用是提供足够大的滚转力矩,保证满足飞机对横向操纵性的要求。副翼面积相对机翼面积一般在 5%～7%;副翼相对弦长约为 20%～25%;如采用襟副翼,即后缘襟翼与副翼合成一块,其相对展长可达 60%～80%。一般副翼偏角 δ_a 不超过 25°。图 5.32 中给出了副翼参数的统计曲线,可供参数初选时参考,或者在选择了一套参数后,通过该图进行初步的合理性检验。

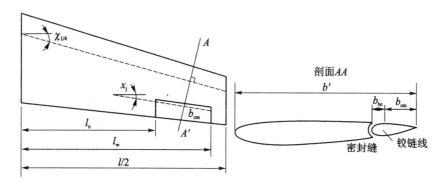

图 5.31 副翼的典型位置及参数定义[5]

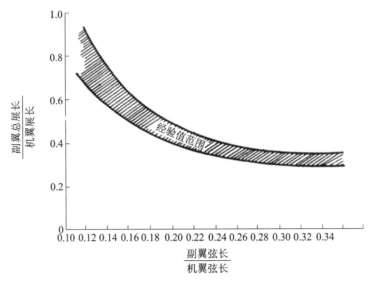

图 5.32 副翼参数选取经验范围[5]

5.4 尾翼的设计

5.4.1 尾翼的布置形式

尾翼包括水平尾翼和垂直尾翼,是飞机纵向和侧向上的平衡、稳定及操纵机构。尾翼设计的成败,直接关系到飞机的稳定性和操纵性,同时在一定程度上影响飞机的飞行性能,如速度、升限等,所以尾翼是根据飞机的操纵、稳定性要求进行设计的。图 5.33 中给出了一些后置尾翼的布置形式,下面对其中最典型的几种进行介绍。

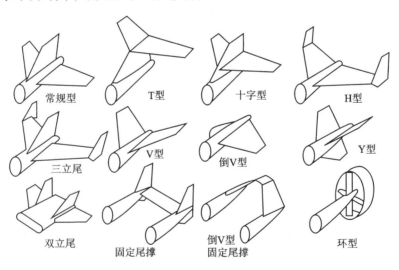

图 5.33 尾翼的布置形式[5]

1. 常规型

常规型尾翼通常可在重量最小的情况,提供足够的稳定性和操纵性,因此应用非常广泛。但是对于追求隐身性的新型作战飞机而言,常规型尾翼的单立尾及随之而来的"角反射器"构型是不可接受的。

2. T 型

T 型尾翼比常规型重得多,因为尾翼必须加强,以支撑平尾,如图 5.34 和图 5.35 所示。好处在于由于存在端板效应,T 型的垂尾可以较小;同时,T 型把平尾抬高,避开了机翼尾流和螺旋桨滑流,使其效率提高,从而减小平尾尺寸。另一个好处在于,T 型减小了平尾颤振,从而减轻了结构和飞行员的疲劳。

图 5.34　常规型尾翼

图 5.35　T 型尾翼

3. 十字型

十字型是介于常规型和 T 型之间的方案,既能避免喷流对平尾或方向舵的干扰,又减小重量代价,不足之处在于无法利用端板效应来减小尾翼的面积,如图 5.36 所示。

4. 双立尾

双立尾可以把方向舵设置得离开飞机中心线,通常比具有同等面积的单垂尾重,但往往更有效,也直接减少了所需的高度。双立尾外倾对隐身有较大好处(一般外倾角在 15°～25°),但是在大迎角下,双立尾可能被机翼或前机身挡住,如图 5.37 所示。

图 5.36　十字型尾翼

图 5.37　外倾式双立尾

5. V 型

V 型尾翼是为了减小浸润面积,与常规平尾和垂尾上对应的力是 V 型尾翼上的力在水平和垂直方向的投影,如图 5.38 所示。NACA 研究表明,要获得满意的操稳性,V 尾的尺寸需增大到其面积大约与所需的平尾和垂尾分开时的面积的总和相等,且操纵动作复杂,不过干扰阻力可以较低。

图 5.38　V 型尾翼

5.4.2　尾翼布置中的特殊考虑

在确定平尾位置时,必须考虑到对失速特性的影响。失速时,如果尾翼位于机翼尾流区,则尾翼将失去操纵能力,并进一步加剧上仰。因此一般尾力臂短的飞机,平尾都布置在机翼弦平面翼以下(见图 5.39),或在机翼弦平面上但带有下反角。

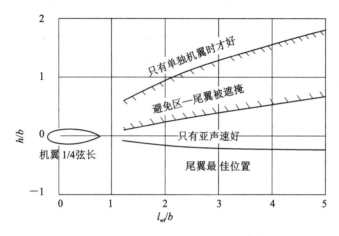

图 5.39　水平尾翼最佳安装位置[5]

一旦失速进入尾旋(改出尾旋是战斗机飞行员训练的一个基本科目),飞机基本上是垂直下落,同时导致绕一垂直轴旋转,此时必须制止旋转并减小侧滑角,从而要求有足够的方向舵操作。由于尾旋时,大迎角下的平尾失速,产生紊流尾迹并以大约 45°的角度向上扩展。因此,为了便于改出尾旋,作为经验法则,方向舵至少应有 1/3 必须在尾迹之外。图 5.40 是水平尾翼与垂直尾翼相对安装位置示意图。图 5.41 所示的 F/A-18E 战斗攻击机就采取了将平尾和立尾错开布置的措施。

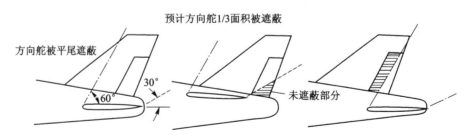

图 5.40　水平尾翼与垂直尾翼相对安装位置

图 5.41　F/A-18E 战斗攻击机平尾和立尾错开布置

将平尾上移也可减小平尾尾迹对方向舵的影响，但需要提防上仰，如图 5.42 所示。背鳍因产生一个附着于垂尾上的涡而改善了大侧滑角下的尾翼效率，这可防止在尾旋中所遇到的那种大侧滑角，并在尾旋中增大方向舵操纵。腹鳍也可以防止大侧滑角，且不会被机翼尾迹淹没，还用于避免高速飞行中的航向不稳定性。对于作战飞机，无论是背鳍还是腹鳍，都需要避免因形成角反射器而影响隐身性能。

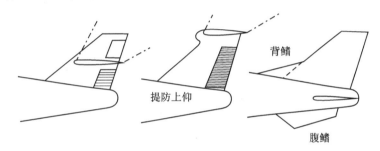

图 5.42　水平尾翼上移后与垂直尾翼相对安装位置

5.4.3　尾翼参数选择

在进行尾翼参数的初步选择时，主要采用的是"尾容量系数法"。图 5.43 中标识出这一方法涉及的各种参数。其中，L_{HT} 为平尾尾力臂长度（对于前翼，用 L_C），S_{HT} 为平尾面积或前翼面积，c_{AW} 为机翼平均气动弦长，S 为机翼面积。L_{VT} 为立尾尾力臂长度，S_{VT} 为立尾面积（双立尾面积为二者之和），b 为机翼翼展。需要特别注意的是，机翼和平尾面积取的是延伸到机身对称面的全面积，而前翼面积取的是外露面积。

基于上述参数，可以定义平尾（前翼或后置平尾）尾容量和立尾尾容量如下：

$$\text{平尾的尾容量 } C_{HT} = \frac{L_{HT} S_{HT}}{c_{AW} S} \tag{5.1}$$

$$\text{立尾的尾容量 } C_{VT} = \frac{L_{VT} S_{VT}}{b_W S} \tag{5.2}$$

根据不同类型飞机的统计数据，可以得到相应的典型尾容量值，见表 5.2。在此基础上，对于全动尾翼，尾容量系数可减小 10%～15%；对 T 型尾翼，立尾容量系数由于端板效应可减小约 5%，而平尾尾容量系数由于处于无扰动气流中可减小 5%；H 型尾翼（如 A-10 攻击机）的平尾尾容量系数可减小 5%。

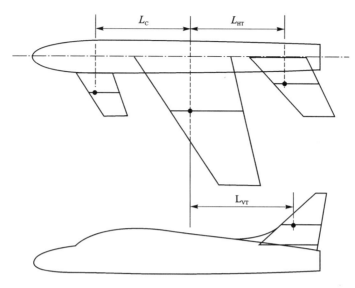

图 5.43 尾容量系数法的相关参数定义

表 5.2 尾容量系数统计值[5]

机型	典型值	
	平尾 C_{HT}	垂尾 C_{VT}
喷气教练机	0.70	0.06
喷气战斗机	0.40	0.07
军用运输机/轰炸机	1.00	0.08
喷气运输机	1.00	0.09

尾力臂的取值其实体现了尾翼在全机中的纵向位置。作为初始的估算,可以用机身长度(机身长度的估算在第 6 章中介绍)的百分数作为依据:对于发动机装在机翼上的飞机,尾翼力臂约为机身长度的 50%～55%;对于发动机安装在后部的飞机,尾翼力臂约为机身长度的 45%～50%。

机翼的参数应当在尾翼设计前选定初始值,则其面积、翼展、平均气动弦长等数据均可求出。由此,通过式(5.1)和式(5.2)可以求出所需的平尾(前翼)和立尾面积,即

$$S_{HT} = C_{HT} c_{AW} S / L_{HT} \tag{5.3}$$

$$S_{VT} = C_{VT} b S / L_{VT} \tag{5.4}$$

对采用主动控制技术的飞机,可将根据统计值算出的尾翼面积减小大约 10%;对于 V 型尾翼的飞机,首先分别估算所需的水平和垂直尾翼尺寸,然后计算 V 型尾翼的总面积以提供与常规尾翼需要相同的面积。

对于鸭式布局飞机,需要区分前翼的类型:对操纵型鸭翼的鸭式布局,机翼提供大部分的升力,而鸭翼主要用于操纵。根据现有的该类飞机数据,平尾尾容量系数约为 0.1,尾力臂的变化范围大约为机身长度的 35%～50%。对升力型鸭翼的鸭式布局,鸭翼和机翼一起产生升力,此时尾容量系数法不适用,应按照所需的总机翼面积进行分配,通常是鸭翼占 25%,机翼占 75%。

在估算出了尾翼的面积后,还需要进一步选择尾翼的其他参数以确定其平面形状。通过经验统计数据(见表 5.3),可以选择尾翼的展弦比与梢根比。此外,平尾的前缘后掠角一般要大于机翼后掠角 2°~5°,以使平尾在机翼之后失速,且使尾翼的临界马赫数大于机翼的临界马赫数,但隐身的考虑往往会使二者取为一致。垂尾后掠角在 35°~55°变化。

表 5.3 尾翼几何参数统计值[5]

类型	平尾		垂尾	
	展弦比	梢根比	展弦比	梢根比
战斗机	3~4	0.2~0.4	0.6~1.4	0.2~0.4
滑翔机	6~10	0.3~0.5	1.5~2.0	0.4~0.6
其他	3~5	0.3~0.6	1.3~2.0	0.3~0.6
T 型尾翼	—	—	0.7~1.2	0.6~1.0

基于上述的各种参数,就可以初步确定出尾翼的平面形状。至于精确的尾翼平面形状,在设计的初始阶段并不非常关键。尾翼的几何参数在后来的分析和风洞研究中还要修改。对于方案设计,通常画出"看起来是对的(look right)"尾翼形状就可以接受。

在尾翼翼型的选择上,由于平尾、立尾需要在正负迎角、正负侧滑角下工作,因此这些翼面都要采用对称翼型。尾翼翼型的相对厚度通常与机翼的相对厚度类似,采用选取机翼参数时所用的经验曲线作为初始值。对高速飞机,平尾通常比机翼大约薄 10%,以保证平尾具有更高的临界马赫数。

尾翼上还需要考虑到的是全动平尾与升降舵的参数选择。对大后掠的全动平尾,宜采用斜轴形式,即转轴沿平尾结构后掠角布置;对中等后掠角梯形平尾,宜采用直轴形式,即转轴垂直于飞机对称线(见图 5.44)。一般转轴取在平尾的 30%~35% 平均气动弦长范围。在采用升降舵时,对速度不高的飞机,舵面相对面积约取为 0.3~0.4;对跨声速飞机,相对面积约 0.2~0.3。方向舵的面积一般为立尾面积的 20%~30%。

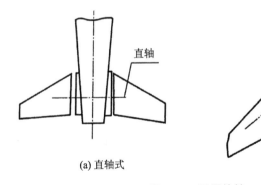

(a) 直轴式　　　　(b) 斜轴式

图 5.44 平尾转轴

课程设计项目进展建议

➢ 完成各方案机翼及尾翼的翼型初步选取;
➢ 完成各方案机翼参数初步选取,形成多套备选机翼方案;
➢ 计算各种机翼方案的等效参考机翼及平均气动弦长等参数,为后续分析作准备;

- ➢ 完成各方案尾翼参数初步选取，形成多套备选尾翼方案；
- ➢ 注意：从第4章到第10章的各部件设计与布置工作，虽然章节上有先后，但实际设计时可以通过团队分工并行开展，并应密切协调，不断丰富和修改方案三面图及总体布置图。

参考文献

[1] 钱翼稷. 空气动力学[M]. 北京：北京航空航天大学出版社，2004.
[2] 方宝瑞. 飞机气动布局设计[M]. 北京：航空工业出版社，1997.
[3] 顾诵芬，解思适. 飞机总体设计[M]. 北京：北京航空航天大学出版社，2001.
[4] 刘谋佶. 边条翼及旋涡分离流[M]. 北京：北京航空学院出版社，1988.
[5] RAYMER D P. Aircraft Design: A Conceptual Approach[M]. 4th ed. Reston: AIAA Inc., 2006.

第6章 机身设计与装载布置

◎知识点
- 影响民机客舱舒适性的主要因素；
- 结合客舱剖面和纵向布置进行民机客舱设计的过程；
- 军用和民用运输机货舱布置的不同侧重点；
- 驾驶舱设计布置时的视界与人机工效等要求；
- 不同的武器布置形式的优缺点。

6.1 机身几何参数初选

飞机机身外形的主要几何参数是总长度 l_F 和最大横剖面积 A_F。在进行参数选择时，还经常用到这两个参数的比值所构成的相对参数"长细比"（也称长径比）λ_F。

$$\lambda_F = l_F / d_F \tag{6.1}$$

式中，d_F 对于圆形剖面的机身即为机身的最大直径，对于非圆剖面的机身，则是其最大横剖面积的当量直径。

$$d_F = \sqrt{\frac{4A_F}{\pi}} \tag{6.2}$$

从式(6.1)和式(6.2)可知，λ_F 是一个量纲为 1 的相对参数。有时，为了参数选择和分析问题的方便，常把复杂的机身分为前、中、后三段，如图 6.1 所示。机身头部的长细比 $\lambda_D = \left(\dfrac{l_D}{d_D}\right)$，尾部的长细比 $\lambda_T = \left(\dfrac{l_T}{d_T}\right)$，即是进行机身头部和尾部外形设计时的主要几何参数。

长细比 λ_F 是机身一个很重要的几何参数，代表了机身几何外形最主要的特征，对机身的气动阻力和机身结构等方面的特性都有直接的影响。λ_F 对气动阻力的影响是很明显的。机身的阻力由压差阻力、摩擦阻力和波阻组成。机身的压差阻力和波阻随 λ_F 的增大而降低，但摩擦阻力则有可能增加。

1. 长细比的选择

机身内部体积一定时，长细比为 3.0 左右的亚声速机身阻力最小，长细比为 14 左右的超声速机身阻力最小，大多数飞机机身的长细比介于两者之间。按飞机的飞行速度范围，进一步

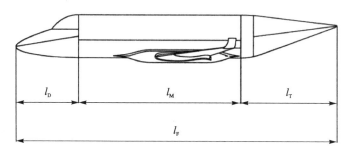

图 6.1 机身外形分段

给出机身及其头部和尾部长细比 λ_F 的取值范围如表 6.1 所列。由于飞机的用途不同，λ_F 的差别可能很大，有可能超出这个范围。例如，一些装活塞式发动机的轻型飞机的 $\lambda_F = 4 \sim 5$ 或更小；对超声速的歼击机，不仅要考虑超声速情况，同时还要考虑其亚声速巡航的情况，像美国的 F-15 等飞机，还要考虑安装大直径的涡轮风扇发动机的需要等，其 λ_F 一般在 8~10；民机机身的长细比则应主要按客舱布置的需要而定。需要注意的是，表 6.1 的数据更加适合传统的翼身组合体形式飞机，对于翼身融合的飞机，应参考类似机型的数据取初值，或者直接根据内部布置确定机身长度。

表 6.1 机身长细比的统计值[1]

长细比	低速飞机 ($Ma \leqslant 0.7$)	高亚声速飞机 ($Ma = 0.8 \sim 0.9$)	超声速飞机
λ_F	6~9	8~13	10~20
λ_D	1.2~2.0	1.7~2.5	4~6
λ_T	2~3	3~4	5~7

2. 机身长度的初步确定

在初始估计机身几何参数时，可以依据与起飞重量 m_0 之间的统计关系式，如表 6.2 所示。

表 6.2 不同类型飞机机身长度与 m_0 的关系表[2]

$l_F = A m_0^C$ (m)	A	C	$l_F = A m_0^C$ (m)	A	C
通用航空飞机(单发)	1.6	0.23	喷气教练机	0.333	0.41
通用航空飞机(双发)	0.366	0.42	喷气作战飞机	0.389	0.39
农用飞机	1.48	0.23	军用运输机/轰炸机	0.104	0.50
双发涡轮螺旋桨飞机	0.169	0.51	喷气运输机	0.287	0.43
飞船	0.439	0.40			

6.2 民机客舱设计与布置

6.2.1 影响客舱舒适性的主要因素

民机在客舱布置时需考虑的因素中，舒适性占主要位置，而客舱的舒适性主要取决于下列因素：
① 座椅的设计和安排，特别是可调性和腿部空间；
② 客舱布置和装饰的美感；
③ 旅客在舱内的活动空间；
④ 客舱内的微气候，即空调系统设计；
⑤ 舱内噪声和声共振；
⑥ 飞机加速度对旅客的影响；
⑦ 爬升和下降时机身的姿态；
⑧ 续航时间；
⑨ 卫生间、休息室和其他设施的舒适和方便程度；
⑩ 服务质量，乘务员服务态度，娱乐、饮食等设施和安排。

民机客舱一般按座位舒适程度和服务条件分为不同级别，Ⅰ级为豪华型（头等舱）、Ⅱ级为普通型（公务舱）、Ⅲ级为经济型（经济舱）。图 6.2 给出了空客 A350 的三种级别的舱型。对一般民机，经济舱占整个客舱的绝大部分甚至全部，因此客舱剖面选取主要由经济舱布置决定。

头等舱　　　　　　　　　公务舱　　　　　　　　　经济舱

图 6.2　空客 A350 三种不同级别的舱型示例

6.2.2　客舱剖面设计

客舱剖面直接影响飞机的经济性和舒适性，较大的剖面可使飞机的座椅宽度及客舱过道宽度增加，提高乘客的乘坐舒适性，但同时会带来飞机重量和气动阻力的增加，从而导致飞机性能和经济性变差。虽然较小的剖面对飞机的性能和经济性有利，但却降低了乘客的乘坐舒适性，从而削弱了飞机的市场竞争力。

在民机的客舱剖面设计中，需要确定的八个主要元素是：剖面形状、座椅规格、过道数目及宽度、座椅布置形式、机身当量直径（包含扶手与侧壁间距、客舱装饰层厚度、机身框的结构高度）、客舱地板结构高度、地板下货舱形式、行李架。典型的客舱剖面如图 6.3 所示。

1. 剖面形状

常见的几种典型剖面如下。

① 圆形剖面：由一个完整的圆构成，如图 6.4 所示，其优点是受力特性好，结构轻，易于加工，生产成本较低；缺点是空间利用率低。

② 多圆剖面：由协调的光滑过渡曲线组成，如图 6.5 所示，其优点是空间能够得到充分利用，适合于直径较小的飞机或具有多层客舱的大型飞机；其缺点是结构设计及加工性能不如圆形剖面好，生产成本较高。

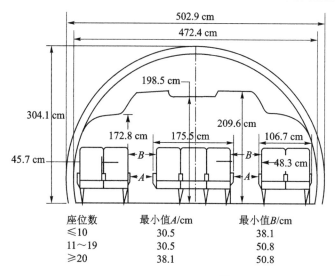

座位数	最小值A/cm	最小值B/cm
≤10	30.5	38.1
11~19	30.5	50.8
≥20	38.1	50.8

图 6.3　典型客舱剖面[3]

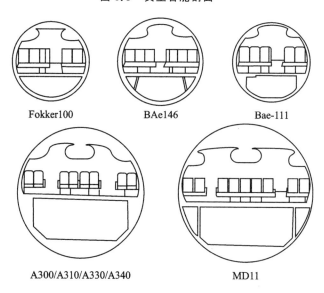

图 6.4　客舱圆形剖面形状

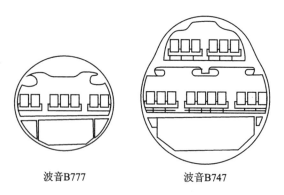

图 6.5　客舱多圆剖面形状

③ 其他剖面：适合于无法采用圆形或多圆剖面的情况，如机身剖面尺寸较小时，为了满足使用要求而必须采用其他类型的剖面，如图 6.6 所示。

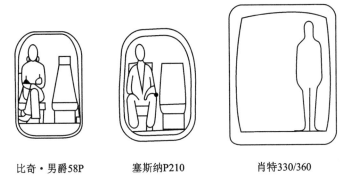

比奇·男爵58P　　　　塞斯纳P210　　　　肖特330/360

图 6.6　客舱的其他剖面形状

2. 座椅规格

座椅是设计时需要选用的成品件。典型的座椅尺寸定义如图 6.7 所示。表 6.3 给出了各类座椅的基本参数平均值。

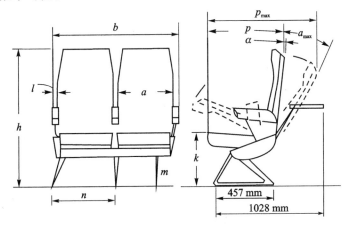

图 6.7　座椅尺寸定义

表 6.3　各类座椅的基本参数平均值[3]

座椅等级		豪华型	普通型	经济型
a/mm		500	435	420
b/mm	每段2座	1 200	1 020	990
	每段3座		1 520	1 450
l/mm		70	55	50
h/mm		1 070	1 070	990
k/mm		430	450	450
m/mm		200	220	220
n/mm		810	810	810
p/mm、p_{max}/mm		710,1020	690,950	660,900
α/(°)、α_{max}/(°)		15,45	15/38	15/38

3. 过道数目与宽度

根据设计要求中的总座数,可以参考图 6.8 初选经济舱剖面中的每排座位数,进而参考表 6.4 确定过道数目。

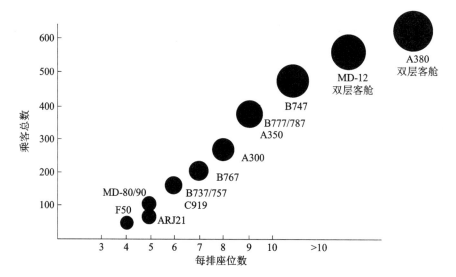

图 6.8　总座位数与经济舱剖面每排座位数关系[5]

表 6.4　过道数目与每排座位数关系表

每排座位数	过道数
每排不多于 6 个	1 条
每排 7~12 座	2 条
每排大于 12 座	3 条或 3 条以上

在确定过道宽度时,不得小于表 6.5 中所列的要求。

表 6.5　过道宽度要求

客座量	旅客过道最小宽度/mm	
	座椅扶手高度距地板 635 mm 以下	座椅扶手高度距离地板 635 mm 以上
等于或少于 10 座	300(经验证批准可更窄,但不得小于 230 mm)	380
10 座至 19 座	300	510
等于或大于 20 座	380	510

4. 座椅布置形式

根据过道数目不同,座椅选装方式亦有区别。双通道飞机座椅的一些典型布置方式如图 6.9 所示,单通道飞机座椅选装方式如图 6.10 所示。为了清楚地表达座椅布置形式,有时亦称 2-2-2 布局(见图 6.9(a))、2-3-2 布局(见图 6.9(b))。对于某些单通道飞机,受限于内部客舱尺寸限制,有时采用 2-3 不对称布局形式(见图 6.10(b))。由此带来的重心变化及后期货物装载导致的重心变化可通过飞机配平来调整。

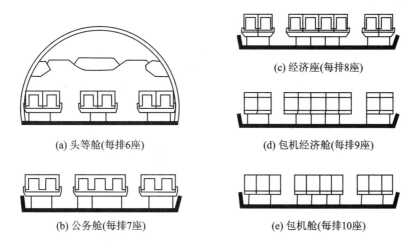

图 6.9　双通道飞机座椅选装方式[5]

(a) 头等舱(每排4座)　　(b) 经济舱(每排5座)　　(c) 经济舱(每排6座)

图 6.10　单通道飞机座椅选装方式

5. 机身剖面当量直径

上述各个步骤完成后,可以结合其他一些参数得到机身剖面的当量直径。圆心位置可初步定在并排座椅最大宽度的中心点(该点一般位于扶手平面内),如图 6.11 所示。

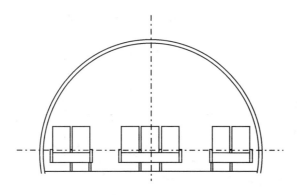

图 6.11　机身剖面计算图

机身剖面当量直径的计算公式为

$$d_F = D_{ws} + 2C_{sw} + 2T_{tp} + 2H_{fw} \tag{6.3}$$

式中,d_F 为机身当量直径;D_{ws} 为并排座椅最大宽度;C_{sw} 为扶手与侧壁间距,取值范围在

$25\sim75\ \text{mm}$;T_{tp} 为客舱装饰层厚度,取值范围在 $17\sim35\ \text{mm}$;H_{fw} 为机身框结构高度,可初取 $85\ \text{mm}$,其中机身框的结构高度与当量直径之间的关系如图 6.12 所示。

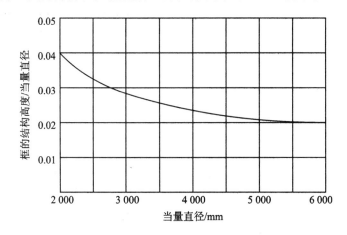

图 6.12　机身框的结构高度与当量直径的关系

6. 客舱地板结构高度

客舱地板结构高度与机身剖面当量直径有关。客舱地板结构如图 6.13 粗实线区域所示,图 6.14 为地板结构高度与当量直径对应关系。

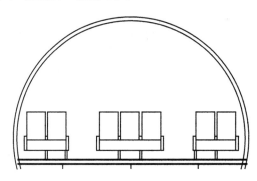

图 6.13　客舱地板结构高度示意

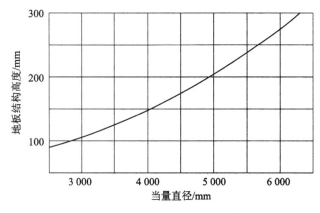

图 6.14　地板结构高度与当量直径的关系

7. 地板下货舱形式

客舱地板下一般布置货舱。根据客舱剖面形状不同,可布置的集装箱尺寸及数量也不同。几种典型客舱剖面下部的货舱布置如图 6.15 所示。图中集装箱 LD-1、LD-2、LD-3 具体尺寸详见 6.3 节。

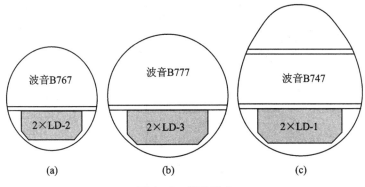

图 6.15 货舱形式

8. 行李架

图 6.16 为典型上部行李架示例,图 6.17 为剖面调整与最后成型示意图。

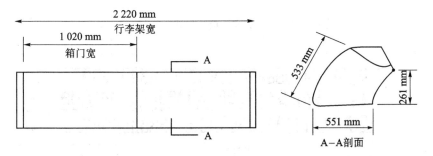

图 6.16 典型行李架示意图

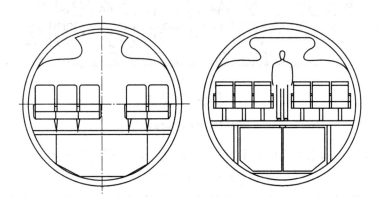

图 6.17 剖面调整与最后成型示意图

6.2.3 客舱纵向尺寸与布置

客舱纵向尺寸与座椅的排距有关。图 6.18 和图 6.19 示出了机身客舱长度的统计计算关系和典型飞机的示意图。

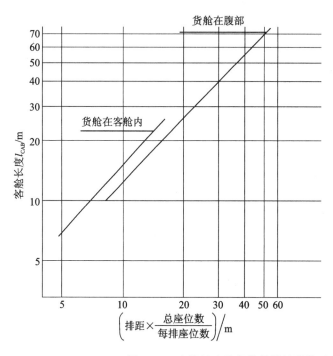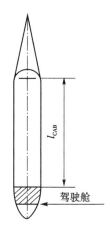

图 6.18 客舱长度的相关统计计算关系曲线

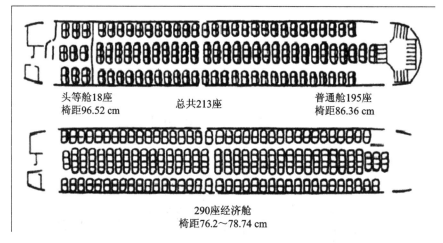

图 6.19 典型客舱布置

图 6.20 给出了不同类型飞机的排距,表 6.6 给出了纵向间距。

表 6.6 纵向间距

座椅等级	豪华型	普通型	经济型
两排座椅纵向间距/mm (纵向间距应为 30 mm 的整倍数)	980～1 080	840～870	780～810

客座量少于 100 时,可以只配一个厨房。但客舱有两个以上舱段时,应有两个厨房。常见的厨房布置如图 6.21 所示。

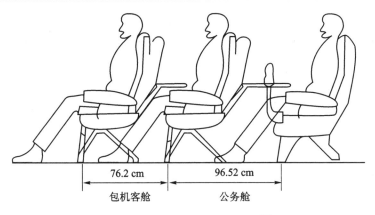

图 6.20 不同类型飞机的排距[5]

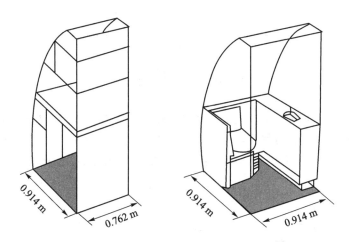

图 6.21 典型厨房(左)、厕所(右)布置图[5]

客舱厕所数与客座量和续航时间有关。一般续航时间少于 2 h,每 50 名旅客应配置一个厕所。典型厕所布置如图 6.21 所示。

旅客应急出口的数量取决于客座量、应急出口的类型。应急出口的数量和布置应便于旅客迅速撤离。对于客座量大于 44 座的飞机,要求全部乘员能在 90s 内从飞机撤离至地面。

表 6.7 示出了不同客座量的应急出口数。显而易见,座位数越多,需要的应急出口越多。设计时应做到有据可循,应当尽可能地以强制性的、指令性的文件作为依据,例如适航条例。旅客应急出口类型定义等详见 CCAR 25 部第 25.807 条规定,如图 6.22 的图例所示。

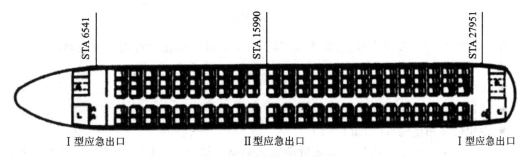

图 6.22 适航条例中规定的客舱应急出口布置示例

表 6.7 应急出口要求

客座量/座	机身每侧应急出口数(出口尺寸为宽×高)			
	Ⅰ型出口	Ⅱ型出口	Ⅲ型出口	Ⅳ型出口
	>(0.61×1.22)m²	>(0.51×1.21)m²	>(0.51×0.91)m²	>(0.48×0.66)m²
1～9				1
10～19			1	
20～39		1	1	
40～79	1		1	
80～109	1		2	
110～139	2		1	
140～179	2		2	

6.3 货舱布置

经济全球化背景下的航空运输具有速度快、供应链简单、运输总成本低等优势,已成为全球经济持续增长和世界物流市场持续发展的重要推动力量。货运方式有两种形式:一种是组合式布局,一般将货物放在客机腹部或者后部,如图 6.23 所示;另一种是专用货机,如图 6.24 所示。

图 6.23 货舱组合布局

图 6.24 专用货机

在客机腹部/后部设立货舱,运输成本较低,因为额外直接使用费用主要是燃油。专为货运设计的飞机比较少,民航货运多用改型机,主要有下列几种形式:
- 民机的改型货机(例如波音 B747F);
- 军用运输机的民用货机型(例如 C-130);
- 专用的军用运输机(例如 C-5)。

货物空运一般采用专用集装箱或货架形式载运。图 6.25 为波音 B747F 货舱布置图;图 6.26 为典型飞机的货舱尺寸和集装箱、货架尺寸。国际航空运输协会(IATA)指定了标准集装箱的尺寸,集装箱 LD-1、LD-2、LD-3、LD-4 和 LD-8 是最普通的型别。

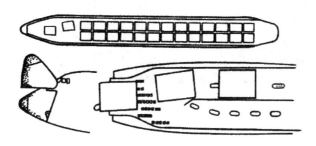

图 6.25 波音 B747F 飞机货舱布置

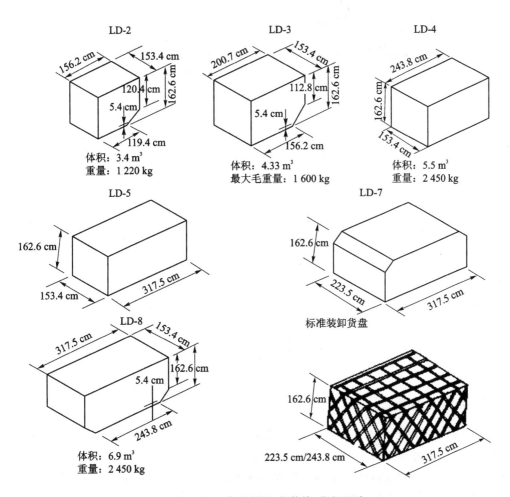

图 6.26 典型货舱、集装箱、货架尺寸

军用运输机的机舱不同于民用运输机,主要特点是机身粗大,货舱地板承载能力强,舱内设有装卸大型货物的吊车和绞盘以及地板滚棒等,如图 6.27 所示;机身尾部或头部有大开门(见图 6.28),便于车辆直接驶入、大型货物装卸和空投,可在应急情况下迅速将兵员和武器运送到预定地点,投入战斗。三种典型运输机的主要数据如表 6.8 所列。

图 6.27 货舱典型设施

(a) 尾部　　　　　　　　　　(b) 头部

图 6.28 机身开门形式

表 6.8 典型运输机货舱尺寸

机 型	伊尔-76	C-141	C-5
最大起飞重量/kg	170 000	155 580	379 657
最大承载重量/kg	40 000	40 439	118 387
货舱尺寸/(m×m×m)	20×3.4×3.46	28.44×3.11×2.78	前上舱长 11.99 后上舱长 18.20 下舱 37.91×5.79×4.09
舱门(宽×高)/(m×m)	3.4×3.45	3.12×2.77	尾舱门 5.79×2.90 机头舱门 5.79×4.11

6.4 驾驶舱布置

6.4.1 民机驾驶舱布置

民机的驾驶舱都设置在机身头部,以取得良好的外部视界。机身头部的外形与尺寸取决于驾驶舱乘员数、视界要求、总体布置和飞机吨位。一般民机机身前部非柱形的机头区的长度/直径为 1.5～2.0。驾驶舱的尺寸与布置取决于飞行机组的人数,而机组人数与飞行工作任务有关,表 6.9 列出了各类驾驶舱座椅数与尺寸的统计值。

表 6.9 机组人数与驾驶舱的尺寸

驾驶舱座椅数		4	3～4	2～3
驾驶舱长度/mm	最小	3 550	3 170	2 280
	平均	3 800	3 300	2 670
座椅中心线间距/mm		1 070	1 070	1 020

早期驾驶舱内飞行机组为 4 人(见图 6.29)。随着航空电子系统的发展,现在一般为 2 人(见图 6.30,取消了随机工程师、领航员)。

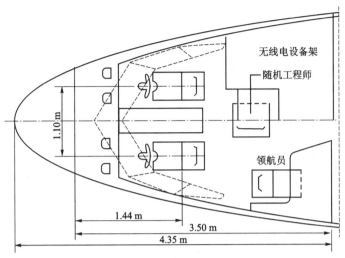

图 6.29　早期驾驶舱典型布置

图 6.30　驾驶舱典型布置

民机的驾驶舱视界必须保证飞机在目视飞行时飞行员能够获得足够的外部目视信息,以便控制航迹,确保安全飞行。为了清楚地定义民机的座舱视界,首先应定义飞行员的视线。图 6.31 示出了运输机飞行员视线定义图。图中假设为双眼视界,并假设飞行员的头部和眼睛是绕圆和中心轴作方位运动。

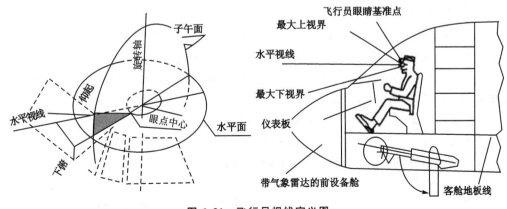

图 6.31　飞行员视线定义图

图 6.32 示出了左侧飞行员清晰视界的最低要求,右侧要求对称。图 6.33 示出了国际自动机工程师学会(SAE)推荐的视界图。

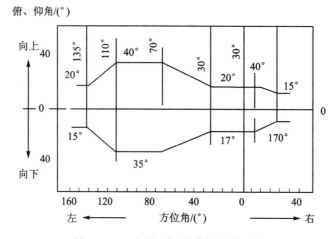

图 6.32 飞行员(左侧)最低视界要求

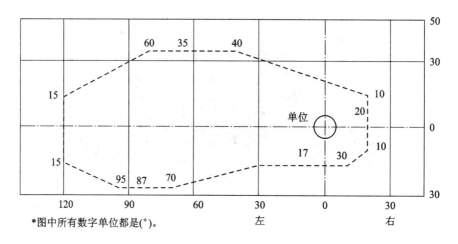

*图中所有数字单位都是(°)。

图 6.33 国际自动机工程师学会(SAE)推荐的视界图(AS580B)

6.4.2 作战飞机座舱布置

作战飞机座舱应对外部观察视界、座舱的位置、座舱盖和座舱外廓尺寸等进行仔细协调设计。作战飞机座舱几何尺寸主要取决于:座椅尺寸、操作和活动空间、安全弹射离机通道、仪表板、显示器、操纵台、视界-座舱盖、设备安装。作战飞机座舱在机身上的纵向定位主要取决于:视界要求、座舱空间要求、气动外形要求、设备舱布置、人员及其他要求。

典型座舱尺寸如图 6.34 所示。作战飞机座舱的前后气密框的间距一般在 1.55~1.65 m 之间。座舱处机身宽度一般在 1.0~1.65 m 之间。

对串列双座作战飞机和教练机,后驾驶舱的正前方下视界要求应大于 5°。图 6.35 为一种飞机的前后座视界要求。

作战飞机座舱盖一般分为活动座舱盖和固定前风挡两部分。现代作战飞机多采用圆弧形

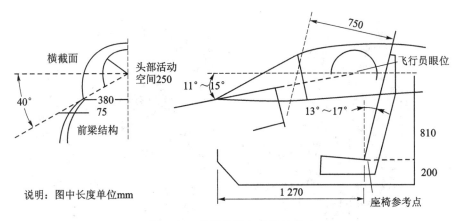

图 6.34 典型作战飞机座舱尺寸

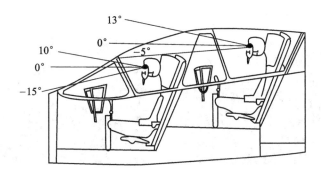

图 6.35 串列双座飞机视界

前风挡(见图 6.36)、气泡式活动座舱盖。对地攻击机一般采用平板式前风挡,以便采用较厚的防弹玻璃,如图 6.37 所示。几款典型作战飞机的座舱如图 6.38 所示。

图 6.36 圆弧形前风挡

图 6.37 平板式前风挡

未来智能化座舱需要满足智能性与交互性等方面的设计要求[6],座舱的智能性是指能够像飞行员一样根据任务要求自动执行各项工作,避免过多模式的设置,有效减轻飞行员的工作负担,避免模式错误的发生。同时,更强大的交互能力使座舱能够提供给飞行员与任务直接相关的辅助决策信息,提高辅助决策能力,缩短飞行员思考的时间,并在一定程度上缓解了依赖与信任的矛盾,具体要求如下:

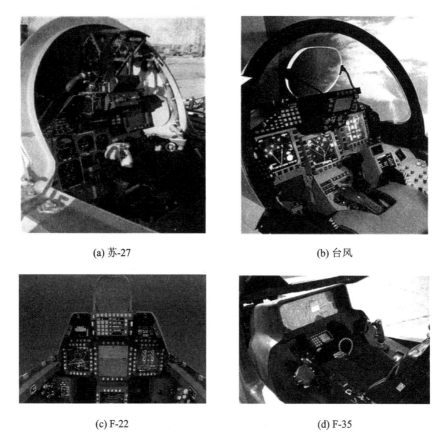

图 6.38 典型作战飞机座舱

① 在智能性方面,座舱应具有类似于人的思考能力,能够根据当前任务执行状态,结合外部态势信息进行推理,找到影响目标完成的因素,规划应对方案,解决冲突;能够根据态势调整辅助决策等级,高效完成飞行辅助决策功能。同时,应具备部分自学习能力。

② 在交互性方面,首先是与外界环境的交互,能够感知外部环境,包括天气、地形等因素,能够感知飞机状态,并根据外部环境、飞机状态及任务要求恰当决策。其次是与飞行员的交互,能够以多种方式提供与任务直接相关的辅助决策信息。为了使飞行员能够充分信任座舱给出的建议,要求座舱人机交互功能要完善,飞行员可以随时查看座舱作出决策的依据,可以选择执行或者不执行,可以选择智能程度;同时,座舱也可以监控飞行员的行为,并可以根据态势适时给出建议,向飞行员汇报当前系统的工作状态及目的。

6.4.3 人机工效评价

座舱研制过程中必须基于"以人为中心"的理念,充分考虑飞行员的工作能力、特点和局限性,将其应用于整机、系统、任务和工作环境中,使人最安全、最有效地与技术相结合。人机工效评价是一个不可或缺的重要环节。进行评价的根本目的在于,评价结果是舱内设备布局和结构设计的决策依据,可以及时发现和反馈问题并加以优化,使飞行员在执行飞行任务时更加舒适、高效,进而确保飞机的安全运行。

早期一般采用飞行员人体侧面样板进行协调。现在采用 CAD 系统,可生成飞行员人体数学模型进行座舱协调。图 6.39 所示为驾驶舱操纵杆可达性验证[7]。飞行员人体数学模型还可用于检验驾驶舱内设备布置的合理性,如图 6.40[7]所示。驾驶舱设备布置结束后,将第 5 百分位数飞行员人体模型置于座椅上,绘制其可达域,进行驾驶舱内设备的可达性评估。

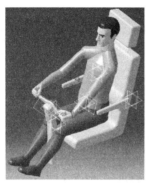 

图 6.39　驾驶舱操纵杆可达性验证[7]　　图 6.40　5%人体模型的可达域[7]

图 6.41 所示为一个使用人体尺寸设计客舱顶部行李架的示例[7]。左侧展示了头等舱横截面设计,右侧展示了经济舱的横截面设计。图中分别选择了第 5 百分位和第 95 百分位的男性和女性的人体模型,将其放入客舱空间中,可以看到行李架的设计可以满足第 5 百分位的女性的使用要求,同时可以满足第 95 百分位的男性的使用需求,也就是说客舱行李架的设计满足了至少 90%人群的使用要求。

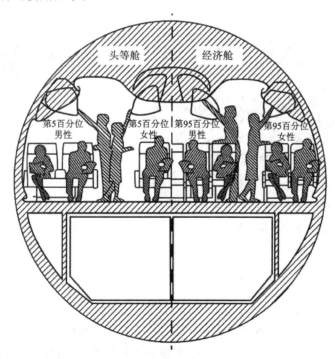

图 6.41　行李架设计示例[7]

6.5 武器的布置

6.5.1 外挂形式及特点

将飞机作战用的武器、弹药装载到飞机上去攻击目标,是飞机设计的重要任务之一。机载武器品种很多,从只有几克的枪弹到上百千克的导弹、炸弹,乃至核弹都可由飞机装载和发射。武器、弹药在飞机上的装载布置形式可分为内装式(武器舱)和外挂式(机翼、机身下运载)。

现役各种非隐身作战飞机装载基本上仍采用外挂方式。常用的外挂方式可分为机身外挂、机翼外挂、翼尖悬挂等。图 6.42 体现了机身外挂、机翼外挂、翼尖悬挂等形式,亦体现了根据任务的不同,可以有不同挂载方案。

与武器舱相比,武器的外挂方式有很多优越性,如有较大的空间、良好的使用维护性及武器发射前易于截获目标等。然而外挂武器的缺点也十分明显:外挂武器会产生很大的阻力,在接近声速时它可能比飞机本身的阻力还大,超声速飞行难以实现;某些机翼外挂物还会给飞机的气动弹性带来麻烦,引起颤振或抖振;一些外挂武器承受不了超声速飞行时的气动加热;外挂物的存在也损坏了飞机的隐身性能等。良好的外挂布局设计可以使上述缺点变小,但不可能完全消除掉。

新一代作战飞机(见图 6.43)为了实现大机动、低阻、超声速巡航,特别是从隐身目的出发,多设立弹舱,将导弹、炸弹乃至核弹装入弹舱。

图 6.42 典型外挂形式

图 6.43 隐身飞机及弹舱

6.5.2 武器舱形式及特点

1. 炮舱

固定式机炮仍为当代作战飞机的必备武器之一。几乎所有的作战飞机炮舱都设在前机身(炮塔除外),因为这样有利于飞机重心前移,平衡过重的发动机;同时也便于炮管伸出机身外。多数炮舱设在前机身的下部,便于使用维护。F-111 飞机的炮舱布置如图 6.44 所示。A-10 攻击机的炮舱也是一种典型的前机身布置炮舱,如图 6.45 所示。

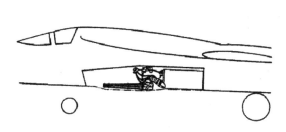
图 6.44 F-111 的炮舱布置图

图 6.45 前机身炮舱

然而,某些现代飞机也有把航炮装到机身-翼根上部的(见图 6.46),如 F-15 和苏-27 等。这样可以避免射击时燃气进入飞机发动机,但使用维护性比在机身下差些。

图 6.46 翼根上部炮舱

2. 弹 舱

在飞机总体设计中,把弹舱设在靠近飞机重心附近是必要的,否则飞机和武器装载分离时都会严重影响飞机的动态响应特性。如果设有两个弹舱,还必须考虑两边的投弹次序,以保持投弹过程中飞机的操稳特性。为便于武器的分离投放,显然弹舱应设置在机身下部。

弹舱的结构必须有足够的强度和刚度。弹舱是机身结构的一部分,在机身下截断受力的长桁、隔框和蒙皮之后,形成的一个大凹槽。例如,B-1B 飞机有前、后两个弹舱,严重影响了飞机的总体结构强度和刚度。弹舱和舱门的设计就是要保证飞机的结构性能不变。

弹舱的设计应保证弹体之间、弹与结构、弹与地之间至少有 77.2mm 的间隙。应保证包括在飞机轮胎瘪了、错误的着陆姿态(通常着陆角为 15°或更大,横滚角为 5°)和粗暴着陆等情况下的安全性。

为使弹体下落的路径畅通无阻,弹舱的侧壁应设计成向外有 10°的斜角形式,如图 6.47 所示。弹舱的前后也应留有相似余量。

舱门的大小应保证能使多个弹体集装后一起放入弹舱,同时还应考虑使旋转弹架上的每个弹体能从同一个小舱门分离出去,以便减少气动载荷和振动;舱门的打开和关闭必须准时和可靠。

一旦确定了弹舱形式,就要想到地勤人员要在一个有限的空间里操作又大、又笨、又危险的弹药是相当困难的,特别是可能在夜间、在暴风雪中、在摇动的甲板上操作。设计时必须保证使用中的可接近性、可维护性和便于进行可靠性的检查。

武器舱的设计应能实现在有限的空间内,能装品种更多、数量更大的武器,即要求对各种

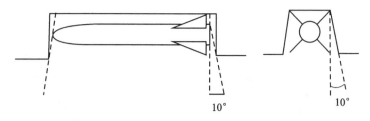

图 6.47 弹舱的余量要求

弹药有较大的装填密度。为此,要在弹舱中设计专用悬挂装置,如整体起挂式箱式炸弹架、旋转式导弹发射架和伸缩式导弹(红外)发射架等。图 6.48 所示为 B-52 挂装巡航导弹的旋转弹架。

图 6.48 B-52 的旋转弹架

课程设计项目进展建议

- 根据统计数据,初步估计机身的长度等几何参数;
- 完成客舱剖面设计及纵向布置(民机);
- 完成武器装载的型号初选及布置(军机);
- 完成货舱(如果有)的设计与布置;
- 完成驾驶舱(如果有)的初步设计,进行视界、人机工效等检查。

参考文献

[1] 余雄庆. 飞机总体设计[M]. 北京:航空工业出版社,2000.
[2] TAYLOR J. Jane's All The World's Aircraft[M]. London:Jane's,1976.
[3] ROSKAM J. Airplane Desiyn, Part Ⅲ: layout of Cocpkit Fuselage, Wing and Empenage: Cutaways and Inboard Profiles [M]. Lawrance, Design, Analysis and Research Corporation, 2002.
[4] 顾诵芬,解思适. 飞机总体设计[M]. 北京:北京航空航天大学出版社,2001.
[5] L·R·詹金森,P·辛普金,D·罗兹,等. 民用喷气飞机设计[M]. 李光里,吴兴世,华俊等,译. 北京:航空工业出版社,2014.
[6] 吴文海,张源原,刘锦涛,等. 新一代智能座舱总体结构设计[J]. 航空学报,2015,37(1):290-299.
[7] 王黎静. 飞机人因设计[M]. 北京:北京航空航天大学出版社,2015.

第 7 章 动力装置选择与进排气系统设计

🎯 知识点
- 各类发动机的适用范围与选用的参考原则；
- 动力装置布置的要求及典型布置形式的优缺点；
- 待定发动机的主要尺寸及特性的估算方法；
- 进气道设计要求及典型布置形式的优缺点；
- 进气道主要参数的选择方法及常用的附面层去除措施；
- 尾喷管设计与机身后体构型的主要协调要求；
- 垂直/短距起降的主要方式及其对总体布局布置的影响。

7.1 动力装置选择

7.1.1 发动机选择

在总体方案设计阶段，需要根据飞机设计要求中所规定的飞行速度和飞行高度，确定发动机的基本类型。各类发动机的适用范围如图 7.1 所示，横坐标是马赫数 Ma，纵坐标是高度 h。这是选择发动机的重要参考。

与图 7.1 相对应，可以进一步根据飞机的不同用途和性能，尤其是飞行速度范围，参考如下原则选择发动机：

1) 初级教练机和速度在 300～400 km/h 的飞机上可装用活塞式发动机；
2) 飞行速度在 700～800 km/h 的飞机上，可装用涡轮螺旋桨发动机（简称为涡桨发动机）、涡轮风扇发动机（简称为涡扇发动机）和涡轮桨扇发动机；
3) 亚声速客、货机可装用不带加力燃烧室的高涵道比涡扇发动机；
4) 超声速机动飞机可装用涡轮喷气发动机（简称为涡喷发动机）或带加力燃烧室的低涵道比涡扇发动机；
5) 飞行速度超过 3 000 km/h 的飞机，可装用冲压喷气发动机、液体火箭发动机及其他类型的满足要求的喷气发动机。

7.1.2 发动机布置

对装在飞机上的动力装置通常有以下几点要求：

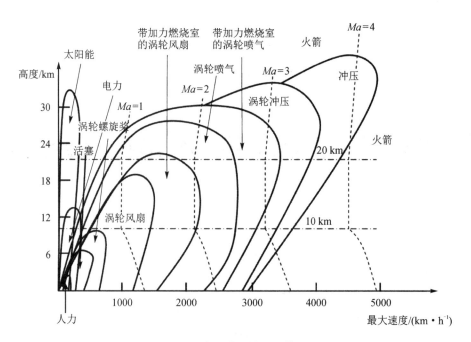

图 7.1 各类发动机的适用范围

① 动力装置引起的附加阻力最小；
② 进气及排气系统的布置应尽量发挥发动机的应有能力；
③ 发动机推力轴线位置应尽量减少对飞机操纵安定特性的影响；
④ 应保证发动机的使用维护方便；
⑤ 应防止跑道上的砂粒吸入；
⑥ 应保证安全防火；
⑦ 发动机固定接头应简单可靠；
⑧ 应保证发动机易于拆装。

发动机在飞机上可能采用的布置形式如图 7.2 所示。

图 7.2(a)、(b)方案的动力装置的附加阻力最小,而且对飞机操纵安定特性的影响也不大。发动机直接固定到加强框和机身纵梁上,此时机翼是纯气动力部件(与动力装置无关),使机翼成为更有效的升力装置,可以用来挂外挂物或副油箱。但这种布置进气道太长,结果是:总压损失大;许多空间被进气道占有,使油箱和机载设备在机身中很难安排;特别是图 7.2(b)方案的机头进气形式,雷达天线尺寸受进气道锥体的限制,导致雷达探测距离降低。两侧布置的进气道,这种缺陷的影响明显降低。

动力装置采用双发可提高可靠性。在重量增加不是很大的情况下,用两台发动机取代一台保证所需的推重比,在单发故障时可继续飞行。如果一台发动机中弹损坏,另一台仍可工作,从而提高了飞机的生存性。但一架飞机装两台发动机,使用维护工作量变大,重量也增加。

图 7.2(c)方案的发动机位于机翼中部,比图 7.2(a)、(b)方案的进口总压恢复更高些(进气道短),在飞行中由于发动机的重力而使机翼载荷降低;但在单发停车时,产生的偏航力矩较大。此外,发动机使机翼主承力构件产生较大剪切力,导致这些构件结构复杂,重量有所增加。

"火神""胜利"、图-104 等早期的大型亚声速飞机的发动机都布置在机翼根部,如图 7.2

(a) 机身内部双发布置(歼-20)

(b) 机身内部单发布置(米格-21)

(c) 机翼中部双发布置(SR-71)

(d) 机翼根部双发布置(火神轰炸机)

(e) 机身尾部短舱布置(图-154)

(f) 机身上方短舱布置(A-10)

(g) 机翼上方短舱布置(安-72)

(h) 机翼下方短舱布置(伊尔-86)

(i) 机翼下方布置(协和式飞机)

图 7.2　飞机上发动机的可能布局形式

(d)所示,使单发停车的偏航力矩和气动阻力减小。但这种布置发生火灾时很危险,发生火情会危及客舱和机翼油箱,发动机叶片断裂时也会对乘客和油箱构成威胁;客舱内发动机的噪声大;发动机可达性差,也难以采用反推力装置;机翼根部不宜安排增升装置。

图 7.2(e)方案发动机布置在机身尾部,图-154、图-134、雅克-40、伊尔-62 等均采用此种布置。这种布置机翼为纯气动力部件,易于安排增升装置,其品质可提高 6%～10%。发动机位置靠近飞机轴线,比图 7.2(h)方案易克服任意一台发动机发生停车的影响。机舱内噪声和火灾危险都有所减小,喷流声振对结构的作用小,放不下起落架迫降时安全性提高。存在的缺点是:发动机使机身弯矩增大,须加强后机身以承受来自发动机的载荷,因此机身约增重 10%～15%。机翼上没有发动机重力的卸载作用,机翼结构的重量会增加 10%～15%。此布置的空机和满载的飞机重心区别较大,导致飞机在空中和地面都会给使用和维护带来一定难度。

B-52、C-5、伊尔-76 和伊尔-86 均采用图 7.2(h)方案,在飞行中由于发动机的重力使机翼载荷减少 10%～15%。发动机前伸使机翼剖面的重心前移起到防颤振配重的作用,机翼的颤振临界速度增大。发动机挂在短舱内,具有较短的正面进气道,总压损失小;易维护,安装和拆卸也很方便。该方案的不足之处是:发动机停车时偏航力矩大;由于离地面较近,须采取防尘土和沙石的措施;机翼上的增升装置也难设计。伊尔-76 和伊尔-86 飞机的这一难点是通过发动机舱相对机翼前缘前伸较大距离以及选择机翼上固定挂架接头形式和位置予以解决的。

图 7.2(f)、(g)方案是发动机布置在机翼或机身上方,如 A-10、安-72 和安-74 飞机等。此种布置发动机被机翼、机身和垂尾遮挡,不易被弹片击中,并且降低了飞机的热可探测性,使飞机不易被发现。

图 7.2(i)方案的飞机有 XB-70、"协和"号、图-144 等。被动力装置占用的机翼部分不起增升作用,大迎角飞行时发动机前流场的均匀性会遭到破坏,而大负迎角时在进气道的投影内。在这两种罕见的情况下,压气机叶片上可能有气流分离、发动机喘振或停车。在该方案中,单发停车产生的偏航力矩不大。

7.1.3 发动机的尺寸与特性

发动机不仅对全机的布局布置至关重要,其特性也是飞行性能计算的重要依据。在飞机设计中,最好能获取拟采用的发动机的实际数据。如果采用现有的发动机,其尺寸可以从制造商获得。如果采用一台待定的发动机,其尺寸需要从一些标称发动机尺寸按比例换算得到,比例系数按所需推力来确定,其特性可以参考附录C进行估算。

根据标称发动机的尺寸,待定发动机的尺寸(长度 L,直径 D,见图 7.3)可由以下公式换算得到:

$$SF = 实际需要的推力 / 标称发动机真实推力 \qquad (7.1)$$

$$L = L_{真实}(SF)^{0.4} \qquad (7.2)$$

$$D = D_{真实}(SF)^{0.5} \qquad (7.3)$$

待定发动机重量也可通过类似方法得到,即

$$m = m_{真实}(SF)^{1.1} \qquad (7.4)$$

若发动机采用了新的先进技术,则可以近似地假设燃油消耗减少 10% 或者 20%,并使发

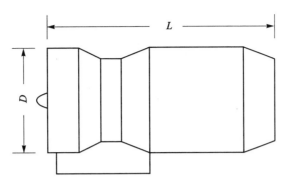

图 7.3 发动机尺寸

动机重量减少相似的百分数。例如,第二代战斗机之前使用的涡轮喷气发动机推重比在 6 以下,第三代战斗机使用的小涵道比涡轮风扇发动机的推重比可以达到 8,现在的第四代发动机 F-22 所使用的 F119 推重比能达到 10。

发动机附件机匣在发动机下方,附件包括燃油输入泵、滑油泵、输出齿轮箱和发动机控制盒。不同类型的发动机,其附件机匣的位置和尺寸变化范围较大。在没有图样的情况下(在设计飞机,特别是设计战斗机时),附件机匣可假设向下延伸比发动机半径约大 20%~40%。

7.2 进气系统设计

7.2.1 进气道设计要求及性能参数

对于喷气发动机,为了保证压气机叶片的叶尖速度不超过声速,通常要求其压气机进口气流 Ma 不超过 0.4~0.5。进气系统的主要用途就是把进来的空气在能量损失最小的情况下减到压气机要求的进口速度。

衡量进气道工作效率的重要参数是进气道出口总压恢复系数,一般定义为进气道出口气流平均总压与自由流总压之比。这个系数反映了气体由进气道提供给发动机的过程中能量损失的状况。总压恢复系数越大损失越小。大体上,进气道总压恢复减少(或增加)1%,将使发动机静推力减少(或增加)1.3%。

进气道出口流场畸变也是衡量进气道性能好坏的重要参数,表示进气道出口流场中最低总压值与最高总压值(或平均总压值)之间的相对差别。进气道出口流场畸变会减小发动机的喘振裕度,畸变过大会使发动机的喘振裕度全部丧失而失去稳定性,从而会影响飞机的安全。

进气道设计的第三个性能参数是阻力,包括外罩阻力、附加阻力、放气阻力和排除附面层产生的阻力等。在初步设计时,只需考虑外罩阻力和附加阻力。

附加阻力是在进气道重量流量比(进入进气道的自由流管面积与几何进口面积 A_c 之比)小于 1.0 时产生的,如图 7.4 所示。该唇缘吸力在低超声速状态可把附加阻力抵消 30%~40%。对于亚声速飞机来说,如果唇缘设计得圆钝,唇缘吸力将抵消全部的附加阻力。

7.2.2 进气道布置

进气道在飞机上的布置是飞机总体设计和推进系统设计中的一个重要问题,对发动机和

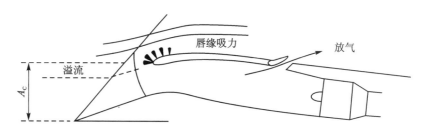

图 7.4 进气道附加阻力、唇缘吸力

飞机的性能影响很大,必须综合分析研究。

现代超声速飞机进气道的布局既要充分利用机身和机翼(包括机翼边条)的屏蔽作用,改善进气道的性能(特别是大迎角性能),又要防止机身或机翼边条脱出的涡和分离流进入进气道,影响进气道的性能和稳定性。新一代隐身飞机为了减少雷达散射截面,更需要利用机体对进气口的遮挡,把进气口与机体高度融合为一体。

隐埋式发动机的进气道位置有机头进气、机身两侧进气、腹部进气、"腋窝"进气、背部进气、后机身上方进气和机翼前缘进气等。吊挂式(短舱式)发动机的进气道位置有机翼吊挂式短舱进气和后机身吊挂式短舱进气。以下是其中部分典型布置形式的特点。

1) 腹部进气(见图 7.5)特点如下:

① 管道长度较小;

② 在大迎角情况下有助于气流进入进气口;

③ 单发时需将前起落架布置在进气口之后,导致进气道整流罩的阻力和重量的增加;

④ 双发时,前起落架可布置在两个腹部进气口中间,没有进气道整流罩阻力和重量增加问题;

⑤ 机腹进气口易吸入外来物(因为距离地面相对较低);

⑥ 根据经验,对于采用低涵道比发动机的飞机,其整个腹部进气口离地面的距离至少应高出进气口高度的 80%;对高涵道比发动机的飞机,最少是 50% 的进气口的高度。

2) 两侧进气是机身上装两台发动机的现代飞机进气口的实际标准布置。两侧进气(见图 7.6)特点如下:

① 管道短,能提供相对干净的空气;

② 在大迎角状态,由比进气口低的前机身拐折处引起的漩涡分离,可能会使进气道出现问题;

图 7.5 腹部进气示例

图 7.6 两侧进气示例

③ 在单台发动机的情况下使用两侧进气口必须采用分叉管道,容易造成压力不稳定而引起发动机的喘振。为减小这种风险,有的此类飞机的进气道直到发动机前端面才融合在一起。

3) 背部进气(见图7.7)特点如下:
① 管道短,没有前起落架的位置问题;
② 在大迎角时,前机身会遮挡气流;
③ 飞行员应急跳伞时可能被吸进进气口;
④ 有利于提高隐身性能,在新型无人机上应用广泛。

图7.7 背部进气飞机

4) 翼下短舱式进气(见图7.8)特点如下:
① 进气口远离机身,可提供未经扰乱的气流,所需进气通道非常短;
② 发动机和排气远离机身,在客舱里产生的噪声很小;
③ 便于地面维护;
④ 发动机重力能产生有助于减小机翼重量的"展向加载"的效果;

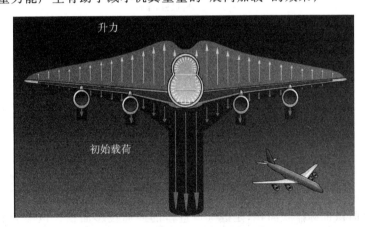

图7.8 机翼"展向加载"示意

⑤ 短舱的存在会干扰机翼的气流,增加阻力、减少升力;为减小这一影响,挂架不应延伸到机翼上表面,也不应环绕机翼的前缘;
⑥ 发动机停车时的偏航力矩大(发动机离轴线距离较远);
⑦ 离地面较近,需采取防尘土和沙石的措施;
⑧ 不便于设计机翼上的增升装置;

⑨ 展向位置,对于双发,一般位于33%～38%的半展长;

⑩ 弦向位置,作为经典的经验法则,进气口应布置在机翼前缘朝前大约二倍进气口直径的位置,以及机翼前缘下面一倍进气口直径的位置;CFD等现代技术的采用,使得吊舱可以更靠近机翼;

⑪ 高度方向,为减少吸入外部物体,高涵道比发动机的进气口应布置高于地面大约半个进气口直径的位置上;短舱头部应下偏大约2°～4°,向内倾斜大约2°,以便与机翼下面的局部气流保持一致。

7.2.3 进气道的形式及主要参数选择

进气道选取准则如图7.9所示。

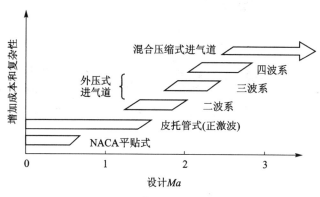

图7.9 进气道形式选用准则

进气道主要参数包括进口面积、外罩、唇缘、喉道面积、内管道参数,如图7.10所示。

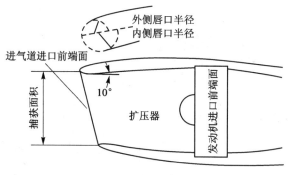

图7.10 进气道主要参数

1. 进口面积

进气道进口面积也称捕获面积,是进气道进口的迎面投影面积。该参数的大小反映了进气道将空气引入发动机的能力。对初步布局和粗略分析而言,可以基于设计马赫数和发动机质量流量估算进口面积。

如图7.11所示,根据设计 Ma 查出 $A_c/q_{m,fdj}(\text{m}^2/(\text{kg} \cdot \text{s}^{-1}))$。如果质量流量未知,可以按发动机进口前端面直径平方的127倍来初估。

2. 外 罩

无论超声速进气道还是亚声速进气道,其外罩进口前端面可以不垂直于发动机轴线,而是

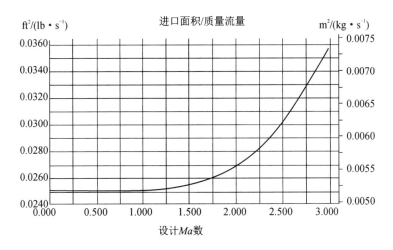

图 7.11 进气面积相关曲线

大致垂直于巡航状态下当地的气流方向。如果飞机要在大迎角下工作,就需要在这些迎角和巡航状态迎角之间折中。

3. 唇 缘

对于超声速进气道,外罩唇缘应该接近尖的。典型地,唇缘半径应该是进口前端面半径 3%～5%。

对于亚声速进气道,其唇缘半径应该是进口前端面半径 6%～10%。内侧唇缘半径往往大于外侧唇缘半径。内侧半径通常在 8%,外侧半径通常在 4%。进气道进口下侧部分,其唇缘半径比上侧唇缘半径大 50%,有利于减小起飞着陆和机动飞行过程中迎角的不利影响。

4. 喉道面积

针对超声速进气道,在初步设计时,喉道面积可按发动机前端面积的 70%～80%确定。

5. 内管道参数

内管道也称扩压器或扩散段,采用皮托式进气道的亚声速民机内部扩散角不应超过 10°,扩散段的长度约等于其前端面的直径。

超声速进气道内管道指从喉道到发动机进口部分。最大效率的理论扩散段长度约为前端面直径的 8 倍。扩散段长度小于直径的 4 倍时,可能发生内流分离,但可以带来重量上的较大收益。对于长的扩散段,应检查从进气道进口到发动机进口的气流通路横截面面积分布是否光滑地增加。

7.2.4 附面层抽吸及隔道

超声速进气道为了防止压缩面上发生激波——附面层干扰分离,压缩面上往往需要采用某种形式的附面层抽吸。一般多采用交错排列形式的小圆孔,抽吸量占进气道流量的 1%～2%。喉道附近也需要采用附面层抽吸缝,进一步吸除斜板上的附面层,提高进气道的总压恢复,抽吸量占进气道流量的 1%～3%。

对于机身侧面进气的进气道,进口前的机身部分产生的附面层必须排除,尤其在超声速时。如果进口很接近机头,在 2～4 倍进口直径内,可以不采用机身附面层排除措施。

图 7.12 表示四种机身附面层排除措施。非隐身的超声速飞机常用的是沟槽式附面层隔道,详见图 7.13。在大多数情况下,这种隔道提供了最好的性能和最小的重量。进气道前端面带有一块分割板并离开机身一定的距离,以保证附面层空气不进入进气道。前机身附面层在分割板和机身之间的隔道流过,通过隔道斜板构成的沟槽排出去。隔道斜板应具有不大于 30°的角,其前缘应置于分割板前缘之后 1~2 倍高度处。

台阶式隔道　　附面层旁路管道　　附面层吸除　　沟槽式附面层式隔道

图 7.12　机身附面层排除措施图

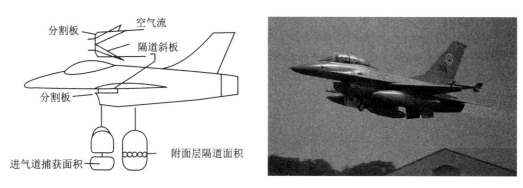

图 7.13　沟槽式附面层隔道

所需的附面层隔道高度取决于附面层本身的厚度。计算附面层隔道高度的一个很好的经验方法是取进气道进口前机身长度的 1%~3%,其中较大的值适用于进行大迎角飞行的战斗机。附面层隔道的阻力取决于它的迎风面积,应该把这个面积设计得尽量小。

目前"枭龙"、F-35 等战斗机采用的是 DSI 进气道(Diverterless Supersonic Intake, DSI,无分割板超声速进气道,亦称凸包(Bump)进气道),采用一个复杂形状的鼓包,将边界层的呆滞气流层从中间一剖为二,引向进气道两侧的边角泄放,而不影响主要的"干净"气流层稳定地进入发动机,如图 7.14 所示。DSI 避免了隔道造成的前向隐身隐患。

图 7.14　DSI 进气道

7.3 排气系统设计

喷气式飞机的排气系统即喷管,功用是将发动机燃气的压力势能有效地转变为排气的动能,使发动机以最高的效率和最小的能量损失产生最大的推力。在超声速飞行和亚声速巡航两种情况下,1%的喷管效率大约相当于1.7%的净推力,因此应尽量保证喷管在各种飞行状态下都具有较高的效率。喷管设计不仅影响喷管的内推力,还影响机身后体的构型,进而影响机身的后体阻力——尾阻和底阻。衡量排气系统设计性能的综合指标是推力减阻力参数,显然推力减阻力(指后体阻力)参数越大越好。

7.3.1 尾喷管设计要求

尾喷管的形式和主要参数应根据飞机的飞行性能指标和所选定的发动机工作特性来选择,要保证在飞机全部的飞行使用范围内,都能够与发动机的工作很好地协调和匹配,始终保持较高的效率。这是对尾喷管的基本要求。此外,发动机短舱尾段的外形以及发动机装在机身内时机身尾段的外形与机尾罩及尾喷管的形式和几何参数有直接的关系,同时飞机的外部阻力和底阻的影响也应予以考虑。尾喷管还需要冷却,四周应留有足够的冷却通道,有的飞机还需要加装反推力装置。

为了获得最佳推力,应使高压燃气在喷管中一直膨胀到下游的环境压力,即达到完全膨胀。也就是说,喷管面积的变化要使燃气达到完全膨胀。例如,对战斗机来说,喷管落压比(喷管进口处的总压与喷管出口处的静压之比)可以从亚声速巡航时的3左右变到最大超声速时的15~20。对于一个几何可变的收敛-扩散喷管,在亚声速巡航和最大超声速飞行之间,喷管出口面积比(出口面积与喉道面积之比)可以改变4倍左右。由于喷管落压比和出口面积比的变化范围很大,要保持高的内推力效率和低的外部阻力是相当困难的。喷气发动机喷管设计的主要问题是在各种速度、高度和油门位置时所希望出口面积匹配的问题。

喷管布置对尾部阻力可能有重大影响。这是指由于喷管和后机身的外部出现气流分离而造成尾阻增大。为了把尾部阻力减小到可接受的水平,后机身的收缩角应该保持在15°以下,而喷管的外侧角度在喷管关闭位置时应该保持在20°以下。

并排安排的两台喷气发动机之间会产生干扰,使净推力减少。为了把这种干扰减到最小程度,喷管之间最好离开大约1~2倍的喷管最大出口直径距离。喷管之间的面积应该逐渐变小,就像翼型的后部那样,并且最好在两个喷管之前终止。但是这种安排增加了重量和浸润面积。所以,许多战斗机就让两台发动机相互紧挨着,而不考虑其干扰。

7.3.2 尾喷管主要设计参数

尾喷管的设计与进气道类似,属于发动机设计和飞机设计的结合部,比较复杂。在飞机方案初步设计阶段,只能对其基本形式和出口面积等最主要的参数进行初步选择,无法精确地完成。

尾喷管的底部阻力简称底阻,是由尾喷管后端面及机体尾部外表面上的低压区引起的气动阻力。各种形式的尾喷管在偏离设计点工作时均会产生底阻。如果尾喷管与机身尾部配合得不好(尤其是并排安装几台发动机时),底部面积大,气流分离会使底阻显著增大。在某些飞行状态下（如最大限度地缩小喷口），底阻可能达到飞机总阻力的30%，会使飞机的性能急剧变差。

底阻主要取决于飞机尾部的外形。尾部表面外形越平滑，则其周围的压力场越均匀，外部气流越靠近其外表面，则底阻将比较小。图7.15表示机身（或发动机短舱）尾部长细比λ_{xb}（分别取值为0.5、1、1.5）对压力系数C_p分布的影响，图中，r为尾部各截面的直径；D_{Tmax}为尾部最大截面的直径；D_{cp}为尾部末端的直径；x为各截面至前端的距离；l_{xb}为尾段的长度。

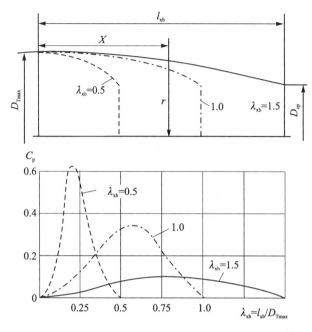

图7.15　$Ma=0.9$时压力系数沿旋转体表面的分布[2]

当飞行速度对应于$Ma<0.7$时，从喷气发动机喷管内喷出的气流实际上对机身（或发动机短舱）外表面的压强分布没有大的影响。当$Ma\approx0.8$和尾段长度较小时，将产生气流分离，出现低压区，在这种情况下底阻将显著增大。

7.3.3　反推力装置的应用

为了缩短飞机的着陆滑跑距离，产生了对反推力的要求。在湿的或结冰的跑道上着陆时，摩擦系数小，滑跑距离显著增大，反推力特别有效。

喷气式飞机采用的典型反推力装置主要分为三类：瓣式转动折流门反推力器（见图7.16(a)，也称为鳄鱼嘴式），对于涡扇发动机比较适用，A330、A340客机采用了这种装置；抓斗式折流板反推力器（见图7.16(b)，也称蚌壳式），一般用于涡喷发动机或小涵道比涡扇发动机上，狂风战斗机采用了这种装置；叶栅式反推力器（见图7.16(c)），只适用于涡扇发动机，波音B747客机采用了这种装置。

7.3.4　推力矢量控制

为了进一步提高飞机的机动性和敏捷性，新型战斗机应用了推力矢量控制技术，把单纯为完成热力循环产生推力而进行排气的排气喷管，变成通过改变其喷流方向（从而改变其推力矢

(a) 瓣式

(b) 抓斗式

(c) 叶栅式

图 7.16 典型的反推力装置

量)直接参与飞机机动运动的矢量喷管。由于推力矢量作用快,与飞行控制系统相结合,可以大大提高飞机的机动性和敏捷性。二维喷管(图 7.17 左图)比轴对称喷管(图 7.17 右图)容易实现推力矢量控制,但仅限于俯仰运动。要实现多方位的推力矢量控制,需要采用轴对称矢量喷管。

图 7.17 矢量喷管

推力矢量控制的另一种应用是垂直起降,主要有直接升力、升力风扇与转向喷口结合两种方式。"鹞式"、X-32 等战斗机采用直接升力模式,如图 7.18 所示。直接升力模式的战斗机采用的是在发动机上布置可转向喷管改变推力方向的方式。升力系统布置在发动机周围,对发动机的改动量比较小,便于实现通用性和可承受性。但是,为了在悬停的时候保持平衡,发动机必须放在中部,进气道的进口面积也要求较大。

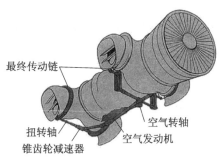

图 7.18 直接升力模式

雅克-38、雅克-141、F-35B 等战斗机采用升力风扇与转向喷口结合模式,如图 7.19 所示。升力风扇系统中,发动机和普通战斗机一样放在靠近尾部,一个传动轴连着发动机和飞行员后面的一个巨大风扇。悬停时，发动机喷口向下偏转，风扇同时运转，吸入飞机上方的空气并向下排气，从而产生两个保持平衡的推力。与直接升力模式相比，这种模式具有更大的潜在推力且平衡更稳定。但是，在这种模式下，传动轴必须高速旋转，且各部件均需要稳定可靠[7]。

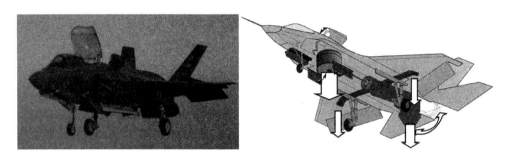

图 7.19　升力风扇与转向喷口结合模式

课程设计项目进展建议

- 确定所需的发动机的类型；
- 确定拟采用的发动机型号，或者通过换算得到待定发动机的参数；
- 估算所选发动机的推力、耗油率等特性曲线；
- 完成发动机及进气道的布置，与机身及翼面的布置进行协调；
- 初步选择进排气系统的具体参数。

参考文献

[1] 顾涌芬，解思适. 飞机总体设计[M]. 北京：北京航空航天大学出版社，2001.

[2] 李为吉. 飞机总体设计[M]. 西安：西北工业大学出版社，2005.

[3] 余雄庆. 飞机总体设计[M]. 北京：航空工业出版社，2000.

[4] LIEBECK R. Design of the Blended-Wing-Body Subsonic Transport[C]. 40th AIAA Aerospace Sciences Meeting & Exhibit, Reno, NV, 2002, 10.2514/6.2002-2.

[5] 杜刚，金捷. 大型运输机发动机反推力装置[C]//中国航空学会. 大型飞机关键技术高层论坛暨中国航空学会2007年学术年会论文集. 北京：航空工业出版社，2007.

[6] FILIPPONE A. Flight Performance of Fixed and Rotary Wing Aircraft[M]. Oxford：Elsevier Inc.，2006.

[7] PBS. Battle of the X-Planes[M/CD]. http://www.pbs.org/wgbh/nova/xplanes/，2003-02-04.

第 8 章 起落装置设计

> **知识点**
> - 飞机对起落装置设计的基本要求;
> - 典型的起落架布置形式及主要优缺点;
> - 典型的起落架收置形式;
> - 起落架的主要布置参数及取值参考;
> - 机轮数量及轮胎参数初选的基本原则。

8.1 起落装置的设计要求与分类

起落装置是飞机下部用于起飞降落或地面(水面)滑行时支撑整架飞机,并用于地面(水面)移动的附件装置。飞机起飞后,可以视飞行需要而收回起落装置。

飞机对起落装置设计的基本要求包括:
① 飞机起飞、着陆过程中能吸收一定的能量,包括垂直和水平方向的;
② 滑行、离地和接地时,飞机的其他任何部分不能触及地面;
③ 不允许发生不稳定现象,特别是在最大刹车、侧风着陆和高速滑行时;
④ 起落装置特性必须适合于准备使用机场的承载能力。

陆基飞机的起落装置绝大多数都采用机轮式起落架。机轮式起落架的主要组成包括支柱、减震器和机轮三个部分(见图 8.1)。支柱用于安装机轮并将起落架连接到飞机机体结构上;减震器用于飞机在着陆和在机场地面运动时吸收并消耗冲击能量;机轮用于飞机在地面上的运动。此外,还有防滑刹车系统、收放机构、电液系统等附加结构。在本章的布置参数选择、机轮选择等内容中,也将针对机轮式起落架介绍[1]。

对于在冰雪机场、松软土质跑道、草坪上起降的飞机,也可以采用雪橇式起落架(见图 8.2);水上飞机可以采用船身式起落架(见图 8.3)或浮筒式起落架,后者可以进一步分为不可收放的硬式浮筒(见图 8.4(a))和可收放的软式充气浮筒(见图 8.4(b))。

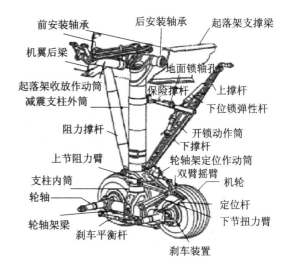

图 8.1　机轮式起落架[1]

图 8.2　雪橇式起落架

图 8.3　船身式起落架

(a) 硬式浮筒

(b) 软式充气浮筒

图 8.4　浮筒式起落架

8.2 起落架的布置

8.2.1 起落架的主要布置形式

1. 后三点式起落架

后三点式起落架的两个主轮在重心稍前处,尾轮在机身尾部离重心较远,如图 8.5 所示。这种形式在低速飞机上采用较多,主要优缺点包括:

① 构造比较简单,重量也较小,在飞机上易于装置尾轮,可以减小着陆滑跑距离。

② 着陆时操纵困难,如果遇到前方撞击或强烈制动,容易发生倒立现象(俗称"拿大顶");如果着陆时的实际速度大于规定值,则容易发生"跳跃"现象。

③ 在起飞、降落时的大速度滑跑是不稳定的。在滑跑过程中,如果某些干扰(侧风或由于路面不平,使两边机轮的阻力不相等)使飞机相对其轴线转过一定角度,这时在支柱上形成的摩擦力将产生相对于飞机重力的力矩,使飞机转向更大的角度;

④ 在停机及起降滑跑时,前机身仰起,因而向下的视界不佳。

图 8.5　后三点布置形式

2. 前三点式起落架

前三点式起落架的前轮在机头下面远离飞机重心处,两个主轮左右对称地布置在重心稍后处,左右主轮有一定距离可保证飞机在地面滑行时不致倾倒,如图 8.6 所示。这种形式广泛用于着陆速度较大的飞机,在低速飞机上的应用也越来越多。其主要优缺点包括:

① 在着陆过程中操纵驾驶比较容易,具有滑跑稳定性;

② 着陆滑跑时,可以使用较强烈的刹车,有利于缩短滑跑距离;

③ 由于机身处于接近水平的位置,故飞行员座舱视界的要求较容易满足;

④ 缺点在于前轮可能出现自激振荡现象,即前轮"摆振",所以需要加减摆器。

3. 其他布置形式

① 自行车式起落架:前轮和主轮前后布置在机身下部的飞机对称面内,或者对称分布于飞机对称面两侧,重心距前轮与主轮几乎相等,如图 8.7 所示。为防止转弯时倾倒,在机翼下还布置有辅助小轮。

② 多支柱式起落架:这种形式与前三点式起落架类似,飞机的重心在主起落架之前,但其有多个主起落架支柱,一般用于大型飞机,如图 8.8 所示。

图 8.6 前三点布置形式

图 8.7 自行车式布置图

图 8.8 多小车式布置图

8.2.2 起落架的收置

将起落架收置到机体内部,难免会对飞机的总体布置产生不利影响,如可能切断飞机结构(增加重量),减少内部油箱体积或产生附加的气动阻力;收置到机翼上,要减少翼盒尺寸,从而会增加重量并可能减小油箱体积;收置到机身上或翼-身连接处,则可能干扰纵梁。

但是，对高速飞机来说，将起落架收置起来在空气动力上的好处超过重量的损失。典型的起落架收置形式包括[2]：下单翼战斗机把起落架收置到机翼或者机翼与机身连接处，如图 8.9 所示；中单翼和上单翼战斗机，多把起落架收置到机身内，如图 8.10 所示；大部分的下单翼民用喷气式客机和运输机都把起落架收置到机翼与机身连接处，如图 8.11 所示；对上单翼军用运输机，机身短舱布置非常普遍，如图 8.12 所示，因为这种飞机的机身必须开敞着装货，但机身短舱带来的阻力增加可能是相当可观的；机翼短舱和发动机短舱中收置的应用相对少一些，主要是在早期飞机和低速的民用飞机中采用，如图 8.13 和图 8.14 所示。

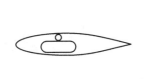 

图 8.9　收置到机翼内的形式

图 8.10　收置到机身内的形式

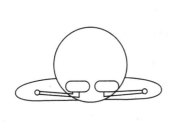 

图 8.11　收置到机翼与机身连接处的形式

实现起落架收起和放下的收放机构大多基于"四连杆"原理，即用枢轴把三个元件连接起来（第四根杆是飞机结构）[3]，如图 8.15 所示。在正常情况下，起落架支柱在收置前允许全伸长。虽然可以安装压缩支柱的装置，但仅适用于飞机内部空间绝对容纳不下全伸长支柱的情况。有时要求机轮在收上的位置平躺在轮舱内，这是可以通过一些简单的机构形式实现并可在许多军机上见到的，但应尽可能避免使用，因为其重量、复杂性和维修量都会增加。

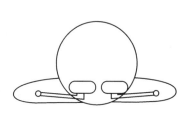 

图 8.12　收置到机身短舱的形式

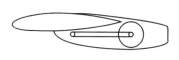 

图 8.13　收置到机翼短舱内的形式

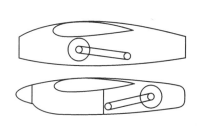 

图 8.14　收置到发动机短舱的形式

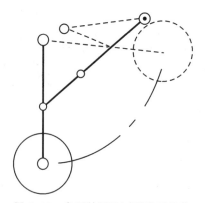

图 8.15　常用的"四连杆"收放机构

8.3 起落架主要布置参数的选择

在布置起落架时,需要控制机轮与飞机重心的相对位置和起落架的高度,并保证飞机在起飞抬前轮到主轮离地,以及着陆接地时只能有机轮接触地面,且在跑道与飞机的所有其他部分之间应有适当的间隙[4,5,6]。这里的"其他部分"包括后机身、平尾翼尖、机翼翼尖、螺旋桨叶尖或发动机吊舱等。为满足这些要求,主要的布置参数可依据如下参考值初选。

1. 前主轮距

前主轮距即前轮和主轮之间的距离(图 8.16 中的 B),考虑到前轮承受飞机重量的最佳百分数大约为飞机重量的 8%~15%,一般取 $B=(0.3\sim0.4)L_F$,并且要与防倒立角 β 相协调。

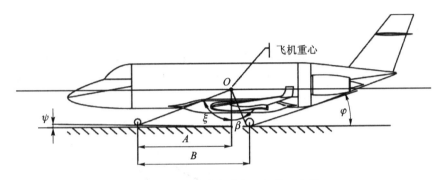

图 8.16　起落架布置主要参数示意图

2. 主轮距

主轮距即主起落架机轮之间的间距,越宽的间距在起飞、着陆及在地面滑行时稳定性越好。如果安装在机身上主起落架受到机身宽度限制,则一般会将起落架向外倾斜以增大主轮距,如图 8.17 所示。过宽的主轮距会导致操纵不便,因此具体取值还需要结合飞机重心距地面的高度,可通过算出的防侧翻角进行检查。

图 8.17　增大主轮距的主起落架倾斜形式

3. 擦地角

严格定义的擦地角(图 8.16 中的 φ)对应于飞机尾部刚刚触地、起落架支柱全伸长、轮胎不压缩时,机头抬起最高时的姿态。其中的"机头抬起"是指飞机有一定迎角,且由于地面效应使机翼升力达到最大可用值的 90%时。对大多数类型的飞机,擦地角的选取范围约为 10°~15°,但这并不是绝对的界限,如 JAS-39 的擦地角就在大约 17°,如图 8.18 所示。

图 8.18　JAS-39 的擦地角示意图

4. 防倒立角(防后倒立角)

防倒立角指主轮在停机状态接地点位置到重心的连线偏离垂线的夹角(图 8.16 中的 β)。为防止飞机擦地,防倒立角应大于擦地角,且不小于 15°。

5. 防侧翻角

防侧翻角是飞机滑行时急剧转弯侧翻趋势的量度(图 8.19 中的 θ)。根据我国的和美国的通用规范规定,对陆基飞机,防侧翻角不应大于 63°;对舰载飞机,防侧翻角不应大于 54°。

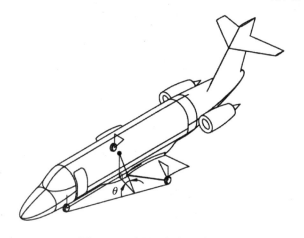

图 8.19　防侧翻角角示意图

6. 停机角

停机角是飞机的水平基准线与跑道平面之间的夹角(图 8.16 中的 ψ),可以起到增大起飞滑跑时迎角的作用。对前三点式,停机角通常取 0°~4°。

8.4　机轮的选择

8.4.1　机轮数量与飞机重量的关系

起落架的前轮采用单轮和双轮的情况都有,但双轮更加普遍,尤其是采用弹射起飞的舰载机几乎都采用了双轮。主轮的机轮数量选取,可以根据与飞机重量之间的如下关系初步确定[7]:

① 重量大约在 22 680 kg(50 000 lb)以下时,尽管就万一有一个轮胎瘪胎情况下的安全性

而言,在每个主轮支柱上采用双轮好些,但通常每个支柱还是采用单主轮;

② 重量 22 680~68 040 kg(50 000~150 000 lb),甚至到 113 400 kg(250 000 lb),每个支柱一般都使用双轮;

③ 重量 90 718~181 436 kg(200 000~400 000 lb),通常采用四轮的小车式;

④ 重量大于 181 436 kg(400 000 lb),采用四个轮轴架,每一轮轴架带四个或六个机轮,以便沿横向分散飞机的总载荷。

8.4.2 轮胎参数的初选

轮胎的参数由它所承受的飞机重量确定:主轮胎约承受飞机总重的90%,前轮仅承受约10%(或者取8%~15%)的静载荷,但着陆时却要承受较大的动载荷(典型的情况)。对于早期的方案设计,可参照相似的设计或用统计的方法确定轮胎尺寸(表8.1),其中的 m_w 是机轮承受的重量。

表 8.1 轮胎尺寸的初步估算

cm

机 型	直径		宽度	
	A	B	A	B
主轮直径或者宽度 $= A m_w^B$				
通用航空飞机	5.1	0.349	2.3	0.312
商用双发飞机	8.3	0.251	3.5	0.216
运输机/轰炸机	5.3	0.315	0.39	0.480
喷气战斗机/教练机	5.1	0.302	0.36	0.467

对于如下的一些情况,需要对表8.1的结果进行修正:

① 如果飞机在未铺砌的粗糙跑道上使用,所需轮胎的直径和宽度应将计算值加大30%;

② 前轮胎的尺寸可假定大致为主轮胎的60%~100%;

③ 自行车式起落架的前轮尺寸一般与主轮的相同;

④ 后三点式起落架的后轮胎尺寸大约为主轮胎的1/4~1/3。

对于最后的设计布局,实际使用的轮胎必须根据制造商的产品目录选择,选择的依据通常是承受计算得到的静载和动载额定值的最小轮胎。轮胎的常用规格及参数见表8.2。

表 8.2 轮胎的常用规格及参数

轮胎类	胎型	轮胎规格		层 级	额定值		速度 /(km·h^{-1})
		mm	in		最大静载荷 /kN	充气内压 /kPa	
Ⅲ	TT*	165~254	6.50~10	6	12.32	427	
	TL*	165~254	6.50~10	6	12.32	427	
	TL	510~508	20.00~20	26	206.84	862	
	TT	635~711	25.00~28	30	244.65	586	

续表 8.2

轮胎类	胎型	轮胎规格		层级	额定值		
		mm	in		最大静载荷 /kN	充气内压 /kPa	速度 /(km·h^{-1})
Ⅵ	TL	860×(250～457)	34×(9.75～18)	22	104.09	1793	322
	TT	1020×(305～457)	40×(12～18)	14	64.50	655	—
	TL*	1020×(355～406)	40×(14～16)	26	135.67	1207	322
	TT*	1120×(330～508)	40×(13～20)	26	155.69	1448	—
Ⅶ	TL	790×(290～406)	31×(11.5～16)	22	106.64	1896	443

注：TT——有内胎轮胎；TL——无内胎轮胎；* 优选系列。

课程设计项目进展建议

➢ 确定起落架布置形式及收置形式；
➢ 完成起落架主要布置参数选择；
➢ 完成机轮数量及轮胎参数初选；
➢ 检查起落架的收放状态，与机身、机翼或短舱布置进行协调。

参考文献

[1] 顾诵芬，解思适. 飞机总体设计[M]. 北京：北京航空航天大学出版社，2001.
[2] 李为吉. 飞机总体设计[M]. 西安：西北工业大学出版社，2005.
[3] 余雄庆. 飞机总体设计[M]. 北京：航空工业出版社，2000.
[4] 陶梅贞. 现代飞机结构综合设计[M]. 西安：西北工业大学出版社，2001.
[5] 王志瑾，姚卫星. 飞机结构设计[M]. 北京：国防工业出版社，2007.
[6] 牛春匀. 实用飞机结构工程设计[M]. 北京：航空工业出版社，2008.
[7] RAYMER D P. Aircraft Design：A Conceptual Approach[M]. 6th ed. Reston：AIAA Inc.，2018.

第 9 章 结构布局设计

◎ **知识点**
- 飞机受到的主要载荷类型；
- 结构布局设计的主要内容；
- 结构总体方案及机翼机身结构的主要形式；
- 结构布局设计中需要考虑的其他因素；
- 全机承力系统综合检查的主要原则；
- 典型结构材料的特点及发展趋势；
- 气动弹性基本概念及设计原则。

9.1 载荷分类及结构布局设计要求

结构的主要作用是承载各种载荷保证飞机不被破坏，并且保持飞机必要的气动外形。结构布局设计之前，首先要对飞机可能承受的载荷进行分析。

9.1.1 主要载荷的分类及特点

结构最重要的作用就是承受飞机受到的各种载荷。载荷分析在各种结构设计的专门教材或手册中有详尽的介绍。本章只对主要载荷分类及特点进行简要介绍，以便在结构布局设计中建立比较全面的概念。

使用载荷或限制载荷是飞机在使用寿命期内所能承受的最大载荷。结构必须能够承受使用载荷而不致产生有害的永久变形。为了保证一定的安全裕度，飞机结构通常按能承受高于使用载荷的载荷进行设计。设计的结构所能承受而不破坏的最大载荷称为设计载荷或极限载荷。安全系数是设计载荷与使用载荷之比。20 世纪 30 年代以来，由于飞机结构主要使用铝合金材料，其强度极限与屈服应力之比约为 1.5，所以安全系数通常取值为 1.5。实践证明，在大多数情况下该安全系数对于金属结构是合适的。对于复合材料结构，安全系数选取目前还存在一定的争议，各个设计单位会根据自己的经验和结构的受力特点来选取。

1. 气动载荷

① 机动载荷。飞机上的最大气动载荷是飞机做高过载机动飞行时升力产生的。低速飞行时，最大过载系数受最大可用升力的限制。高速飞行时，最大过载系数根据飞机的用途而限

制到期望的数值。莱特兄弟设计的飞机达到了 $5g$ 限制载荷。表 9.1 给出了典型的使用过载系数,其中正过载主要针对结构设计。

表 9.1 典型的使用过载系数

飞机类型	正过载/g	负过载/g
通用航空飞机(普通)	2.5~3.8	-1~-1.5
通用航空飞机(多用途)	4.4	-1.8
通用航空飞机(特技)	6	-3
自制飞机	5	-2
运输机	3~4	-1~-2
战略轰炸机	3	-1
战术轰炸机	3	-2
战斗机	6.5~9	-3~-6

② 突风载荷。在某些情况下,飞机会遭遇强突风,其所承受的载荷值超过做机动飞行时的载荷值。例如,一架运输机在靠近雷雨区或者遭遇高空的"晴空湍流"时,经受由于突风引起的过载系数会在 $-1.5g$~$3.5g$,有时还会更大。突风载荷的计算可参考飞机设计手册第九册《载荷、强度和刚度》[1]中的方法。

③ 升力面气动载荷。机翼和尾翼的总升力一旦确定,展向和弦向的载荷分布就可以确定。如果有可能的话,可以用风洞试验和计算流体力学计算的数据。根据经典理论,展向升力分布与每一展向站位的环量成正比。对于平面形状为椭圆形的机翼,升力载荷呈椭圆形分布。对于非椭圆形机翼,根据"斯卡兰卡"近似方法(详见参考文献[2]),其载荷分布形状为真实机翼形状与相同展长和面积的椭圆形机翼的中间形状。

2. 惯性载荷

惯性载荷是指重量乘以加速度的反力。飞机上的每一个物体均承受一个大小等于物体重量乘以飞机过载的力,并在飞机各处产生附加应力。例如,以高角速度滚转的战斗机的翼尖油箱,会受到一向外的离心力,这个力引起外向的过载系数。由于突风、突然偏转舵面,或者是前轮撞地产生的旋转加速度,会在飞机各处产生一个切向加速度。

3. 动力装置载荷

发动机架必须能承受推力及停车或风车时的阻力。发动机架还必须承受发动机重量乘上设计过载这一载荷。通常,还必须承受大小为垂直设计载荷的 1/3 的横向载荷,以及旋转机械在最大俯冲和偏航速率时引起的陀螺力矩。

对于螺旋桨动力的飞机,发动机架还必须承受发动机扭矩乘以安全系数后的载荷。安全系数取决于发动机气缸数目。双缸发动机安全系数取 4,三缸取 3,四缸取 2,五缸或更多气缸安全系数为 1.33。对于喷气发动机,还必须考虑进气道内的气动载荷。

4. 起落架载荷

飞机着陆时,起落架与地面撞击,产生起落架过载。典型的起落架过载如表 9.2 所列。当轮胎触地时,机轮是不转的,在不到 1s 的短暂时间内使它起转。由于与跑道的摩擦,会产生一个很大的后向力。此起转力与着陆垂直力的一半相当。起落架的刹车载荷可以用 0.8 倍的刹车摩擦系数估算。

表 9.2 典型的起落架过载

飞机类型	主起落架过载/g
大型轰炸机	2.0～3
民用飞机	2.7～3
通用航空飞机	3
空军战斗机	3.0～4
海军战斗机	5.0～6

9.1.2 结构布局设计的主要内容

良好的结构布局设计是结构强度和刚度的保障,进而是飞机的气动特性和操稳性的保障。飞机的结构应在承受各种规定的载荷状态下,具有足够的强度、刚度和寿命,并在此前提下使结构的重量尽可能小,成本尽可能低。结构重量系数(结构重量与起飞重量的比值)还反映了飞机结构设计水平的高低。第一代战斗机结构重量系数平均在 35% 左右,第二代战斗机结构重量系数平均在 33% 左右,第三代战斗机结构重量系数平均在 30.5% 左右,第四代战斗机的结构重量系数已经在 30% 以下,如 F-22 结构重量系数为 28%。

在多数大公司,结构布置属于结构设计部门的职责。但是,一位优秀的总体设计师应在飞机总体布局和布置中考虑结构的影响,并至少应对可行的结构布置有个初步想法。

结构布局设计的主要内容包括:
① 飞机结构总体布局设计,包括结构总体方案的确定及全机结构分离面的确定;
② 部件结构布局设计,包括部件结构形式选择、主要传力结构的布置、分离面(设计分离面、主要工艺分离面)的确定及主要连接形式的选择;
③ 全机承力系统综合检查;
④ 根据结构特点及其受载确定主要结构选材。

本章首先简要介绍作为结构设计依据的载荷,然后阐述结构总体方案设计、主要部件(机翼和机身)结构形式选择及结构选材的原则,最后介绍飞机的气动弹性对设计的影响。

9.2 结构总体方案选择

飞机结构布局设计主要是根据总体设计的安排,确定载荷的传递路径与平衡状态,确定全机结构设计分离面、主要结构形式及传力方案,包括确定机翼、机身、尾翼和起落架结构布局形式,其中最主要的是机翼与机身结构的总体布置形式。

机翼上的弯矩、扭矩和剪力要传递到机身上。弯矩和剪力是最主要的载荷,对结构重量影响最大。结构总体方案首要问题是确定机翼与机身的对接方案。几种常见的机翼机身对接方式如图 9.1 所示。

1. 机翼翼盒穿过机身布局

上、下单翼布局的飞机一般采用机翼翼盒穿过机身的结构布局。由于这种布局将左右机

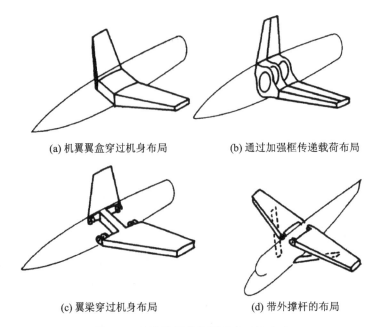

(a) 机翼翼盒穿过机身布局　　(b) 通过加强框传递载荷布局

(c) 翼梁穿过机身布局　　(d) 带外撑杆的布局

图 9.1　几种常见的机翼机身对接方式

翼的弯矩直接相互平衡,所以机身不承受任何机翼弯矩,只承受剪力和扭矩。这对于降低结构重量有好处,但是其缺点是翼盒要占据一些机身空间。一般运输机和民用客机多采用此种结构布局形式。图 9.2 和图 9.3 分别给出了伊尔-76 运输机和 C-17 运输机的实例。

图 9.2　伊尔-76 翼盒与机身对接

2. 通过加强框传递机翼载荷布局

对于中单翼飞机,机翼翼盒无法穿过机身,机翼上的载荷只能传递给机身框。这样,机身的加强框要传递机翼上的弯矩、扭矩和剪力,特别是传递机翼弯矩要增加一定的结构重量,加强框和传力接头设计都要特别精心。例如,图 9.4 和图 9.5 分别给出了"台风"战斗机和 EA-18G 电子战飞机的实例。"台风"机翼通过 6 个接头与机身加强框连接,其中 3 个为主传力接头。

第9章 结构布局设计

图 9.3 C-17 中央翼盒占据舱内空间

图 9.4 "台风"战斗机结构剖视图

图 9.5 EA-18G 结构剖视图

3. 翼梁穿过机身的布局

在有些情况下，中单翼布局的飞机允许机翼的梁穿过机身，通过穿过机身的梁自身平衡机翼的弯矩，剪力和扭矩通过机身框接头传递。从受力观点看，该结构优于通过机身加强框传载布局，但不如机翼穿过机身的布局。通常水上飞机和一些复合材料通用飞机会采用此种结构布局形式，我国的歼-5飞机也采用该种结构布局形式。但是，从内部布置的便利性角度而言，翼梁穿过机身的布局不如通过加强框传递机翼载荷布局。

4. 带外撑杆的布局

该结构多用于轻型低速飞机布局。撑杆使机翼上的弯矩卸载，大大降低了机翼的弯矩。机身结构通过机翼接头与撑杆接头传递机翼的弯矩、扭矩和剪力，受力十分合理，是结构重量最小的布局方案。运-12飞机就采用此种布局，如图9.6所示。在第4章中曾提到，这种形式也是大型民用客机正在探索的新概念布局之一。

图 9.6 运-12 飞机

9.3 主要部件结构形式选择

在完成全机结构总体布局后，就应进行各部件结构布局。机翼和机身是最主要的部件，此处仅介绍机翼与机身结构布局设计。尾翼的结构布局设计可以参考机翼的内容，其他部件设计，如起落架等可参考专门书籍。

1. 机翼结构布局

机翼作为飞机的主要气动面，是主要的承受气动载荷部件。该部件承载大，结构高度低，给结构布局带来了许多困难，也提出了较高要求。

机翼结构主要由蒙皮和结构骨架两大部分组成。机翼结构有许多形式，主要的布局形式如图9.7所示。

客机和运输机多采用梁式结构布局形式，如图9.8所示。前后梁和蒙皮围成的翼盒可以作为油箱，如图9.9所示。前梁一般布置在距前缘20%~30%的弦长位置，后梁一般布置在60%~75%弦长位置；辅助梁布置在前、后梁之间形成"多梁"结构，这是大型或高速飞机的一种典型结构。

战斗机由于机翼较薄，并且为提高损伤容限，多采用多墙布局。图9.10和图9.11所示的分别为F-22和F-35的多墙机翼结构骨架。自第三代战斗机以来，机翼结构从梁式薄蒙皮结构演变为多墙厚蒙皮结构，从而能够更好地发挥结构的承载能力和载荷传递效率。

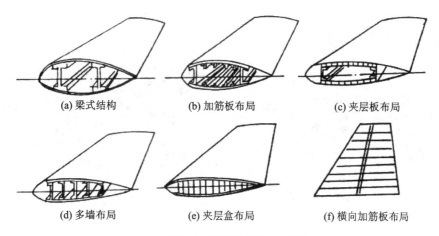

图 9.7 几种主要的机翼结构布局形式

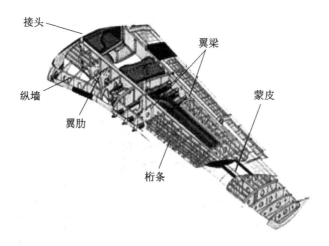

图 9.8 翼梁结构布置

图 9.9 A319 机翼的翼盒

图9.10　F-22机翼结构

图9.11　F-35机翼结构

翼肋的布置主要有两种形式,一种是顺气流布置,一种是垂直于前梁或者后梁轴线的正交布置。如图9.12所示,左侧翼肋为正交布置,右侧为顺气流布置。

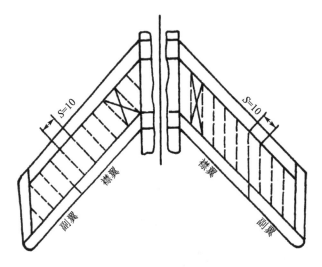

图9.12　翼肋布置形式

顺气流布置可保证机翼具有较好的外形,但在同样翼肋间距的情况下翼肋长度比正交布置要长,结构重量增加。由于翼肋与翼梁、长桁不垂直相交,所以设计、制造和装配的成本将增加。另外,由于翼肋不垂直于机翼弯曲方向,导致翼肋缘条的弯矩增加,使缘条受力复杂化。

正交布置称为翼肋的正常布置方式。这种布置可减少翼肋的长度,还可以减小有效壁板长度,提高壁板稳定性,减小结构重量,而且制造工艺性好,受力清晰,具有比较高的结构效率,但在保证良好气动外形方面不如顺气流布置。

在方案阶段可根据统计数据或参考原准机确定肋间距。根据统计,小型机肋间距约300 mm,中型机约600 mm,大型机约800 mm。

2. 机身结构布局

机身结构包括机身、短舱、尾撑等桶形结构。机身结构主要由蒙皮和内部骨架组成。内部骨架由纵向的梁、桁条、加筋条和横向的普通框、加强框组成。

大型飞机机身结构布局形式如图 9.13 所示。一般大型客机机身多采用多长桁的单块式结构，如图 9.14 所示，但货运飞机的大开口部位和一些小型飞机也采用梁式结构布局。水上飞机为能承受着水载荷，常采用龙骨梁结构布局。

普通框是机身横向骨架的主要构件。通常情况下，在机身等剖面段都以 500 mm 左右等间距布置，如图 9.14 所示。在机身前段密框布置，主要是考虑载荷状态和驾驶舱风挡构型而确定，框距大约在 250~310 mm。

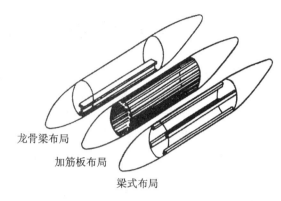

图 9.13 大型飞机常见的几种结构布局形式

战斗机机身大多采用梁式结构布局，如图 9.15、图 9.16 和图 9.17 所示。现代战斗机机身多为半硬壳结构，多采用整体壁板和整体框、梁，即稀隔框、厚蒙皮整体结构，减少了紧固件数量，改善了工艺性和整体油箱的密封性，更重要的是改善了结构完整性。

图 9.14 A350 机身

图 9.15 F-22 中机身

图 9.16 雅克 130 机身结构

图 9.17 "阵风"战斗机机身结构

9.4 结构布局设计的其他考虑

1. 经济性考虑

飞机的生产费用与使用、保障等费用占全寿命周期费用的大部分。而减少生产费用最根本的是结构设计的合理性;影响使用和保障费用的关键则是可靠性和可维修性,也与结构设计直接有关。飞机的成本与重量有直接的关系,因此有效控制和降低结构重量至关重要。同时,材料的选择、加工过程所需设备(锻造、冲压、铸造、3D打印等)及装配工时也对飞机成本有重要影响。

部分通用性也可以降低生产成本。如果可能,左右主起落架应当完全相同(左右通用);采用无弯度水平尾翼可使其左右通用,即使会在气动方面产生一些小的不良后果,但也许是值得的。在某些情况下,可以对机翼翼型作小的修形,使左右副翼通用。

2. 制造工艺性考虑

飞机应具有良好的制造工艺性,便于加工、装配。对于复合材料等新材料来说,还应对材料、结构的制作和结构修理的工艺予以重视。飞机是由部件装配而成的,因此选择工艺分离面也是一个不可忽略的环节。一架大型飞机的机身往往由座舱、后机身和一些机身中段装配而成。一架小型飞机可以仅有两到三个部件装配而成。设计师对分离面的考虑是很重要的。要避免穿过分离面布置内部部件。图9.18所示的例子中,左边的设计方案的前起落架舱被工艺分离面分开,使得两个部件在装配之前,不能全部装配前起落架连杆;右边的布置方案则更好一些。

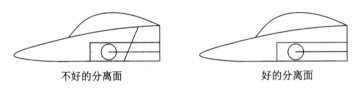

图 9.18 工艺分离面

3. 保障性考虑

为了满足存储、运输以及生产加工的需要,一般飞机要由若干个部件组装而成。总体设计阶段,应当根据存储、运输等约束条件,明确各个部件分离面的位置。图9.19所示为MQ-9无人机,全机拆卸之后可以存储在一个集装箱内,方便全球运输与部署,并在野战机场可以迅速组装恢复使用。

4. 维修性考虑

飞机的各部件须分别按照规定的周期进行检查、维护和修理。良好的维修性可以提高飞机使用中的安全性、可靠性和保障性,并可以有效降低保障和使用成本。为了使飞机具有良好的维修性,在结构上需要布置合理的分离面和各种舱口,在结构内部安排必要的检查和维修通道,增加结构的开敞性和可达性,如图9.20所示。

检查口盖的面积对维修性有重要影响。通常把检查口盖的总面积与飞机机身的浸润面积之比作为一个衡量标准,如表9.3所列。现代战斗机这一标准接近1/2。作为一条基本准则,应当对最易损坏和最需要日常检修的部件提供最好的可达性。发动机附近必须有检查口盖,

图 9.19 MQ-9 无人机存储与野战组装

以便将发动机部分暴露出来。必须给电子设备、液压泵、作动筒、发电机、环控系统、辅助动力系统和机炮舱提供大的检查口盖。

表 9.3 几种飞机的维护口盖对比

飞机型号	研制年代	全机口盖数	开口率/%	快卸口盖数	快卸口盖率/%
歼-6	1959	220	21.10	21	9.5
K-8	1985	134	27.80	79	59
F-5	1970	140	25	112	80
F-16	1978	227	60	170	74.9

图 9.20 F-15A 全机检修口盖

5. 结构间隙量的估计

对于初始布置，设计师必须估计内部部件周围所需的结构间隙量，以免出现大量的返工，但是估算间隙没有简单公式，需要根据经验判断和参考现有的设计。

① 大型客机的客舱内壁到外蒙皮一般需要约 10 cm 的间隙；
② 常规战斗机机身内部部件一般距离外蒙皮约 5 cm；
③ 内部部件的类型会影响所需的间隙(比如发热量大的零件所需要的间隙就相对要大)。

9.5 全机承力系统综合检查和结构选材

在飞机结构总体布局设计的指导下,完成部件结构布局设计后,需要根据飞机的主要载荷情况对全机承力系统进行综合检查,确保在各种工况下飞机局部承力系统和全机承力系统的设计均合理,并在此基础上完成飞机结构的选材。

9.5.1 全机承力系统综合检查

进行全机承力系统综合检查应遵循以下原则：
① 承力系统应尽可能综合利用；
② 结构传力路线要短和直接,避免承力结构中间转折、偏心、截面突变以及不连续等现象；
③ 重要承力区要避免开口盖,保证结构有良好的传力路线,重要承力件要力求结构连续；
④ 在静不定结构中,要调整结构刚度比和改变结构刚度,使载荷在结构中合理分配；
⑤ 设计结构主传力路线物理概念必须清晰,以围绕实现主传力路线进行结构布局。

本着以上原则,从全机承力系统的角度调整各部件的结构布局,使总体结构受力更加合理。飞机总体设计时,要绘制全机主承力系统布置图。该图以主承力结构轴线为基准来描述结构位置和传力路线,作为协调全机结构传力和下一步结构初步设计的依据。图 9.21 给出了一个全机受力结构布局简图示例。

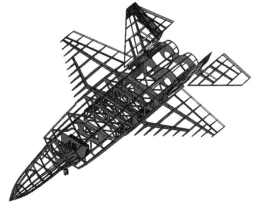

图 9.21 全机承力系统布置图示例

9.5.2 典型的结构材料

1. 木 材

莱特兄弟选择了杉木作为他们飞机的主要结构材料。此后很长时间内,木材都是飞机的主要材料。木材有较好的比强度,而且易于加工和修理,在不同的方向有不同的特性,实际上很像复合材料。它的纤维顺长度方向生长的特性使之成为天然的机翼翼梁。

木材的缺点是对潮湿很敏感,易腐烂且易遭虫蛀。木材必须经常维护,而且不能暴露放置。另外,木材是自然成长的,缺少质量控制,各块木质材料之间缺乏一致性,因而需要飞机制造工匠的高超技艺,才能将其制造成木质飞机。

在现代飞机上,木材已经很少使用了。虽然木质材料曾经大量应用于自制的、特殊的和小批量生产的飞机,但目前泡沫填料和玻璃钢复合材料已经基本上替代了木材。

2. 铝合金

铝合金是应用最广泛的飞机材料,具有比强度较高、易成型、价格适中、耐化学腐蚀的特点。由于铝的质地相对柔软,因此纯铝应与其他金属制成合金后再在飞机上使用。最常用的铝合金是 2024。强度要求高的地方大量应用 7075 合金,它是铝、锌、镁和铜的合金。新的铝合金 7050、7010 在抗腐蚀性和强度上又有改善。新型铝合金,如铝锂合金能够提供与复合材料相近的减重效果,同时还能使用标准铝的成型技术。在将来一段时间内,铝合金仍然是飞机设计的重要材料。

3. 钢

钢是一种铁与碳的合金,用碳来增加软钢的强度。随着含碳量的增加,强度和脆性也增加。典型的合金钢大约含碳 1%。其他材料,例如含铬、钼、镍和钴的钢合金,具有各种不同的性能;不锈钢合金则常用于抗腐蚀要求较高的部位。

目前,钢材主要应用于有高强度和抗疲劳要求的部位,如起落架、机翼的连接件等。此外,钢还重点用于高温部位,例如防火墙和发动机架。Ma 数为 3 的 XB-70(图 9.22)就采用了大量的焊接钢蜂窝结构。这种材料保证了高温强度,但是制造特别困难。

图 9.22 XB-70 轰炸机

4. 钛

钛具有比铝高的强度和刚度,且有几乎与钢同样的耐高温性能,还具有良好的耐腐蚀性,是良好的航空宇航材料。然而正是由于同样的原因,钛成形非常困难。钛必须在高温(540 ℃)、高成形应力下成形。钛还会受成形过程中偶然混入的各种杂质的严重影响。氢元素对于钛的"脆化"影响最大,其次是氧和氮。由于钛成形工艺复杂,钛结构的成本大约是铝的 5~10 倍。

钛可以很好地处理气动加热问题。SR-71(图 9.23)的结构用了大约 93% 的钛。XB-70 前机身部位基本上都用钛。钛还在喷气发动机部件上大量应用。低速飞机的高应力部件也用钛,如起落架横梁、全动尾翼的大轴。

5. 复合材料

复合材料由基体材料和悬浮在基体材料中的增强材料组成,基体材料起稳定增强材料的作用,并且将邻近的增强材料胶粘在一起。不同的基体材料和增强材料组合,可以产生不同特性的复合材料。

玻璃纤维复合材料以环氧树脂为基体材料,玻璃纤维为增强材料。这种材料广泛应用于雷达罩及小的整流罩。玻璃纤维复合材料成本低,具有较好的强度特性,但是刚度较低(拉伸模量小),不适宜用于高承载结构。

图 9.23　SR-71 侦察机

最常用的复合材料是碳纤维复合材料,即石墨-环氧复合材料。该材料具有很高的比强度。目前,碳纤维复合材料已广泛应用于飞机结构中。波音 B787 大部分结构由碳纤维复合材料制成(图 9.24),被称为"全碳"飞机。

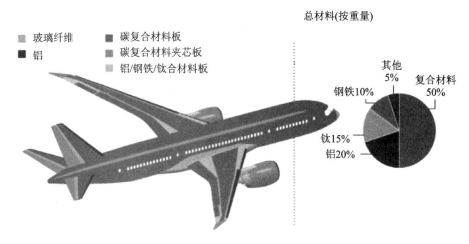

图 9.24　波音 B787 结构材料[8]

芳纶纤维(凯夫拉)复合材料虽然压缩强度低,但是相对其他复合材料脆性更小,具有更好的缓慢破坏特性。石墨-芳纶-环氧复合材料具有比碳纤维复合材料更高的韧性。波音 B757 的整流罩和起落架舱门就是由这种材料制成的。

复合材料使得部件重量大为减小,但也存在一些问题。其中的一个问题是难以承受集中载荷,必须使用接头和连接件柔和地将集中载荷分散开来。如果一个部件有大量的大开口和门,如机身或机翼,则用于分散集中载荷的连接件会耗掉材料所节省下来的重量。

复合材料的强度受含湿量、固化期、环境温度、紫外线照射和纤维与基体的确切比例的影响。这些因素很难控制,每一个复合材料部件的特性都可能会稍有不同。此外,复合材料结构的检修也是飞机使用维修中的挑战。随着这些问题的逐步解决,相信复合材料结构能够得到更广泛的应用。

9.6 气动弹性对设计的影响

飞机的结构不可能是绝对刚硬的,在空气动力作用下会发生弹性变形,而飞机结构的弹性变形又会反过来引起空气动力的变化。气动弹性就是指这种气动力与结构变形的耦合作用[9]。

自发明飞机以来,气动弹性理论就一直伴随着飞行器的发展。目前飞机的结构更趋于柔性增大,气动弹性是飞机安全和性能保障所不可缺少的重要方面。

1. 气动弹性基本概念

弹性结构在气流中都会发生气动弹性现象。弹性体在气动载荷作用下会发生变形和振动,而变形和振动又反过来影响气动载荷的分布与大小,正是这种相互作用,在不同条件下将产生形形色色的气动弹性现象。所以按照是否考虑惯性力来分类,可以把气动弹性问题分成气动弹性静力学(也称静气动弹性力学)及气动弹性动力学(也称动气动弹性力学)两类。

如图 9.25 所示,在三角形上,把其中任意两个角点联系起来,均构成一个重要的领域。由弹性力和惯性力的相互作用构成了人们熟知的"振动力学";以气动力和惯性力的相互作用为研究对象,构成了"刚体飞行力学";而把气动力和弹性力联系起来,就形成了"气动弹性静力学"。三种力都参与作用,从而进一步构成了"气动弹性动力学"问题。

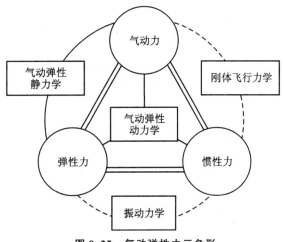

图 9.25 气动弹性力三角形

气动弹性力学主要关心的问题之一是弹性结构在气流中的稳定性。对于一定的结构,其空气动力将会随着气流流速的变化而变化,所以可能存在一个临界的流动速度,在这个速度下,结构变为不稳定的。根据惯性力是否允许忽略,这种不稳定性可以分为静力不稳定性和动力不稳定性。前者主要是扭转变形发散,后者主要是颤振。发散和颤振都会导致结构的突然毁坏和灾难性事故,因此设计人员必须保证不会发生这种不稳定事故。

从气动弹性问题的整体来看,它所包含的问题不仅仅是稳定性问题,还涉及飞机设计中的许多其他问题,诸如在气动弹性静力学问题中,由于弹性变形而引起载荷重新分布,由于弹性变形而引发操纵效率的降低,甚至出现操纵反效;在气动弹性动力学问题中,还有和上述不同的响应问题,在该问题中,需要求出的是气动弹性系统对于外载荷的响应。外载荷可以是由弹性体的变形引起的,例如,飞机操纵面的位移;也可以是由扰动引起的,例如突风、着陆撞击等。

2. 防颤振设计

(1) 防颤振设计概要

气动弹性问题贯穿于飞机设计的全过程,其特性会影响到气动品质、操控品质和飞机控制系统设计等,其中每一个阶段都贯穿着大量的气动弹性的分析和试验工作。为了切实做到防止颤振设计,就必须要遵循既定的指导原则,尽可能避免在设计后期因不能满足气动弹性要求而对飞机做大的修改。

防止发生颤振是气动弹性设计中一个重要内容。理论上,一个成功的气动弹性设计,并不需要在结构上增加过多材料就可以保证飞机的稳定性。为了保证飞机在设计速度范围内的稳定性,通常要遵循以下原则:

① 提供足够的刚度,从而提高颤振临界速度,以保证飞机在设计速度范围内是稳定的。

② 提供良好的空气动力设计。对于需要有气动力的结构上,应使其在使用条件下,保持气流不分离。

③ 消除惯性耦合和空气动力耦合。通常可以由以下的四种途径来实现:ⓐ 恰当安排质量和刚度的分布,使弹性轴、惯性轴和空气动力中心尽可能靠近。ⓑ 利用配重来达到质量的动平衡。ⓒ 通过调整结构质量和刚度分布,调整低阶振型的节点。ⓓ 配备伺服机构来控制运动各分量之间的相位关系。

由上述的各种途径可以看到,当其他因素保持不变时,防止颤振的根本保证是结构刚度。虽然刚度也取决于结构的布置形式,但通常还在于结构所使用的材料。此外,固有频率的间隔对颤振速度也具有重要影响,因为频率间隔会直接引发颤振的耦合。一般说来,固有频率越接近,模态间的耦合就会越快发生,而且颤振速度会降低。设计者通常要采用改变质量分布或者提高刚度等手段来提高模态间的频率间隔,以提高颤振速度。但是对全机而言,必须慎重调整频率间隔,以确保解决一个问题的同时,不会产生新的颤振。

一般说来,防颤振设计有两个重要的原则,即模态解耦原则及频率分离原则。质量平衡的配重使质心移到转轴之前,从而消除了操纵面旋转与主翼面弯曲两种模态之间的惯性耦合,这就是防颤振设计中的模态解耦原则。另外一个防颤振设计原则是频率分离原则。经验表明,若操纵面旋转频率高于主翼面危险振型频率的若干倍时,可以大大地提高颤振速度。

对于一种新设计的飞机,或因改型而影响了颤振特性的飞机,都要进行全面的颤振分析。这些分析包含有:基本的颤振分析、操纵面和调整片的颤振分析、嗡鸣分析、带外挂的颤振分析、壁板颤振分析、气动伺服弹性稳定性分析等。其中气动伺服弹性稳定性分析对于带有飞行控制系统的飞机,必须保证它不会与结构发生不利耦合而导致气动伺服弹性不稳定性。

(2) 飞机结构强度规范中防颤振设计内容

飞机结构强度规范是国家制订的在飞机设计上的指令性文件,是在飞机设计过程必须要遵守的法则。各航空工业大国都有自己的强度规范。美国有 1960 年发布的、军用规范代号为 MIL-A-8860 系列的《飞机强度和刚度规范》;1985 年发布的、代号为 MIL-A-87221 的《飞机结构通用规范》;1987 年发布的、代号为 MIL-A-8860B(AS) 系列的《飞机强度与刚度规范》。俄罗斯把飞机强度规范作为内部文件,没有对国外公开。

我国于 1985 年 12 月发布了中华人民共和国国家军用标准——《军用飞机强度和刚度规范》,采用分册编写形式。其中第 7 册代号 GJB67.7—85《气动弹性不稳定性》主要针对气动弹性颤振和发散等。经修订于 2008 年 10 月发布《军用飞机结构强度规范》,仍采用分册形式编写,气动弹性仍在第 7 册。

对于民用飞机,要满足适航条例 FAR(《联邦航空条例》),其中 FAR-23 是轻型飞机适航标准,FAR-25 是运输类飞机适航标准。我国发布的是《中国民用航空条例》。对应的轻型飞机和运输类飞机的适航标准分别是 CCRA-23 和 CCRA-25,有专门的气动弹性的适航条款。

我国的《军用飞机结构强度规范》第 7 部分——《气动弹性》,其正文基本上包括两方面内容:① 对气动弹性稳定性的要求;② 为保证达到气动弹性不稳定要求所需进行的分析计算及试验工作。

在规范(或适航条例)中,就其总体内容来说,对飞机设计的一般要求是:飞机及其部件在其飞行环境内应具有足够的速度和阻尼安全余量,以防止颤振、嗡鸣、发散、气动热弹性、气动伺服弹性、持续有限幅值振荡或其他动态气动弹性的不稳定性。对于带有主动控制系统的飞机,应保证在控制系统接通和断开时也满足上述两点要求。

(3) 复合材料气动弹性剪裁

气动弹性优化设计内涵丰富,可以包含气动外形、结构、控制等方面的设计参数,而复合材料气动弹性剪裁是气动弹性优化设计方法的一部分。

复合材料气动弹性剪裁主要涉及三个方面的学科,即复合材料力学、气动弹性力学和优化方法。复合材料的力学特性是气动弹性剪裁的主要基础,是通过改变复合材料的铺层厚度、顺序、铺层角度及铺层方向,改变刚度的方向性,并由此控制升力面的气动弹性变形,从而提高飞机性能的一种结构优化设计方法。通过气动弹性剪裁,将显著提高或改善气动弹性性能。其主要的效益表现在:① 提高扭转发散速度;② 提高操纵效率;③ 提高颤振速度;④ 改善静稳定性;⑤ 减缓机动载荷;⑥ 提高升阻比。由于气动弹性剪裁所提高的气动弹性性能就是气动弹性剪裁的效益,故可以认为该效益完全取决于对变形的控制。

课程设计项目进展建议

- 完成结构总体方案选择;
- 完成机翼、机身等主要部件的结构形式选择;
- 进行主要结构件的参数初选与布置;
- 对结构布局的经济性、维修性等因素进行检查;
- 完成初步的全机承力系统布置图,进行全机承力系统综合检查;
- 进行主要结构件的选材,得到全机结构中不同材料的比例;
- 对气动弹性的影响有所考虑和说明。

参考文献

[1] 飞机设计手册总编委会. 飞机设计手册第九册:载荷、强度和刚度[M]. 北京:航空工业出版社,2000.
[2] SCHRENK O. A Simple Approximation Method for Obtaining the Spanwise Lift Distribution[R]. NACA TM-948,1940.
[3] 郦正能. 飞行器结构学[M]. 北京:北京航空航天大学出版社,2005.
[4] 顾诵芬,解思适. 飞机总体设计[M]. 北京:北京航空航天大学出版社,2001.
[5] 宋聪,王向明. 现代战斗机机体结构特征分析[M]. 北京:航空工业出版社,2007.
[6] 牛春匀. 实用飞机结构工程设计[M]. 北京:航空工业出版社,2008年.
[7] 飞机设计手册总编委会. 飞机设计手册第十册:结构设计[M]. 北京:航空工业出版社,2000.
[8] (航空制造网)http://www.camcard.com/info/l5a1d1ac9f149bc416b897388.
[9] 杨超. 飞行器气动弹性原理[M]. 2版. 北京:北京航空航天大学出版社,2016.

第 10 章　机械电气系统

◎知识点
- 飞机主要机械电气系统;
- 典型液压系统的组成及原理;
- 操纵系统的主要发展阶段;
- 多电飞机与传统飞机的区别及其优势;
- 燃油系统设计原则;
- 环境控制系统设计技术展望及发展方向;
- 救生系统基本设计形式;
- 机电综合管理系统工作原理。

10.1　概　述

本章介绍的机械电气系统(简称机电系统)主要涉及飞机的液压系统、机械传动系统、电传操纵系统、供配电系统、燃油系统。与推进系统明显不同的是,这些系统在飞行平台上具有很强的分散性,以传动系统为例,如图 10.1 所示。

与其他部件在总体设计阶段考虑不同的是,作为分散性部件,飞机的机电系统和航电系统在总体设计阶段将主要以遵循的相关设计原则为基础,通过初步的性能需求分析与产品选型,开展总体布置、结构安装、系统通路的合理性分析,避免不必要的干涉所引起的设计方案改变,尤其是在总体设计阶段后期所引起的改变。

在总体设计阶段,机电系统设计布置的总原则可概括如下:

① 在设计初期,不可能具体细致地

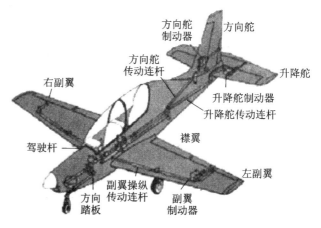

图 10.1　飞机的机械传动系统分布示例

进行机电系统的布置,但也应对各种管路的走向作初步安排,以免与飞机结构及其他内部装载发生干扰或干涉;

② 应对其中一些主要的附件,如液压助力器、蓄电池、液压油箱、冷气瓶等的安放位置做初步的考虑;

③ 各系统的细化设计与布置主要在详细设计阶段,应考虑承载、油耗和功率消耗等多种因素,通过详细计算与试验等方式进行。

10.2 飞机的液压系统

一般而言,飞机操纵控制的动力有机械与电力传动、液压与气压传动。

飞机液压系统是指飞机上以油液为工作介质,靠油压驱动执行机构完成特定操纵动作的整套装置。自从20世纪40年代电液伺服控制技术开始在飞机上成功运用,液压系统在飞机上得到了大量应用。为了提高液压系统的工作可靠性,现代飞机大多装有至少两套相互独立的液压系统。

图10.2是波音737的液压系统配置,其有3个独立的液压系统,分别为A系统、B系统和

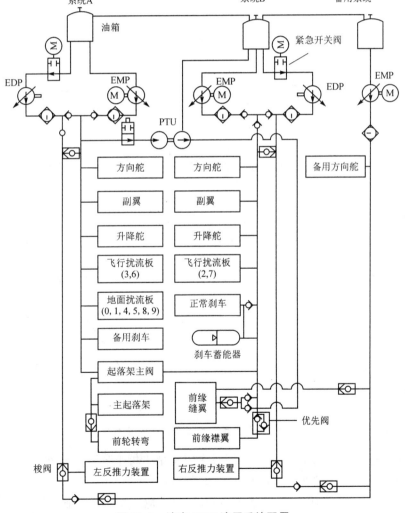

图10.2 波音B737液压系统配置

备用系统,为飞行操纵系统、襟/缝翼、起落架、前轮转弯和机轮刹车等提供动力。

系统 A 与系统 B 是飞机主液压系统,正常飞行状态下由系统 A 和系统 B 提供飞机飞行控制所需压力;A/B 系统泵配置均由一个发动机驱动泵(EDP)和一个电动泵(EMP)组成;A/B 系统的正常压力由系统中的 EDP 提供,如果 EDP 失效,由 EMP 为 A/B 系统补充压力;备用系统由 EMP 为飞机提供动力。B737 液压系统中的动力转换组件(PTU)为单向动力传递,即只有当 B 系统中出现严重低压现象时,PTU 在 A 系统的动力驱动下,将动力传递给 B 系统用户,由于传递过程使用同轴连接结构,可保证两系统不发生串油现象;两系统都可以通过起落架转换阀对起落架系统供压,保证两主系统都可以对起落架液压系统进行独立控制。

典型民用飞机的液压系统的布局如图 10.3 所示[1]。

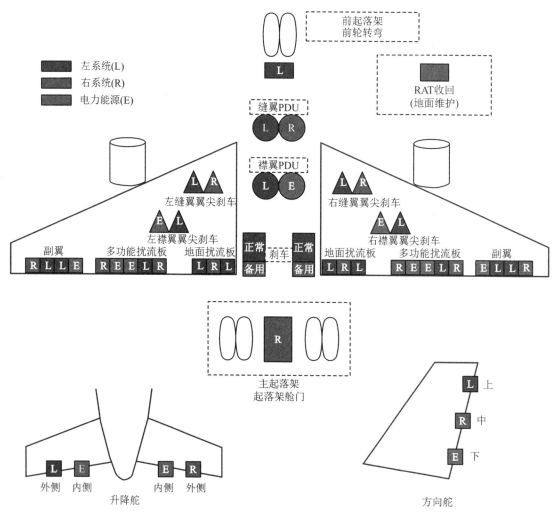

图 10.3 典型民用飞机液压系统的基本布局

① 供压部分。主要包括液压泵、蓄压器,作用是把飞机上原动机的机械能转化成液体的压力能。飞机上主要使用柱塞式液压泵和活塞式液压蓄压器。

② 执行部分。主要包括液压缸、液压马达,作用是把液体的压力能转换为机械能,驱动负载作直线往复运动或回转运动。

③ 控制部分。主要包括各种液压阀,作用是进行液体的压力、流量和方向控制,可分为压力控制阀、流量控制阀以及方向控制阀。

④ 辅助部分。主要包括油箱、油滤、散热器、管路、压力表、传感器等,作用是负责液压系统的状态监测、温度控制、污染度控制等。

⑤ 液压油。液压油是系统中传递能量的介质,包括个别附件的散热、清洁等功能。

液压系统及附件应能在飞机所有使用环境和状态下实现预定的功能,达到规定的设计性能指标;应能在规定的故障状态下完成返航着陆要求。因此,液压系统设计成安全、可靠、性能好、重量轻、使用简单、便于维修的系统。在总体设计阶段,对下列内容应予以充分考虑[2]。

① 基本参数选取。包括压力、流量、材料和温度,应基于下列因素进行综合权衡:战术技术指标和系统设计要求,系统的功能和需求功率的大小,技术、工艺、试验和保障的水平,研制费用和研制周期。

② 强度与刚度。液压系统应具有足够的设计强度和刚度,并尽量减重。系统附件设计应科学合理地确定载荷状态、工作环境,应合理地选取材料及其许用应力。载荷一般包括外载荷、液压载荷、附加载荷、惯性载荷和环境因素载荷。

③ 压力控制,包括:

a) 峰值压力,军用飞机液压系统的峰值压力应不大于系统额定压力的135%,民用飞机液压系统的峰值压力应不大于系统额定压力的125%。

b) 脉动压力,一般 21/28 MPa 压力体制的液压系统,泵出口的脉动压力应不大于系统额定压力的±10%,应避免在任何情况下出现破坏性流固耦合共振。

c) 压力调节,系统应设置可靠的压力调节装置。

d) 超压保护,系统应设置可靠、有效的超压保护装置。

e) 压力指示,液压系统应有检测、监控系统压力的装置,还应具有系统低压力告警装置。

大多数情况下,液压系统仅在机体内部布置(需要提供的空间)和重量的问题上影响飞机总体设计阶段的方案选取。

液压系统的发展趋势:

① 高压化。下一代飞机新的要求,使飞机液压系统设计面临重量、体积、功率、有效载荷和可靠性等各种设计要素之间矛盾冲突的难题,必须满足高速度、超机动、大功率、安全可靠性和有效载荷等飞行性能要求,问题的焦点集中在降低重量和减小体积上。因此,提高液压系统压力是克服矛盾冲突的唯一解决方案。这是因为就传动力和做功而言,高压意味着可以缩小动力元件尺寸、减轻液压系统重量、提升飞机承载能力。当然,高压系统也对设备的强度和密封材料的性能提出了更高的要求。液压系统是否采用高压,还要考虑飞机燃油经济性和维护便利性的要求。

② 分布式。电液作动器 EHA 与分散式电液能源系统 LEHGS 等新型电液技术在 A380 飞机上的成功使用,是大型客机液压能源系统设计理念的创新,使得液压能源系统设计首次从传统集中分配式模式向独立分布式模式转变,大大减少了液压元件与液压管路。

电液作动器 EHA 将液压能源系统与用户系统有效地集成于同一元件内,从而实现了小功率作动子系统的分散化。

分散式电液能源系统(LEHGS)通过微型泵技术为大功率用户(如制动系统及起落架转向系统)提供动力。从电控单元发出的信号激活多个轻质的电动微型泵,每个微型泵都安装在各分系统附近对负载用户进行控制。微型泵能够为制动及转向系统提供35 MPa的油压，在应急情况下能为用户提供动力。

③ 故障诊断与健康管理。故障诊断与健康管理(Diagnostics, Prognostics and Health Management, DPHM)实现了从基于传感器的反应式事后维修到基于智能系统的先导式视情维修(CBM)的转变，使飞机能诊断自身健康状况，在事故发生前预测故障。

④ 智能泵源系统。目前，飞机液压系统中的EDP和EMP大多为恒压变量柱塞泵，系统压力设定为负载的最大值，柱塞泵不能根据飞行负载变化输出不同压力值，由此带来了能量的浪费。智能泵源系统可根据负载工况自动调节输出功率，使输出与输入最佳匹配，是解决飞机液压系统无效功耗和温升问题的有效途径，其关键技术主要涉及变压力/变流量技术、负载敏感技术、耐久性试验技术以及智能控制技术等。

10.3 飞机的机械与电传操纵系统

飞机的操纵系统经历了由简单初级到复杂完善的发展过程，先后出现了机械传动系统、电传操纵系统以及光传操纵系统，并在电传操纵基础上发展了主动控制技术[3]。

1. 机械传动系统

机械传动系统的一般定义为操纵信号由钢索、传动杆的机械部件传动。这样的传动系统一般用在低速飞机上，由于工作可靠，使用了30余年才出现了机械助力传动系统[4]。该型传动系统的主要缺点包括：体积大、重量大、结构复杂；存在摩擦、间隙和非线性因素，导致无法实现精微操纵；对飞机结构变化敏感等。随着飞行速度的提高、飞机尺寸的增大，机械传动无法满足要求，因而发展了电传操纵系统。

2. 电传操纵系统

电传操纵系统(Fly-By-Wire, FBW)是指将从驾驶员的操纵装置发出的信号转换成电信号，通过电缆直接传输到自主式舵机上的一套机构[5,6]。该系统主要依靠电信号传递驾驶员的操纵指令，所以不再含有机械操纵系统。典型的电传操纵系统是由传感器组(各种陀螺、加速度计等惯性测量器件和迎角传感器等大气测量器件)、输入设备、飞行控制计算机、执行机构、舵面和电气传输线路组成[5]，如图10.4所示。

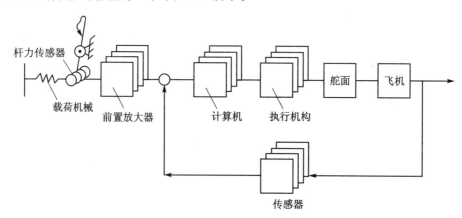

图 10.4 电传操纵系统组成示意图

单通道电传操纵系统的可靠性不够高。为了提高电传操纵系统的可靠性,现代军用和民用飞机均采用三余度或四余度电传操纵系统,并利用非相似余度技术设计备份系统,如四余度电传操纵加二余度模拟热备份系统。

电传操纵系统的典型优点包括[7]:

① 可有效减小操纵系统的重量。如战斗机可减轻58%,大型、高性能战略轰炸机可减轻84%,直升机可减轻86%。

② 可有效减少操纵系统的体积。如战斗机可减少体积2 400 cm³,战略轰炸机可减少4.39 m³。一般情况下,采用电传操纵系统后,可减少原机械操纵系统所占有空间的50%。

美国的F-16战斗机是世界上第一种服役的电传操纵系统飞机。该机上的电传操纵系统具有电信号指令、控制增稳、自动配平、自动调参、飞行边界限制、放宽静稳定性等功能[8]。

3. 光传操纵系统

由于电传操纵系统主要核心部件是电子部件,特别是数字部件,极易受到电磁干扰和雷电冲击的影响,因而在发展电传操纵系统的同时,又进一步开展了光传操纵系统(Fly-By-Light, FBL)的研究。顾名思义,光传操纵系统的操纵信号为在光缆中传输的光信号(结构框图见图10.5)[9]。其典型的优点包括:

① 具有抗电磁干扰、抗电磁脉冲辐射和防雷电等特点,且光纤本身不辐射能量,提高了可靠性和安全性。

② 光缆可减小控制系统质量、缩小体积,从而大大改进飞机的稳定性和可操纵性。

③ 光纤的故障隔离性好,当一个通道发生故障时不会影响其他通道。

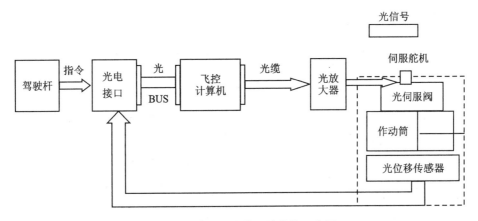

图10.5 典型的光传系统结构示意图

1975年,美国空军试验中心在A-7D飞机上利用光纤作为传输线。1979年,洛克希德公司在一架喷气滑翔机上试验了光传操纵系统,取得成功。随着F-22战斗机的服役,当前国外对FBL的研究已进入实际应用阶段,已经开始采用数字光传、光传数据总线等先进技术。针对现代军事装备高可靠性、高性能的要求,以及空间电磁环境日益恶劣的现状,采用光传操纵系统代替或部分代替电传操纵系统将是飞机飞行操纵系统发展的必然趋势,更是国防军事设备的广泛需求[9]。

操纵系统应满足的基本设计原则包括[10,11]:

① 保证飞行员的手脚操纵动作符合人类本能的反应和习惯。

② 驾驶杆可同时操纵升降舵和副翼，但互不干扰。

③ 飞行员除感觉过载大小外，还要有合适的杆力和杆位移，便于飞行员操纵；歼击机的纵向最大杆力在 78~98 N，横向为 39~49 N，最大脚蹬力为 294 N；纵向杆力梯度为 11.8~14.7 N/单位过载，杆位移梯度为 12 mm/单位过载。

④ 杆力到舵面的操纵延迟不应超过人的反应速度(1/7s)。

⑤ 具体操纵系统的选择需结合飞机的系统复杂度、经济性等因素综合考虑。

10.4 飞机的供电系统

10.4.1 飞机供电系统概述

飞机在地面和空中，由供电系统向机载用电设备提供符合相关标准规定的电源特性要求的电能源，以保证飞机完成地面和空中相关工作。按照国军标的术语定义，供电系统是指飞机电能产生、分配、控制保护与管理系统。简言之，供电系统分为两大组成部分：电源生成和电源管理与分配[12]。

按照电源生成方式，可分为一次电源系统、二次电源系统。

① 一次电源系统，直接将其他类型能量转换为电能的电源系统，如转换机械能为电能的发电系统。

② 二次电源系统，将某种形式电能转换为其他形式电能的电源系统，如将交流转换为直流的变压整流器。

按照电源在飞机上承担的功能，可分为主电源系统、辅助电源系统和应急电源系统：

① 主电源系统，飞机供电系统正常工作时向用电设备提供电能的电源系统，通常指飞机主发动机驱动的发电装置，包括发电机和变换装置（如：变速恒频发电系统中的变频器等）以及控制和保护装置。

② 辅助电源系统，飞机主电源系统不工作或不能满足全机用电需要时，向部分用电设备提供电能的电源系统，通常为辅助动力装置驱动的发电系统。

③ 应急电源系统，在飞机主电源系统无法满足关键用电设备的用电需求时，向关键用电设备供电并独立于主电源的电源系统，通常由应急动力装置、冲压空气涡轮或液压驱动的发电系统和(或)蓄电池构成。

电源管理与分配是对电源进行传输分配及其控制管理，包含系统/设备的故障识别、定位及隔离，通常指配电系统。典型的飞机分布式配电系统布局如图 10.6 所示。配电系统包括电网结构、汇流条配置、控制保护型式、余度和不间断供电，以及功率控制、负载管理、传输总线和远置终端。

供电系统向飞机电网供电时，必须满足相关标准规定的电源特性要求；否则，不允许在飞机上使用。不同供电体制下的电源特性要求不同。常用的机载供电体制分为以下几种：

① 28 V 直流。

② 115/200 V、400 Hz 三相/单相交流。

③ 115/200 V、(360~800)Hz 三相/单相交流。

④ 230/398 V、(360~800)Hz 三相/单相交流。

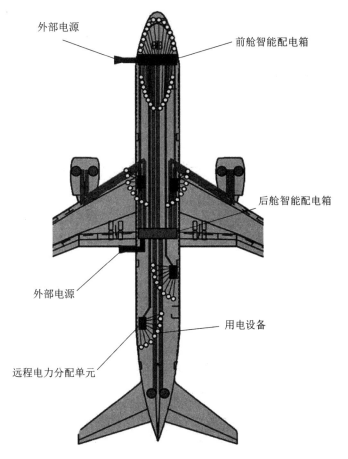

图 10.6 分布式配电布局示意图

⑤ 270 V 直流。

通常,交流电源的主要电源特性包括稳态电压、稳态频率、畸变系数、畸变频谱、电压不平衡、功率因数、电压调制幅度、电压瞬变、频率瞬变、波峰系数、直流分量等。直流电源主要电源特性包括稳态电压、畸变系数、畸变频谱、脉动幅值、电压瞬变等。

供电系统自身电源特性要符合相关标准或规范的要求,与机载用电设备协同工作时机上电网(汇流条)的电源特性也应符合相关标准或规范的规定;否则,将出现供电不兼容的问题,飞机整体功能和性能或将受到影响。

10.4.2 某机载供电系统组成及工作原理示例

图 10.7 为某机载供电系统组成示意图。图中,电源生成部分包括左/右交流发电机、左/右发电机控制器、2 台电流互感器组件、1 号/2 号整流装置、1 号/2 号蓄电池组。电源管理及分配部分包括左/右交流控制装置、1 号/2 号交流配电装置、左/右直流保护配电装置、1 号/2 号/3 号/4 号直流配电装置。

飞机在地面,地面电源车通过电缆与飞机地面电源插座对接,将地面电源送入飞机。上位机判断地面电源的电源品质,在电压、频率、相序等符合要求后,将地面电源接入飞机电网。启动发动机,发动机启动成功后,发电系统(发电机、发电机控制器、电流互感器组件)发电达到投

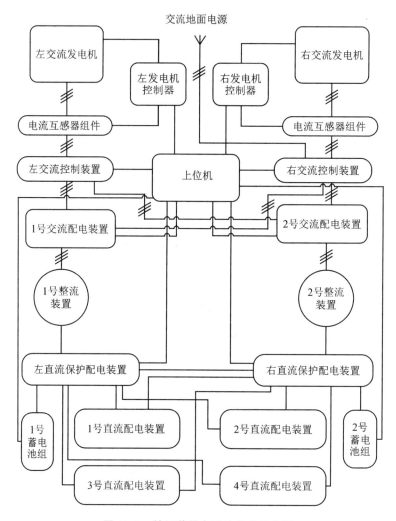

图 10.7 某机载供电系统组成示意图

网条件后,自动接通机上电网,保证机上电源优先。整流装置为二次电源,为交流电源负载。当机上交流电网有电时,整流装置自动工作,输出 28 V 直流电,直流保护配电装置控制将整流装置输出直流电接入飞机 28 V 直流电网。飞机在地面和空中时,交流/直流电源任一通道故障,正常工作一侧的电源都自动接入故障一侧电网,向全机用电设备供电。当交流/直流电源双通道均故障,由蓄电池组作为应急电源向全机应急负载供电(主负载自动切除),保证飞机应急返航飞行一定时间的供电。

10.4.3 供电系统设计技术展望

目前,飞机多电和能量优化技术是使飞机性能和经济承受性同时得到改善的重要技术领域,已成为飞机机电系统发展的趋势,该类飞机称为多电飞机。多电飞机通过机电系统的综合达到能量优化的目的,用供电网络取代目前飞机上使用的集中式液压、气压和机械能源系统,使电能成为飞机上的主要二次能源,减少次级功率的类型,提高效率和可靠性,降低燃油消耗、系统重量、制造与维护成本。多电飞机与传统飞机的对比如图 10.8 所示[13]。

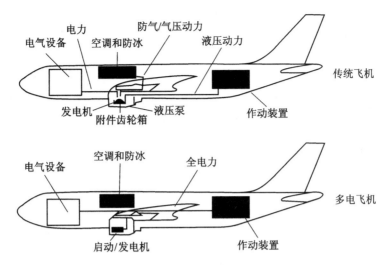

图 10.8 多电飞机与传统飞机的对比

A380 飞机是一个典型的多电商用飞机。它完全按多电飞机电力系统来设计,总的发电功率是 915 kVA。由发动机驱动 4 台 150 kVA 的变频交流发电系统,发电容量共 600 kVA,频率在 360~800 Hz 之间;由辅助动力装置(APU)驱动两台 120 kVA 恒速发电机,发电容量共 240 kVA;一个空气充压涡轮系统驱动一个 75 kVA 发电系统。A380 飞机大部分的作动装置采用电力作动,从而使飞机的设计更为简单,地面保障设备减少,飞机性能大为提高[14]。

F-35 战斗机是一种典型的多电战斗机,总的发电功率约为 160 kVA,能携带更大的高能武器。与波音 B787 相同,除了采用固态配电技术外,作动装置几乎全部采用电力作动,使飞机的设计更简单,地面保障设备减少,飞机作战性能大为提高,很接近于全电飞机。

综上可知,由于飞机在向多电飞机和全电飞机方向发展,因此引发供电系统技术相应发展,主要发展方向如下:

① 大功率启动/发电设计技术。启动/发电集成设计,以降低飞机重量。

② 隐身飞机的大功率电源及设备散热设计技术。受隐身要求的约束,飞机散热越发困难;而电源容量越来越大,散热需求越来越高。二者之间存在矛盾。需要研究新型散热方式,研究提高散热效率,提高电源及设备的工作效率的方法,以解决日益严重的散热问题;

③ 更高电压的直流供电体制的研究。受用电量急剧增大的影响,电源容量需求也急剧增大。为解决电源生成装置在设计、生产、器件等方面上的困难以及机载大功率电源传输设计、电线电缆、接插件等器件和材料以及工艺等方面上的问题,需要研究更高电压的供电体制的技术要求和测试方法,形成一系列相关标准、规范,以指导飞机开展工程研制。

10.5 飞机的燃油系统

10.5.1 燃油系统功能

飞机燃油系统用于储存燃油,并保证在规定的任何状态(如各种飞行高度、飞行姿态)下,均能按发动机要求的压力和流量向其持续不间断地供油,进而为飞机提供飞行所需的动力,如

图 10.9 所示[15]。此外,燃油系统还可以完成冷却飞机上其他机载系统、平衡飞机、保持飞机重心于规定范围内等附加功能。

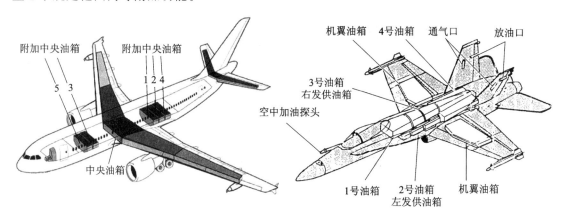

图 10.9 典型飞机油箱的分布

除在全飞行剖面内为发动机持续不间断供油这一主要功能外,下面从飞机顶层角度对燃油系统所需承担功能进行进一步阐述。为使飞机满足使用航程的要求,机上必须储存足够的燃油,其中燃油箱布局与燃油的消耗顺序是飞机总体设计的任务,对飞机的整体性能、操纵性及稳定性有很大影响,也是飞机燃油系统的设计基础。为保证油箱内燃油的加注,压力加油已成为商用飞机和军用飞机使用的标准加注设备[15],其中对军用飞机平台,为增加航程及作战半径,或者受起飞重量限制,往往需要其具有空中加油能力;为缩短再次出动的准备时间,往往需要其具备地面热加油能力。为保证飞机应急着陆重量限制,要求其具备应急放油功能,在规定时间快速将大量机载燃油放出机外并在达到最低安全油量前停止放油。因机载燃油具有载量大、分布广的特点,除通过设计固定耗油顺序平衡飞机并保证重心在规定范围外,为进一步提升飞机效能,还可以通过在特定阶段控制燃油在不同油箱之间的传输,实现飞机纵向重心的主动优化控制,进而达到减少飞机飞行阻力,提升操稳品质,增加航程的目的。因燃油具有高比热容的特点,可作为机上优质的热沉,实现热量的存储与供给发动机燃烧排散,进而保证机载系统与任务设备的正常运行,成为解决新一代飞机效能的提升带来的整机热管理设计的重要组成环节。燃油箱的防火抑爆功能是飞机生存力的重要组成部分,油箱损伤后可能导致燃油流失以及油箱爆炸,甚至造成飞机的损毁,通过油箱的惰化设计实现降低燃油点火条件,避免可能出现的爆炸风险,进而提升飞机安全性。燃油油量实时测量功能及其测量精度影响着飞机航路规划与任务的执行,是空地勤人员非常关注的性能参数之一。对于储存在大型飞机机翼内的燃油,另一个常见的用途是提供机翼卸载,以将机翼弯矩减至最小,进而减少长期的机翼疲劳效应[15]。

10.5.2 燃油系统组成

飞机燃油系统一般包括燃油箱子系统、加放油子系统、供输油子系统、油箱通气增压与抑爆子系统、热负载子系统、燃油油量测量及信号指示子系统和燃油管理子系统。

① 加放油子系统。加放油子系统的功能是实现飞机的加油和放油。飞机加油方式一般包括重力加油和压力加油两种方式,军用飞机包括空中加油和地面热加油功能。大多数飞机

都有重力加油的设施。压力加油的加油效率比较高,通过地面加油车、飞机上加油接头向机内提供足够高的流量和压力燃油,并结合布置于油箱内的液位测量设备和阀门实现加油关停。放油功能可以通过发动机放油装置或布置于左右机翼与各油箱输油装置相连的放油设备实现。在发动机不开车状态下进行地面抽油工序检查或维护往往通过与供油总管相连的抽放油设备、地面抽油装置实现。

② 供输油子系统。供输油子系统保证向发动机持续不间断地供油以提供飞行所需动力,通过燃油消耗的顺序实现飞机重心的控制;其中供油需保证飞机在各种地面和飞行状态下不间断可靠地向发动机供油,满足发动机入口供油压力和流量等参数的要求,供油一般通过燃油泵实现燃油的增压输送;输油需保证飞机按照规定的消耗顺序将燃油输送至供油箱,保证供油箱始终处于满油状态,输油一般通过燃油泵或气体增压输油的方式实现;供输油泵所需动力与飞机的能源配置形式相适应,因燃油供输油具有大流量小压力的特点,一般为离心泵形式。

③ 油箱通气增压子系统。油箱通气增压子系统的功能主要有:为飞机加油时油箱内的空气提供一个排出通道,在飞机飞行时保证燃油箱与外界安全稳定的压差,保证燃油泵在高空可正常工作,降低燃油的蒸发损失;油箱抑爆功能是通过对机内无油空间实施受控惰化,为油箱提供一个安全环境,目前主要采用在油箱内充填防爆泡沫与采用空气分离的机载制氮技术等方式实现燃油箱的惰化防爆。

④ 热负载系统。热负载系统是燃油作为冷源用于冷却机上其他系统或设备的一个系统。以飞机所载的燃油作为流动介质,在满足发动机入口燃油温度的情况下,使其在系统中传输送往发动机的过程中,通过热交换器吸其他机载系统或设备的热量,带走热载荷从而确保相关系统或设备正常工作,燃油既能满足发动机燃烧的要求,又能起到热沉的作用。

⑤ 燃油油量测量及信号指示子系统。燃油油量测量及信号指示子系统由油量信息采集、处理与解算、油量与液位告警信号的显示与通信等部分组成。油量信息采集是通过传感器实现对燃油油面高度、燃油温度和燃油密度的采集。油量信息的处理与解算是通过机上的软件来实现的,它根据燃油的体积和密度,计算出燃油的质量。油量显示是燃油测量系统将飞机当前的油量通过数据总线传给座舱内的显示器,为飞行员提供油量信息;信号指示用于发出油箱内的"满油""油尽"及相关油位告警信息。

⑥ 燃油管理子系统。燃油管理子系统通过传感器测量的信息和系统工作状态反馈信息,依据系统控制律,发出燃油泵、阀等执行元件的控制指令,实现加放油、供输油等功能的逻辑控制,保证系统的正常工作运转。

10.5.3 燃油系统设计示例与技术发展

空中客车 A380 飞机是目前世界上最大的商用运输机,最大载油量约 250 t,油量测量采用交流电容式系统,精度优于 1%[16]。飞机具有重心测量和管理功能,通过配平油箱和机翼油箱不同阶段的转输实现主动纵向重心控制,通过机翼内侧、中间油箱和外侧油箱之间的转输实现机翼的减载。

波音公司 B777 燃油系统采用以 ARINC429 和 ARINC629 数据总线进行系统间通信为基础的综合架构,其油量测量为民用飞机上首次采用的超声波式测量技术,取消了油箱内电缆束屏蔽性要求;具有水探测功能,实现游离水的探测与管理;通过布置于主机翼外侧通气油箱火焰减小器防止雷击直接点燃燃油油气并向油箱内传播而导致油箱着火的可能性。

F-22 飞机综合热管理系统作为世界上第一种投入使用的战斗机综合热管理系统,以燃油为主要热沉,构建全机热量传输网络,首次实现了机电系统空气、液冷、燃油、滑油和液压油的热量传递交联,采用一体化的数字控制技术,对全机热量的产生和传输进行调节,确保系统工作稳定。其供输油系统采用液/电结合能源驱动的燃油泵形式,具有飞机重心控制功能,可通过燃油转输实现武器投放对飞机重心的影响。

随飞机能源用电体制的发展变化,燃油系统泵、阀等流体机械设备向智能方向发展,可实现更精准控制,反馈更多状态信息,更加利于对燃油系统工作监控及健康管理。为提升飞机油箱的可维护性,燃油泵、阀等设备的机械、电气部分可实现分离设计,作为不同可更换单元管理。

随着军用飞机作战效能的提升,燃油作为热沉功能愈发突出,作为飞机热管理中重要一环,基于温度梯级利用原则,通过热沉的动态精准管理、换热网络柔性设计以及与其他机载系统、发动机的热融合设计,进而提升有限热沉的利用率,同时兼顾燃油对飞机的重心调控功能,环境、隐身、重量以及可靠性等方面的设计约束,实现多目标优化设计,成为飞机热管理设计师重要的研究方向。

10.6 飞机的环境控制系统

10.6.1 环境控制系统概述

飞机从地面飞入高空,外界大气压力可从一个大气压变化到接近真空,并在几分钟内由地面夏季炎热的炙烤突然遭到高空严寒的侵袭。环境控制是飞机在外界环境条件剧烈变化时为保证飞行时空勤人员、旅客正常生活以及设备可靠工作所提出的特定要求。

飞机的环境控制系统的任务就是在各种飞行条件下,将舱内空气的压力、温度、湿度、气流速度和洁净度均保持在允许范围[17];通常来说,座舱内的温度及其分布梯度、压力值及其变化速率、空气流速及洁净度等都应符合一系列卫生标准的要求;对于设备舱,其温度与压力的限制值与座舱相比较为宽松,但湿度限制更为严格。此外,除雨、防/除雾以及防/除冰等功能也都包含在环境控制系统中。

环境控制系统一般包括引气及空气分配子系统、制冷子系统、加温子系统、座舱压力控制子系统、温度控制子系统、设备冷却子系统、防/除冰子系统以及防雾、防霜、除雨子系统等[18]。

① 引气及空气分配子系统。从气源(一般为发动机高压压气机或电驱动压气机)引出高温高压空气进入系统,并将系统处理后的空气进行合理分配,满足座舱增压、设备冷却、机载制氧、燃油箱惰化等用气需求。

② 制冷子系统。利用空气、燃油等介质对进入系统的高温空气进行降温处理以供使用。机载制冷子系统目前一般采用空气循环制冷或蒸发循环制冷的形式。

③ 加温子系统。一般采用发动机高温引气,电加热器或机载余热利用等方式实现系统加温,从而对高空低速飞行或湿冷天气地面停放状态下通过结构向外部散失的热量进行补偿。

④ 座舱压力控制子系统。一般通过调节排气量对增压舱进行压力控制,使舱内压力及其变化速率满足生理卫生的要求。控制目标根据飞机类型及使用升限而不同,一般旅客机的座舱高度(座舱内部气压所对应的标准大气压力高度)在 2 400～3 000 m,战斗机的座舱高度在

7 600~8 000 m。当座舱高度超过该值时,说明座舱压力不能再低,必须采取措施来增大座舱压力。

⑤ 温度控制子系统。通过传感器感受温度,并传给转换设备或软件处理后输出控制指令,驱动调节活门等伺服机构调节控制系统工作介质的温度或流量,使座舱或设备舱的温度保持在设定范围。

⑥ 设备冷却子系统。通过导热、自然/强迫对流以及工质蒸发等冷却形式将机载设备工作时产生的热量排散出去,避免设备因超温造成故障或可靠性降低。设备冷却形式根据其热载荷与功率密度的大小确定。

⑦ 防/除冰子系统。通常采用气动罩除冰、液体防冰或热力(热空气、电热)防冰等方式,保证机翼、发动机进气口以及风挡等部件表面因过冷水滴撞击冻结而影响飞行安全。

⑧ 防雾、防霜、除雨子系统。通常采用电加热或热空气自由射流的方式,保持驾驶舱透明内表面高于舱内空气露点温度,保证清晰视野。

10.6.2 环境控制系统工作原理示例

波音 B737 型飞机环境控制系统的工作原理如图 10.10 所示[19],系统由流量控制与关断活门、热交换器、空气循环机、再加热器、冷凝器、水分离器、冲压空气组件以及管路等部件组成,系统部件及机上布局情况如图 10.10 所示。

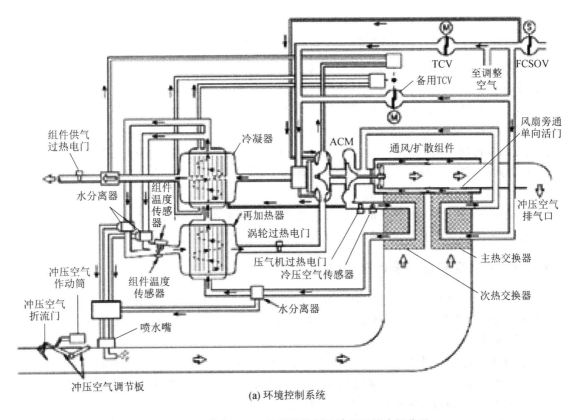

(a) 环境控制系统

图 10.10 波音 737 飞机环境控制系统原理及空调分配

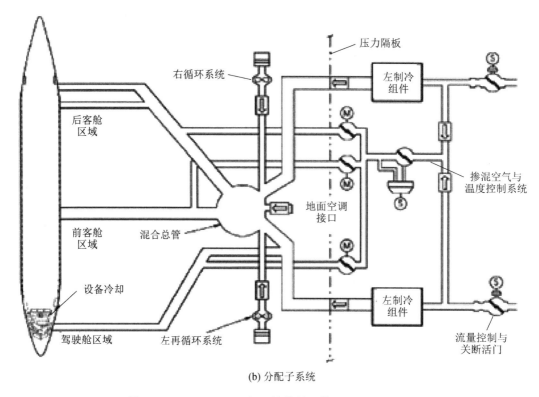

图 10.10 Boeing737 飞机环境控制系统原理及空调分配(续)

环境控制系统主要工作原理为:发动机引气通过流量控制与关断活门(FCSOV)进入主换热器,主换热器通过冲压空气将引气降温,冷却的空气进入空气循环机(ACM)的压缩机部分,经压缩后压力和温度升高,高温压缩空气回到次换热器,再次通过冲压空气降温并经水分离管除湿;进入再加热器后在高温端被来自冷凝器的冷空气预冷却,随后再次进入再加热器低温端,被高温端再加热后回到空气循环机(ACM)的涡轮部分;在涡轮中膨胀做功,温度降低后,空气被送到冷凝器低温端,在被再加热器高温端出来的空气加温后,进入分配子系统。

分配子系统由主分配组件、驾驶舱空调分配组件、客舱空调分配组件、再循环组件、通风和设备冷却组件等组成,将处理后的空气分配给机上三个区域,从而减少飞机发动机引气需求,降低能耗,去除厨房或卫生间异味并为设备供应冷却空气。

10.6.3 环境控制系统设计技术发展方向

随着航空技术的不断发展,环境控制系统在系统方案及部件设计都在不断提升,飞机对环境控制系统在经济性、维护性、可靠性等方面也提出了更高的要求。飞机环境控制技术的发展方向主要包括:

① 电驱动环境控制技术。目前大多数飞机均使用发动机引气作为环境控制系统的气源,造成发动机推力损失约为5%,同时发动机引气的温度与压力高于系统需求,造成能量的浪费。波音B787飞机创新采用电驱动压气机,如图10.11所示,对环境空气进行增压以取代发动机引气作为环境控制系统的气源,在巡航状态下可降低燃油消耗约2%。

② 飞发能热综合。飞机及发动机中推进、供电、液压、燃油、环境控制等分系统相互独立,

图 10.11　波音 B787 电驱动压气机及环境控制组件

但在热和能量的需求与使用上又紧密关联，因此飞机环境控制系统的设计思想正从分系统独立向飞发能热综合转变。美国 F-35 飞机首先采用能量、功能、物理和控制方面全面综合的热和能量管理系统[20]，引入了发动机涵道的空气作为补充热沉，降低了对燃油的热沉压力；引入闭式空气循环，降低引气消耗量及热负荷；同时与辅助动力、应急动力及发动机启动等功能进行了集成，相对于传统的机电系统方案，减重接近 25%，保障费用降低近一半。

10.7　救生系统

10.7.1　救生系统概述

飞机的救生系统基于规定的人体条件和飞机平台条件，面向部署和遂行任务特点开展设计工作，提供进出飞机座舱的通道，在飞行时提供保持座舱结构环境密封的工作环境以及符合座舱眼位要求的乘座和抗过载约束条件，在应急离机情况下提供弹射离机通道或撤离座舱通道，在飞机无法挽回时在救生包线范围内为乘员提供弹射离机措施。

飞机的救生系统所面对的基本问题是解决人体耐受限度与飞机救生性能需求之间的矛盾，其技术特征如下[21]：

① 集机械、电子、火工、气动和生理卫生学等学科于一体；
② 适应不同使用环境的多功能性；
③ 系统结构复杂、自动化程度高、高度强调可靠性；
④ 研制周期长，经费投入高。

救生系统的主要功能如下：

① 舱盖（舱门）使用操纵功能。提供地面开启和关闭飞机舱盖的操纵和驱动功能以打开

和关闭进出座舱的通道,在飞机断电导致舱盖正常操纵功能无法实现的情况下,在座舱内外均可采用备用设备打开和关闭舱盖,实现一次操纵动作就可完成舱盖解锁、解除气密、舱盖开启(舱盖关闭、座舱气密、舱盖上锁)的全部工作程序的单一操纵模式。

② 舱盖(舱门)锁闭功能。在飞行包线内的飞行过程中保证舱盖处于关闭、上锁和气密的状态,在飞行包线内和所有飞行条件下保护飞行员与外部自然环境隔离。舱盖关闭时保证舱盖可靠锁定并能够承受座舱盖气动和座舱增压载荷;舱盖开启时迅速解除舱盖锁定,各个状态下能够对舱盖锁闭状态进行指示。

③ 舱盖(舱门)气密功能。在飞行包线内使飞行员与飞机外部环境隔离,在需要时可以单独解除和重新恢复座舱气密。

④ 清理弹射通道功能。在与火箭弹射座椅联动弹射及非弹射状态下,在地面和水面应急撤离飞机座舱时,破坏舱盖结构提供离机通道。

⑤ 乘坐和弹射救生功能。座椅眼位按照座舱设计眼位位置确定,保证飞行员以巡航坐姿乘坐时具有良好的操纵可达性和视界,在机动、负过载飞行和着舰等条件下应对飞行员身体进行有效、可靠地约束;当飞机处于不可挽救状态或出现其他应急情况时,保证在救生性能包线范围内为飞行员提供弹射离机以及乘伞稳降直至着陆或着水的救生能力,在实施弹射时具有为飞行员提供跳伞供氧的能力。

⑥ 在飞行时为飞行人员提供饮食和饮水措施以及排泄使用的卫生装置。军用飞机弹射救生基本过程是从飞机无法挽回时确定弹射/离机决心直至完成救援的全部过程,具体过程见图 10.12。

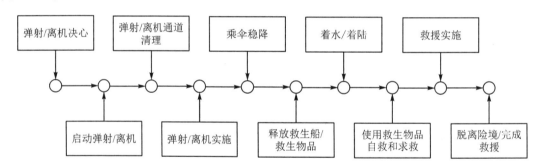

图 10.12 军用飞机弹射救生基本过程

10.7.2 救生系统的组成及基本技术形式

救生系统主要子系统构成情况如下:

① 舱盖(舱门)操纵和锁闭子系统。舱盖(舱门)操纵和锁闭子系统的主要功能是在需要进出飞机座舱时能够在人员的操纵下快速开启和关闭飞机的舱盖(舱门)。在舱盖(舱门)关闭后,操纵和锁闭子系统能够在座舱压力和飞行环境等载荷条件下保持舱门和舱盖的可靠锁闭以保持座舱结构的完整性。

② 舱盖(舱门)气密子系统。舱盖(舱门)气密子系统的主要功能是在飞机座舱的舱门或舱盖关闭后,密封舱盖(舱门)与机身结构之间的间隙以实现座舱环境密封,并在开启舱盖(舱门)时快速解除密封。

③ 弹射通道清理子系统。弹射通道清理子系统的主要功能是在地面应急撤离飞机座舱

或弹射离机时,在飞机结构上打开或制造供离开飞机座舱使用的通道。

④ 弹射救生装置。弹射救生装置的主要功能是在飞行器无法挽救的情况下,给乘员提供快速弹射离机并乘伞降落返回地面的逃生手段。目前使用最广泛的弹射救生装置是火箭弹射座椅。

飞机救生系统的基本技术形式与飞机平台条件高度关联,主要有被动式救生和主动式救生两种形式。被动式救生形式主要用于运输机、直升机和大部分的民用飞机。其中部分运输机和直升机采用了依靠飞机起落装置、结构和座椅进行坠落吸能的救生系统;大部分运输机和民用飞机的救生系统主要是适应迫降后应急撤离飞机座舱的功能需要,其构成包括应急撤离通道、应急出口、应急撤离设备和救生物品等方面,其中应急撤离设备主要包括救生滑梯、救生船和救生衣等设备。目前,一些传统上采用被动式救生形式的飞机也采用主动式救生形式,如部分轻型飞机的采取整机伞降救生形式、部分直升机采用的弹射救生形式。

主动式救生形式主要用于战斗机、轰炸机和攻击机等军用作战飞机,典型技术形式有密闭式整体分离救生舱、密闭式弹射座椅和敞开式弹射救生系统等,如图 10.13 所示。

(a) 密闭式整体分离救生舱

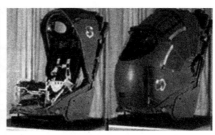
(b) 密闭式弹射座椅

(c) 敞开式弹射救生系统

图 10.13　主动式救生典型技术形式

目前,国内外现役战斗机的救生系统主要采用火箭弹射座椅向上弹射形式下的敞开式弹射救生方式。绝大多数飞机火箭弹射座椅的向上弹射是由燃气作动装置和火箭发动机串联推动实现,个别低速飞行器采用火箭发动机将座椅拉出飞机座舱,实现弹射救生的牵引式弹射方式。

与敞开式弹射救生方式相匹配的是飞机弹射通道清理方式。目前敞开式弹射救生所匹配的弹射通道清理方式主要有穿盖弹射和抛盖弹射两种,在早期战斗机型号上也有过带离式弹射的情况,如图 10.14 所示。

穿盖弹射是指利用撞击、机械辅助破碎和爆破等手段清除飞机座舱盖对弹射通道的阻挡作用后实施弹射救生的方式。抛盖弹射是指利用气动力、机械作动装置或抛盖火箭等条件将

(a) 穿盖弹射

(b) 带离式弹射

(c) 抛盖弹射

图 10.14　弹射通道清理方式

座舱盖抛离飞机后实施弹射救生的方式。带离式弹射是将座舱盖与人/椅一同弹射的方式,在弹射时座舱盖起到防护高速气流的作用并在开伞时与乘员分离。

主动式救生形式需要适应飞机座舱乘员的布局形式,主要包括单人弹射救生系统、串列双座弹射救生系统、并列双座弹射救生系统和多人弹射救生系统等形式。

10.7.3　救生系统技术发展

救生系统的核心构成设备是火箭弹射座椅。火箭弹射座椅从 20 世纪中期开始应用于军用作战飞机,到目前为止经历了四个发展阶段,其主要技术形式如下:

① 第一代弹射座椅为弹道式弹射座椅,依靠弹射筒作为主要动力装置,主要解决飞行员在高速条件下的应急离机问题。

② 第二代弹射座椅为火箭弹射座椅,在一代弹射座椅所采用的弹射筒基础上加装了二级动力装置,如火箭包等,解决了零高度-零速度弹射救生问题。

③ 第三代弹射座椅为双态控制火箭弹射座椅,主要是引入了速度、高度双态控制功能,重点解决低空不利姿态下的救生问题,同时通过稳定控制和气流防护技术解决了大速度下的弹射救生问题。

④ 第四代弹射座椅为具有自适应控制功能的火箭弹射座椅,主要技术特点是加装了姿态控制系统和矢量推进火箭,实现了人椅系统离机后的姿态控制。国外主要第四代弹射座椅产

品如图 10.15 所示。

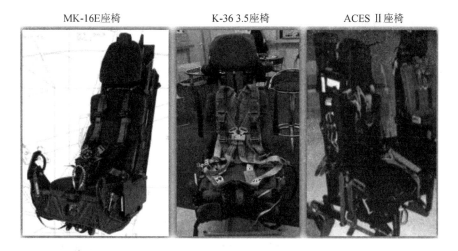

图 10.15　目前国外主要第四代弹射座椅产品

10.8　飞机机电综合管理系统

传统三代机机电各系统从结构安装设计、开发测试、生产组装等方面都相对独立,由各自独立的控制器、显示板、开关、功率切换部件等实现控制与管理,造成机电系统质量体积大、硬件利用率低、系统维修性差、保障费用高,各系统间信息资源利用率低、故障诊断能力低、管理水平低,降低了机电系统的整体水平。随着飞机机电各系统综合化水平的不断提高,以及可维护性和后勤保障等方面的需求,对机电系统的综合化设计提出了更高的要求,机电管理技术应运而生。

10.8.1　工作原理

机电管理系统(UMS)替代了部分机电系统中的处理机、控制盒、信号盒、继电器盒等,对执行部件(如电磁阀、泵、继电器、伺服阀、电动机、告警灯等)进行自动控制,实现对机电各系统的综合控制和管理及自测试(BIT)功能。同时,机电管理系统可根据任务、信号、故障等级的重要程度,提供单通道或双通道控制;当双通道控制发生一次故障后,通过重构仍能实现控制功能。机电管理系统通过增加故障监测点,提高故障检测覆盖率,并与航电系统、飞控系统等进行信息交换和信息融合。通过嵌入式故障诊断专家系统,对机电各系统信息与机上其他系统信息进行综合处理,提高故障诊断能力,减少虚警率,加强飞行员对系统状态的感知,并辅助飞行员做出决策,减轻其工作负担。机电管理技术的应用,使整个机电系统的可靠性、维护性、维修性、能源利用效率等得到改善。典型机电管理系统架构如图 10.16 所示。

机电管理系统采用多台机电管理计算机或远程接口单元通过总线交联组成分布式控制网络,具有任务动态分配、故障诊断、系统容错与重构等综合管理的功能。通过分布式系统架构就近连接各机电分系统设备和部件,可减少电缆长度和重量,降低电缆敷设难度。

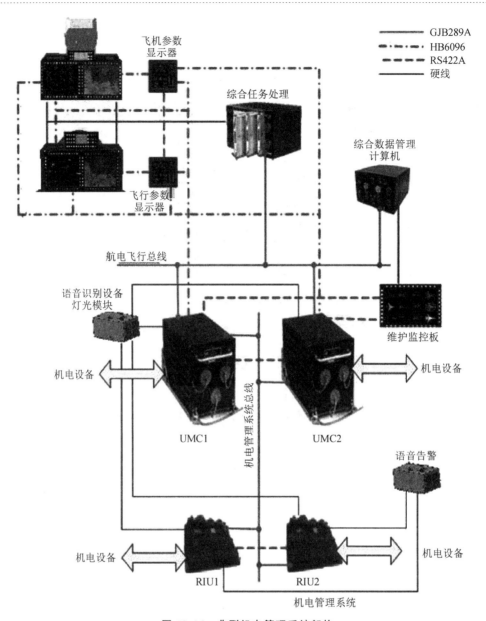

图 10.16 典型机电管理系统架构

10.8.2 设计原则

机电管理系统的设计原则如下：
① 不改变机电各系统的工作原理，保证系统功能不变，性能不降低；
② 简化空、地勤人员对机电各系统的操作与检查程序，提高机电各系统维护性，减少再次出动时间；
③ 提高对机电各系统控制与管理的可靠性，满足飞机长航时需求；
④ 机电管理系统各节点机具有可扩展性，满足系统升级改造需求；
⑤ 协调交联设备减少输入信号的种类，降低输入接口硬件设计难度，并可提高接口利用率。

10.8.3 技术展望

机电综合管理技术发展迅速,机电管理系统的控制与管理功能需求增多,包括诸多影响飞机运行的关键控制功能,与各系统之间交联信号数量、类型增多,控制功能逻辑复杂,给机电管理系统的方案设计带来了一定的挑战。尤其在系统方案设计前期,没有真实机载设备情况下,难以做到对机电管理系统方案的设计验证。因此,通过应用机电综合控制管理仿真分析技术,建立机电管理系统的仿真环境是十分必要的。

针对机电管理系统分布式结构、多任务并行、控制功能和信号交联复杂的特点,需开发适用于全寿命周期的机电管理系统的实时仿真运行环境。实现机电管理系统的数字化实时仿真验证,为方案设计提供充分的仿真验证手段,简化物理试验设施和试验项目,节省试验经费;同时可以根据需要,进行全机协同仿真,验证整机系统的协同工作特性,具有因试验设施限制无法实现的试验验证能力。

> **课程设计项目进展建议**
> - 查阅分析机电系统相关手册及供应商的官方资料;
> - 形成机电系统成品清单,给出建议的供应商名录;
> - 进行主要机电系统的布置;
> - 在燃油系统布置中,对油箱的容积及对应的燃油重量进行验算。

参考文献

[1] 陈闵叶,么娆. 飞机系统[M]. 北京:国防工业出版社,2014.
[2] 顾诵芬,解思适. 飞机总体设计[M]. 北京:北京航空航天大学出版社,2001.
[3] 高金源. 飞机电传操纵系统与主动控制技术[M]. 北京:北京航空航天大学出版社,2005.
[4] 刘畅. 飞机操纵系统的发展以及典型飞机操纵系统的对比分析[D]. 北京:北京航空航天大学,2013.
[5] 宋翔贵. 电传飞行控制系统[M]. 北京:国防工业出版社,2003.
[6] 张庆,陈晓军,张宇翔. 飞机操纵系统应用技术及发展方向[A]. 航空试验测试技术学术交流会,福建厦门,2014.
[7] 李为吉. 现代飞机总体设计[M]. 西安:西北工业大学出版社,2001.
[8] 邵荣士. YF-16电传操纵系统控制律分析[J]. 飞机设计,1998(12):26-34.
[9] 李昆,王少萍. 光传操纵系统的发展趋势[J]. 北京航空航天大学学报,2003,29(12):1068-1072.
[10] 林肖芬,赵瑛. 飞机系统设计[M]. 北京:航空工业出版社,2002.
[11] 邵荣士. 电传系统设计研究[J]. 飞机设计,2007,27(3):33-41.
[12] 沈颂华. 航空航天器供电系统[M]. 北京:北京航空航天大学出版社,2005.
[13] 周素莹. 多电飞机电气系统研究[D]. 西安:西北工业大学,2003.
[14] 秦海鸿,严仰光. 多电飞机的电气系统[M]. 北京:北京航空航天大学出版社,2016.
[15] 罗伊·兰顿,等. 飞机燃油系统[M]. 颜万亿,译. 上海:上海交通大学出版社,2010.
[16] 飞机设计手册总编委会. 飞机设计手册第13册:动力装置系统设计[M]. 北京:航空工业出版,2006.
[17] 寿荣中. 飞行器环境控制[M]. 北京:北京航空航天大学出版社,2004.
[18] 雷世豪. 飞机设计手册第15册:生命保障和环控系统设计[M]. 北京:航空工业出版,1999:309-333.
[19] Boeing737 Technical Training Manual.
[20] EVGENI Ganev, MIKE Koerner. Power and Thermal Management for Future Aircraft. SAE 2013-01-2273.

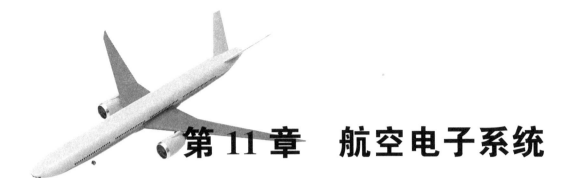

第 11 章 航空电子系统

⊙ 知识点
- 航空电子系统的基本概念和作用；
- 航空电子系统发展阶段；
- 信息感知系统组成及工作原理；
- 综合核心处理系统组成及工作原理；
- 人机交互系统组成及工作原理；
- 航空电子系统未来发展方向。

11.1 航空电子系统的基本概念和作用

航空电子系统（简称航电系统）指飞机上所有电子系统的总和，涵盖通信、导航、雷达、电子战、飞行控制和管理等各个系统，也包括这些系统间用于信息交换和资源共享的信息综合系统。航空电子设备种类众多，可以是最简单的探照灯，也可以复杂到如预警机所搭载的空中预警系统。

进入 21 世纪，针对航空电子系统的研究正以惊人的速度改变着航空技术。起初，航空电子设备只是一架飞机的附属系统；而如今，许多飞机存在的主要目的即是搭载复杂的航电设备执行特殊的任务，如预警机。

航空电子系统可定义为在飞机物理结构空间中将电子功能及相应的电子设备，通过机载网络和软硬件等技术组合成一个有机整体，如图 11.1 所示（注意，包含但不限于图中所示各类部件），达到系统资源的高度共享和最佳的整体效能的系统综合。

对军用飞机而言，航空电子系统的作用可总结如下[17]：

① 提高飞机作战能力。通过对获取的信息进行信号综合、数据融合处理，提高目标航迹精度和识别可信度，降低信息过载和用户反应时间；通过综合显示，支持飞行员或指挥员完成任务；通过数据链整合外部信息或将本机信息发给其他作战单位，用于构建完整、准确的全局统一态势视图，以及实现机载传感器、武器等作战资源的综合管控。

② 提高飞行员/指挥员控制与决策能力。通过飞机座舱/控制站人机交互设计，为飞行员/指挥员呈现丰富的作战信息，实现显示和控制功能的高度综合，以及协同交战能力和辅助决策效率的显著提升。

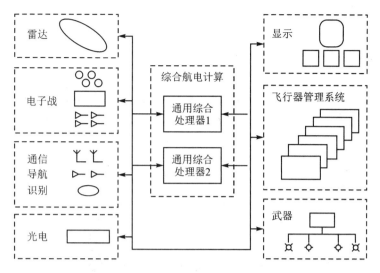

图 11.1　航空电子系统的主要组成

军用飞机航空电子系统区别于民用飞机航空电子系统的最主要特征在于,以战术任务需求为导向,配置雷达、电子战、武器、军用通信等各个分系统,并在通用综合处理器中增加任务管理、数据融合、传感器管理、航路规划等功能组件,实现信息交换、资源共享和任务效能提升的目的。

11.2　航空电子系统的发展

航空电子系统的发展可分为 4 个阶段:20 世纪四五十年代的分立式航电系统、六七十年代的联合式航电系统、八九十年代的综合航电系统、90 年代中期后的先进综合航电系统,如图 11.2 所示。

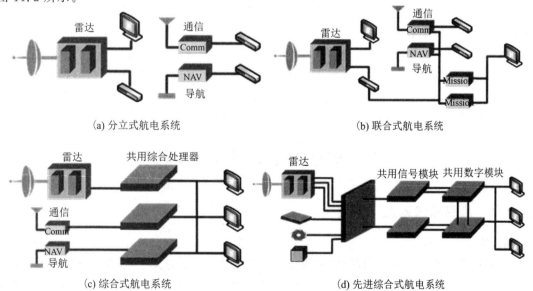

图 11.2　航电系统发展总览

1. 分立式航电系统

分立式航电系统的各设备有独立的传感器、控制器、处理器和显示器，各设备通过点对点电缆连接在一起，基本特点是各子系统分散独立，相互间信息交联少，综合化程度低，体积庞大。

2. 联合式航电系统

联合式航电系统以武器火控系统为核心，综合了雷达、通信、导航、识别分系统，电子战分系统，飞行控制分系统，非航空电子管理分系统等，形成统一控制、管理与显示的航空电子系统。该系统结构通过1553B多路数据传输总线将各自独立的分系统或设备交连起来，进行信息的统一传输和调度，实现系统信息的共享、综合显示和系统工作模式的综合控制，同时也保存了子系统的相对独立性。联合式航空电子系统结构有很多局限性：总线带宽不足、需要多条总线、硬件与软件资源共享程度低、容错能力非常有限、标准化程度低、需要中间级维修以及全寿命周期费用高等。

3. 综合式航电系统

综合式航电系统以"宝石柱"和F-22为代表。"宝石柱"改变了用数据总线联网的综合方式，而是按功能划分提出了功能区的概念，将系统划分为传感器管理区、任务管理区和飞行器管理区3个功能区。"宝石柱"结构采用了多种数字传输总线，任务航空电子设备多路传输总线连接所有任务数据处理机、数字信号处理机、飞行器管理系统数据处理机、传感器数据分配网络、数据交换网络、视频数据分配网络、任务接口终端和外挂物管理系统等。"宝石柱"提出了外场可更换模块(Line Replaceable Module，LRM)的概念，并将最大限度地采用通用可快速更换模块作为一项基本的设计要求。"宝石柱"结构由一套通用模块组成，支持核心数据和信号处理资源的共享，支持两级维修体制。该结构还具有容错和重构功能，在系统主要资源故障时，可以利用备用信号和数据处理资源，能根据任务把剩余资源分配给最高优先级的分系统，支持系统柔性降级，因此系统具有高可用性和可靠性。

4. 先进综合式航电系统

先进综合式航电系统以"宝石台"和联合攻击机(JSF)为代表，主要的特点是在综合化航电架构的基础上采用了统一航空电子网络，并推进了机载传感器系统综合。与"宝石柱"计划相比，"宝石台"计划将综合化和模块化的概念推进到了天线孔径和传感器信号处理领域，在射频和光电传感器区进行了更为深入的综合。在系统结构方面，"宝石台"计划提出了统一航空电子互连网络方案，统一航空电子网络连接了综合核心处理机(ICP)、综合传感器系统(包括综合射频传感器和综合光电传感器)、飞机管理系统、驾驶员/飞机接口，它代替了"宝石柱"和F-22飞机中的并行总线、测试维护总线、数据网络、高速数据总线等。

11.3 航空电子系统的物理组成

11.3.1 信息感知系统

1. 综合射频分系统

先进综合式航电系统将模块化、通用化和资源共享的概念从数字处理部分扩展到传感器领域，通过采用一组与综合核心处理机(ICP)相连的三组孔径，将传统的雷达、电子战和CNI系统三者有机高效地综合为一个多功能射频传感器系统。射频孔径的综合可以减少飞机上天线孔径的数量,降低飞机的 RCS,有利于飞机隐身。

(1) 有源相控阵雷达

雷达作为航空器获取环境信息、航行信息、对敌探测以及与敌电子对抗的主要设备,其远距离探测能力、全天候特性是目前红外和激光等其他手段难以达到的。雷达显示出的高性能,使其成为航空电子领域的关键子系统之一。机载雷达主要承担空空探测(RWS、TAS、MTT、STT、ACM 等)、空地探测(SAR、GMTI、GMTT、SAR\GMTI、DBS、RBM 等)、空海探测、目标识别、辅助导航、辅助电子战、数据链通信等功能。

国内外机载火控雷达的发展大体上可分为三个阶段:单脉冲雷达、脉冲多普勒雷达及相控阵雷达。单脉冲雷达功能单一,不具备下视能力,工作模式受限,只能满足基础的拦截引导需求。脉冲多普勒雷达采用集中式发射机,发射功率受限,由于采用机械扫描方式,扫描惯性限制了在多目标状态下的雷达功能及性能。相控阵是当前机载雷达的主流技术,把天线做成一个平面,上面有规则排列的多个辐射单元和接收单元(称之为阵元),利用电磁波相干原理,通过计算机控制输往天线各阵元电流相位的变化来改变波束方向,同样可进行扫描,称之为相位扫描。相控阵雷达的天线无需转动,波扫描更灵活,自主目标捕获能力强,能跟踪更多的目标,抗干扰性能好,而且具有较强的探测隐形目标的能力。

机载有源相控阵火控雷达通常由有源相控阵天线、天线电源、低功率射频和处理机组成,如图 11.3 所示。其中,有源相控阵天线既承担了传统雷达天线具有的波束形成和波束扫描功能,还包括了发射信号功率放大和接收信号低噪声放大的功能;天线电源为有源相控阵天线提供了大功率低压电源;低功率射频单元主要包括激励器/频综器功能、发射上变频链路、接收下变频链路、A/D 变换及定时器;处理机主要包括数字信号处理、数据处理和雷达控制三大部分。

图 11.3　有源相控阵雷达组成实物图

(2) 电子战

电子战是在电磁领域开展的军事斗争,经过 20 世纪八九十年代的几场著名局部战争,电子战逐渐成为现代战争的一种重要形式。电子战系统通过欺骗、瘫痪或衰减敌方雷达系统的方式保证己方军事活动能够顺利实施。电子战根据功能可分为电子支援、电子攻击及电子防御三种类型。

① 电子支援。电子支援通过机体上可探测不同频率波段信号的敏感天线来接收即时的

威胁信息,天线通常安装在机翼末端,可进行情报收集和态势感知。情报收集是指利用电子侦察装备截获敌方雷达、通信或其他设备发出的电磁波信号,并进行识别、定位、分析,为己方军事行动提供情报支援;态势感知是指对战场复杂电磁环境的实时感知,通过电磁频谱分析判断敌方当前行动,并为己方后续电子攻击提供信息支持。典型的支援侦察系统是机载雷达告警接收机。

② 电子攻击。电子攻击是通过电磁能量向敌方的电子设备、设施甚至人员施加作用,达到削弱、阻止敌方使用电磁频谱的目的。电子攻击包括电子干扰、反辐射攻击、定向能武器攻击等。电子干扰和反辐射攻击是目前使用广泛的电子攻击手段。其中,电子干扰属于软杀伤范畴,而反辐射攻击则属于硬杀伤手段。目前,国内外已有多种型号的反辐射导弹,包括机载、地基反辐射导弹等。反辐射武器是敌方雷达的克星,给敌方雷达的操作人员造成了巨大的压力。

③ 电子防御。电子防御是指雷达系统为对抗电子侦察和电子干扰而采取的各种措施,是一种电子反对抗措施,而雷达波形捷变是一种典型且有效的防御手段。通过变换雷达的波形,如脉宽、载频、调制方式、脉冲重复频率等,使敌方无法获取己方实时准确的雷达参数,从而不能有效进行电子干扰。此外,低截获概率技术也可以大大降低被敌方电子战系统截获的距离。

先进机载电子战系统采用的是高度综合化、开放式体系架构,如图 11.4 所示。

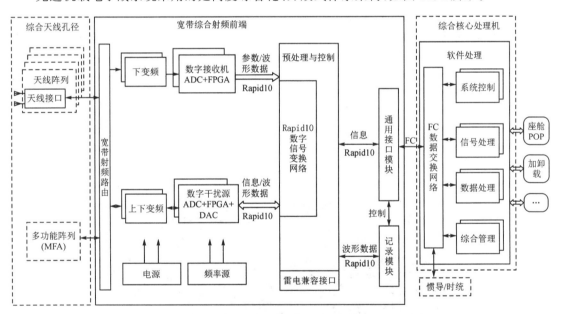

图 11.4 机载电子战系统架构

为适应复杂电磁环境和对有源相控阵雷达的有效对抗,机载电子战系统采用多个数字接收机和多个数字干扰源组成架构。数字接收机完成高灵敏度、高精度参数测量,并通过处理融合后形成脉冲描述字,由电子战软件完成测向、信号分选、辐射源识别、威胁等级排序等信号处理,再将威胁目标信息分配给干扰控制;通过控制多通道数字干扰源来完成干扰信号接收和复制,经由干扰天线辐射出去,以完成对指定目标的干扰。同时机载电子战系统具有与雷达、CNI 的射频协调接口,采用高性能大动态数字接收机和高品质的数字化干扰源,可实现机载雷达、电子战与 CNI 同时兼容协调工作。

(3) 通信、导航和识别

对于有/无人载机平台而言,机载通信、导航和识别(CNI)分系统用于实现:① 通信功能,包括超短波通信、三军联合信息分发系统(JIDS)数据链通信、视距通信、卫星通信、北斗短报文通信、机间定/全向武协链通信、嵌入式训练链通信等;② 导航功能,包括塔康导航(TACAN)、精密测距(DME/P)、着陆/着舰引导、无线电测高等;③ 识别功能,包括敌我识别(IFF)询问应答、空管应答(ATC)、广播式自动相关监视(ADS-B)等。另外,CNI 分系统整体通过基础的系统控制管理功能保障自身有效运行,实现对工作方式、工作状态、功能线程的综合管理。

通信功能指载机平台与外界通过话音和数据传输实现交互的能力,主要包括:

① 超短波通信,具备常规/抗干扰明/密话音通信和搜救通信,以及常规/抗干扰数据通信能力;

② JIDS 数据链通信,具备通过格式化信息、数字话音与自由文电格式,在网内成员间实时交互指控信息和态势信息的能力;

③ 视距通信,具备视距范围遥控信息接收、遥测与任务载荷信息发射能力;

④ 卫星通信,具备超视距范围遥控信息接收、遥测与任务载荷信息发射能力,以及多频段多星切换、自适应调整辐射功率能力;

⑤ 北斗短报文通信,具备北斗军码通信、接收抗干扰能力;

⑥ 机间定/全向数据链通信,具备机间数据通信、战术编队及组网、数据链授时/守时等能力;

⑦ 嵌入式训练链通信,具备训练数据交互与动态组网通信能力。

无线电导航功能指载机平台通过无线电手段完成辅助导航、无线电测量和着陆/舰的能力,主要包括:

① 塔康导航,在近程范围内,具备与地面台之间收/发无线电信号实现相对方位、距离指示的能力;

② 精密测距,具备空-空平台间距离测量能力,可以协助载机平台实现空中编队和防撞等任务使命;具备与地面台之间收/发无线电信号实现相对距离精密测量的能力;

③ 着陆/舰引导,具备通过微波、仪表等手段测量载机平台相对地面/舰面的引导信息的能力,实现着陆/舰;

④ 无线电测高,具备提供载机平台相对于地面和海面的真实高度的能力。

识别功能指载机平台的敌我识别、空管应答等能力,主要包括:

① 敌我识别询问应答,具备对目标敌我属性的判别能力,以及应答我方、敌我识别询问的能力;

② 空管应答,符合国际民航组织(ICAO)标准,具备在接收到地面二次雷达询问编码信号时的应答能力,能够提供飞机的位置、代号及飞行高度信息,确保飞行安全;

③ 广播式自动相关监视,可根据载机平台使用需求,具备接收(ADS-B IN)功能、发射(ADS-B OUT)功能。

综合化 CNI 分系统的典型物理组成包括 CNI 低频机架、天线接口单元和相关天线孔径,其中天线孔径可以依据典型工作频段和任务需求进行多功能集成设计,不同天线孔径共用 CNI 低频机架内部的接收预处理、功率放大、射频变换、信道处理、数字交换网络、信号处理等通用硬件资源,通过硬件和软件组合成一个完整的线程实现相应的功能,如图 11.5 所示。

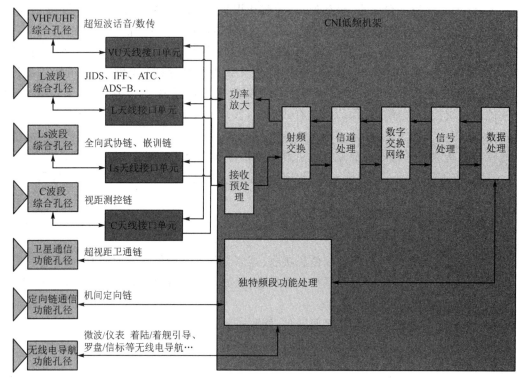

图 11.5 典型 CNI 分系统组成示意

2. 综合光电分系统

随着新型精确制导武器的飞速发展,现代战争对武器的精确制导设备提出了更高要求。对于现代战斗机而言,综合光电分系统通常由一套或两套红外传感器构成;其中,光电瞄准系统(EOTS)可以提供远距离、窄视场的探测能力,主要用于探测远距目标以及空对空或空对地目标的精确瞄准;分布式红外设备即分布式孔径系统(DAS),分布在飞机四周,可提供 360°水平视场,具有瞬时导弹告警、态势感知、红外搜索与跟踪(IRST)和前视红外(FLIR)导航等功能,可向飞行员提供昼夜图像,并将其传送到头盔显示器上。

(1) 光电瞄准系统(EOTS)

机载光电瞄准系统采用红外、可见光等传感器对目标进行成像,具有成像分辨率高、昼夜工作、目标跟踪精度高等优点,并能够对地面目标进行激光测距/照射和精确定位,支持精确制导武器的攻击引导。机载光电瞄准系统已经成为夜间远程精确瞄准和投放武器的关键设备,随着光电传感器、惯性传感器和图像处理等技术的不断发展,其在对面精确打击、夜视夜战等方面的应用将越来越广泛。EOTS 为协同作战提供激光指示和激光点跟踪、空对空和空对地红外前视跟踪、数字变焦、广域红外搜索跟踪、地理坐标生成用以支持 GPS 制导武器。

EOTS 系统安装于机身前部下方,由多块蓝宝石玻璃组成的玻璃机构进行封装,以降低对飞机隐身的影响,内部由万向节、透镜、激光器、电子控制机构、自动视轴校准机构等组成,如图 11.6 所示。目标和背景的红外辐射经红外光路汇聚到红外探测器的光敏面上,红外探测器将接收的光信号转换为电信号,电信号经红外成像预处理,转换为数字视频图像通过光纤通道传输到综合核心处理器进行目标检出。控制部分根据目标检出信息及稳定跟踪部分传输来的实时扫描对应的角位置信息解算目标的方位、俯仰坐标,进行单、多目标的跟踪。稳定跟踪部分根据控制部分的工作指令协同可执行结构进行各工作状态下的指定区域扫描及视场中心控制,在截获跟踪状态下驱动扫描反射镜实现闭环目标跟踪。当对目标形成稳定跟踪后,可启动激光测距机对目标进行测距,目标的角位置、距离信息经数据处理算法综合处理后,形成火控攻击所需的目标全状态信息上报任务系统。不启动激光测距时,可通过雷达猝发测距、双机协同被动定位等方式获取目标距离信息供火控攻击。

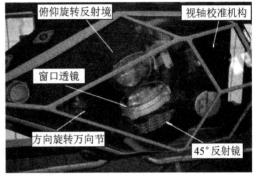

图 11.6　光电瞄准系统及其结构部件实物图

（2）分布式孔径系统

光电分布式孔径系统（EODAS）采用多传感器分布设计和数据融合技术,综合红外搜索跟踪系统（IRST）、导弹逼近告警系统（MPWS）、红外成像跟踪系统（IRITS）、前视红外夜间导航系统（NavFLIR）等,实现全方位远程空中目标搜索跟踪、态势感知、威胁告警,具有地面/海面目标探测、辅助导航等功能,并通过后台数据的融合为飞行员提供一个球形视野,具有全景态势感知和目标搜索探测能力。

EODAS 是由分布在前上、前下、后上、后下、左侧、右侧 6 套位置固定的红外镜头组成,为红外探测器提供高质量光路,实现对载机周围 4π 空间的覆盖。6 路红外探测器经过精密校准后,仅需要对图像边缘进行融合处理,而不需要预先提取特征点进行拼接。

6 个前端传感器将红外图像及激光告警信号发送至处理单元,完成对飞机和导弹的目标检测、图像拼接等软件处理,最终输出告警目标信息（方位、俯仰）及拼接后的图像。处理单元可将重要数据实时写入机上大容量存储设备,完成对重要数据的记录。试飞时通过图像存储器采集原始图像数据,用于数据分析和数据库的建立。

由于 EODAS 系统以红外特征作为探测依据且仅有角度指示,目前还不能在对抗时段内有效辨别本机发射的有动力武器、红外诱饵和敌方武器,因此在空战对抗中以全向告警和指示作用为主,在对地攻击中,该系统可与机载相控阵雷达、EOTS 快速协同定位、跟踪,大幅缩短攻击准备时间,单平台即可快速实施对敌打击,对地威胁较大。

11.3.2　综合核心处理系统

综合核心处理系统即综合处理分系统,是飞机任务系统的中心,也是任务系统的数据运行平台,为综合处理、综合射频、综合光电、数据管理与记录等分系统的应用软件提供计算平台、数据接口和总线数据通信。综合处理分系统主要分为处理平台和机载网络两大关键部分，处理平台由通用处理单元、信号处理单元、图像处理单元、智能处理单元等组成，而机载网络以光纤网络为主，连通综合处理分系统内各单元与机内其他分系统。

1. 处理平台

ICP是一套并行计算机系统，支持每秒进行百亿次计算，负责雷达、电子战、通信制导和控制以及显示等任务的处理工作。ICP通常由两个机架组成，每个机架具有不同数量的插槽，用于接入不同类型的硬件处理模块，同时插槽具有扩展能力，根据任务需要可增加相应的硬件资源。目前，ICP中包括了通用处理模块、通用输入输出模块、信号处理模块、信号处理输入输出模块、图像处理模块、开关模块以及电源模块。由于飞机任务的特殊性，机载计算机具有以下特点。

① 高可靠性：机载计算机应用于军事、飞行等涉及人身安全和国家安全的领域，必须可靠工作才能完成预定任务，需要应用可靠性工程、容错技术等；

② 高性能：四代机机载计算机的指标已达到了"超级计算机"的水平，需要并行处理、多机系统等高性能计算机技术；

③ 强实时性：机载计算机属于强实时系统，如果实时性不能满足将产生严重后果，如丧失武器最佳发射时机，甚至影响飞行安全；

④ 高安全性：重要性级别低任务中的缺陷不能以任何形式影响到重要性级别高的任务；

⑤ 良好的可测试性、可维修性：关系机载系统使用效能、飞行任务完成率；

⑥ 物理指标限制严格：重量轻、体积小、功耗低。

2. 机载网络

机载网络是现代飞机系统综合集成的基础，也是航空电子的"神经系统"，负责飞机上各部件、设备和模块之间的互联互通，是航电系统的重要组成部分。机载网络技术是航空电子系统演变发展的驱动力之一，网络化是航空电子系统发展的大趋势，也是实现进一步综合化的必要条件。

不同于普通的商用网络，航空机载网络对于关键任务和关键安全有着极高的要求，更注重网络的实时性和可靠性。

（1）实时性

网络实时性主要考察消息端到端传输时延上界是否符合消息规定的传输截止期限。在消息传输过程中，网络时延的大小由发送时延、处理时延和排队时延决定，其中排队时延是消息传输时延中不确定性的主体。

（2）可靠性

网络可靠性主要考察在规定时间和特定条件下，网络完成规定功能的能力。在网络可靠性研究的不断发展下，现有评估可靠性的方法主要以网络连通性、业务服务能力以及网络性能作为评价对象。

在分立式航电系统中，各设备有独立的传感器、控制器、处理器和显示器，子系统之间、设备之间都采用点到点传输的方式，常用的网络如ARINC429，存在传输速率低（<1 Mb/s）、线缆繁多、扩展性差等缺点。在航电系统发展到联合式时，通过标准多路传输数据总线（MIL-STD-1553）将各子系统间互连，在各子系统保留相对独立性的同时实现不同设备间信息的共享，但1553B总线同样存在传输速率低（1 Mb/s）的缺陷，不能满足新的系统传输需求。随着航电系统的进一步复杂化，出现了以交换机为核心的交换式网络结构，如AFDX/FC等，不仅

具备较高的传输带宽(100 Mb/s,1 Gb/s,2 Gb/s),同时易于扩展。三种网络结构如图 11.7。

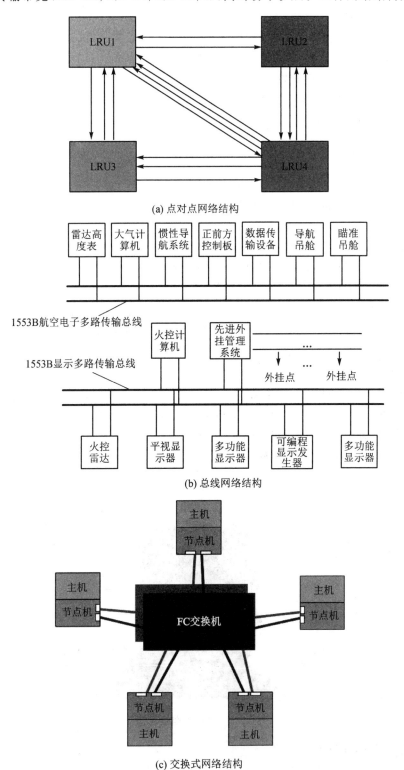

图 11.7 网络结构演变

在先进综合式航电系统中,以 FC 网络为代表交换式网络连接了综合核心处理机、综合射频分系统、综合光电分系统、飞行器管理系统、飞行员/飞机接口等,替代了原有飞机中的并行总线、测试维护总线、高速数据总线等,进一步降低了系统成本、整机重量,提高了系统可靠性。

机载网络采用星形拓扑,由 FC 交换机及 FC 节点机构成。交换机位于综合处理分系统中,负责根据预先定义的交换转发表对消息进行无阻交换;节点机位于各分系统内,负责将预处理后的传感器等数据传输至后端处理系统进行综合处理,同时负责接收后端发送的控制指令,待解析后送至相应前端分系统。

11.3.3 人机交互系统

人机交互系统的设计思想是以一种简洁直接的方式向飞行员提供所需的信息,供飞行员进行决策,提供的信息不是简单的不加处理的各种传感器数据,而是将经过 ICP 处理的最有效信息传递给飞行员,以此大幅降低飞行员的工作负担。

飞机的显示器由开始的机械时代、机电时代发展到了如今的光电时代,常用的显示器主要包括抬头显示器(HUD)、头盔显示器(HMD)和俯视显示器(HDD)。

1. 抬头显示器(HUD)

抬头显示器安装于仪表面板的固定区域,一方面为飞行员显示飞行导航和飞机参数,另一方面为飞行员提供武器发射参数,用于武器瞄准和发射,目前已实现在不同武器发射条件下的自动发射模式。

2. 头盔显示器(HMD)

为克服抬头显示器视场有限的缺陷,后续战斗机采用头盔显示器代替了抬头显示器,如图 11.8 所示,飞行员可以从面罩上的虚拟显示器上读取所有数据。尽管头盔显示器和抬头显示器的视野相同,但头盔显示器可以随着飞行员的视线任意方向转动,使飞行员可以对离轴目标进行捕获、跟踪和攻击,而不需要转动飞机,从而大大提高了行动效率。

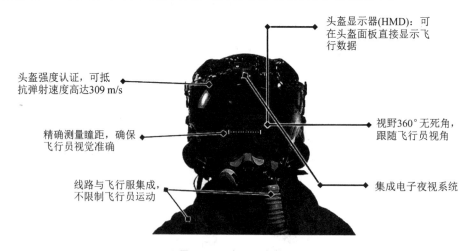

图 11.8 先进头盔显示器

3. 俯视显示器(HDD)

俯视显示器提供了灵活的显示媒介,可以根据飞行员在不同飞行阶段或不同任务阶段的需要以不同方式显示所需信息。目前,座舱内部的开关和按钮的功能已逐步转移到多功能显示器中，飞行员只需触碰屏幕上的相应区域，就可以随意调取信息并可以根据需要更改显示方式和顺序。

除视觉显示外，人机交互系统还可以通过模拟音频信号与任务系统交联，实现飞行员语音信息的接受和发送。接受任务系统发送的模拟量音频信号传送到头盔，通过头盔将飞行员发出的语音信息模拟量音频发送到任务系统，实现飞行员机外通话和话音告警、音调告警等功能。通过头盔内置的有源降噪模块可以实现噪声测量、对消等功能，实时进行主动降噪。

随着先进战斗机功能的逐步增多，提供给飞行员的信息量也大幅增长，以确保飞行员在面对对手的时候能够掌握战术上的主动权。为减少飞行员工作负担，一方面需要将各种机载传感器数据经过 ICP 处理，传递给座舱最有效的信息，另一方面需要对显控系统进行合理设计，提高飞行员的工作效率。

为了通过可管理的工作负荷让飞行员回归战斗人员的角色，在后续座舱设计中，除了采用 HMD 代替了 HUD，另外还采用了由多台彩色液晶显示器拼接而成的多功能液晶全景座舱显示系统(PCD)，通过触摸操作可实现不同界面的切换，为飞行员呈现更丰富的作战信息，如图 11.9 所示。人机交互系统通过头盔显示器、大型全景驾驶舱显示器和语音识别技术，大幅提高飞行员的态势感知和操作效率，增强对空/地作战效能。

图 11.9　战斗机先进驾驶舱

11.4　未来航电系统发展

从典型作战形态进行分析，未来作战形态呈现出：对抗形式多样化、对抗领域全域化、对抗平台异构化、威胁环境敏捷化、威胁样式不确定的趋势，因此未来空战从探测能力、融合能力、认知决策能力、攻防能力、传输能力、处理能力等角度都对新一代航电系统提出了更高要求。需求推动航电系统发展与设计，从 OODA 制胜机理的角度分析，系统技术方向以信息为核心，呈现出智能化、协同化、开放化的趋势。下一代航电系统以开放为基础，构建系统基础通用化、标准化软硬件平台，通过协同化提升航电系统作战效能，通过智能化实现体系效能最优。

1. 智能化

采用"开放兼容,能力渐进提升"的思路,面向智能空战决策域、传感器感知域及信息处理域,打造泛在智能的机载系统,实现不确定条件下智能技术在机载嵌入式环境下的在线感知、认知与推理决策,增强飞行员对战场态势认知的广度和深度,加速作战决策与执行速度,形成对全时、全域、多维信息、作战力量和资源的综合利用,显著提升OODA作战效能。将大数据、深度强化学习等智能算法与机载嵌入式计算机相结合,满足高度自适应、灵活自主要求的实时智能决策平台可以解决现有航电系统的一系列问题,如大信息量感官饱和与飞行员高负荷过载问题,记忆性、序列性、稀少性操作动作的失误控制问题,应急性、复杂性、精确性工作中的高难度问题等,并结合空战制胜机理,经由机载嵌入式环境,如网络加速器芯片与类脑计算芯片的信息智能化处理过程,实现智能决策、智能空战、自适应管理等功能,实现的系统包括人机共进、知识互通、智能传递、快速转化、适配任务、专属定制等典型化特征。具体技术方向包括开放式智能处理系统、分布式微处理模块、动态自适应服务框架、有无线混合传输网络、机内外信网高效联通等。

构建智能座舱,创新交互手段,基于语音识别、体感输入、眼动追踪、脑机等新的交互技术,利用多个感觉通道和效应通道的并行、协作与计算机进行交互,针对不同的任务操作适配最优的人机交互方式,提高人机交互的高效性和自然性,提升人机互信和意图理解。从多模态智能人机交互方面实现人机融合能力。具体技术包含:基于自然语言理解的语音交互技术,基于视觉/雷达回波的高精度手势识别技术,高精度、低延时眼动跟踪技术,长航时在线高可靠性脑电指令提取技术,多模态人机交互信息融合与多通道融合控制技术。

2. 协同化

(1) 有无人协同作战

有无人协同作战通过有人/无人协同体系化运用,由有人机对无人机实施指挥控制,提升态势感知及打击范围,提高任务成功概率,降低人员伤亡风险,促进舰载装备能力发挥与作战效能提升。

针对未来体系化作战模式,需要构建有无人协同作战架构,从空战横向能力聚合和纵向任务实施两个视角进行阐释协同战场单元平台与协同任务能力实现的关系。

为了打破编队内异构平台之间的交互壁垒,有无人协同作战需要制定标准化的接口,使信息在编队内快速共享,有无人协同更加便捷;为了快速衔接技术验证与技术应用,制定标准化接口,形成标准化的有无人协同规范,使得有无人协同架构具备标准化和开放式特点,可以满足未来技术的快速移植和应用,推进有无人协同技术的快速装备化。

(2) 协同探测

综合利用高精度光电探测和远距离射频探测等多种探测手段,以多机分布式协同的方式,实现对高隐身目标的大范围搜索、远距离探测和高精度定位,并具备对战场电磁环境非传统ISR功能。

为了应对来自新型作战对象、作战样式及作战环境的挑战,空中作战平台必须具备更强的能力,需要突破单平台探测的模式,通过空中作战探测系统实现体系化协同探测,编队内各单元的协同探测和信息共享,做到优势互补、分工协作,实现战场态势的协同感知,同时各平台彼此分散独立,即使单平台损毁,对整个体系的作战性能的影响较小。

分布式协同探测包含分布式有源射频探测、分布式光电探测、无源电磁定位探测等类别。

(3) 协同电子对抗

协同电子对抗从单纯的自卫干扰/支援掩护方式向分布式的情报支援、电磁诱骗、干扰掩护或扰乱等多方向协同发展,作战对象从地海面雷达对抗、机载火控雷达等向雷达、通信、电子战等电磁作战系统演进,极大地拓展了先进战斗机的态势感知、电磁攻击、自身防御以及火力打击效能。协同电子对抗开展协同电磁增强感知、协同电磁干扰、灵巧电磁诱骗等技术研究,实现增强编队态势感知能力,体系击破能力以及电磁防御能力。具体研究内容包括电磁频谱感知、管理与可视化技术、分布式协同自组织电磁增强感知技术、分布式协同空间多维特征干扰技术、灵巧电磁诱骗技术等。

3. 开放化

开放式系统采用标准的模块化、开放式的架构设计,通过精心定义的执行约束、软硬件共享服务的分层架构,以及明确的促进竞争的商业模式,对复杂系统进行分解,探索开放统一标准体系。

开放式系统是运行接口及支持格式的公开和开放所应坚持的规范,以利于移植和交互,并使设计优良单元经尽量少的更改就能够在广泛的范围内得到利用。开放式系统架构的核心是遵循公开一致且可以得到的系统软、硬件模块标准和接口互联标准,不同领域开放式系统架构的共性在于标准的公开性和开放性。开放式航空电子系统架构是一种新的航空电子系统互连架构,体现在系统设计、开发、生产和使用维护的全过程中,其接口是开放式的,且具有交互工作性、可移植性和规模可变性等特性,达到降低全寿命周期成本的目的。开放式系统设计的意义在于:① 增强行业竞争,系统组件可在不同厂商间选择;② 增强可移植性,应用软件可在不同型号硬件间移植;③ 易于集成,系统组件的交互工作性便于系统集成;④ 易于升级,支持快速、经济的技术应用与升级;⑤ 节约成本,降低开发、维护、训练、升级、保障成本;⑥ 敏捷开发,缩短系统开发时间,提高效率。

> **课程设计项目进展建议**
> - 查阅分析航电系统相关手册及供应商的官方资料;
> - 形成航电系统的成品清单,给出建议的供应商名录;
> - 进行主要航电系统的布置。

参考文献

[1] 熊华钢,王中华. 先进航空电子综合技术[M]. 北京:国防工业出版社,2009.
[2] 魏刚. F-35"闪电"Ⅱ战斗机[M]. 北京:航空工业出版社,2008.
[3] 罗钉. 机载有源相控阵火控雷达技术[M]. 北京:航空工业出版社,2018.
[4] 蒲小勃. 现代航空电子系统与综合[M]. 北京:航空工业出版社,2013.
[5] 黄中华,冯彦辉,刘于. 国外机载光电瞄准设备发展[J]. 电光与控制,2021,28(10):61-66.
[6] 吉书鹏. 机载光电载荷装备发展与关键技术[J]. 航空兵器,2017(06):3-12.
[7] 李德栋,肖楚琬,逄绪阳. F-35全向光电探测系统实战性分析[J]. 激光与红外,2017,47(30):322-326.

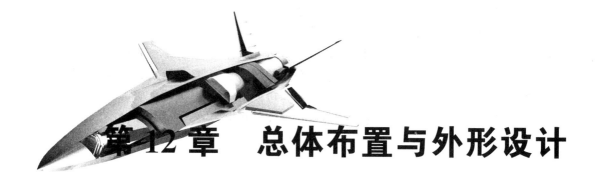

第12章 总体布置与外形设计

知识点

➢ 飞机总体布置的任务及其反复协调与迭代特点；
➢ 三面图和总体布置图的作用及应达到的程度；
➢ 数字样机的价值；
➢ 机翼与机身外形设计的基本步骤；
➢ 面积律修形的作用及做法。

12.1 总体布置的任务与主要内容

飞机的总体布置是总体设计的重点工作，其任务是在总体设计参数选择及布局设计的基础上，将总体方案的概念(思想和设想方案)用可见的图面形式真实、完整地表达出来，并结合必要的技术文件作为研制工作的基本依据[1]。对于军用飞机，总体布置的主要内容包括：

① 按选定的气动布局、发动机及其布置形式与机内装载等要求，形成具有良好气动、升阻特性、可用推力特性、有一定隐身能力和生产技术水平可能实现的几何外形，并确定机身的最大横截面积等。

② 合理布置机内各舱段及其中主要成品附件，综合考虑、统筹规划全机各系统通路布置。

③ 对采用大量航空电子设备及总线技术的飞机，须仔细协调各电子设备、电缆及总线的布置，防止不利的电磁干扰及雷电影响。

④ 协调布置机内安装的航炮、弹箱、干扰设备、燃油箱、导弹(内埋)等以及外挂物，确定武器配置方案。

⑤ 按机内载油量、油箱布置、飞机纵向静稳定度及焦点位置、重心变化范围等要求来调整飞机重心，确定机身长度、机翼、尾(鸭)翼、发动机与机身的相对位置等。

⑥ 按起飞、着陆性能要求，飞机及外挂物与地面间隙要求，以及防翻倒、防侧翻等要求，确定起落架位置、长度和对应的地面线，必要时可调整机身尾部外形和发动机在垂直方向的轴线布置等，并按地面线修改腹鳍几何尺寸。

⑦ 按飞行前准备、再次起飞、维护及检查测试要求，协调布置地面能源和加油、充填、维护以及检查测试口盖和舱门。

⑧ 修改完善几何外形、有关内形(进气道管道)及飞机数学模型。

⑨ 进行结构布置,选择机体各部分结构方案。主要是选择各部件总体承力系统和局部承力系统,保证结构安全可靠,具有良好的抗疲劳断裂性能,且重量小。总体布置中,当有些项目的安排与结构的要求发生矛盾时,应从全机优化出发,保证机体结构具有合理的承力系统。

对于民用飞机,主要是通过"布置-协调-布置"的方法完成飞机的总体布置,可参考文献[2],主要内容如下:

① 部位安排。完成飞机三面图、主要几何参数选取、区域划分安排,重心配置安排,系统配置安排,以及飞机内外标志方案等。

② 结构布置。完成主传力路线布置,框距开口布置,飞机顶起与托架布置,飞机牵引与拖曳布置,飞机吊挂、系留与调平布置,口盖布置,防雨与排泄布置等。

③ 系统布置。完成系统设备、成品的部位安排与系统线系的配置与协调,如飞机操纵系统布置、液压系统布置、动力系统布置、燃油系统布置、生命保障系统布置、环控系统布置和商务载重系统布置、特设系统布置、地面设备与工具布置等。

④ 外部布置。协调飞机地面服务配置,外部灯光指示与照明,外部天线配置和外部色彩及标牌指示等方面的设计。

⑤ 机身、机舱设计,包括机身直径与驾驶舱、旅客舱、货舱、设备舱的内部布置、装饰与协调,应考虑商载密度、舒适性、可靠性和安全性。

⑥ 其他协调设计,包括飞机设计技术接口及分工界面的协调,设计及试制过程中的协调,验证或协调样机的设计,以及飞机营运过程中信息反馈的处理与协调等。在初步设计阶段结束前,总体布置的工作还包括对飞机各舱段分区进行打样协调,据此进行全尺寸样机的设计和制造,通过评审后冻结飞机的技术状态。

从上述的工作内容可以看出,总体布置涉及方方面面,部分工作在本书前面各章已经进行论述,外形的设计将在本章介绍,而作为总体布置合理性关键判据的重量重心估算将在下一章介绍。此处再次强调总体布置的反复协调、多轮迭代的特点。

曾经有同学在课程设计项目的总结中写道:"虽然自己在航模队已经有很多经验,但通过这次设计项目才真正感到总体设计布置的难度非常之大"。导致这种难度的重要原因之一,就是飞机总体布置不仅是"从量变到质变"(机体及部件的数量众多)和"内外兼修"(同时考虑外形和内部),而且还必须在大量的现实约束条件下、谋求综合性能更加优化的目标下进行综合与协调工作。

正因如此,文献[3]中提出了一个有趣的观点——不要"爱上"你的设计方案(Do not 'fall in love' with your design)! 方案总是会有改进余地的,比如起落架够简洁吗?机身可否更短些?浸润面积能否减少?设计是否具有改进的潜力?等等。不仅如此,方案还必然会根据后续的分析和优化结果而修改。图 12.1 所示的 X-29 从初始草图到实际验证机的演变就体现了这一点。甚至在验证机试飞完成后,飞机仍然会持续改进。从 X-35 到 F-35 的外形变化,应该也是外形和布置不断协调和折中的结果,如图 12.2 所示。

图 12.1　X-29 从初始草图到实际验证机的演变

图 12.2　X-35 与 F-35 外形对比

12.2　飞机的设计布置图

总体布置工作贯穿于飞机的全生命周期,其成果是一系列不断丰富完善的图样资料和文件资料。文献[1]中列出了 15 种图样资料和 12 种主要的文件资料,其中最重要的是飞机三面图和总体布置图。

从最初的三面草图到正式的三面图(正视图、侧视图和俯视图),逐步将整个飞机的气动布局、几何外形、各部件及机体主要组成部分的相对位置、所选定的主要几何参数等清晰地表示出来。最终的三面图应以表格形式给出飞机主要部件、舵面及其他活动面的几何参数、偏度以及进气道参数等。有时为了更清晰地表现设计方案,绘制出简化的三面图也是非常有必要的,如图 12.3 所示。在各种图书和网络上,还可以找到大量不标注尺寸或仅标注极少尺寸、线框或渲染效果的飞机三面图甚至更多面图,如图 12.4 所示,在将它们作为参考时务必考虑数据来源的可靠性,以及三个视图的比例是否一致等问题,不然很容易被"引入歧途"。

飞机总体布置图是表示飞机各个主要组成部分的布置,主要设备、成品附件的安装位置和相互关系的一组图样,一般由侧视布置图、俯(仰)视布置图和剖视布置图等组成。总体布置图比初始布局详细得多。例如,初始布局时,根据统计估算的电子设备体积,仅表示为一个电子设备舱;而在最终的总体布置图中需要描绘出电子设备(每个设备可以分别用"黑盒子"表示)、各部件及所需电缆线、冷却管的实际位置。图 12.5 给出了一个总体布置图的具体示例。文献

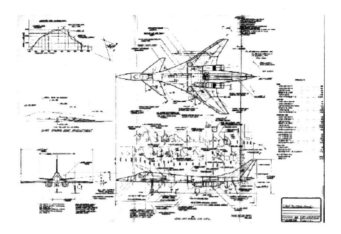

(a) 报告品质的三面图示例

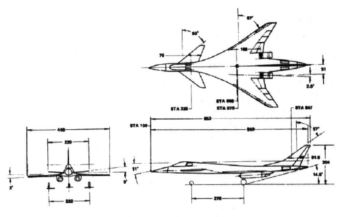

(b) 简化的三面图示例

图 12.3　不同详细程度的三面图示例

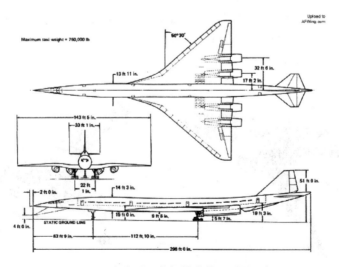

图 12.4　存在重要数据缺失的三面图示例

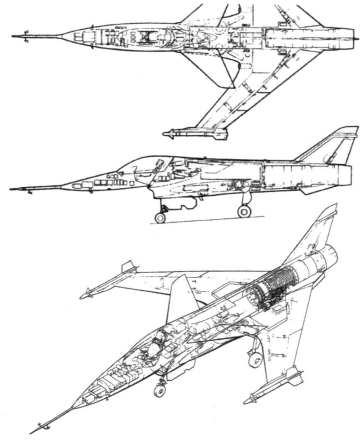

图 12.5 飞机总体布置图[3]

[1]和[4]中详细给出了对总体布置图的要求(主要针对军机,但大部分内容对民机也有参考价值),此处不再赘述。随着三维 CAD 系统的发展,数字样机已经成为体现总体布置成果的主流手段,如图 12.6 所示。数字样机可以从三维的数字样机更加方便地生成各种整体的或局部的总体布置图样。图 12.7 给出的是 2017 年北京航空航天大学课程设计项目中军机组第一名的近距空中支援飞机方案总体布置图示例。

图 12.6 波音 B737-800 三维数字样机

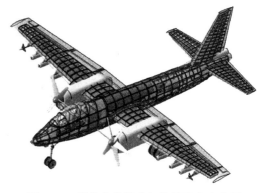

图 12.7 某学生设计小组的近距空中支援飞机总体布置图

数字样机带来的另一个好处是,便于生成各种用于飞机说明书、培训资料及宣传广告等的立体布置图。在没有数字样机的情况下,绘制这种详细而精致的立体布置图(图 12.8)无疑是非常令人赞叹和钦佩的工作。就像优秀的外科医生需要对人体的内脏构造了然于心一样,多积累和了解各种已有飞机的立体布置图,对于飞机设计人员做好的总体布置是有帮助的。

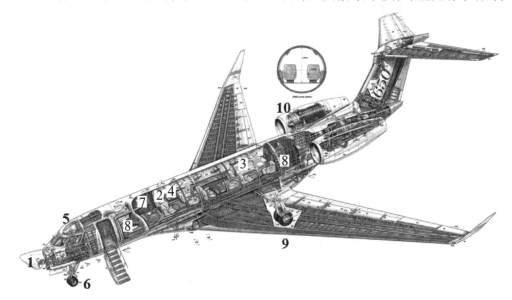

1—Honeywell天气雷达; 2—乘客座椅; 3—长沙发椅; 4—折叠乘客桌板; 5—驾驶员座舱;
6—前起落架; 7—厨房; 8—洗手间; 9—后起落架; 10—Rolls-Royce公司BR725发动机

湾流G650飞机立体布置图

图 12.8　飞机立体布置图示例

数字样机对于飞机设计乃至整个航空业的价值无疑是巨大的:极大地提升了总体布置及外形协调的效率与质量;可以提供给计算流体力学、结构有限元分析等各种 CAE 系统进行分析;能够通过虚拟现实等新技术使用户更早地介入到总体设计中,如图 12.9 所示;使设计、制造、运营(服役)数据的规范定义和传递成为了可能,等等。但是,正如在绪论中强调的不能"舍本逐末"一样,飞机总体设计课程并不是"如何学习使用某一 CAD 系统"[3]的课程。学习如何用按钮进行造型不是在学习飞机总体设计的基本概念和方法——只有牢固掌握这些概念和方法,加上不断的设计实践,才能使设计人员完成的数字样机真正满足实际总体设计的要求。

(a) 洞穴状大型沉浸式虚拟现实系统　　　　　　(b) 虚拟现实头盔

图 12.9　典型的虚拟现实硬件环境与应用

12.3 外形定义的坐标系及常用几何模型

12.3.1 全机坐标系和局部坐标系定义

全机坐标系是飞机设计的主要基准,按右手螺旋规律由三个相互垂直的平面确定(采用笛卡尔坐标系),常用的有如图 12.10 所示的两种形式[1]。其中,第一种机体坐标系是固联于飞机并随飞机运动的一种动坐标系,其原点位于飞机的重心,x 轴在飞机对称平面内,指向前,即从机尾指向机头;z 轴亦在对称平面内,指向下;y 轴垂直于对称平面,指向右。尽管机体坐标系在飞行动力学中很常用,但用于飞机的外形定义时,会出现大量的机身剖面位置、平尾位置等参数的 x 坐标为负的情况。因此,第二种计算坐标系现在是进行外形定义时更常用的一种全机坐标系。

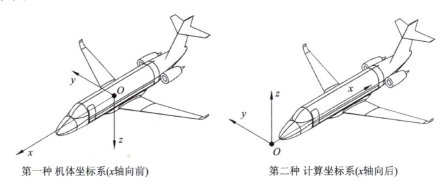

第一种 机体坐标系(x轴向前)　　　　第二种 计算坐标系(x轴向后)

图 12.10　全机坐标系

在计算坐标系中的各要素定义如下:
① xOz 平面——飞机对称平面,把飞机分为左右对称的两部分;
② xOy 平面——水平基准面,与对称面垂直的平面;
③ Ox——对称面与水平基准面的交线,称为飞机轴线;
④ yOz 平面——垂直于飞机轴线的平面;
⑤ O 点——坐标原点,一般取在机头附近。

需要注意的是,坐标系原点的位置并不一定在机头的最前端,而是可以让机头在原点沿 x 轴方向约 1 m,以免外形变化导致机头延伸时出现负的 x 坐标。

局部坐标系是为了便于飞机各种部件的设计,根据具体情况确定的设计基准,如图 12.11 所示。其中,$Oxyz$ 是全机坐标系,$O'x'y'z'$ 是局部坐标系。局部坐标系可相对全机坐标系进行平移与旋转变换,具体的变换方法可参考文献[1]中的方法。

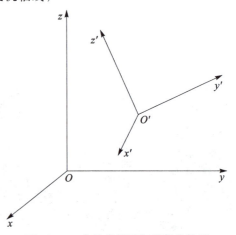

图 12.11　全机坐标系和局部坐标系

12.3.2 常用的几何造型方法

几何数据是飞机研制的主要数据之一,基于完整的几何数据可构建详细的数字样机。常用的几何造型方法有曲线、曲面和实体造型。曲线是几何造型的基础,在早期的飞机理论模线的绘制中,采用从造船业中沿用的绘制方法,即在图纸上将期望的横剖面的点用易弯曲的"样条"连接起来以得到光滑的纵向外形,如图 12.12 所示。所谓的"样条",是用压铁定点压住的薄木或塑料的条料。但是,这种方式不仅需要多次试凑和消去误差才能得到光滑的曲面,而且其提供的表面数学定义不唯一,从而导致工作量的增加和不协调的问题。

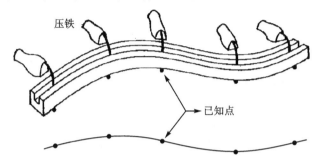

图 12.12 传统的利用样条绘制模线方法[3]

在 P-51 战斗机的设计中,首次采用了基于圆锥的二次曲线构造方法。如图 12.13 所示,用一个平面从不同的角度斜切一个圆锥,可以得到圆、椭圆、抛物线和双曲线。这就意味着二次曲线可以表示出多种曲线,并且很容易地在图板上构造出来,因此二次曲线得到了非常广泛的应用。

随着几何造型技术的发展,更多的曲线及曲面形式被提出并得到了应用。一些典型的曲线包括三次样条曲线、三次参数样条曲线、三次 B 样条曲线、重节点 B 样条曲线、圆弧样条曲线、有理 B 样条曲线、Bezier 曲线、非均匀有理 B 样条(non-uniform rational basis spline,NURBS)曲线;典型的曲面包括双三次样条曲面、B 样条曲面、有理 B 样条曲面、NURBS 曲面、Bezier 曲面、Coons 曲面等。其中,NURBS 是现代曲线曲面造型中最为广泛流行的方法,如图 12.14 所示。NURBS 方法可以精确地表示二次规则曲线曲面,从而能用统一

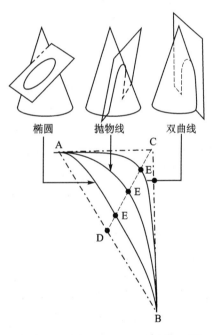

图 12.13 二次曲线的几何形状定义[3]

的数学形式表示规则曲面与自由曲面,而其他非有理方法无法做到这一点;同时具有可影响曲线曲面形状的权因子,使形状更易于控制和实现;目前的造型工具 CAD/CAM 软件,如 CATIA、UG 等都采用 NURBS 曲线曲面来表示。对于各种曲线曲面的更深入介绍,可以参见文献[5]及类似资料,此处不再展开。

曲面数模造型广泛地应用于机械结构造型和飞机外形的造型,具有计算程序简单、大曲面

中各子曲面片间具有二阶连续性、可直接计算得到曲面数控加工走刀轨迹及相应参数、极易生成各种倒角曲面和飞机设计中的整流罩、鼓包等自由光滑过渡曲面等特点,通常适用于工程研制阶段。

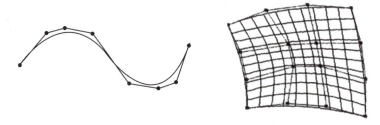

图 12.14　NURBS 曲线曲面示意图[5]

实体造型是指构造物体完整的三维几何模型,是描述几何形体的最高层次模型。实体模型有完全封闭的表面,这些表面明确区分出物体的包容空间。实体造型及实体模型间的各种逻辑运算,特别适用于具有规则形状的机械产品零件,如可用于飞机内部设备和成品附件的造型、起落架等运动机构的造型及模拟检查、各种管路系统的造型、内部管路与设备的干涉性检查、空间漫游通路的检查等,如图 12.15 所示;另一方面,通过给曲面外形加上厚度等方式转换为实体模型,可形成结构件,加上材料等信息后能够通过 CATIA 等三维建模软件直接称重,便于重量计算统计。

飞机总体设计的参数化对于飞机研制过程而言是非常重要的。需要注意的是,飞机总体设计的参数化并不仅仅指构造飞机外形的曲线曲面的参数化,还包括用飞机设计的特定参数来进行描述的参数化,例如采用展弦比、前缘后掠角、根弦长、机翼面积等参数描述机翼形状。虽然样条曲线、NURBS 之类的曲线曲面本身就是参数化的,但它们的参数化主要是指几何意义上的参数化。实现这两种参数化之间转化是专用的计算机辅助飞机设计系统开发人员一直努力解决的问题。虽然在

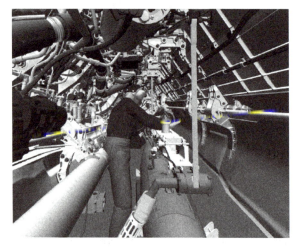

图 12.15　在复杂的数字样机实体模型中进行布置检查[6]

机械设计领域广泛应用的 SolidWorks、ProE 等软件也强调参数化,而且也具备优秀的三维造型能力,但在涉及复杂曲线曲面造型的飞机设计中,仍然建议多尝试 CATIA 和 UG,尤其是在工业界实践应用中作为主流的 CATIA。

12.4　主要部件的外形设计

飞机的外形设计是指依据初步确定的飞机三面草图和总体布置图,构成飞机的理论图或外形图。飞机外形设计的内容包括:机翼和尾翼等翼面类部件的外形设计、机身外形设计、进气道内形设计、需整流部分的部件外形设计等。

12.4.1 翼面类部件外形设计

翼面类部件的几何外形设计包括翼型几何参数、平面形状、扭转规律三个方面的内容。有关翼型几何参数、平面形状参数、机翼扭转参数等的计算请见第5章机翼与尾翼设计,本节的重点在于如何用这些设计参数构建几何外形模型。

最简单的机翼、尾翼曲面是由两个翼剖面之间的直纹面构成的,如图12.16所示。基本设计步骤如下。

1. 基准翼型的设计

① 根据所选基本厚度翼型,计算出若干基准翼型的百分型值点相对坐标(含基本厚度分布、前缘半径、后缘半径、后缘角等);

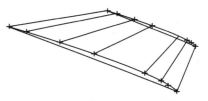

图 12.16 简单翼面外形设计

② 根据所定的弯度、前缘下垂沿翼展的分布规律,计算出若干翼型的中弧线相对坐标;
③ 根据上述几何参数,叠加计算出若干基准翼型站位的翼剖面型值点绝对坐标;
④ 根据翼面的平面形状及几何扭转规律,确定基准翼型的位置、角度。

2. 直母线规律的设计

有两种确定直母线规律的形式:
① 两个基准翼型翼剖面对应型值点连直线;
② 根据结构工艺的要求,将两个基准翼剖面重新分点,并使新型值点形成的翼型与原翼型的误差在给定的范围内,再按对应点连直线。

3. 直纹曲面外形的生成

按上述定义形成基准翼型及直母线,让直母线在翼型剖面上滑动形成的轨迹即为直纹曲面,在CAD软件中可采用放样直接生成,如图12.16。

复杂的翼面曲面需要由若干个翼剖面一起定义,而且具有复杂的前后缘形状,如图12.17所示。通常三面图中给定了机翼、尾翼的平面形状以及翼型,也给定了机翼、尾翼在机身上的位置,可参考上述步骤与方法设计。

图 12.17 用 OpenCADS 软件生成的复杂翼面[7]

12.4.2 机身外形设计

机身外形几何设计的主要依据有:
① 论证阶段生成的三面图;
② 论证阶段细化后的反映全机气动布局、内部装载及受力结构的总体布置图;
③ 气动力、总体布置、结构、系统、生产工艺、隐身等方面对机身几何设计的要求;
④ 论证阶段生成的简易几何模型。

依据机身内部的布置,如雷达、座舱、设备舱、油箱、进气道、起落架、发动机及机身与其他部件的连接等总体布置草图,可以初步确定机身的主要尺寸和参数,如图12.18所示。

机身外形设计的基本步骤如下:
① 根据总体布置草图,选定10个左右机身控制横截面(又称控制切面、控制剖面),如雷

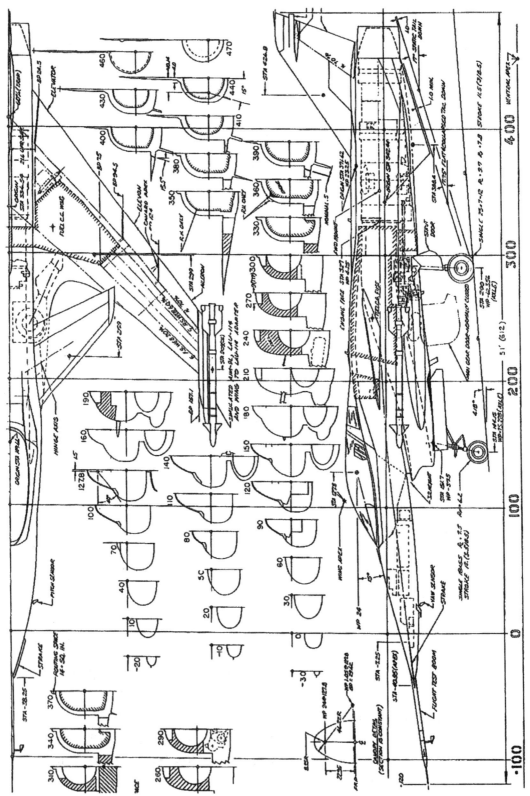

图12.18 机身横截面示例[3]

达天线横截面、座舱切面、进气道进口切面、发动机进口横截面等。需要注意的是,一些控制横截面是用于定义机身外形,其他则是用于实现控制站位间的光顺,所以对于定义机身外形的控制横截面,所处的位置应当以包住大的内部部件为准;对于实现控制站位间光顺的控制横截面,应当选取尽可能少的数目,避免扭曲。

② 构造横截面外形,通常由圆弧、直线、二次曲线 NURBS、样条曲线,或是由它们组成的组合曲线构成。还要考虑到机身的纵向外形,以及前后连接以至整个机身外形的形成。

③ 控制站位处的控制横截面外形构成了整个机身外形的骨架,再在骨架上铺上光滑连续的曲面就构成了整个机身外形。

12.4.3 机翼整流带外形设计

机翼整流带通常由半径变化的、与机翼和机身相切的圆弧定义。典型整流带的半径大约是根弦长度的10%。在初始布局中只有 10 或 15 个飞机横截面中的几个会表示出机翼整流带,所以"看起来不错"的整流带半径即可采用;翼身融合布局中通常不专门考虑整流带,而大型民机的整流带可能更会受内部布置等的影响,如图 12.19 所示。

图 12.19 大型客机机翼根部整流带示例

进气道内形的造型方式与机身外形的造型方式类似,此处不单独介绍。在文献[7]中有基于设计参数进行三维造型的更多论述,可供参考。

12.5 浸润面积与体积的计算

完成三面图及总体布置图后,就能进行飞机浸润面积(也称湿面积、浸湿面积)与体积等关键几何特性的计算。浸润面积即总的外露表面积,可以看作是把飞机浸入水中会变湿的那部分外部面积。要估算阻力必须计算浸润面积,因为它对摩擦阻力影响最大。

1. 机翼和尾翼浸润面积

机翼和尾翼的浸润面积可根据其平面形状估算。浸润面积由实际视图外露平面形状面积乘以一个根据机翼和尾翼相对厚度确定的因子得到,可近似由以下两式估算:

$$t/c < 0.05 \quad S_{\text{wet}} = 2.003 S_{\text{exposed}} \tag{12.1}$$

$$t/c > 0.05 \quad S_{\text{wet}} = S_{\text{exposed}}[1.977 + 0.52(t/c)] \tag{12.2}$$

式中,t/c 为机翼平均几何弦长处的翼型最大相对厚度;S_{wet} 为机翼浸润面积;S_{exposed} 为机翼外露平面形状面积。

注意,实际外露平面形状面积等于投影(俯视)面积除以上反角的余弦值。

2. 机身浸润面积

机身浸润面积可用飞机的侧视图和俯视图来估算。机身侧视投影面积(A_{side})和俯视投影面积(A_{top})从图样上计量,并取平均值,再乘以系数。机身浸润面积估算公式为

$$S_{wet} \approx K \left(\frac{A_{side} + A_{top}}{2} \right) \tag{12.3}$$

式中,A_{side} 为侧视投影面积;A_{top} 为俯视投影面积;$K=\pi$ 用于横截面为圆形的细长机身,$K=4$ 用于横截面是矩形的机身,$K=3.4$ 用于对一般截面的机身。

关于浸润面积更精确的估算可通过绘制机身横截面曲线求解,如图12.20所示。机身浸润面积,即由横截面周长分布进行积分得到。需要注意的是,周长的测量不应包括部件结合部,如翼身相接的地方。

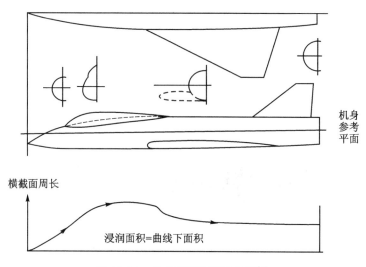

图 12.20　机身浸润面积的估算[3]

3. 全机内部容积

全机内部容积的估算可通过机身侧视投影面积(A_{side})和俯视投影面积(A_{top})来估算,公式为

$$V_F \approx 3.4 \frac{(A_{top})(A_{side})}{4 l_F} \tag{12.4}$$

式中,V_F 为机身内部容积;l_F 为机身长度。

另一种方式是通过绘制横截面的面积分布曲线(图12.21),进行积分得到容积。通过横截面积分布曲线,还可以直观地判断超声速飞机是否满足面积律的要求。

随着二维及三维CAD系统的应用,测量和统计这些几何特性的计算也方便了很多,如图12.22所示。文献[6]中还介绍了针对早期概念方案的专门算法。尽管如此,处理各种部件的剖切、相交、曲线合并、剖面填充等工作仍然需要足够的耐心和细致。

值得注意的是,飞机的内部容积可以用作新方案合理性的判断指标之一。事实上,概念方案的布置图无法体现所有在飞机投产时包含的内部部件或子系统,因为它们直到研制的后期

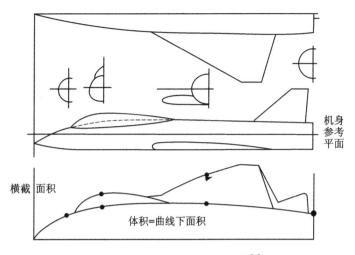

图 12.21　全机内部容积的估算[3]

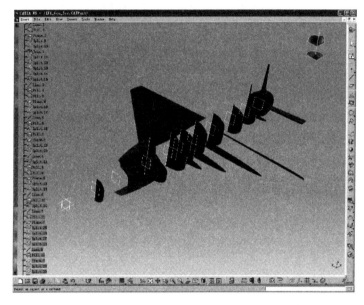

图 12.22　CATIA 中分析横截面积

才会被详细设计出来。通过统计的方法,可以在早期判断新方案内部是否有足够的空间容纳所有部件。具体的方法是绘制出不同机型的全机容积与起飞总重关系的统计曲线。如果一个方案的容积比它的重量对应的典型容积统计值小,则该方案在研制中就有可能因为内部过于紧凑而碰到问题,例如保障性可能比较差。"净设计容积(Net Design Volume)"方法是一种更为细致的检查方法,详见文献[3]的第 19 章。

12.6　面积律修形

对于超声速飞机,在跨声速及超声速飞行时,飞机的阻力主要来自波阻,即由于产生激波而产生的压差阻力。为降低跨声速或超声速波阻力,提高飞机的跨声速或超声速飞行性能,需要根据面积律对机身外形进行修形,如图12.23所示。

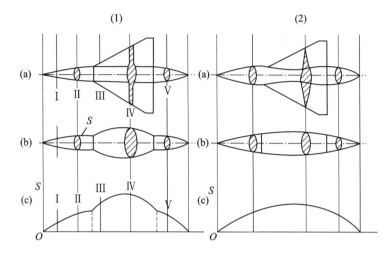

(1) 不考虑面积律要求的机翼-机身组合体;(2) 考虑面积律要求的机翼-机身组合体
(a) 机翼-机身组合体;(b) 当量旋成体;(c) 横截面积分布

图 12.23　面积律修形

跨声速面积律指出,在跨声速时,翼身组合体的零升波阻与它沿轴向横截面积分布相同的回转体的零升波阻相同。为了使波阻最小,飞机所有部件的横截面积叠在一起的分布应该相当于一个最小阻力的当量回转体("Sear-Haack"体[8],图12.24)横截面积的分布。尽管Sear-Haack体分布是理想状态,通过设计也应使全机横截面积分布接近该状态,并且分布曲线比较光滑而无不规则的变化。

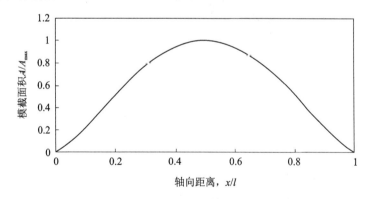

图 12.24　Sear–Haack 体分布曲线[9]

超声速时的情况与跨声速时有所不同。超声速面积律也要求翼身组合体的当量旋成体的截面积沿纵轴无突变,但是应顺着马赫线截取组合体的截面积,而不是横截面积。过机身纵轴上一点,可以作一个马赫锥,锥上每一条母线都是马赫线,因而截面也就有无数个。超声速面积律所说的截面积,就是这样多截面的平均值。在实际应用中,可以重点关注典型速度对应的马赫锥下的截面积分布情况。图12.25给出了YF-23验证机的全机横截面积分布示例,其中的分布曲线就分别给出了$Ma1.0$和$Ma1.5$时对应的情况。

第 12 章 总体布置与外形设计

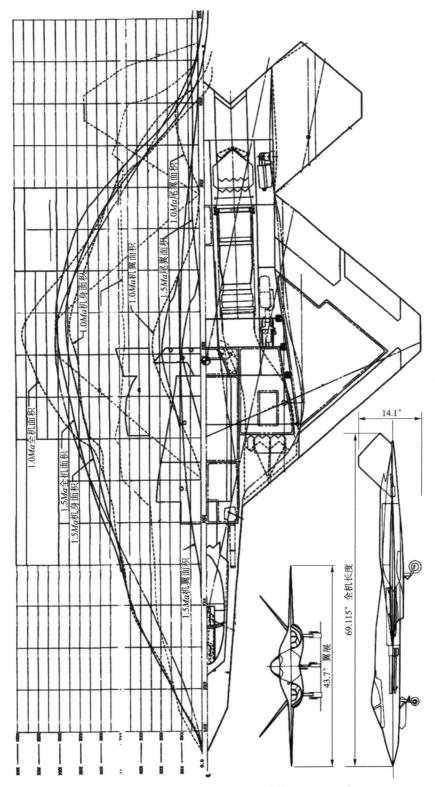

图 12.25 绘制了全机横截面积分布曲线的 YF-23 设计图

课程设计项目进展建议

- 绘制至少两个备选方案的全机三面图,标注出主要的尺寸及总体设计参数;
- 绘制至少两个备选方案的全机总体布置图,结合主要部件外形设计,构建全机三维数字样机模型;
- 进行方案的面积分布与容积计算;
- 如果所设计的机型需要,应进行面积律修形;
- 对全机的内部布置与外形进行综合协调和修改完善;
- 准备第一阶段的初步方案评审(CoDR),保证设计方案的合理性。

参考文献

[1] 飞机设计手册总编委会. 飞机设计手册第 4 册:军用飞机总体设计[M]. 北京:航空工业出版社,2000.
[2] 飞机设计手册总编委会. 飞机设计手册第 5 册:民用飞机总体设计[M]. 北京:航空工业出版社,2000.
[3] RAYMER D P. Aircraft Design: A Conceptual Approach[M]. 6th ed. Reston: AIAA Inc., 2018.
[4] 顾诵芬,解思适. 飞机总体设计[M]. 北京:北京航空航天大学出版社,2001.
[5] 施法中. 计算机辅助几何设计与非均匀有理 B 样条[M]. 北京:高等教育出版社,2001.
[6] PASCALE R. Saveon F-35 Program Using Immersive Engineering F-35 Sail Lead [R]. Maryland: Lockheed Martin. 2007.
[7] 刘虎,罗明强,田永亮,等. 飞机总体设计支持技术探索与实践[M]. 北京:北京航空航天大学出版社,2013.
[8] 中国航空工业空气动力研究院. 航空气动力技术[M]. 北京:航空工业出版社,2013,12.
[9] BRANDT S A, STILES R J, BERTIN J J, WHITFORD R. Introduction to Aeronautics: A Design Perspective[M]. 2nd ed. Reston: AIAA Inc., 2004.

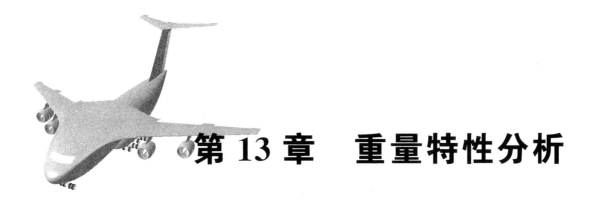

第 13 章 重量特性分析

🎯 **知识点**
- 飞机重量分类中应包含的主要项目;
- 具备设计方案后应采用的分类重量及重心估算方法;
- 重心包线的概念与绘制方法;
- 总体布置时常用的重心调整方式。

13.1 飞机重量分类

世界航空发达国家都制定了重量分类标准,如美国的 MIL—STD—1374A、德国的 DIN9020 以及我国的 GJB2194—94。但在实际工作中,不同的飞机公司从自己的具体情况出发,在详细重量分类上存在差异。此外,随着航空技术的发展,飞机重量分类也是变化的。

飞机重量分类通常按照功能和隶属关系进行。在飞机总体方案设计阶段,可将需要估算重量特性的部件和系统分为结构、推进系统、设备及子系统、有效载荷和燃油 5 个大类和分属它们的若干具体项,如图 13.1 所示。

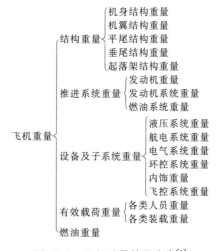

图 13.1 飞机重量简要分类[1]

13.2 重量和重心估算

在飞机总体设计的首轮近似中,由于只有草图构思或概念草图,可以按照第 3 章的介绍进行飞机空机重量和起飞重量估算。但当具备初始方案布局和尺寸参数后,则必须进行飞机分类重量估算,以指导后续的重心计算及重量重心控制。分类重量估算方法包括近似分类重量法、统计分类重量法等。需要说明的是,当飞机的结构设计及总体布置初步完成后,应该根据飞机实际模型进行重量重心汇总计算,此时通常需要借助于 CATIA 等计算机辅助设计平台的重量统计功能完成。

13.2.1 近似分类重量法

根据过去已有飞机的单位外露面积的重量来确定机翼和尾翼的重量;根据机身的浸润面积确定机身重量;起落架的重量按其所占起飞重量的百分数来估算;装机发动机的重量,是将非装机发动机重量乘以一个系数;属于空机重量剩余项目的全部重量也可用占起飞重量的百分数进行估算,参见表 13.1。

表 13.1 近似分类重量法典型取值[2]

项 目	战斗机	运输机和轰炸机	通用航空飞机	相乘系数	近似重心位置
机翼	44 kg/m²	49 kg/m²	12 kg/m²	$S_{外露面积}$/m²	40%MAC
平尾	20 kg/m²	27 kg/m²	10 kg/m²	$S_{外露面积}$/m²	40%MAC
垂尾	26 kg/m²	27 kg/m²	10 kg/m²	$S_{外露面积}$/m²	40%MAC
机身	23 kg/m²	24 kg/m²	7 kg/m²	$S_{浸润面积}$/m²	40%~50%机身长
起落架	0.033 0.045(海军)	0.043	0.057	起飞总重/kg	
发动机装机	1.3	1.3	1.4	发动机重量/kg	
空机其余部分	0.17	0.17	0.10	起飞重量/kg	40%~50%机身长

注:针对起落架重量,前起落架占 15%,主起落架占 85%。

根据各部件重心到重心基准(任意参考点)的距离,可计算出力矩,如图 13.2 所示。该力矩的总和除以总重,就可确定出实际的重心(Certer of Grovity,CG)位置。

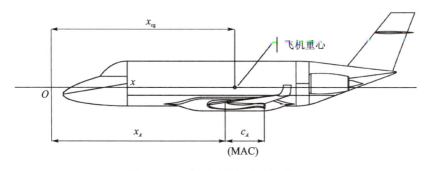

图 13.2 飞机重心位置定义示意图

飞机纵向重心位置为

$$x_{cg} = \frac{\sum m_i x_i}{\sum m_i} \quad (13.1)$$

一般用其与机翼平均气动力弦之比表示为

$$\bar{x}_{cg} = [(x_{cg} - x_A)/c_A] \times 100\% \quad (13.2)$$

式中,m_i,x_i 为飞机的第 i 个部件(系统)的重量和重心位置;x_A 为机翼 MAC 的前缘点到重心定位参考坐标系原点的距离;c_A 为机翼 MAC 的长度。

可以把重心估算的结果,与期望的相对于机翼气动力中心的重心位置比较:

① 尾翼在后的稳定飞机,机翼的最初位置应使飞机重心大致位于30% MAC处;考虑机身和尾翼的影响后,重心应大约在25% MAC处;

② 有后尾翼的不稳定飞机,机翼位置取决于所选择的不稳定水平,通常应使重心位于MAC的40%处;

③ 对于鸭式飞机,由于鸭翼下洗对机翼的影响,这些经验法则很不可靠。对于带有计算飞控系统的操纵型鸭翼(不稳定飞机),机翼最初应布置在使飞机重心位于机翼MAC大约15%~20%处。

13.2.2 统计分类重量法

更加准确的分类重量估算是用回归分析方法推导的统计公式,各大飞机公司都有自己的公式。为了得到用于公式的原始统计资料,重量工程师们必须尽可能多地收集已有飞机的分类重量数据和详细的飞机参数,并用统计公式建立起二者之间的关系。各大公司和设计所的重量估算公式不尽相同,且这些公式随着数据的进一步完善,会不断地修订和改进,以便更准确地对分类重量进行估算。

在没有构建起自己的分类重量估算方法的情况下,可以采用各类飞机设计文献中所给出的估算公式。以下推荐一些来自于各类文献的战斗机、运输机、通用飞机等的分类重量估算公式,供参考使用。需要特别说明的是,下面所列出公式的原始出处大多是美国和欧洲的文献,采用的多为英制单位,为便于全书单位统一,本章已将各个公式中的变量换算成国际标准单位。

1. 机翼重量重心

用参考文献[2]方法估算战斗机机翼重量如下:

$$m_{\text{wing}} = 0.334 K_{\text{dw}} K_{\text{vs}} (m_{\text{dg}} n_z)^{0.5} S^{0.622} A^{0.785} (t/c)_{\text{root}}^{-1} (1+\lambda)^{0.05} \times (\cos\Lambda_{25\%})^{-1.0} S_{\text{csw}}^{0.04} \tag{13.3}$$

用参考文献[2]方法估算货机/运输机机翼重量如下:

$$m_{\text{wing}} = 0.0213 (m_{\text{dg}} n_z)^{0.557} S^{0.649} A^{0.5} (t/c)_{\text{root}}^{-0.4} (1+\lambda)^{0.1} \times (\cos\Lambda_{25\%})^{-1.0} S_{\text{csw}}^{0.1} \tag{13.4}$$

用参考文献[3]方法估算通用飞机机翼重量如下:

$$m_{\text{wing}} = 0.146 S^{0.758} m_{\text{fw}}^{0.0035} \left(\frac{A}{\cos^2\Lambda_{25\%}}\right)^{0.6} q^{0.006} \lambda^{0.004} \times \left(\frac{100\bar{t}_{\text{av}}}{\cos\Lambda_{25\%}}\right)^{-0.3} (n_z m_{\text{dg}})^{0.49} \tag{13.5}$$

式中,Λ_0为机翼前缘后掠角,(°);t/c为翼型相对厚度;A为展弦比;λ为梢根比;S为机翼面积,m^2;K_{vs}为变后掠机翼取1.19,其他取1;K_{dw}为三角翼取0.768,其他取1;m_{dg}为满载时设计飞行重量,kg;n_z为使用过载;$\Lambda_{25\%}$为1/4平均气动弦后掠角,(°);S_{csw}为控制面面积(安装在机翼上的),m^2;m_{fw}为机翼内燃油重量,kg;q为动压,$q = 1/2\rho V^2$,ISO单位;$\bar{t}_{\text{av}} = \dfrac{\bar{t}_{\text{r}} + \bar{t}_{\text{t}}\lambda}{1+\lambda}$为翼面的平均相对厚度;$\bar{t}_{\text{r}}$为翼根相对厚度$\bar{t}_{\text{t}}$为翼尖相对厚度。

机翼重心取在40% MAC(平均气动弦)处。

2. 机身重量重心

用参考文献[2]方法估算战斗机机身重量如下:

$$m_{\text{fuse}} = 3.345 K_{\text{dwf}} m_{\text{dg}}^{0.35} n_Z^{0.25} L_F^{0.5} D_F^{0.849} d_{\text{WF}}^{0.685} \tag{13.6}$$

用参考文献[2]方法估算货机/运输机机身重量如下：

$$m_{\text{fuse}} = 0.609 K_{\text{door}} K_{\text{Lg}} (m_{\text{dg}} n_Z)^{0.5} L_F^{0.25} S_f^{0.302} (1 + K_{\text{ws}})^{0.04} (L_F/D_F)^{0.10} \tag{13.7}$$

用参考文献[3]方法计算民用运输机机身重量如下：

$$m_{\text{fuse}} = 0.299 K_f \left(V_D \frac{l_h}{d_{\text{WF}} + D_F} \right)^{0.5} S_{\text{fgs}}^{1.2} \tag{13.8}$$

式中，K_{dwf} 为三角翼飞机取 0.774，其他取 1；m_{dg} 为满载时设计飞行重量，kg；d_{WF} 为机身最大结构宽度，m；D_F 为机身结构高度，m；L_F 为机身结构长度(包括雷达罩和尾部整流罩)，m；K_{inl} 为进气道位置因数，进气道在机身上时取 1.25，进气道在翼根或其他地方取 1.0；K_{door} 为无货舱门取 1.0；单侧货舱门取 1.06；双侧货舱门取 1.12；尾部大货舱门取 1.12；双侧货舱门和尾部大货舱门取 1.25；K_{Lg} 为机身安装主起落架取 1.12；其他型式取 1.0；S_f 为机身浸润面积，m²；K_{ws} 为等于 $0.75[(1+2\lambda)/(1+\lambda)](b\tan\Lambda_{25\%}/L_F)$，$b$ 为机翼翼展，m；K_f 为增压机身取 1.08；V_D 为俯冲速度，m/s；l_h 为机翼翼根 1/4 弦长点到平尾翼根 1/4 弦长点的水平距离，m；S_{fgs} 为机身总表面积，m²。

机身重心取在 40%～50% 机身长中间处。

3. 水平尾翼重量重心

用参考文献[2]方法估算战斗机水平尾翼重量如下：

$$m_{\text{ht}} = 12.54 \left(1 + \frac{F_w}{b_H} \right)^{-2.0} \left(\frac{m_{\text{dg}} n_Z}{1\,000} \right)^{0.260} S_H^{0.806} \tag{13.9}$$

用参考文献[2]方法估算货机/运输机水平尾翼重量如下：

$$m_{\text{ht}} = 0.119 K_{\text{uht}} (1 + F_w/b_H)^{-0.25} m_{\text{dg}}^{0.639} n_Z^{0.10} S_H^{0.75} L_t^{-1.0} K_y^{0.704} (\cos\Lambda_{H25\%})^{-1.0} \times A_H^{0.166} (1 + S_e/S_H)^{0.1} \tag{13.10}$$

用参考文献[2]方法估算通用飞机水平尾翼重量如下：

$$m_{\text{ht}} = 0.079\,2 (n_Z m_{\text{dg}})^{0.414} q^{0.168} S_H^{0.896} \left(\frac{100 \bar{t}_{\text{av}}}{\cos\Lambda_{25\%}} \right)^{-0.12} \left(\frac{A}{\cos^2\Lambda_{H25\%}} \right)^{0.043} \lambda_H^{-0.02} \tag{13.11}$$

式中，λ_H 为水平尾翼梢根比；$\Lambda_{H25\%}$ 为水平尾翼四分之一平均气动弦后掠角；S_H 为水平尾翼面积，m²；b_H 为水平尾翼翼展，m；c_A 为机翼平均气动弦长，m；L_t 为机翼 1/4 平均气动弦到尾翼 1/4 平均气动弦距离，m；F_w 为水平尾翼连接处的机身宽度，m；K_{uht} 为组合(全动的)水平尾翼取 1.143，其他型式取 1.0；K_y 为飞机俯仰回转半径($\approx 0.3 L_t$)，m；A_H 为水平尾翼展弦比；S_e 为升降舵面积，m²。

水平尾翼重心取在 40% 平均气动弦处。

4. 垂直尾翼重量重心

用参考文献[2]方法估算战斗机垂直尾翼重量如下：

$$m_{\text{vt}} = 0.506 K_{\text{rht}} (1 + H_t/H_v)^{0.5} (m_{\text{dg}} n_Z)^{0.488} S_V^{0.718} (Ma)^{0.341} L_t^{-1.0} \times (1 + S_r/S_V)^{0.348} (A_V)^{0.223} (1 + \lambda_V)^{0.25} (\cos\Lambda_{V25\%})^{-0.323} \tag{13.12}$$

用参考文献[2]方法估算货机/运输机垂直尾翼重量如下：

$$m_{\text{vt}} = 0.009\,38 (1 + H_t/H_v)^{0.225} m_{\text{dg}}^{0.556} n_Z^{0.536} L_t^{-0.5} S_V^{0.5} K_z^{0.875} (\cos\Lambda_{V25\%})^{-1} \times (A_V)^{0.35} (t/c)_{\text{root}}^{-0.5} \tag{13.13}$$

用参考文献[2]方法估算通用飞机垂直尾翼重量如下：

$$m_{vt} = 0.338\left(1+0.2\frac{H_t}{H_v}\right)(n_Z m_{dg})^{0.376} q^{0.122} S_V^{0.873} \left(\frac{100\bar{t}_{av}}{\cos \Lambda_{V25\%}}\right)^{-0.49} \left(\frac{A}{\cos^2 \Lambda_{V25\%}}\right)^{0.357} (\lambda_V)^{0.039}$$

(13.14)

式中,H_t 为水平尾翼相对机身的高度,m;H_t/H_v 为常规尾翼取 0,T 型翼取 1;H_v 为垂直尾翼翼尖相对机身的高度,m;S_V 为垂直尾翼面积,m²;S_r 为方向舵面积,m²;A_V 为垂直尾翼展弦比;λ_V 为垂直尾翼梢根比;$\Lambda_{V25\%}$ 为垂直尾翼 1/4 平均气动弦后掠角;K_{rht} 为全动水平尾翼 (rolling horizontal tail)取 1.047,其他取 1;K_z 为飞机偏航回转半径($\approx L_t$),m。

垂直尾翼重心取在 40% 平均气动弦长处。

5. 发动机系统重量

用参考文献[2]方法估算战斗机发动机系统各部分重量如下:

$$m_{发动机安装} = 0.0059 N_{en}^{0.795} (F_{all}/g)^{0.597} n_Z \tag{13.15}$$

$$m_{防火墙} = 5.517 S_{fw} \tag{13.16}$$

$$m_{发动机舱} = 0.007995 m_{en}^{0.717} N_{en} n_Z \tag{13.17}$$

$$m_{进气系统} = 42.458 K_{vg} L_D^{0.643} K_D^{0.182} N_{en}^{1.498} (L_S/L_D)^{-0.373} D_e \tag{13.18}$$

$$m_{尾喷管} = 17.089 D_e L_{tp} N_{en} \tag{13.19}$$

$$m_{发动机冷却} = 22.215 D_e L_{sh} N_{en} \tag{13.20}$$

$$m_{滑油冷却} = 17.155 N_{en}^{1.023} \tag{13.21}$$

$$m_{发动机操纵} = 6.200 N_{en}^{1.008} L_{ec}^{0.222} \tag{13.22}$$

$$m_{起动机(冷气)} = 0.0113 \left(\frac{F_e}{g}\right)^{0.760} N_{en}^{0.72} \tag{13.23}$$

战斗机发动机系统重量为以上各部分重量之和。

用参考文献[2]方法估算货机/运输机发动机系统各部分重量如下:

$$m_{短舱} = 1.344 K_{ng} N_{Lt}^{0.10} N_w^{0.294} n_Z^{0.119} m_{ec}^{0.611} N_{en}^{0.984} S_n^{0.224} \tag{13.24}$$

$$m_{发动机操纵} = 2.268 N_{en} + 1.191 L_{ec} \tag{13.25}$$

$$m_{起动机(冷气)} = 34.221 \left(\frac{N_{en} m_{en}}{1000}\right)^{0.541} \tag{13.26}$$

货机/运输机发动机系统重量为以上各部分重量之和。

用参考文献[2]方法估算通用飞机发动机安装后重量如下:

$$m_{inen} = 2.421 m_{en}^{0.922} N_{en} \tag{13.27}$$

式中,F_{all} 为全部发动机起飞推力,N;S_{fw} 为防火墙表面积,m²;m_{en} 为发动机重量,kg;N_{en} 为发动机个数;K_{vg} 为可变几何形状取 1.62,其他型式取 1.0;L_D 为进气道长度(参见图 13.3),m;K_D 为进气道常数,参照图 13.3 进行选取;L_S 为单进气道长度(参见图 13.3),m;D_e 为发动机直径,m;L_{tp} 为尾喷管长度,m;L_{sh} 为发动机罩长度,m;L_{ec} 为从发动机前端到座舱/驾驶舱的长度,要是多台发动机按总长度计算,m;F_e 为单台发动机起飞推力,N;K_{ng} 为外挂短舱取 1.017,其他型式取 1.0;N_{Lt} 为短舱长度,m;N_w 为短舱宽度,m;S_n 为短舱浸润面积,m²;m_{ec} 为发动机及附件的重量,kg,$m_{ec} \approx 2.331 \cdot m_{en}^{0.901} K_p K_{tr}$;$K_p$ 为装螺旋桨的发动机取 1.4,其他型式取 1.0;K_{tr} 为带反推力装置的喷气发动机取 1.18,其他型式取 1.0。

如果有进气道则动力系统重心取在 50% 进气道曲面长度处,否则取在 40% 发动机长度处。

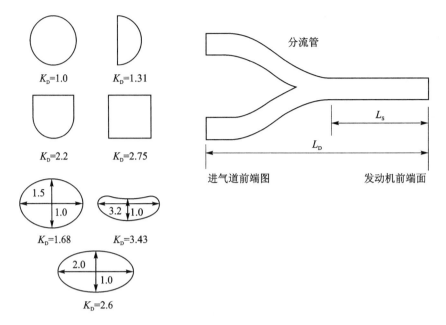

图 13.3 进气道几何尺寸

6. 燃油重量重心

燃油重量根据方案中油箱体积计算；燃油重心位置根据油箱横截面积分布计算得出。

7. 燃油系统重量

用参考文献[2]方法估算战斗机燃油系统重量如下：

$$m_{fs} = 18.045\ 5 V_t^{0.47} \left(1+\frac{V_i}{V_t}\right)^{-0.095} \left(1+\frac{V_p}{V_t}\right) N_t^{0.066} N_{en}^{0.052} (3.6 F_{Total} \times C)^{0.249} \quad (13.28)$$

用参考文献[2]方法估算货机/运输机燃油系统重量如下：

$$m_{fs} = 9.459 V_t^{0.606} \left(1+\frac{V_i}{V_t}\right)^{-1.0} \left(1+\frac{V_p}{V_t}\right) N_t^{0.5} \quad (13.29)$$

用参考文献[2]方法估算通用飞机燃油系统重量如下：

$$m_{fs} = 15.020\ 6 V_t^{0.726} \left(\frac{1}{1+V_i/V_t}\right)^{0.363} N_t^{0.242} N_{en}^{0.157} \quad (13.30)$$

式中，V_{gw} 为机翼油量，m^3；V_{gf} 为机身油量，m^3；C 为发动机燃油消耗率（最大推力时），$kg/(s \cdot N)$；F_{Total} 为发动机总推力，N；V_i 为整体油箱容量，m^3；V_p 为破损自封油箱容量，m^3；V_t 为总燃油量，m^3；N_t 为油箱个数。

燃油系统重心与燃油重心位置相同。

8. 液压系统重量重心

用参考文献[2]方法估算战斗机液压系统重量如下：

$$m_{hydr} = 16.888 K_{vsh} N_u^{0.664} \quad (13.31)$$

用参考文献[2]方法估算货机/运输机液压系统重量如下：

$$m_{hydr} = 0.369 N_f (L_f + b)^{0.937} \quad (13.32)$$

用参考文献[2]方法估算通用飞机液压系统重量如下：

$$m_{hydr} = 0.854 K_h m_{dg}^{0.8} Ma_{max}^{0.5} \quad (13.33)$$

式中，K_{vsh} 为变后掠机翼取 1.425，其他取 1；N_u 为液压系统个数；N_f 为操纵完成的功能数（示例 4～7）；L_F 为机身结构长度（包括雷达罩和尾部整流罩），m；b 为机翼翼展，m；K_h 为低亚声速下仅制动和回缩液压系统取 0.05；中亚声速下襟翼液压系统取 0.11；高亚声速下飞控液压系统取 0.12；轻型飞机仅刹车的液压系统取 0.013；Ma_{max} 为最大设计马赫数。

液压系统重心取在机身长 55% 处，若没有水平尾翼则取在机身长 40% 处。

9. 电子系统重量重心

用参考文献[2]方法估算战斗机航电系统重量如下：

$$m_{avio} = 2.008 m_{uav}^{0.933} \tag{13.34}$$

用参考文献[2]方法估算货机/运输机航电系统重量如下：

$$m_{avio} = 1.707 m_{uav}^{0.983} \tag{13.35}$$

用参考文献[2]方法估算通用飞机航电系统重量如下：

$$m_{avio} = 2.008 m_{uav}^{0.933} \tag{13.36}$$

式中，m_{uav} 为装机前航电系统重量，kg。

电子系统重心取在机身长 45% 处。

10. 内饰重量重心

用参考文献[2]方法估算战斗机内饰重量（含座椅）如下：

$$m_{furn} = 98.703 N_c \tag{13.37}$$

用参考文献[2]方法估算货机/运输机内饰重量（不含货物装卸装置或座椅）如下：

$$m_{furn} = 0.212 N_c^{0.1} m_c^{0.393} S_f^{0.75} \tag{13.38}$$

用参考文献[2]方法估算通用飞机内饰重量如下：

$$m_{furn} = 0.0582 m_{dg} - 29.484 \tag{13.39}$$

式中，N_c 为乘员人数；S_f 为机身浸润面积，m²；m_c 为最大货物重量，kg。

内饰重心取在机身长 25% 处。

11. 电气系统重量

用参考文献[2]方法估算战斗机电气系统重量如下：

$$m_{elec} = 87.964 K_{mc} R_{kva}^{0.152} N_c^{0.10} L_a^{0.10} N_{gen}^{0.091} \tag{13.40}$$

用参考文献[2]方法估算货机/运输机电气系统重量如下：

$$m_{elec} = 4.989 R_{kva}^{0.782} L_a^{0.346} N_{gen}^{0.10} \tag{13.41}$$

用参考文献[2]方法估算通用飞机电气系统重量如下：

$$m_{elec} = 8.533 (m_{fs} + m_{avio})^{0.51} \tag{13.42}$$

式中，m_{fs} 为燃油系统重量，kg；m_{avio} 为航电系统重量，kg；K_{mc} 为故障之后要求飞行任务完成取 1.45，其他情况取 1.0；R_{kva} 为系统电功率，kV·A（运输机典型值 40～60，战斗机或轰炸机典型值 110～160）；N_c 为乘员人数；L_a 为从发电机到座舱电子设备的供电线路长度，m；N_{gen} 为发电机数目（典型等于发动机数量）。

电气系统重心取在机身长 45% 处。

12. 环控系统重量重心

用参考文献[2]方法估算战斗机环控系统重量如下：

$$m_{airc} = 91.446((2.20458 m_{uav} + 200 N_c)/1000)^{0.735} \tag{13.43}$$

用参考文献[2]方法估算货机/运输机环控系统重量如下：

$$m_{\text{airc}} = 4.063 N_p^{0.25} V_{\text{pr}}^{0.604} m_{\text{uav}}^{0.10} \tag{13.44}$$

用参考文献[2]方法估算通用飞机环控系统重量如下：

$$m_{\text{airc}} = 0.2074 m_{\text{dg}}^{0.52} N_p^{0.68} m_{\text{avio}}^{0.17} Ma^{0.08} \tag{13.45}$$

式中，m_{avio} 为航电系统重量，kg；m_{uav} 为装机前航电系统重量，kg；N_c 为乘员人数；N_p 为机上人数（包括乘员和旅客）；V_{pr} 为气密舱容积，m³。

环控系统重心取在机身长 45% 处。

13. 飞控系统重量重心

用参考文献[3]方法估算战斗机飞控系统重量如下：

$$m_{\text{fc}} = 0.718 K_{\text{fcf}} (m_0/1\,000)^{0.581} \tag{13.46}$$

用参考文献[2]方法估算战斗机飞控系统重量如下：

$$m_{\text{fc}} = 52.598 Ma_{\max}^{0.003} S_{\text{cs}}^{0.489} N_s^{0.484} N_c^{0.127} \tag{13.47}$$

用参考文献[2]方法估算货机/运输机飞控系统重量如下：

$$m_{\text{fc}} = 132.860 N_f^{0.554} (1 + N_m/N_f)^{-1} S_{\text{cs}}^{0.2} (I_y \times 10^{-6})^{0.07} \tag{13.48}$$

用参考文献[2]方法估算通用飞机飞控系统重量如下：

$$m_{\text{fc}} = 0.436 L_F^{1.536} b^{0.371} (n_Z m_{\text{dg}} \times 10^{-4})^{0.80} \tag{13.49}$$

用参考文献[3]方法估算民用运输机飞控系统重量如下：

$$m_{\text{fc}} = 31.860 (m_0 \bar{q}_D 10^{-5})^{0.576} \tag{13.50}$$

式中，$\bar{q}_D$ 为设计俯冲动压，ISO 单位。K_{fcf} 为没有水平尾翼采用副翼升降舵时取 106.1，采用水平尾翼取 138.18，可变后掠机翼取 167.48；S_{cs} 为控制面总面积，m²；N_s 为飞行控制系统个数；N_f 为操纵完成的功能数（典型 4～7）；N_m 为机械功能的数量（典型 0～2）；I_y 为偏航惯性矩，kg·m²；L_F 为机身结构长度（包括雷达罩和尾部整流罩），m；b 为机翼翼展，m；m_{dg} 为满载时设计飞行重量，kg；n_Z 为使用过载。

飞控系统重心取在机身长 45% 处。

14. 起落架重量重心

用参考文献[2]方法估算战斗机主起落架重量如下：

$$m_{\text{mg}} = 1.756 K_{\text{cb}} K_{\text{tpg}} (m_1 n_1)^{0.25} L_m^{0.973} \tag{13.51}$$

用参考文献[2]方法估算战斗机前起落架重量如下：

$$m_{\text{ng}} = 1.033 (m_1 n_1)^{0.290} L_n^{0.5} N_{\text{nw}}^{0.525} \tag{13.52}$$

用参考文献[2]方法估算货机/运输机主起落架重量如下：

$$m_{\text{mg}} = 0.0176 K_{\text{mp}} m_1^{0.888} n_1^{0.25} L_m^{0.4} N_{\text{mw}}^{0.321} N_{\text{mss}}^{-0.5} V_s^{0.1} \tag{13.53}$$

用参考文献[2]方法估算货机/运输机前起落架重量如下：

$$m_{\text{ng}} = 0.0438 K_{\text{np}} m_1^{0.646} n_1^{0.2} L_n^{0.5} N_{\text{nw}}^{0.45} \tag{13.54}$$

用参考文献[3]方法估算民用运输机起落架重量如下：

$$m_g = 0.4536 K_{\text{gr}} (A_g + 1.8092 B_g m_0^{0.75} + 2.2046 C_g m_0) \tag{13.55}$$

式中，K_{cb} 为横梁式起落架取 2.25，其他取 1；K_{tpg} 为三脚架式起落架取 0.826，其他取 1；n_1 为使用着陆过载；m_1 为设计着陆重量，kg；L_m 为主起落架延展长度，m；L_n 为前起落架延展长度，m；N_{nw} 为前机轮数量；K_{mp} 为起落架可缩短取 1.126，其他型式取 1.0；N_{mw} 为主机轮数量；N_{mss} 为主起落架减震支柱数量；V_s 为飞机失速速度，m/s。K_{np} 为起落架可缩短取 1.15，其他型式取 1.0；A_g 为前起落架 13.0，主起落架取 33.0；B_g 为前起落架取 0.06，主起落架

取 0.04;C_g 为前起落架取 0.021,主起落架取 0.0;K_{gr} 为下单翼飞机取 1.0,上单翼飞机取 1.08。

起落架重心根据前轮和主轮的布置位置确定。

15．武器重量重心

武器重量重心根据装载库的定义和布置位置确定。

16．乘员重量重心

乘员重量按每人重量 70 kg,座椅 27 kg,行李 13.6 kg 计算。

乘员重心与座椅位置相同。

其他一些杂项(座椅、仪表、卫生间、拦阻装置、弹射装置等)重量,则一般按照方案中所选的有效载荷实际重量值选取。

需要注意的是,不同人给出的公式一定是依据他自己所掌握的数据,这些数据可能很老,可能只针对某些特定类型的飞机,但最后给公式的时候,分类是相对泛泛的,比如针对战斗机或者运输机。对于更细致的分类,比如轻型战斗机、重型战斗机、带鸭翼的战斗机,往往做不到。这样也会导致同一个方案采用不同的计算公式会得到不同的结果,甚至结果差别很大的情况。所以在收集信息的时候,要注意收集到的数据的细节,这是非常有意义的。

另一方面,不同公式对于不同数据的相关性差别很大。比如在上述平尾重量计算的公式中,用文献[2]的方法是不考虑最大动压的,而用文献[3]的方法就必须给出最大动压的数据才能计算;用文献[2]方法的时候必须要知道操纵面的面积才能计算,而用文献[3]方法就可以把这一项直接取为 0。同时也可以看出,在进行飞机设计的时候,很繁琐的一项工作就是把需要的数据从方案里提取出来。

为了尽量避免不同公式适用性所带来的问题,一种好的估算方式是采用几种不同的公式估算每个部件的重量,然后取其平均值。

上述的统计公式是基于现有飞机的数据库,在采用新颖的飞机构型或者某项先进技术(如复合材料结构)的情况下,仍采用上述的公式或相类似的公式,就会有较大误差。可以采用"软糖系数(fudge factor)"来修正统计公式估算的结果。软糖系数是一个可改变的常数,用它乘以估算值,可得到更为准确的结果。软糖系数在工程上是一个比较简单实用的方法,如果作研究,可以用更复杂的手段和公式来处理。要比较好地得到软糖系数的取值,需要有比较好的对现有飞机和未来飞机发展趋势的分析。表 13.2 给出了部分情况下的软糖系数,供参考。

表 13.2　分类重量估算结果修正的软糖系数[2]

种　类	重量类别	软糖系数
先进的复合材料	机翼	0.85～0.90
	尾翼	0.83～0.88
	机身/短舱	0.90～0.95
	起落架	0.95～1.0
	进气道	0.85～0.90
支撑机翼	机翼	0.82
双翼机	机翼	0.6

续表 13.2

种 类	重量类别	软糖系数
木质机身	机身	1.60
钢管机身	机身	1.80
水上飞机船身	机身	1.25
舰载机	机身和起落架	1.2~1.3

为了估算某型飞机的重量,而又无合适的统计公式可用时,同样可采用软糖系数进行修正。例如,对于高超声速飞机就很难有良好的统计数据库,通过选取最接近的适用公式,并对每种类型的部件确定一个"软糖系数",就可以估算一架新的高超声速飞机的重量。要做到这一点,可采用与新设计飞机相似的某架现役飞机的数据,并用选定的统计公式计算它的部件重量,将飞机各个部件的实际重量除以计算出的各个部件的重量,就可求出各项"软糖系数"。

还需说明的是,如果空机重量大于预计的重量值,则所装的燃油可能就不足以完成设计任务,此时必须修改飞机参数和尺寸,而不是简单地在设计起飞总重基础上增加燃油重量。

13.3 重心调整与重量控制

重心随飞机燃油的消耗和武器的投放而变化。根据飞机稳定性和操纵性分析,规定重心限制范围,如图 13.4 所示。为了确定飞机重心是否保持在该范围之内,要绘制"重心包线"。

机动性高的飞机重心位置变化范围应尽量小,通常小于 8%MAC;机动性低的飞机的变化范围可大一些,通常达到 20%MAC 左右。

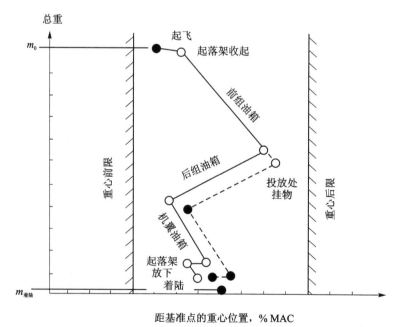

图 13.4 飞机的重心变化范围示例[2]

总体协调布置时,可以采用如下几种重心调整措施。

1. 移动重量较大的装载或设备

在重心位置只需少量移动就能满足要求时,可以在基本不影响布置合理性的情况下,将较重的装载或设备根据情况前移或后移。

2. 移动发动机位置

在需要重心调整量大时,可以向前或向后移动发动机;或者只移动发动机主机部分,更改发动机延伸筒长度保持尾喷口位置不变。

3. 移动机翼前后位置

这种方法对重心位置的影响最大,将涉及机身与机翼的对接框、尾翼的安装、燃油箱的布置等,而且会明显影响气动特性,一般只在方案论证初期阶段采用。

4. 更改机身长度

重心位置需要向前调时,可以加长前机身长度;反之则缩短前机身。应注意加长机身会使飞机总重增加,缩短前机身会减少飞机装载容积,并需要同时修改立尾或腹鳍参数。

5. 其他调整重心的措施

如采用先进的燃油管理系统、采用主动重心控制技术等。

重量控制的主要措施通常包括[4]:

① 建立合理重量的预测方法,制定合理目标重量;
② 建立重量工作系统,明确职责及分工;
③ 制定重量控制计划和有关规定;
④ 建立飞机重量通报制度;
⑤ 建立飞机重量"跟踪-反馈-分析-预测"制度;
⑥ 建立研制全过程的全面的重量检验制度;
⑦ 建立飞机重量设计单项奖励制度;
⑧ 不断探索重量控制的新途径。

课程设计项目进展建议

➢ 完成全机及各部件重量、重心估算,形成重量汇总表;
➢ 对复合材料等的应用需要选取合适的软糖系统;
➢ 完成不同状态下全机重量重心估算,给出相对于平均气动弦的重心位置;
➢ 完成重心包线计算与绘制;
➢ 根据重量重心估算结果调整总体布置。

参考文献

[1] 刘虎. 飞机概念设计支持理论与原型系统研究[D]. 北京:北京航空航天大学,2004.
[2] RAYMER D P. Aircraft Design: A Conceptual Approach[M]. 6th ed. Reston: AIAA Inc. ,2018.
[3] ROSKAM J. Airplanedesign part V: Component Weight Estimation[M]. Ottawa: Roskam Aviation and Engineering Corporation,1985.
[4] 顾诵芬,解思适. 飞机总体设计[M]. 北京:北京航空航天大学出版社,2001.

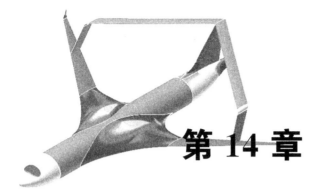

第 14 章 气动特性分析

> 🎯 **知识点**
> ➢ 气动特性工程估算方法的作用;
> ➢ 气动特性估算时应主要涵盖的升力和阻力特性项目;
> ➢ 气动特性分析方法、工具及其适用范围。

14.1 气动设计输入与设计目标提取

飞机的气动力设计包括气动布局设计和部件气动力设计。气动布局设计任务是:选择飞机的气动布局形式(全机外形)、确定总体和各主要部件的几何尺寸、气动参数以及有关气动特性的综合设计。部件气动力设计是在气动布局的最初设计阶段,根据全机三面图,进行各主要部件,如机翼、机身、水平尾翼(平尾)、垂直尾翼(垂尾)、增升装置和操纵面等的气动力设计,较之总体布局设计的部件外形及性能要更具体和细致。

气动设计输入需要从总体设计要求(指标)中,根据相关的高、低速性能要求进行提炼和分解。气动设计通常围绕以下几个主要的气动参数展开。

① 升力系数: $C_L = \dfrac{L}{0.5\rho V^2 S}$。

② 阻力系数: $C_D = \dfrac{D}{0.5\rho V^2 S}$。

③ 俯仰力矩系数: $C_m = \dfrac{M}{0.5\rho V^2 S}$。

④ 压力系数: $C_p = \dfrac{p_{\text{local}} - p_0}{0.5\rho V^2 S}$。

通常来讲气动设计指标涵盖的内容主要包括(不限于):

① 高速设计要求。巡航条件下的设计升力系数,高的巡航升阻比;尽可能平缓的阻力增长特性;足够宽的抖振裕度;力矩特性尽可能保持线性并且失速后力矩上仰较为缓和。对军用战斗机而言,还包括跨声速和超声速的机动能力所对应的升力特性要足够好。

② 低速设计要求。根据起降性能和失速性能提取出来的升力系数要求,通常要求高的最大可用升力系数和尽量大的失速迎角,较好的起飞升阻比。同样要求力矩特性尽可能保持线性并且失速后力矩上仰较为缓和。

根据高低速气动设计要求,可将全机气动设计指标进一步分解成各部件的气动设计指标(例如翼身组合体、小翼、尾翼、动力集成等分别对应的升、阻力),以便于在设计过程中进行把控。

14.2 气动特性工程估算方法

在飞机总体设计的早期阶段,飞机外形的描述往往还比较粗略。设计者多希望通过一些简单的纸面计算对方案气动外形进行快速评估,以支撑其在不同气动外形间做出初步筛选[1]。相对于具体数值,此阶段更关心飞机升阻特性的大致数量级,以及相关参数随几何外形调整的变化趋势。工程估算方法无疑更适用于这种飞机外形尚不明确的概念设计阶段。在此需要特别强调的是,在绝大多数情况下,工程估算方法并不能反映出全部参数对气动性能的详细影响,例如多数工程估算方法仅考虑后掠角和展弦比对诱导阻力的影响,而真实情况中除这两者外,机翼梢根比、几何/气动扭转等参数同样可对诱导阻力产生显著影响。因此,由工程估算方法获得的气动数据在实践中往往仅具有相对意义。尽管如此,工程估算方法仍可以帮助读者体会到主要设计变量的相互作用,为进一步的尺寸优化及权衡奠定基础。

目前比较有代表性的工程估算体系包括 D. P. Raymer[2] 在其飞机设计教材《Aircraft Design: A Conceptual Approach》及设计分析软件 RDS 中应用的计算方法,以及 Jan Roskam 在其飞机设计教材《Airplane Design》[3] 及设计分析软件 Advanced Aircraft Analysis 中使用的计算体系。此外,由麦道公司与莱特·帕特森空军基地飞行力学实验室建立的《USAF Stability and Control DATCOM》计算体系,以及由英国皇家航空协会建立、后并入 IHS 公司的 ESDU(Engineering Sciences Data Unit)[4] 发布的空气动力学计算分析体系也较为常用。本章后面内容主要引用自 Raymer 发表的气动力工程估算体系。

14.2.1 升力线斜率随马赫数的变化

1. 低速情况($Ma \leqslant 0.3$)

(1) 机翼升力线斜率($C_{L\alpha(\text{wing})}$)

① 无边条时机翼升力线斜率为

$$C_{L\alpha} = \frac{C_{l\alpha}}{1 + (57.3 C_{l\alpha}/(\pi e A))} \tag{14.1}$$

式中,$e = \dfrac{2}{2 - A + \sqrt{4 + A^2(1 + \tan^2 \Lambda_{t\max})}}$ 为非椭圆机翼修正系数;$C_{l\alpha}$ 为翼型升力线斜率;$\Lambda_{t\max}$ 为翼型最大厚度点弦线的机翼后掠角。

② 有边条时机翼升力线斜率为

$$C_{L\alpha} = C_{L\alpha(\text{wingnostrake})}(S + S_{\text{strake}})/S \tag{14.2}$$

式中,$C_{L\alpha(\text{wingnostrake})}$ 为无边条翼时机翼的升力线斜率;S_{strake} 为边条翼面积。

(2) 平尾升力线斜率贡献($\Delta C_{L\alpha,\text{H}}$)

平尾升力线斜率的计算和上述无边条机翼计算方法相同。计入机翼下洗对平尾的影响,则平尾升力线斜率贡献为

$$\Delta C_{L\alpha,\mathrm{H}} = C_{L\alpha,\mathrm{H}}\left(1-\frac{\partial \varepsilon}{\partial \alpha}\right)\frac{S_\mathrm{H}}{S} \tag{14.3}$$

式中,$\dfrac{\partial \varepsilon}{\partial \alpha} = \dfrac{21 C_{L\alpha}}{A^{0.725}}\left(\dfrac{c_\mathrm{avg}}{l_\mathrm{h}}\right)\left(\dfrac{10-3\lambda}{7}\right)\left(1-\dfrac{z_\mathrm{h}}{b}\right)$;$C_\mathrm{avg}$ 为平均几何弦长,$C_\mathrm{avg} = \dfrac{c_\mathrm{r}+c_\mathrm{t}}{2}$;$l_\mathrm{h}$ 为机翼翼根 1/4 弦长点到平尾翼根 1/4 弦长点的水平距离;z_h 为机翼根弦线到尾翼根弦线的垂直距离;$C_{L\alpha,\mathrm{H}}$ 为平尾升力线斜率;S_H 为参考平尾面积。

(3) 鸭翼升力线斜率贡献($\Delta C_{L\alpha,\mathrm{C}}$)

鸭翼升力线斜率的计算和无边条机翼计算方法相同。计入机翼"上洗"对鸭翼的影响,鸭翼升力线斜率贡献为

$$\Delta C_{L\alpha,\mathrm{C}} = C_{L\alpha,\mathrm{C}}\left(1-\frac{\partial \varepsilon_u}{\partial \alpha}\right)\frac{S_\mathrm{C}}{S} \tag{14.4}$$

式中,$\dfrac{\partial \varepsilon_u}{\partial \alpha} = (0.3 A^{0.3} - 0.33)\left(\dfrac{l_\mathrm{c}}{c_\mathrm{avg}}\right)^{-(1.04+6A^{-1.7})}$;$l_\mathrm{c}$ 为机翼翼根 1/4 弦长点到鸭翼翼根 1/4 弦长点的水平距离;$C_{L\alpha,\mathrm{C}}$ 为鸭翼升力线斜率;S_C 为参考鸭翼面积。

(4) 全机升力线斜率

全机升力线斜率为上述三者之和,即

$$C_{L\alpha,\mathrm{total}} = C_{L\alpha} + \Delta C_{L\alpha,\mathrm{H}} + \Delta C_{L\alpha,\mathrm{C}} \tag{14.5}$$

2. 亚声速情况($0.3 < Ma \leqslant M_\mathrm{crit}$)

对机翼、平尾和鸭翼分别应用亚声速相仿律(普朗特-葛劳渥法则)得

$$C_{L\alpha,\mathrm{total}} = C_{L\alpha,Ma<0.3}/\sqrt{1-Ma^2} \tag{14.6}$$

式中,$C_{L\alpha,Ma<0.3}$ 为 $Ma<0.3$ 时的全机升力线斜率,可根据式(14.5)计算获得。

临界马赫数

$$Ma_\mathrm{crit} = 1.0 - 0.065\cos^{0.6}\Lambda_0 (100\bar{t}_\mathrm{av})^{0.6} \tag{14.7}$$

式中,$\bar{t}_\mathrm{av} = \dfrac{\bar{t}_\mathrm{r}+\bar{t}_\mathrm{t}\lambda}{1+\lambda}$ 为翼面的平均相对厚度;$\bar{t}_\mathrm{r}$ 为翼根相对厚度;$\bar{t}_\mathrm{t}$ 为翼尖相对厚度。

3. 跨声速情况($M_\mathrm{crit} < Ma \leqslant 1.2$)

(1) $Ma = 1$ 时的 $C_{L\alpha}$

在理论研究和综合试验数据的基础上,利用相似律,有

$$C_{L\alpha} = \frac{2\pi A}{\bar{p} A \bar{t}_\mathrm{av}^{1/3} + 2} \tag{14.8}$$

式中,$\bar{p}A\bar{t}_\mathrm{av}^{1/3}$ 可以近似计算如下:

$$\bar{p}A\bar{t}_\mathrm{av}^{1/3} \approx A\bar{t}_\mathrm{av}^{1/3}\sqrt{1+\tan^2\Lambda_0} + \frac{2}{1/\lambda+1}\left[1-\left(\frac{1}{\lambda}-1\right)\frac{\tan\Lambda_0 - \dfrac{2(1/\lambda-1)}{A\bar{t}_\mathrm{av}^{1/3}(1/\lambda+1)}}{\sqrt{1+\tan^2\Lambda_0}}\right] \tag{14.9}$$

(2) $C_{L\alpha}$ 最大时 Ma 数的计算

$C_{L\alpha}$ 最大时的 Ma 数为

$$M_{C_{L\alpha}\max} = \sqrt{1-\bar{t}_\mathrm{av}^{2/3}\left[2-\frac{1}{A\bar{t}_\mathrm{av}^{1/3}}\right]} \tag{14.10}$$

此时

$$C_{L\alpha\max} = C_{L\alpha}|_{M=1}\left[1+\bar{t}_{\mathrm{av}}^{2/3}\left(2-\frac{1}{A\bar{t}_{\mathrm{av}}^{1/3}}\right)^2\right] \tag{14.11}$$

4. 超声速情况($Ma>1.2$)

当 $0 \leqslant A\tan\Lambda_{50\%} \leqslant 3$ 且 $2 \leqslant A\sqrt{Ma^2-1} \leqslant 9$ 时,通过典型平面形状机翼的线化理论结果曲线内插值来得到所需的值。

其他情况采用相仿律进行计算,即

$$C_{L\alpha} = 4\Big/\sqrt{Ma^2-1} \cdot \frac{\pi}{180} \tag{14.12}$$

14.2.2 最大升力系数及其迎角随 Ma 的变化

由梢根比 λ 查图 14.1 可得到系数 C_1,如果 $A > \dfrac{3}{(C_1+1)\cos\Lambda_0}$,则按照大展弦比计算最大升力系数,否则按照小展弦比进行计算。

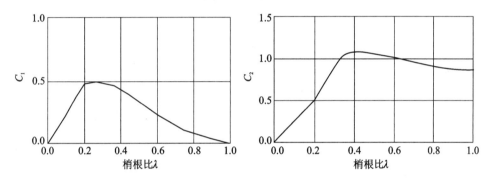

图 14.1 小展弦比机翼梢根比修正因子[2]

1. 大展弦比情况

① 根据所选择翼型以及相对厚度 $\bar{t}(=t/c)$ 查表 14.1,并计算翼型前缘尖锐度参数 ΔY,且由翼型气动数据查得 $Ma=0.2$ 时的翼型最大升力系数 $C_{l\max}$;

表 14.1 普通翼型的 ΔY

翼型类型	ΔY	翼型类型	ΔY
NACA 4 位数	$26t/c$	NACA 64 系列	$21.3t/c$
NACA 5 位数	$26t/c$	NACA 65 系列	$19.3t/c$

② 由 ΔY 和机翼前缘后掠角 Λ_0 按照图 14.2 和图 14.3 查出 $Ma=0.2$ 时机翼与翼型最大升力系数之比($C_{L\max}/C_{l\max}$)和对更高马赫数的修正项 $\Delta C_{L\max}$;

③ 计算最大升力系数,即

$$C_{L\max} = C_{l\max}\left(\frac{C_{L\max}}{C_{l\max}}\right) + \Delta C_{L\max} \tag{14.13}$$

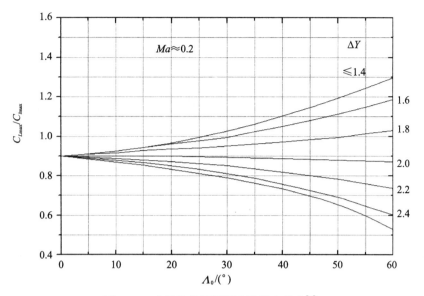

图 14.2 大展弦比机翼亚声速最大升力[2]

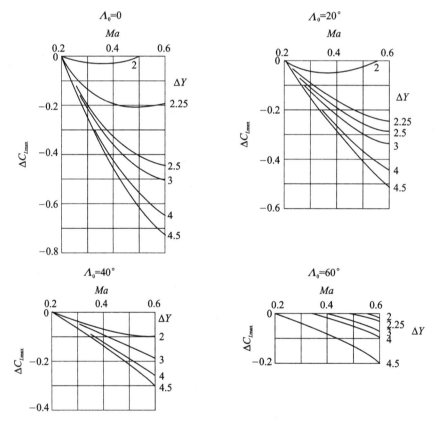

图 14.3 大展弦比机翼亚声速最大升力的 Ma 修正[2]

④ 估算最大升力时的迎角，即

$$\alpha_{C_{L\max}} = \frac{C_{L\max}}{C_{L\alpha}} + \alpha_0 + \Delta\alpha_{C_{L\max}} \tag{14.14}$$

式中，α_0 为机翼零升迎角，$\alpha_0 = \alpha_{0,\infty} - \dfrac{\gamma}{3} \times \dfrac{1+2\lambda}{1+\lambda}$（$\gamma$ 为机翼扭转角，$\alpha_{0,\infty}$ 为翼型零升迎角）；$\Delta\alpha_{C_{L\max}}$ 为涡流非线性影响的修正，根据 ΔY 和 Λ_0 查图 14.4 即可得到。

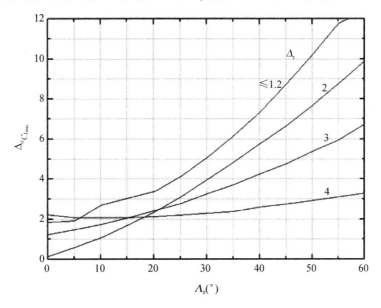

图 14.4 大展弦比机翼亚声速最大升力的迎角增量

2. 小展弦比情况

① 由 C_1 和 ΔY 按照图 14.5 查出 $(C_{L\max})_{\mathrm{base}}$，图中 $\beta = \sqrt{1-Ma^2}$；由梢根比 λ 查表 14.1 得到系数 C_2，进而由图 14.6 查出最大升力增量 $\Delta C_{L\max}$。

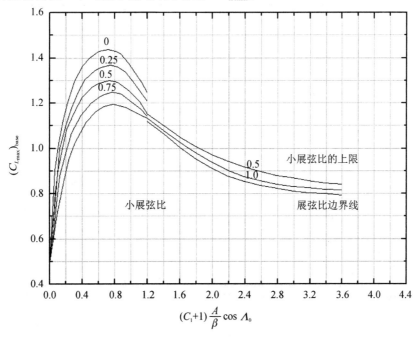

图 14.5 小展弦比机翼最大亚声速升力

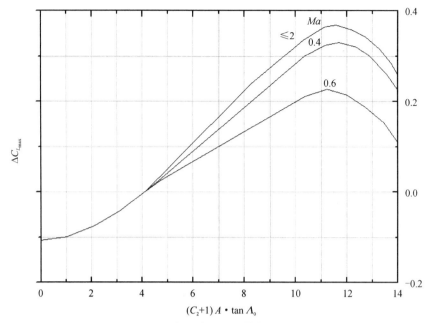

图 14.6 小展弦比机翼最大升力增量

② 最大升力系数的计算公式为

$$C_{L\max}=(C_{L\max})_{\text{base}}+\Delta C_{L\max} \qquad (14.15)$$

③ 估算最大升力系数时对应的迎角为

$$\alpha_{C_{L\max}}=(\alpha_{C_{L\max}})_{\text{base}}+\Delta\alpha_{C_{L\max}} \qquad (14.16)$$

式中,$(\alpha_{C_{L\max}})_{\text{base}}$ 可查图 14.7 得到,$\Delta\alpha_{C_{L\max}}$ 可查图 14.8 得到。

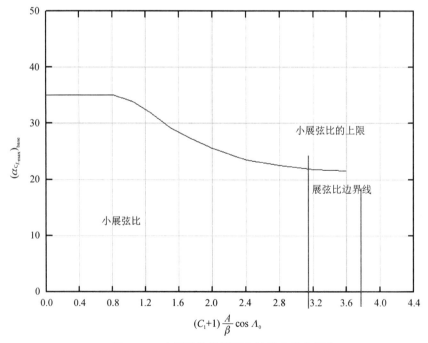

图 14.7 小展弦比机翼亚声速最大升力迎角

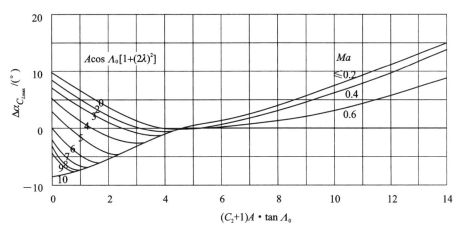

图 14.8 小展弦比机翼亚声速最大升力迎角增量

3. 高速时最大升力系数估算

按照以上步骤计算出 $Ma=0.5$ 时的最大升力系数,再乘上由图 14.9 查出的比例系数即可。

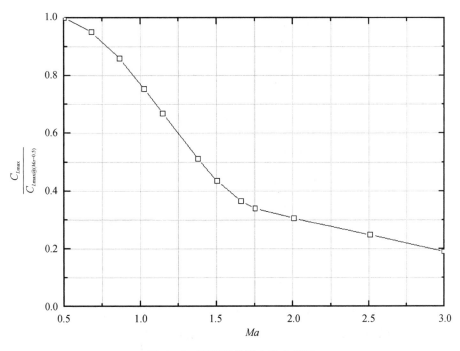

图 14.9 高速时的最大升力修正

4. 起飞/着陆时最大升力系数

飞机在起飞和着陆时,通常会偏转襟翼以及前缘襟翼等增升装置以增加最大升力,由此获得的升力增量可以按照下式计算:

$$\Delta C_{L\max}=\Delta C_{l\max}\left(\frac{S_{\text{flap}}}{S}\right)\cos \Lambda_{\text{HL}} \tag{14.17}$$

式中,S_{flap} 为带襟翼的机翼面积;S 为机翼参考面积;Λ_{HL} 为增升面铰链线所在的机翼后掠角;

$\Delta C_{l\max}$ 与翼型和增升装置类型有关,可以参考表 14.2 选取。表中 c'/c 为增升装置打开和关闭情况下的翼型弦长比,如图 14.10 所示。

表 14.2 增升装置的近似升力贡献值[2]

增升装置(襟翼)	$\Delta C_{l\max}$	增升装置(前缘装置)	$\Delta C_{l\max}$
简单和开裂式	0.9	固定翼缝	0.2
开缝式	1.3	前缘襟翼	0.3
富勒式	$1.3c'/c$	克鲁格襟翼	0.3
双缝式	$1.6c'/c$	缝翼	$0.4c'/c$
三缝式	$1.9c'/c$		

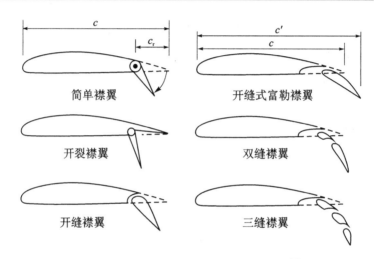

图 14.10 增升装置类型及 c'/c 参数定义[2]

在起飞时由于一般不偏转到最大位置,可取其值的 60%~80%。此时对应的最大升力系数为

$$C_{L\max@(\text{takeoff/landing})} = C_{L\max} + \Delta C_{L\max} \qquad (14.18)$$

引起机翼零升迎角的变化量为

$$\Delta \alpha_{0L} = (\Delta \alpha_{0L})_{2-D} \left(\frac{S_{\text{flap}}}{S} \right) \cos \Lambda_{\text{HL}} \qquad (14.19)$$

式中,$(\Delta \alpha_{0L})_{2-D}$ 为二维情况的襟翼零升迎角的变化,初步估算时按照经验取值,起飞时 $(\Delta \alpha_{0L})_{2-D} \approx 10°$,着陆时 $(\Delta \alpha_{0L})_{2-D} \approx 15°$。此时对应的迎角为

$$\alpha_{C_{L\max@(\text{takeoff/landing})}} = \alpha_{C_{L\max}} + \Delta \alpha_{0L} \qquad (14.20)$$

14.2.3 升力系数曲线

利用上述方法可以得到给定马赫数下的升力线斜率 $C_{L\alpha\_Ma}$ 和最大升力系数 $C_{L\max\_Ma}$,通过所选翼型得到全机的零升迎角 α_0。在初步估算时采用线性近似,则可以得到给定马赫数下的升力系数曲线为

$$C_L = C_{L\alpha\_Ma}(\alpha + \varphi - \alpha_0) \qquad (C_L < C_{L\max\_Ma}) \qquad (14.21)$$

式中,φ 为机翼安装角。

当给定一组马赫数时,则可以获得飞机的升力系数曲线簇,如图 14.11 所示。

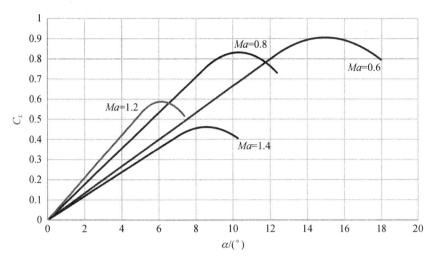

图 14.11 典型的 $C_L-\alpha$ 曲线示例[3]

14.2.4 阻力特性

1. 零升阻力特性

零升阻力特性计算方法主要包括当量蒙皮-摩擦阻力法及部件构成法。本章主要使用当量蒙皮-摩擦阻力法,有关部件构成法的相关内容可参考文献[1]的相关描述。

(1) 亚声速零升阻力分析

全机的亚声速零升阻力可以由下式估算:

$$C_{D0} = C_{fe} \frac{S_{wet}}{S} \tag{14.22}$$

式中,S_{wet} 为全机浸润面积(湿面积);S 为机翼参考面积;C_{fe} 为当量蒙皮摩擦阻力系数,取统计值,见表 14.3。

表 14.3 当量蒙皮摩擦阻力系数

$C_{D0} = C_{fe} \frac{S_{wet}}{S}$	C_{fe}	$C_{D0} = C_{fe} \frac{S_{wet}}{S}$	C_{fe}
轰炸机	0.003 0	净超声速巡航飞机	0.002 5
民用运输机	0.002 6	轻型飞机(单发)	0.005 5
军用货机(机身尾部翘起)	0.003 5	轻型飞机(双发)	0.004 5
空军战斗机	0.003 5	螺旋桨水上飞机	0.006 5
海军战斗机	0.004 0	喷气式水上飞机	0.004 0

(2) 超声速零升阻力分析

飞机在超声速飞行时,激波阻力为

$$C_{Dwave} = \frac{4.5\pi}{S}\left(\frac{A_F}{l_F}\right)^2 E_{WD}(0.74 + 0.37\cos\Lambda_0)(1 - 0.3\sqrt{Ma - Ma_{C_{D0max}}}) \tag{14.23}$$

式中,$Ma_{C_{D0\max}} = \dfrac{1}{\cos^{0.2}\Lambda_0}$;$A_F$ 为机身最大横截面积;l_F 为机身长度;E_{WD} 为表征实际飞机横截面积分布与 Sears-Haack 体的一致程度及飞机其他波阻源(如天线、进气道)影响的修正系数,其量值 2.0 左右。此时,飞机的零升阻力为

$$C_{D0} = C_{fe}\frac{S_{wet}}{S} + C_{Dwave} \tag{14.24}$$

(3) 跨声速零升阻力处理

仅考虑激波阻力变化,图 14.12 中 A 点对应马赫数 1.2(或稍多),波阻按照式(14.23)计算;B 点对应马赫数 1.05,波阻与 A 点相同;C 点对应马赫数为 1.0,波阻为 B 点的一半;E 点对应的临界马赫数为 $Ma_{crit} = 1.0 - 0.065\cos^{0.6}\Lambda_0 (100\bar{t}_{av})^{0.6}$,波阻为 0;D 点对应阻力发散马赫数 $Ma_{DD} = Ma_{crit} + 0.08$,波阻为 0.002 左右。将各点用样条曲线光滑连接。

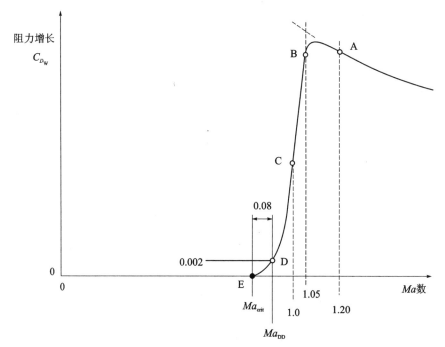

图 14.12 跨声速阻力跃升(激波阻力)估算

2. 升致阻力因子

① 亚声速时的升致阻力因子 K_1 值的估算公式为

$$K_1 = \frac{1}{\pi A e} \tag{14.25}$$

基于真实飞机估算 e 值的公式为

直机翼飞机 $\quad e = 1.78(1 - 0.045 A^{0.68}) - 0.64$

后掠翼飞机 $\quad e = 4.61(1 - 0.045 A^{0.68})(\cos\Lambda_0)^{0.15} - 3.1$

按照升力线理论,直机翼和后掠翼的判断依据是 1/4 弦线后掠角是否接近为零。

② 超声速时 K_1 值的估算公式为

$$K_1 = \frac{A(Ma^2 - 1)}{4A\sqrt{Ma^2 - 1} - 2}\cos\Lambda_0 \tag{14.26}$$

③ 跨声速段的 K_1 值可以近似地使用光滑曲线连接亚声速值和超声速值得到。

3. 全机阻力特性

根据以上分析就可以得到在给定马赫数下的全机阻力系数（图 14.13）为

$$C_D = C_{D0} + K_1 C_L^2 \qquad (14.27)$$

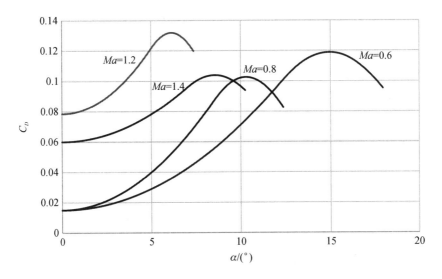

图 14.13　典型的 $C_D - \alpha$ 特性曲线

14.2.5　极曲线

根据上述方法可得到升力系数曲线 $C_L - \alpha$ 和阻力系数曲线 $C_D - \alpha$。在给定马赫数下，给定一组迎角 α 值，可得到一组相互对应的 $C_L - C_D$，即该马赫数下的极曲线，如图 14.14 所示。同样的方式还可以获得这些迎角对应的升阻比 C_L/C_D，如图 14.15 所示。

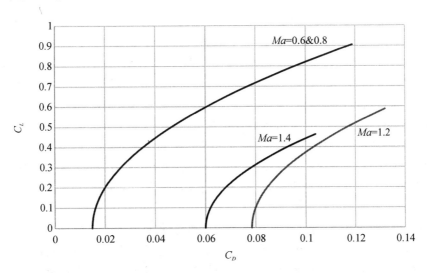

图 14.14　典型的 $C_L - C_D$ 特性曲线

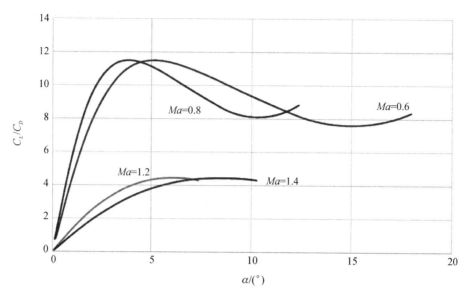

图 14.15 典型的 $C_L/C_D - \alpha$ 特性曲线

14.3 气动特性分析工具介绍与算例

14.3.1 气动分析工具分类与适用范围

1. 基于涡格法/面元法的气动分析方法

（1）方法概述

为了获得更为准确的气动计算数据，在实际工程中多采用基于流体力学方程数值求解的计算分析软件[6-10]。

求解同为线性微分方程的拉普拉斯方程或线化位势流方程是依靠数学手段分析复杂流场运动的最简单的方法。根据一般高等数学知识，将通解线性叠加以获得特解是线性微分方程的标准解法。涡格法、面元法（偶极子格网法）等均为这一理论的具体算法实现，其区别主要在于方程通解的选取（如涡或偶极子）以及通解所关联的奇点在飞行器外形网格上具体的布置方式（如马蹄涡模型或涡环模型等）。

涡格法将机翼作为一个平面来进行后续计算处理，在这个平面上叠加马蹄涡的网格来模拟升力作用。具体的升力面模型为：整个翼面及其后尾涡面用有限个展向和弦向分布的离散马蹄涡代替，且由毕奥-萨瓦定律来计算出每一个指定控制点上马蹄涡所诱导的速度。将所有计算所得机翼表面上控制点进行求和，得到一组有关马蹄涡强度的线性代数方程，且此组方程满足不穿透机翼表面边界条件。

在算法的适用范围方面，方法无法求解由于黏性带来的摩擦阻力与分离阻力。对于阻力的另一方面"诱导阻力"而言，由于其来自于翼尖涡诱导造成的升力方向偏斜而产生的水平分量——与空气黏性完全无关。因此，通过拉普拉斯方程或线化位势流方程求解所获得的阻力均为该项。相比于拉普拉斯方程，线化位势流方程加入了马赫数带来的压缩性影响，可以进一步求解马赫数不大于 0.8 的亚声速气动问题和马赫数不大于 5 的超声速问题。

(2) 典型软件

① XFoil。XFoil 是基于高阶面源法并混合黏性边界层求解的二维翼型亚声速气动力分析软件。XFoil 由麻省理工学院教授 Mark Drela 和 Aercraft,Inc. 的 Harold Youngren 开发并将可执行程序与源代码发布于互联网[8],其核心算法采用 Fortran 语言编写。在气动分析方面,该程序可在极短时间内完成单段翼型的气动力分析,可设置翼型表面附面层为自由或强制转捩,并能够对转捩处发生的气泡分离、小范围后缘黏性分离、最大迎角后的小范围失速现象进行有效模拟,并可通过卡门-钱学森公式进行压缩性修正。此外,XFoil 还可进行翼型的直接几何参数设计,或通过人为指定翼型表面速度分布进行翼型的反设计。

② XFlr5。XFlr5 由 Andre Deperrois 利用 C 语言开发完成,采用了三种不同方法对飞机气动力进行分析,具体包括:非线性升力线理论、涡格法和面源法。在升力线理论方面,XFlr5 通过下洗计算并引用 XFoil 算法实现展向不同二维截面气动力求解[12]。在进行单独机翼气动力求解时,XFlr5 可选择进行薄翼假设下的涡格法分析或使用偶极子加点源的方式处理带厚度机翼。而在处理机翼机身组合体气动分析时,由于自动网格生成难的原因,只能对机身使用三维面源法描述而对机翼采用薄翼假设下的涡格法[13]。

尽管 XFlr5 在使用界面上比 AVL 更为友好,但在飞机气动外形优化研究中,文本输入文件驱动的 AVL 比 XFlr5 更容易通过脚本集成至优化框架当中。

③ Tornado/VLM513。Tornado 和 VLM513 均为基于 MATLAB 环境开发的涡格法三维机翼气动力分析软件,主要面向飞机概念设计及空气动力学教学。

Tornado 由瑞典皇家理工大学(KTH)Tomas Melin 完成开发并开源发布至互联网[13]。该软件通过命令行形式依次完成飞机外形和求解参数定义,可支持定义多翼面布局飞机,并可对每个机翼的不同截面的翼型、上反和扭转角进行分别定义。该软件除了能够实现一般的升力、力矩计算外,还可实现飞机围绕重心转动以及舵面偏转过程的气动导数计算,在气动力计算方面采用了与传统沿蒙皮法向积分或 Trefftz 平面积分完全不同的"内洗/外洗"方法。在涡格法核心的布涡问题上,Tornado 采用了马蹄涡模型,控制点和涡线均布置在机翼弦平面上以求简化算法。

VLM513 由北京航空航天大学宋磊完成开发并开源发布至互联网[14]。该软件在 Tornado 的基础上进行了算法的多方面改进:布涡方面改为在机翼中弧面生成网格以提升大弯度翼型情况下气动力计算精度;气动力求解方面改进算法提升非对称来流情况下气动力计算精度提升和舵面偏转情况下的数值稳定性,数据结构方面由马蹄涡模型更换为数学上等效的涡环模型并优化数据点变量存储和调用方式大幅提升计算速度。除此之外 VLM513 还增加了飞机纵横向模态参数分析功能,并增加了基于 Simulink 的 Flight Gear 软件接口,可以实现人在环内的飞机动态飞行品质评估。最后在飞机外形定义方面,VLM513 采用文本文件完成飞机外形和求解状态的定义,在使用和修改过程中较 Tornado 更加方便。

2. 基于全速势方程和欧拉方程求解的气动分析方法

(1) 方法概述

全速势方程(Full Potential Equation)可用于求解满足无黏、无旋假设下的亚/跨/超/高超声速的空气动力学问题,其方程为

$$(1-M_x^2)\frac{\partial^2 \phi}{\partial x^2} + (1-M_y^2)\frac{\partial^2 \phi}{\partial y^2} + (1-M_z^2)\frac{\partial^2 \phi}{\partial z^2} - 2M_x M_y \frac{\partial^2 \phi}{\partial x \partial y}$$

$$-2M_yM_z\frac{\partial^2\phi}{\partial y\partial z}-2M_zM_x\frac{\partial^2\phi}{\partial z\partial x}=0 \tag{14.28}$$

式中, $M_x=\frac{1}{a}\frac{\partial\phi}{\partial x}$, $M_y=\frac{1}{a}\frac{\partial\phi}{\partial y}$, $M_z=\frac{1}{a}\frac{\partial\phi}{\partial z}$。从形式上看,虽然全速势方程中依然存在速度势 ϕ,但由于式(14.28)等号左侧后三项中二阶混合偏导数的存在使其成为非线性偏微分方程。从全速势方程以后,由于方程非线性结构的影响,其流场分析计算无法像线性方程一样应用叠加原理快速求解。为此,在工程实践中多采用算法更为复杂、计算时间更长的有限差分方法进行流场的数值计算。

① 欧拉方程。

当飞机处于跨、超声速飞行时,流体通过激波造成熵增使得激波前后流体环量发生突变。此时流场不再符合无旋假设,即无法再用位势流方程进行流动现象描述。因此,需要使用更为准确的欧拉方程(Euler Equations)进行流场分析计算,欧拉方程为

$$\begin{aligned}u\frac{\partial u}{\partial x}+v\frac{\partial u}{\partial y}+w\frac{\partial u}{\partial z}&=-\frac{1}{\rho}\frac{\partial p}{\partial x}\\ u\frac{\partial v}{\partial x}+v\frac{\partial v}{\partial y}+w\frac{\partial v}{\partial z}&=-\frac{1}{\rho}\frac{\partial p}{\partial y}\\ u\frac{\partial w}{\partial x}+v\frac{\partial w}{\partial y}+w\frac{\partial w}{\partial z}&=-\frac{1}{\rho}\frac{\partial p}{\partial z}\end{aligned} \tag{14.29}$$

欧拉方程相当于在 N-S 方程基础上仅略去黏性项,意味着除黏性主导的边界层问题外,其他流动问题都可以得到较为理想的解。该方程组等号左端为流体单元的动量变化率,式中仅列出了对流项。在需要计算非定常问题时,还可以进一步加入时间项。方程组等号右端为压力项。利用欧拉方程求解不可压流体时,需要结合联立连续性方程,求解可压流体时还需要进一步联立加入能量方程。

② 混合边界层计算方法。

在此之前描述的所有气动力计算方法中都强调了流场的无黏假设,这对于飞机设计而言,意味着无法获得由黏性导致的摩擦零升阻力、黏性分离导致的压差阻力和失速/过失速气动特性。为了弥补这一缺陷,在很多气动计算软件开发过程中引入了混合边界层计算方法(Boundry Layer Methods)。

黏性很小的流体以大雷诺数运动时,黏性效应只集中在物面附近很薄的边界层之中。在边界层区域以外,流体黏性效应可基本忽略。在边界层中,N-S 方程可以被简化成更容易被求解的形式,称为边界层方程,使用时要求边界层厚度远远小于物面尺寸,雷诺数大于边界层厚度平方的倒数,且来流马赫数不能太大(在较高高超声速范围内无效)。通过在无黏计算基础上耦合边界层方程求解,可计算获得黏性所致零升阻力,并可以在一定程度上预测失速的发生。二维边界层方程主要包括以下几个方程:

连续性方程

$$\frac{\partial(\rho u)}{\partial x}+\frac{\partial(\rho v)}{\partial y}=0 \tag{14.30}$$

沿物体表面 x 方向动量方程

$$\rho u\frac{\partial u}{\partial x}+\rho v\frac{\partial u}{\partial y}=-\frac{\mathrm{d}p_e}{\mathrm{d}x}+\frac{\partial}{\partial y}\left(\mu\frac{\partial u}{\partial y}\right) \tag{14.31}$$

垂直物体表面 y 方向动量方程（较高高超声速范围内不满足）

$$\frac{\partial p}{\partial y} = 0 \tag{14.32}$$

能量方程

$$\rho u \frac{\partial h}{\partial x} + \rho v \frac{\partial h}{\partial y} = \frac{\partial}{\partial y}\left(k\frac{\partial T}{\partial y}\right) + u\frac{\mathrm{d}p_\mathrm{e}}{\mathrm{d}x} + \mu\left(\frac{\partial u}{\partial y}\right)^2 \tag{14.33}$$

从方程形式上看，边界层方程为二阶非线性偏微分方程，求解时需结合边界层内外边界条件进行方程数值求解。

（2）方法应用与限制

在实际工程应用中，全速势方程和欧拉方程的求解通常会与边界层方程耦合使用，从而进行一些黏性作用较弱的流动分析。

全速势方程和欧拉方程简化条件的区别使得两者适用范围不同：全速势方程的简化过程中使用了无旋/等熵流假设，所以无法求解存在强激波时的流动问题；全速势方程耦合边界层方程仅适用于求解附加流和存在轻微流动分离的流体。欧拉方程在简化中仅忽略了黏性项，因此欧拉方程耦合边界层方程可以用于激波诱导流动分离或者有旋流场的气动分析。

为实现非线性方程组求解，该类软件可以根据需要生成自适应网格，具有预处理（几何导入、网格划分）、求解器和后处理（结果分析）程序，可以自主完成对特定工况的完整分析过程。

（3）典型软件

① TRANAIR。TRANAIR 是一款基于全速势方程耦合黏性边界层方程求解的软件[15]，由波音工程师团队于 1989 年完成研发，1990 年投入使用，完成了波音 B777 和 B737NG 等一系列型号的设计工作。TRANAIR 具有独特的网格细化机制，将网格集中在高梯度区域，减少低梯度区域的网格数量，从而在节省时间的同时提高网格质量。此外，用户可以通过定义感兴趣的区域和网格数目的限制来指导自适应网格的过程。在边界层求解方面，TRANAIR 的研发团队改进并应用了 Drela 的二维积分边界层，使计算结果具有很高的精确度。TRANAIR 还具有模拟较小的流动分离、解决气动弹性问题、时间谐波计算和非定常问题的能力。

② BLWF。BLWF 可用于进行跨声速运输机、客机的初步空气动力学分析，可快速计算机翼、机身、机舱、尾翼结构上的黏性跨声速流[16]。外部无黏流上采用保守全势方程，在复杂构型中采用重叠网格技术；黏性区域采用三维可压层流和湍流边界层的有限差分逆计算，二维积分或三维有限差分计算黏性尾流；黏性无黏耦合采用准同时进行的有黏无黏耦合方案，中等分离区进行 6～8 次黏性迭代，可快速获得完全自洽的方案。

③ MSES。MSES 是专门针对二维翼型和多段翼增升构型的快速气动计算和分析工具[17]，同时自带翼型优化功能。相对于 Xfoil 低速翼型分析工具，MSES 可以根据分析问题的复杂程度（如是否存在激波），选择全速势/欧拉方法，同时可以选择是否叠加边界层进行计算。MSES 可以很好地解决大型民机以及高速战斗机等翼型气动分析中的超临界流动、激波等问题，计算结果的升阻力特性和压力分布更接近实际情况，因此在高速翼型气动分析和优化设计中，是一个较为实用并且精度较高的分析工具。

3. 基于 N-S 方程的气动力分析方法

（1）方法概述

N-S 方程

$$u\frac{\partial u}{\partial x}+v\frac{\partial u}{\partial y}+w\frac{\partial u}{\partial z}=-\frac{1}{\rho}\frac{\partial p}{\partial x}+\nu\nabla^2 u$$

$$u\frac{\partial v}{\partial x}+v\frac{\partial v}{\partial y}+w\frac{\partial v}{\partial z}=-\frac{1}{\rho}\frac{\partial p}{\partial y}+\nu\nabla^2 v$$

$$u\frac{\partial w}{\partial x}+v\frac{\partial w}{\partial y}+w\frac{\partial w}{\partial z}=-\frac{1}{\rho}\frac{\partial p}{\partial z}+\nu\nabla^2 w \tag{14.34}$$

是对流动机理最具普适性的数学描述，适用于满足连续性假设的可压缩、黏性流体，可以求解绝大多数飞行器所涉及的气动力问题（当前工程问题中最常见的反例即临近空间飞行器的气动问题。临近空间由于空气过于稀薄，已不满足连续性假设）。与欧拉方程的求解过程类似，N-S方程的求解过程中，在分析不可压流体时需要联立连续性方程，分析可压流体时还需进一步加入能量方程。相对于混合边界层计算方法仅在边界层厚度范围内进行黏性求解，通过在全流场范围内应用N-S方程求解，可以在更大尺度范围内计算流体黏性效应产生的影响，从而获得更为准确的黏性影响估计，如图14.16所示。图中点是实验数据，线是计算数据。

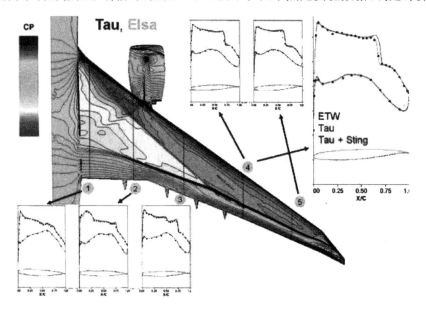

图 14.16 宽体客机巡航状态下机翼表面压力分布计算（线数据）实验（点数据）对比[18]

（2）方法应用与限制

求解N-S方程是流体力学问题的终极解决手段。直接用计算机数值方法求解N-S方程（Direct Numerical Simulation，DNS）对计算机计算资源需求极高，只能对小雷诺数下的流动现象进行有限仿真，尚不足以满足飞机设计工程中对计算效率的需要。湍流作为流体黏性效应的宏观体现，尽管其具有复杂的三维、非定常、多尺度等特性，然而实际工程中很多时候更关心于湍流在时间尺度上的平均效果。雷诺平均N-S方程（Reynolds-averaged Navier-Stokes equation，RANS）通过一定的湍流模型对N-S方程进行时间上的平均，将非定常湍流问题转化为定常问题进行研究。建立在不同假设条件下的湍流模型均有其特定的适用范围，在处理不同计算问题时需要设计人员根据个人经验，或者经过试算并与相关实验结果进行比对选取。

相对于 RANS 采用的时间平均思想,大涡模拟方法(Large Eddy Simulation,LES)采用滤波思想,通过更细的网格划分以捕捉大尺度涡,并对小尺度涡通过一定模型进行简化,从而具有更好的普适性并保留湍流的脉动特点,相比 RANS 对分离流动和转捩预测具有更好的求解效果。由于 LES 需要更为精细的网格划分和更高精度的数值方法,因此其计算成本(计算机性能、计算时间)相比 RANS 要大许多。NASA 在其发布的《2030 计算流体力学展望研究报告》中指出,未来面向飞机设计需求的计算流体力学将朝着 RANS/LES 混合方向发展,以实现湍流预测精度与计算效率的合理兼顾。在这一发展过程中,高性能计算机技术与流场的 RANS/LES 分区自适应网格技术将成为最重要的推进力量。

(3) 典型软件

① PHengLEI。NNW-PHengLEI 软件[19]是中国空气动力研究与发展中心(CARDC)计算空气动力研究所(CAI)开发的,以"网格融合"为特色的国内第一款开源流体工程软件。

NNW-PHengLEI 软件以面向对象的设计理念,采用 C++语言编程。为了适应结构网格、非结构网格、混合网格、重叠网格等不同网格的计算,设计了具有良好通用性、可扩展性的体系结构和数据结构,实现了在同一个软件平台上,同时兼容结构求解器和非结构求解器。两种求解器可独立运行,也能耦合计算,即在流场中同时含有结构网格和非结构网格的情况下,在结构网格上调用结构求解器,在非结构网格上调用非结构求解器。此外,软件还具有以下特点:支持多种混合计算策略,如二阶/高阶算法混合;激波/分离等特征区域采用结构网格 WCNS 算法,其他区域采用非结构网格二阶有限体积法。

② CFL3D。CFL3D 是一款基于结构网格求解雷诺平均 N-S 方程的软件,最初版本由 NASA 兰利研究中心计算流体实验室的 Christopher L·Rumsey 博士和 Robert T·Biedron 博士在 20 世纪 80 年代研发完成。该软件不包含任何网格生成软件,运行之前需导入结构网格,软件内含有多种湍流模型的代码,可以满足多种计算需求。由于结构网格具有处理复杂的几何问题时缺乏灵活性、生成自适应网格时存在困难等因素,所以一般用于分析构型的几何拓扑相对固定的情况。CFL3D 被证实是飞机工程设计计算比较可靠且效率较高的 RANS 工具,因此在高速构型气动分析时推荐使用该软件。

③ FLUENT/CFX。FLUENT 是一款基于非结构网格求解 N-S 方程的软件,由 ANSYS 公司研发,支持二维的三角形或四边形网格,三维的四面体/六面体/棱柱/金字塔形网格,甚至可以使用混合型非结构网格。最初 FLUENT 是使用雷诺平均法求解 N-S 方程,随着计算机能力的提高,FLUENT 已将大涡模拟(LES)纳入其标准模块,并且开发了更加高效的分离涡模型(Detached-Eddy Simulation,DES)。FLUENT 提供丰富的湍流模型,适用于复杂流场的分析。除此之外,FLUENT 提供了气动声学模型,对流、热传导及辐射模型,化学反应模型,多相流模型等用于复杂流动的模拟。

CFX 同 FLUENT 一样,是 ANSYS 公司基于求解雷诺平均 N-S 方程的商用软件,是世界上唯一采用全隐式耦合算法的大型商用软件。CFX 内含丰富的物理模型和完善的前/后处理功能,除气动计算外,还可以模拟诸如燃烧、多相流、化学反应等复杂流场。

④ StarCCM。StarCCM 软件[22]支持多种 CFD 求解方法和多种湍流模型,可以根据导入的几何外形,自动划分结构网格的边界层,同时在边界层以外自动划分非结构网格,在保证能够处理复杂外形的同时,计算效率上大幅高于全部采用非结构网格的 CFD 程序。因此,对于飞机总体设计中非常规构型的精确计算,采用这类方法效率较高。

14.3.2 气动导数计算

除了升阻特性以外,飞机还有一类非常重要的气动特性的参数——飞机气动导数。飞机气动导数通常作为反映飞机本体操稳特性的输入,是后续飞行仿真和控制率设计的重要依据。飞机气动导数包括了三大类型:气动静导数、气动动导数和操纵导数。

① 气动静导数计算:静导数是飞机力和力矩系数相对于迎角、侧滑角等角度变化的导数。对飞机影响较大的静导数主要包括俯仰力矩系数对迎角的导数 $C_{m\alpha}$、滚转/偏航力矩系数对侧滑角导数 $C_{l\beta}/C_{n\beta}$ 以及侧力系数对侧滑角导数 $C_{Y\beta}$。

② 气动动导数计算:气动动导数是飞机绕重心转动所引起的气动力系数和力矩系数对旋转角速度或姿态角变化率($\bar{p},\bar{q},\bar{r},\bar{\alpha},\bar{\beta}$)的导数,又称为旋转导数,其中有阻尼导数、交叉导数、时差导数等。相对于静导数计算,由于气动动导数计算对应于角速度变化的影响,因此计算难度较大且准确性较难保证。

③ 操纵导数计算:由操纵面偏转引起的气动力的变化所得到的气动导数,称为操纵导数,主要包括平尾/鸭翼操纵导数、升降舵操纵导数、方向舵操纵导数、副翼操纵导数、扰流片操纵导数。

对于中低速范围内气动特性线性特征较好的飞机静/动导数以及操纵导数计算,可参考《飞机设计手册》以及 AAA 软件的工程估算方法,也可用面元法计算工具如 XFlr5 或者 Tonado 进行计算。对于高速及气动特性非线性特征较明显的飞机,则采用全速势/欧拉+边界层修正的计算工具进行静导数计算较为准确。对于更高精度/准确性的动导数计算,则需要利用特殊的 CFD 计算方法[23](利用滑移网格模拟强迫震荡运动,并结合旋转坐标系模拟定常拉升和匀速滚转)或者动导数风洞试验(采用强迫或自由振荡设备模拟飞行器的刚体运动模态)来获得。操纵导数的计算中,对于较大舵偏的情况(如舵偏量大于 30°),由于舵面通常会出现流动分离,上述方法难以获得准确结果,需要借助 CFD 或者风洞试验的手段来获得。

14.3.3 不同软件的适用性

由于飞机总体设计囊括了概念设计到初步设计的过程,不同类型的飞机在飞行速度、气动特性上也存在很大的差异,因此在气动特性分析计算中,需要根据具体的分析问题采用不同计算效率和精度的分析工具,才能获得准确的结果。表 14.4 给出了飞机总体设计阶段不同气动分析问题建议采用的分析方法和典型分析软件。

对于低速翼型气动分析,尤其是低雷诺数的翼型会存在层流分离泡的特殊流动现象,基于面元法结合 e^N 边界层转捩预测方法的 XFoil 软件比较适合该类问题的计算,该软件可以计算不同雷诺数和迎角变化的工况,同时可以计算定升力系数的情况。基于 XFoil 内核的商业软件 Profili 针对翼型分析的需求,除了具有更友好的图形界面以外,还增加了翼型几何特征参数的修改功能和 CAD 格式导出功能。

对于高速翼型气动分析,由于可能存在激波流动现象以及增升装置二维多段翼复杂构型计算,需要采用全速势/欧拉+边界层修正的方法计算,典型的计算工具为 MSES。MSES 对高低速翼型计算都适用,计算的准确性比 XFoil 有所提高,尤其是在大升力系数和高速的工况下。对于二维增升多段翼的计算,MSES 会结合边界层修正计算主翼和襟翼的尾流边界层,但由于是基于边界层理论对于襟翼存在较大分离的情况较难得到收敛的结果。上述情况,则考虑采用基于 RANS 的 CFD 软件计算,可以通过编写脚本程序实现不同襟翼偏度下的批量计算,计算时间也可接受(二维多段翼在全部襟翼舵偏范围的计算,64 核 CPU 计算时间一般小于 24 h)。

表 14.4 不同软件的适用范围

气动分析问题	适用气动分析方法	典型软件	应用场景
低速翼型	面元法＋边界层修正	XFoil(开源)	低速,低雷诺数,层流转捩
高速翼型	全速势/欧拉＋边界层修正	MSES	跨声速,超声速
二维增升翼型	全速势＋边界层修正 雷诺平均 RANS	MSES StarCCM	低速缝翼/襟翼
低速气动布局评估	涡格法/面元法	XFlr5(开源) OpenVSP(开源)	概念设计阶段 OpenVSP 可计算滑流
高速气动布局评估	全速度势/欧拉＋边界层修正	BLWF 58/100	常规/非常规布局可压高速 非线性气动特性快速计算
低速气动性能精确计算	雷诺平均 RANS /大涡模拟混合 DES	CFX SU2(开源)	高升力构型 /失速特性
高速气动性能精确计算	雷诺平均 RANS	CFL3D(开源)	巡航构型升阻特性计算
非常规布局及复杂构型精确计算	雷诺平均 RANS /大涡模拟混合 DES	StarCCM	易于划分网格,在概念设计阶段计算量可接受

对于低速气动布局评估,可采用涡格法或面元法,典型的软件是 XFlr5,是开源软件。软件可以计算常规布局、鸭式布局、无尾布局的飞机,同时可以计及机身对机翼升力的影响,以及各气动部件之间的相互气动诱导作用。软件适合中小迎角下气动特性的计算,对于大迎角气动特性(尤其是升力系数随迎角变化)呈非线性的情况,计算准确性较难保证。另外对于零升阻力的计算两个软件都与实际有一定偏差,建议结合前述章节的工程算法来修正软件的零升阻力计算结果。

对于高速气动布局的评估,可采用全速势方法(适合出现弱激波的高亚声速及更小速度)以及欧拉方法＋边界层修正(适合低速至超声速),典型的软件包括 BLWF58/100(分别对应全速势和欧拉方法)。其中 BLWF 计算效率和升阻力计算结果准确性都不错,但计算收敛的鲁棒性一般,该程序被俄罗斯中央流体研究院和波音公司等用于民用飞机气动设计和载荷计算。

对于低速气动性能的精确计算,可采用雷诺平均 RANS/大涡模拟混合 DES 方法。由于低速气动性能通常会关注到最大升力系数和失速迎角,这方面计算精度较好的包括 CFX。对于飞机表面流动分离不明显或者分离结构简单的问题,建议采用 RANS 方法求解,这样可以提高计算效率。对于飞机表面存在较为复杂的分离流动,建议采用 DES 方法,采用该方法可以较好地平衡计算准确度和效率。

对于高速气动性能的精确计算,由于通常高速工况是以附着流为主,可采用雷诺平均 RANS 方法获得较为准确的结果,典型的软件包括开源的 CFL3D。CFL3D 为 NASA 开发的程序,其计算的升阻比和压力分布的准确性均经过大量的风洞试验的验证。

对于非常规布局和复杂构型的精确计算,可采用雷诺平均 RANS/大涡模拟混合 DES 方法,同时由于 CFD 网格划分的难度比较大,目前商业软件 StarCCM 在自适应网格划分方面功能强大,较为适合处理此类问题。

为了比较不同软件实际的计算效果,下面选取几种飞机概念设计常用的气动分析软件,以标模 DLR-F4 为参考模型进行气动力计算对比。DLR-F4 为第一届 AIAA CFD 阻力预测研讨会所使用的模型[24],如图 14.17 所示。DLR-F4 为亚声速常规布局,模型结构较为简单,测试上较为方便,且具有一定的代表性。在该标准模型的风洞试验数据中,ONERA-S2MA 数据范围更大[25],因此作为与软件计算的对比数据。

图 14.17 DLR-F4 CATIA 模型

1. 升力系数对比分析

图 14.18 和图 14.19 为四种软件对同一标模模型 DLR-F4 计算所得升力系数随迎角变化曲线的对比图。由图可知,除 XFlr5 里非线性升力线计算(LLT)外,其余软件所计算结果呈线性,PANAIR 与 BLWF 在试验数据线性阶段最贴合,而 OpenVSP 所计算的结果误差最大,XFlr5 可应用于非线性阶段的计算。综合建模与计算过程,PANAIR 分析最适用于线性阶段的升力系数计算,开始失速后,升力系数斜率降低,此时可采用 XFlr5 的 LLT 方法进行升力系数计算。

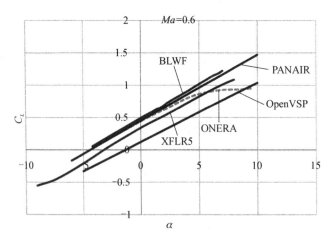

图 14.18 $Ma=0.6$ 时各软件升力系数曲线对比图

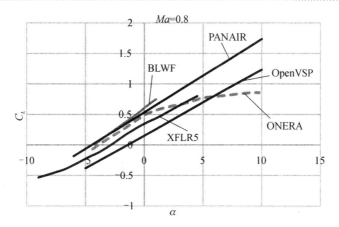

图 14.19 $Ma=0.8$ 时各软件升力系数曲线对比图

2. 阻力系数对比分析

图 14.20 和图 14.21 为各软件所计算的阻力系数随升力变化对比曲线图。BLWF 由于采

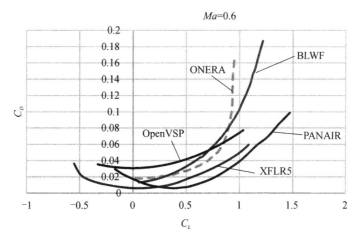

图 14.20 $Ma=0.6$ 时各软件阻力系数曲线对比图

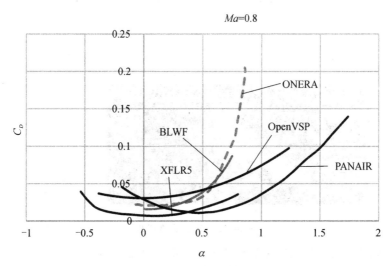

图 14.21 $Ma=0.8$ 时各软件阻力系数曲线对比图

用全速势求解,相对于面元法和涡格法计算具有更高的精度,与风洞试验结果更接近。XFlr5 和 OpenVSP 在中小升力系数下的升阻比变化趋势和风洞试验接近,但在 $Ma=0.8$、升力系数较大时偏差比较大,这主要是由于高速下机翼表面局部激波用涡格法和面元法无法准确捕捉。XFlr5 计算的零升阻力偏小,OpenVSP 计算的零升阻力偏大,因此在概念设计阶段,零升阻力计算还需要利用工程算法作为基准。PANAIR 在升阻比变化趋势方面计算误差较大。

14.3.4 气动分析算例

对于具有大展弦比机翼的飞行器和不可压流动范围内的气动特性,可利用基于涡格法(VLM)的开源计算程序 XFlr5 来对剖面设计后的机翼进行快速的气动分析。利用 XFlr5 对机翼进行设计与分析的步骤如下。

① 首先开展机翼各剖面的翼型分析,包括导入机翼各剖面的翼型,并定义翼型分析的雷诺数和迎角范围,开展机翼各剖面的翼型性能分析,如图 14.22 所示。

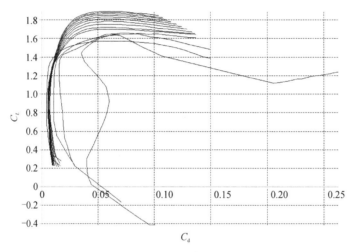

图 14.22 机翼各剖面翼型分析

② 对机翼各展向站位、对应站位上的翼型、扭转角上反角进行定义,如图 14.23 所示。

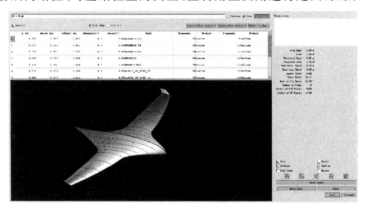

图 14.23 定义三维机翼

③ 定义展向和弦向的网格数量和网格分布,如图 14.24 所示。

④ 定义飞机尾翼、机身(如有的话)等其他部件和网格分布,如图 14.25 所示。

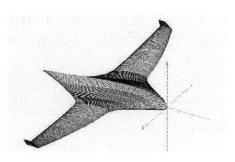

图 14.24　三维机翼网格定义

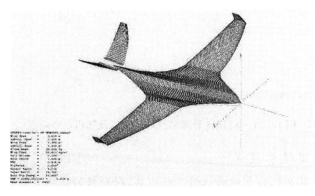

图 14.25　全机网格定义

⑤ 选择计算模式（定速、定升力、定迎角、侧滑计算）进行计算并分析结果，包括压力分布、展向载荷、气动焦点、升阻和力矩特性等，如图 14.26 所示。

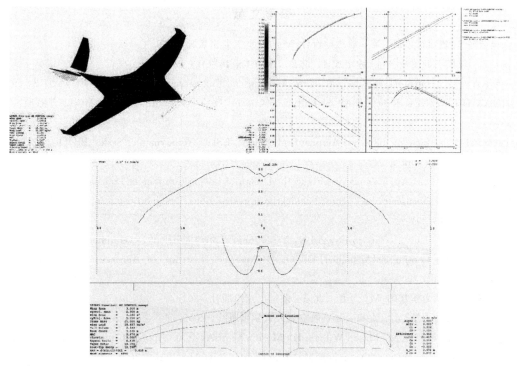

图 14.26　机翼气动特性分析

⑥ 进入稳定性分析模块，定义飞机初始状态、质量分布和转动惯量、大气参数和额外阻力项。分析后可得到飞机的气动导数（在 log 文件中）和飞机纵向/横航向的动态响应，如图 14.27 所示。

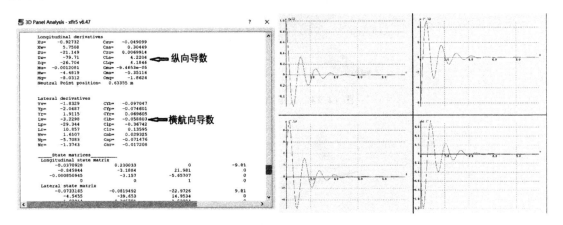

图 14.27　XFLR5 计算的气动导数以及飞机动态响应

课程设计项目进展建议

➢ 完成主要部件及全机的气动特性的工程估算，得到极曲线及起降状态的气动特性；
➢ 选择适当的计算流体力学分析方法，对机翼或全机（对全机的分析应慎重）进行计算，与工程估算方法结果进行对比分析；
➢ 根据不同布局、不同机翼参数等情况下的气动特性，优化完善设计方案。

参考文献

[1] 张锡金等. 飞机设计手册. 第 6 册气动设计[M]. 航空工业出版社，2002.
[2] 雷曼尔. 现代飞机设计[M]. 钟定逑译. 北京：国防工业出版社，1992.
[3] ROSKAM J. Airplane Design[M]. Roskam Aviation and Engineering Corporation，Ottawa，KS，1989.
[4] HOAK D E，FINCK R D. USAF Stability and Control DATCOM[DB/OL]. AFWAL. TR 81-3048，1978
[5] Technical Department of the Royal Aeronautical Society. ESDU Aerodynamics Series[EB/OL]，2004. https://www.esdu.com/.
[6] DOUG Ball. Recent Applications of CFD to the Design of Boeing CommercialTransports[EB/OL]. https://www.hpcuserforum.com/2009dearbornpresentations/DesignofBoeingCommercialTransports.pdf，2010-04-13/2015-2-25.
[7] JOHNSON Forrester T，Tinoco Edward N，Yu N Jong. Thirty Years of Development and Application of CFD at Boeing CommercialAirplanes[DB/OL]. American Institute of Aeronautics and Astronautics AIAA-2003-3439，2003.
[8] 安德森. 空气动力学基础[M]. 4 版. 北京：航空工业出版社，2010.
[9] 钱翼稷. 空气动力学[M]. 北京：北京航空航天大学出版社，2005.
[10] CUMMINGS Russell M，Mason William H，Morton Scott A，et al. Applied Computational Aerodynamics：A Modern Engineering Approach[M]. Cambridge University Press，2015.
[11] http://web.mit.edu/drela/Public/web/xfoil/.

[12] http://www.xflr5.com.

[13] http://tornado.redhammer.se.

[14] http://shi.buaa.edu.cn/songlei/zh_CN/jxzy/20673/content/1167.htm.

[15] JOHNSON F T. TranAir: A Full-potential, Solution-adaptive, Rectangular Grid Code for Predicting Subsonic, Transonic, and Supersonic Flows about Arbitrary Configurations[R]. NASA 19950021809.

[16] ZHANG Ke-shi, Martin Hepperle. Evaluation of the BLWF Code - A Tool for the Aerodynamic Analysis of Transonic Transport Aircraft Configurations. (2010).

[17] MARK Drela. A User's Guide to MSES 3.05 [EB/OL], 2007. http://web.mit.edu/drela/Public/web/mses/.

[18] SCHWAMBORN D, GERHOLD T, KESSLER R. DLR-TAU Code-an Overview [DB/OL]. 1st ONERA/DLR Aerospace Symposium, Paris, 1999.

[19] 中国空气动力研究与发展中心. 面向流体工程的混合CFD平台PHengLEI用户手册[EB/OL]. 2017. http://www.cardc.cn/nnw/software/phenglei.

[20] ROBERT E B, CHRISTOPHER L R, ROBERT T B. CFL3D Version 6.4—General Usage and Aeroelastic Analysis[EB/OL]. NASA/TM-2006-214301. https://nasa.github.io/CFL3D/

[21] ANSYS, Inc. ANSYS FLUENT User's Guide[EB/OL]. https://www.ansys.com/products/fluids/#tab1-2.

[22] Siemens Digital Industries Software. Simcenter STAR-CCM+ Tutorials[EB/OL]. https://plm.sw.siemens.com/en-US/simcenter/fluids-thermal-simulation/star-ccm/.

[23] 叶川;马东立. 利用CFD技术计算飞行器动导数. 北京航空航天大学学报,2013,02.

[24] DAVID W L, JOHN V, RICHARD A W. Summary of Data from the First AIAA CFD Drag Prediction Workshop[EB/OL]. AIAA 2022-0841. https://aiaa-dpw.larc.nasa.gov/Workshop1/workshop1.html.

[25] AGARD. A Selection of Experimental Test Cases for the Validation of CFD Codes[R]. Canada:Canada Communication Group,B4-1-B4-21.

第 15 章 飞行性能计算

🎯 **知识点**
- 飞行性能计算应涵盖的主要内容;
- 单位剩余功率的概念及单位剩余功率图的作用;
- 商载-航程平衡图的概念及绘制方法;
- 飞行包线的概念及各条边界的含义。

15.1 主要性能及计算所需数据

在方案设计阶段,要进行飞行性能的估算,以确定其是否满足战术技术指标和任务特性的要求。在初步设计和工程设计阶段,飞行性能计算工作还担负着大量的飞机各功能系统设计参数的设计协调任务。本章给出经过简化的喷气式飞机飞行性能计算方法,以适应方案设计阶段的快速计算。这些性能指标包括:机动性能、续航性能、起飞着陆性能等。有关螺旋桨飞机飞行性能计算参见文献[1],关于喷气式飞机的更多飞行性能参数计算参见文献[2]。

飞行性能计算所需的原始数据包括飞机重量、动力装置推力和耗油率特性、飞机气动特性等,其中飞机重量特性根据第 13 章有关内容进行估算;气动特性可以通过第 14 章有关内容估算或采用快速气动力分析软件估算;动力装置推力及耗油率特性一般由发动机设计部门提供,在无法获取有效数据的情况下,可通过附录 C 进行估算。

15.2 机动性能计算

飞机的机动性能是指飞机在一定时间内改变其高度、速度和飞行方向的能力,是反映飞机作战能力的重要性能。飞机的机动性能包括:水平加(减)速、盘旋、爬升等。为了便于对比,常把 50% 机内余油的飞机重量作为计算重量[3]。

15.2.1 水平加(减)速性能

水平加(减)速性能是反映飞机在水平面内改变直线飞行速度的能力,飞机从一个速度加(减)速到另一个速度所需要的时间称为加(减)速时间,所经过的水平距离称为加(减)速前进距离,发动机所消耗的燃油量称为加(减)速燃油消耗量,其中以加(减)速时间为主要指标。

在水平直线飞行时，基本计算方程为

$$\frac{\mathrm{d}V}{\mathrm{d}t} = \frac{F \cdot \cos(\alpha + \varphi_P) - D}{m} \tag{15.1}$$

$$F \cdot \sin(\alpha + \varphi_P) + L = mg \tag{15.2}$$

$$\frac{\mathrm{d}x}{\mathrm{d}t} = V \tag{15.3}$$

$$\frac{\mathrm{d}m_f}{\mathrm{d}t} = C \cdot F \tag{15.4}$$

式中，F 为发动机推力，N；m 为飞机重量，kg；φ_P 为发动机安装角，(°)；C 为发动机单位耗油率，kg/(s·N)；L 为飞机升力，$L = \frac{1}{2}\rho V^2 S C_L$，N；$D$ 为飞机阻力，$D = \frac{1}{2}\rho V^2 S C_D$，N；关于阻力系数 C_D 的计算，可先通过式(15.2)获得对应速度下的升力系数 $C_L = \dfrac{mg - F\sin(\alpha + \varphi_P)}{\frac{1}{2}\rho V^2 S}$，再查阅对应构型下的气动特性 $C_L - C_D$ 曲线，获得对应阻力系数 C_D；α 为飞机迎角，(°)；x 为水平飞行距离，m；m_f 为燃油消耗量，kg；t 为加(减)速时间，s。

一般情况下，$(\alpha + \varphi_P)$ 是小量，初步计算时可以认为 $\sin(\alpha + \varphi_P) \approx 0$，$\cos(\alpha + \varphi_P) \approx 1$，则式(15.1)和式(15.2)可以简化为

$$\frac{\mathrm{d}V}{\mathrm{d}t} = \frac{F - D}{m} \tag{15.5}$$

$$L = mg \tag{15.6}$$

由式(15.5)、式(15.3)、式(15.4)积分可得水平加(减)速相关的技术参数为

$$t = \int_{V_{\text{initial}}}^{V_{\text{final}}} \frac{m}{F - D} \mathrm{d}V \tag{15.7}$$

$$x = \int_0^{t_{\text{allowable}}} V \mathrm{d}t \tag{15.8}$$

$$m_f = \int_0^{t_{\text{allowable}}} C \cdot F \cdot \mathrm{d}t \tag{15.9}$$

式中，V_{initial} 为水平加(减)速开始速度，V_{final} 为水平加(减)速结束速度，m/s；$t_{\text{allowable}}$ 为设计要求所给定的水平加速允许时间，s。

假定飞机在一段很小的 Ma 数范围做等加速运动，将式(15.5)、式(15.3)、式(15.4)写成差分形式，则可得到

$$\Delta t = \frac{m}{F - D} \Delta V \tag{15.10}$$

$$\Delta x = V \cdot \Delta t \tag{15.11}$$

$$\Delta m_f = C \cdot F \cdot \Delta t \tag{15.12}$$

将起始和终止速度分为 N 等份，形成若干 V_i（$V_0 = V_{\text{ks}}$，$V_N = V_{\text{js}}$），叠加可得总的水平加速性能，即

$$t = \sum_{i=1}^{N} \left\{ \frac{m}{F - D}(V_i - V_{i-1}) \right\} \tag{15.13}$$

$$x = \sum_{i=1}^{N} \left\{ \frac{V_i + V_{i-1}}{2} \cdot \frac{m}{F-D} (V_i - V_{i-1}) \right\} \quad (15.14)$$

$$m_f = \sum_{i=1}^{N} \left\{ \frac{C_i + C_{i-1}}{2} \cdot \frac{F_i + F_{i-1}}{2} \cdot \frac{m}{F-D} \cdot (V_i - V_{i-1}) \right\} \quad (15.15)$$

关于水平加(减)速性能计算条件的说明[2]如下：

① 飞机的重量一般取飞机平均飞行重量进行计算(50%机内余油的飞机重量)，所计算的飞机重量不随燃油的消耗而变化；

② 飞机处于基本构型状态(无外挂或带正常外挂，起落架和襟翼收起)或给定的其他构型状态，但计算减速性能时，减速板通常处于打开位置；

③ 发动机工作状态是计算加速性能时，发动机通常处于最大加力工作状态，计算减速性能时，发动机通常处于慢车工作状态或者为保持稳定工作所规定使用的其他工作状态。计算时，一般忽略发动机转速变化所需的时间。

15.2.2 定常盘旋性能

飞机在水平面内连续改变飞行方向的一种曲线运动称为盘旋。在这里，仅计算定常盘旋(也称持续盘旋)性能，非定常盘旋性能计算参见文献[2]。定常盘旋是指飞行速度、发动机状态、迎角和滚转角不随时间变化的盘旋运动。当飞机做定常盘旋时，无侧滑、无侧力，基本动力学方程为

$$F \cdot \cos(\alpha + \varphi_P) = D \quad (15.16)$$

$$(F \cdot \sin(\alpha + \varphi_P) + L) \cdot \cos \phi = mg \quad (15.17)$$

$$\frac{mV^2}{R} = (F \cdot \sin(\alpha + \varphi_P) + L) \cdot \sin \phi \quad (15.18)$$

式中，ϕ 为滚转角，(°)；R 为盘旋半径，m。

当视 $(\alpha + \varphi_P)$ 为小量时，可以认为 $\sin(\alpha + \varphi_P) \approx 0$，$\cos(\alpha + \varphi_P) \approx 1$，则式(15.16)、式(15.17)、式(15.18)可简化为

$$F = D \quad (15.19)$$

$$L \cdot \cos \phi = mg \quad (15.20)$$

$$\frac{mV^2}{R} = L \cdot \sin \phi \quad (15.21)$$

同时，盘旋过载系数 n 可表达为

$$n = \frac{F \cdot \sin(\alpha + \varphi_P) + L}{mg} \approx \frac{L}{mg} = \frac{C_{L,\text{hover}} \cdot \frac{1}{2} \rho V^2 S}{mg} = \frac{1}{\cos \phi} \quad (15.22)$$

式中，$C_{L,\text{hover}}$ 为飞机盘旋时升力系数，可认为定常盘旋时推力等于阻力，则通过盘旋时推力(根据盘旋速度、高度查发动机对应状态特性曲线获得)计算得到盘旋时阻力系数 $C_{D,\text{hover}} = \dfrac{F}{\frac{1}{2} \rho V^2 S}$，进而通过飞机对应构型的气动特性 $C_L - C_D$ 曲线查得对应的 $C_{L,\text{hover}}$。

由式(15.21)可得定常盘旋半径 R 为

$$R = \frac{mV^2}{L \cdot \sin\phi} = \frac{V^2}{g\sqrt{n^2-1}} \quad \text{m} \tag{15.23}$$

盘旋一周的时间 t 为

$$t = \frac{2\pi R}{V} = \frac{2\pi V}{g\sqrt{n^2-1}} \quad \text{s} \tag{15.24}$$

盘旋角速度 ω 为

$$\omega = \frac{V}{R} \cdot \frac{180}{\pi} = \frac{g\sqrt{n^2-1}}{V} \times \frac{180}{\pi} \tag{15.25}$$

关于定常盘旋性能计算条件的说明：

① 飞机的重量一般取飞机平均飞行重量进行计算(50%机内余油的飞机重量)，所计算的飞机重量不随燃油的消耗而变化；

② 评价现代飞机定常盘旋性能，通常指飞机基本构型、发动机全加力状态的性能；为了解飞机不同构型和发动机不同状态(如最大状态)的定常盘旋性能，通常还要计算不同外挂状态，如外挂导弹或外挂火箭以及发动机其他状态的定常盘旋性能；

③ 盘旋性能还受飞机结构强度和人体所能长时间承受过载的限制，人体所能长时间承受的过载一般为 $4g \sim 6g$。

对于给定飞行高度、飞行速度及发动机状态的定常盘旋性能，其计算结果处理及表达形式可绘制成 n, R, t, ω 随 Ma、高度 H 的变化曲线，由此可以看到飞机定常盘旋性能的全貌。

15.2.3 爬升性能

爬升性能计算包括最大爬升率与静升限计算、爬升性能参数及爬升方式计算等内容。

1. 最大爬升率及静升限

(1) 最大爬升率

爬升率大小的相关输入参数包括爬升方式、飞机重量、发动机工作状态等。由简单推力法可得爬升率计算公式为

$$V_z = \frac{(F\cos(\alpha+\varphi_P) - D)V}{mg} \bigg/ \left(1 + \frac{V}{g}\left(\frac{dV}{dH}\right)\right) \tag{15.26}$$

dV/dH 为爬升速度对于高度的变化率，直接影响飞机的爬升方式。初步计算时假定为等速直线飞行状态(等速爬升)，$dV/dH=0$，则公式(15.26)可简化为

$$V_z = \frac{(F\cos(\alpha+\varphi_P) - D)V}{mg} \tag{15.27}$$

式中，α 为飞机迎角，(°)；φ_P 为发动机推力线和飞机迎角基准之间角，(°)。给定飞机重量和发动机状态时，计算最大爬升率步骤如下：

① 给定高度，求该高度下一系列速度 V(或 Ma)，对应的爬升率。

a. 获取给定高度和速度下等速爬升($L=mg$)的升力系数 C_L，即

$$C_L = \frac{mg}{\frac{1}{2}\rho V^2 S}$$

b. 查阅气动特性 $C_L - \alpha$ 曲线获得对应迎角 α；

c. 查阅气动特性极曲线获得对应阻力系数 C_D；

d. 计算阻力 $D = \dfrac{1}{2}\rho V^2 S C_D$；

e. 根据速度和高度计算发动机推力 F；

f. 根据式(15.27)计算得到给定速度和高度下的爬升率 V_z。

② 求出各给定高度下的 V_z-Ma 曲线，如图 15.1 所示，进而图解得到各给定高度下最大爬升率 $V_{z\max}$。

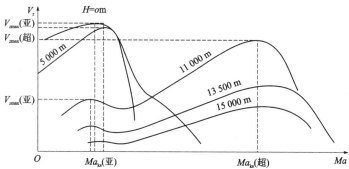

图 15.1　不同高度爬升率随 Ma 的变化曲线示例[2]

注意：当计算的高度范围较大时，超声速飞机在某些高度时有两个 $V_{z\max}$ 极值，分别对应一个亚声速和一个超声速飞行速度(或马赫数)；在某些较低高度时，超声速飞机可能只有一个亚声速最快爬升速度。

③ 得出给定重量、构型和发动机状态的飞机的最大爬升率 $V_{z\max\max}$。该值用图解法求解，提取各高度下的最大爬升率值，绘制 $V_{z\max}$ - H 图，读图可获得 $V_{z\max\max}$，如图 15.2 所示。

（2）静升限

静升限是指飞机能维持平飞的最大飞行高度，分为理论静升限和实用静升限（简称实用升限）两种。其中，理论静升限对应于飞机最大爬升率 $V_{z\max}=0$ 时的飞行高度；对于亚声速飞行，实用静升限对应于最大爬升率 $V_{z\max}=0.5$ m/s 的飞行高度；对于超声速飞行，对应于爬升率 $V_{z\max}=5$ m/s 的飞行高度。

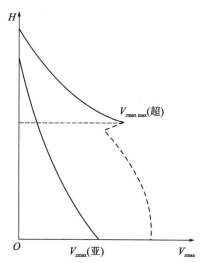

图 15.2　最大爬升率随高度 H 的变化曲线示例[2]

2. 爬升性能参数及爬升方式

爬升段水平距离为

$$x_{\text{climb}} = \int_0^{t_{\text{climb}}} V\cos\theta \, \mathrm{d}t \tag{15.28}$$

爬升时间为

$$t_{\text{climb}} = \int_{H_{\text{initial}}}^{H_{\text{final}}} \frac{1}{V_z} \mathrm{d}H = \int_{H_{\text{initial}}}^{H_{\text{final}}} \frac{1}{V\sin\theta} \mathrm{d}H \tag{15.29}$$

爬升油耗为

$$m_{f,climb} = \int_0^{t_{climb}} C \cdot F \cdot dt \quad (15.30)$$

式(15.28)、式(15.29)和式(15.30)中，$H_{initial}$ 为爬升起始高度，m；H_{final} 为爬升终止高度，m；发动机耗油率 C 根据飞行高度、速度和发动机工作状态查发动机燃料消耗特性来确定；θ 为爬升角，可以通过 $\sin\theta = \dfrac{V_z}{V}$ 计算获得。以上各式按高度进行数值积分计算。

按照 dV/dH 的不同，有如下几种常规爬升方式：
① 等真速爬升，$dV/dH = 0$，初步计算可采用等真速爬升方式。
② 加速爬升，自定义给出速度变化规律，在对应速度段直接求取 dV/dH。
③ 等马赫数爬升，可知 $\dfrac{dV}{dH} = Ma \dfrac{da}{dH}$（$a$ 为声速），根据声速随高度变化的特性：

该爬升方式在同温层内（11～20 km）即为等速爬升 $dV/dH = 0$，在对流层里（<11 km）为减速爬升 $\dfrac{dV}{dH} = -\dfrac{0.0663Ma}{\sqrt{2.8815 - 0.0065H}} < 0$，在平流层以上（>20 km）为加速爬升 $\dfrac{dV}{dH} = \dfrac{0.1003Ma}{\sqrt{216.65 + 0.001(H - 20000)}} > 0$。

④ 最大爬升率爬升，以每个高度的最大爬升率进行爬升。

关于爬升性能计算条件的说明：
① 飞机的重量一般取飞机平均飞行重量进行计算（50%机内余油的飞机重量），所计算的飞机重量不随燃油的消耗而变化；
② 飞机处于基本构型状态（无外挂或带正常外挂，起落架和襟翼收起）或给定的其他构型状态；
③ 发动机处于最大工作状态。

15.3 能量机动与使用包线

15.3.1 能量机动法

1. 能量方程

在第 3 章约束分析主管方程的推导中，根据飞机能量平衡推导了飞机单位剩余功率计算式(3.7)。在任何一点，飞机的总能量("能量状态"是势能和动能的总和)，在不考虑飞机附加阻力的情况下，剩余功率 P 等于剩余推力（$F-D$）乘以速度，即

$$P = V(F - D) \quad (15.31)$$

单位剩余功率（P_s）是剩余功率除以重力，并等于使用的单位功率，飞机可以通过这个功率从某处开始获得高度或速度。

$$P_s = \frac{V(F - D)}{mg} \quad (15.32)$$

单位剩余功率的单位是 m/s，正好和爬升率相同。事实上，如果纵向加速度 $dV/dt = 0$，

式(14.32)的方程与爬升率计算方程是相同的。

在式(15.32)中,阻力 D 通过第3章式(3.14)推导得到(不考虑一次项系数),即

$$D = qS \cdot \left\{ K_1 \left(n \frac{mg}{qS} \right)^2 + C_{D0} \right\} \tag{15.33}$$

由此可得

$$P_s = V \left(\frac{F}{mg} - \frac{qC_{D0}}{gm/S} - n^2 \frac{K_1 g}{q} \cdot \frac{m}{S} \right) \tag{15.34}$$

可见,一旦飞机气动力系数和装机推力特性已定,对于一个给定高度,在不同速度和过载系数时,就能通过上式计算得到 P_s。换言之,单位剩余功率可表达为高度、速度、过载系数的函数。

2. P_s 图

以式(15.34)为基础,可以绘制一系列相关曲线图,以便于对飞行性能进行综合评估。对于一个给定的过载系数,计算 P_s 值并绘制成相对于 Ma 数的曲线(不同高度值),如图 15.3 所示。

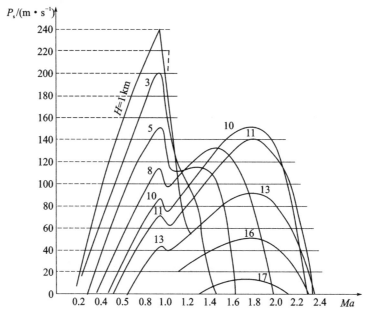

图 15.3 给定过载系数下 P_s 随 Ma 数和高度的变化示例[2]

同样的方式,可以做出其他几个图:

① 在给定高度和 Ma 数下,对于不同的过载系数,能确定水平盘旋角速度或转变速率,并绘制成相对于 P_s 的曲线,如图 15.4 所示。该图提供了一种两架飞机的比较数据。

② 选取不同的过载系数,在速度-高度坐标下绘制 $P_s = 0$ 的等值线,如图 15.5 所示。该图是对新战斗机评价的主要标志,可以在一个图上,在所有的 Ma 数和高度上对两架飞机进行比较。为了赢得空中格斗优势,一架飞机应有包围敌机 $P_s = 0$ 等值线的对应等值线($P_s = 0$ 时)。

③ 将给定过载系数、P_s 为常数的等值线绘制在速度-高度坐标中,如图 15.6 所示,每个过载系数给出单独的图。此时过载系数等于1的图特别重要,因为它提供了飞机的爬升率和升限,并可用于确定最佳爬升轨迹。

第 15 章 飞行性能计算

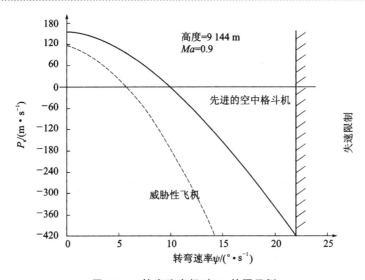

图 15.4 转弯速率相对 P_s 的图示例

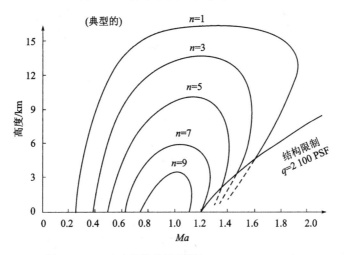

图 15.5 $P_s=0$ 的等值线示例（1 PSF=47.85 Pa）

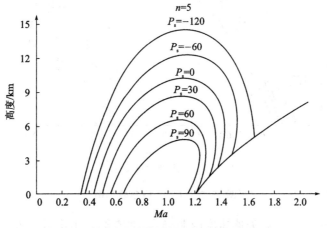

图 15.6 给定过载系数的 P_s 等值线示例

15.3.2 飞行包线

飞行包线(或使用包线)是指飞机能自由飞行的高度和速度范围,通常是由飞机的任务特性决定的。飞行包线通常由左边界的最小速度、右边界的最大速度和最大动压,以及上边界的最大飞行高度组成,一般与飞机气动特性、动力装置推力及其使用特性、飞机结构设计和热载荷设计等因素有关。图 15.7 为飞机典型飞行包线。

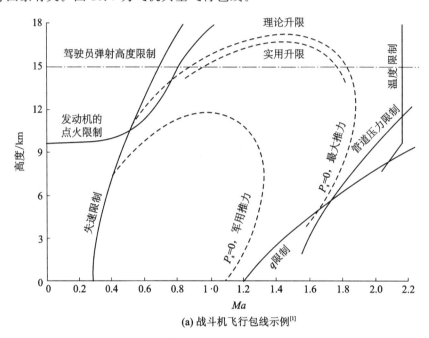

(a) 战斗机飞行包线示例[1]

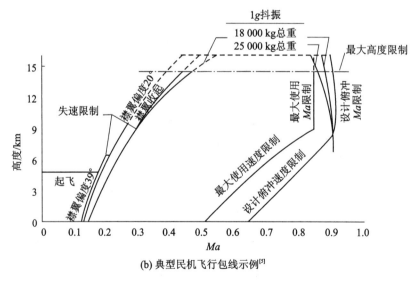

(b) 典型民机飞行包线示例[5]

图 15.7 飞机飞行包线示例

水平飞行包线由 $P_s=0$ 和失速速度限制确定,通常既表示出最大推力的情况,还表示出军用推力情况(不加力)$P_s=0$ 的限制。因为 $P_s=0$ 的曲线和失速限制线随飞机重量变化,因此在实际中必须对飞机重量作某些假设,典型的飞行包线在起飞重量、巡航重量和战斗重量情况下计算。

理论升限由 $P_s=0$ 的最大高度确定。对于战斗机,实用升限则要求具有小的爬升率(P_s)的能力。根据我国国军标的要求,对于亚声速飞行,对应于 $P_s=0.5$ m/s 的飞行高度为实用升限;对于超声速飞行,对应于 $P_s=5$ m/s 的飞行高度为实用升限。对于民用飞机,则通常受到最大高度限制,其影响因素包括推力限制、座舱增压的强度和空调系统的增压能力限制、抖振限制等。

最小机动速度指在飞行高度、速度范围内,完成规定的作战或训练机动任务的最小使用速度,即

$$V_s = \sqrt{\frac{2mg}{\rho C_{L,s} S}} \tag{14.35}$$

式中,$C_{L,s}$ 为最大配平升力系数,可取最大升力系数;V_s 为失速速度。

许多喷气式飞机水平飞行的另一个限制是低速下发动机使用限制。在低速和高空,万一发动机熄火,就没有足够的可用空气再次启动发动机,也不可能使用或接通加力。这些限制条件由发动机制造商提供。

另一个限制是结构限制。在设计要求中通常会规定最大动压 q 的限制,并由结构设计师用于应力分析。典型的战斗机动压限制为 $q=86.127\sim105.267$ kPa($1\,800\sim2\,200$ psf[1],psf 为英制压力单位,1 psf= 4.882 5 kg/m² =47.85 Pa),这相当于飞机在海平面作跨声速飞行。

$$q = \frac{1}{2}\rho_\infty V_\infty^2 = 0.7 P_{静} Ma^2 \tag{15.36}$$

式中,$P_{静}$ 为计算高度上的静止大气压力,可从标准大气压表查得。

15.4 续航性能计算

15.4.1 等高等速巡航性能

飞机做等高等速巡航,每一瞬间都满足飞机做等速水平直线飞行的运动方程,航程的计算如下:

$$R = \frac{1}{1\,000} \cdot \frac{VK}{C \cdot \frac{\sigma}{\sigma_0}} \cdot \frac{m_{f,cruise}}{m_{average} g} \quad \text{km} \tag{15.37}$$

$$t = \frac{R}{3.6V} \quad \text{h} \tag{15.38}$$

$$m_{average} = m_1 - \frac{m_{f,cruise}}{2} \tag{15.39}$$

式中,K 为升阻比;m_1,$m_{f,cruise}$ 分别为巡航初始段飞机重量和巡航段可用燃油量,kg;$m_{average}$ 为巡航段计算平均重量,kg;C 为燃油消耗率,kg/(N·s);σ/σ_0 为进气道相对总压恢复系数,估算近似时取1;V 为巡航速度,m/s;计算获得 R 为航程,km。

基于以上公式的给定高度和速度条件下的巡航性能的计算步骤如下:

① 将巡航段按计算精度分成若干区间,按照各区间的巡航燃油消耗量,由式(15.39)确定

各区间的 m_{average}。

② 根据 m_{average} 和给定的飞行高度和速度，确定巡航升力系数 $C_L = \dfrac{m_{\text{average}} g}{\dfrac{1}{2}\rho V^2 S}$。

③ 通过飞机气动极曲线和 C_L 获得 C_D（需考虑高度修正），计算升阻比 $K = C_L/C_D$。

④ 计算发动机推力 $F = \dfrac{m_{\text{average}} g}{K}$。

⑤ 通过飞行高度、速度，查发动机油门特性曲线得 C。

⑥ 通过式(15.37)与式(15.38)计算所有区间的航程和续航时间后求和，得到总巡航段航程 $R = \sum\limits_{m_2}^{m_1} \Delta R$ 和续航时间 $t = \sum\limits_{m_2}^{m_1} \Delta t$，其中 $m_2 = m_1 - m_{\text{f,cruise}}$。

15.4.2 等高最大巡航航程及续航时间

通过以上计算得出给定高度下的一系列速度（或 Ma 数）下对应的航程和续航时间，绘制 $x\text{-}Ma$ 和 $t\text{-}Ma$ 曲线。两曲线最高点的纵坐标对应该高度等速巡航的最大航程 $x_{\max}$ 和最大续航时间 $t_{\max}$，横坐标对应最大航程巡航速度和最大续航速度，如图 15.8 所示。

在此基础上，给定一系列高度，计算每一高度的 $R_{\max}$ 和 $t_{\max}$，绘制出 $R_{\max}\text{-}H$ 和 $t_{\max}\text{-}H$ 曲线，如图 15.9 所示，R_{maxmax} 和 t_{maxmax} 即为飞机等高等速巡航的最大航程和最大续航时间，对应的高度分别为最大航程巡航高度和最大续航续航高度，对应的速度分别为远航速度和久航速度。在飞机待机时，通常按照最大续航高度和久航速度飞行，此时可获得最大续航（待机）时间。

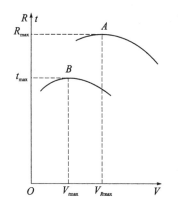

图 15.8 给定高度下航程 $R\text{-}Ma$，续航时间 $t\text{-}Ma$ 曲线示例[2]

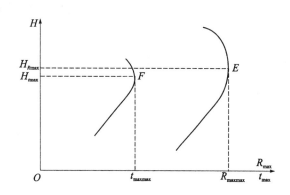

图 15.9 最大航程 $R_{\max}\text{-}H$，续航时间 $t_{\max}\text{-}H$ 曲线示例[2]

15.4.3 商载-航程图

针对民用飞机，其航程大致与燃油重量系数正相关，与起飞重量负相关。飞机的载客量受制于座位数，燃油重量也受制于油箱容积，同时飞机还受到最大起飞重量和最大着陆重量的限制。在最大重量的约束下，如果增加旅客人数，就要减少燃油重量，从而减小航程，直到达到最大客容量,此时飞机有最小航程。如果减少旅客人数,节省的重量可以多装燃油,从而增大航程,直到油箱装满,此时飞机有最大航程。民用飞机的商载人数与航程之间大致呈线性关系,称为商载-航程图,如图15.10所示,有时也称为有效载荷-航程平衡图。构成商载-航程图的各个数据点可以通过式(15.37)计算获得。

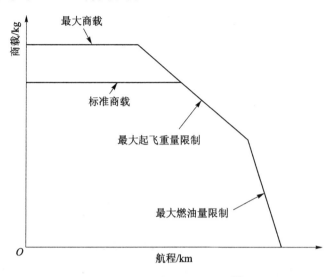

图 15.10 商载-航程图示例[6]

15.5 下降性能计算

1. 下降性能参数及下降方式

下降航迹角的计算公式为

$$\tan\theta = \frac{\dfrac{F-D}{L}}{1+\dfrac{V}{g}\dfrac{\mathrm{d}V}{\mathrm{d}H}} \tag{15.40}$$

式中,L 为下降时升力,$L=\dfrac{1}{2}\rho V^2 S \cdot C_L$;$\dfrac{\mathrm{d}V}{\mathrm{d}H}$ 为下降速度对于高度的变化率,决定于下降方式:① 等真速下降,$\dfrac{\mathrm{d}V}{\mathrm{d}H}=0$;② 等表速下降,与爬升性能中的该方式计算相同;③ 等马赫数下降,与爬升性能中的该方式计算相同。

下滑时发动机一般处于慢车工作状态,如果没有慢车推力数据,可取同类机的数据,也可以近似取发动机推力 $F=0$;如果带动力下滑,则应指明发动机工作状态[2]。如果下滑角很小,升力和阻力特性可近似使用平飞状态值。

下降所经过的水平距离为

$$x_{\text{glide}} = \int_{H_{\text{initial}}}^{H_{\text{final}}} \cot\theta \, \mathrm{d}H \tag{15.41}$$

式中,H_{initial},H_{final} 指下滑开始高度和结束高度。

为便于计算,将下滑高度变化区间分为 N 等份,形成若干 H_i($H_0 = H_{\text{initial}}$,$H_N = H_{\text{final}}$),则下滑距离和下滑时间可以对所有段求和得到,即

$$x_{\text{glide}} = \sum_{i=1}^{N} \cot \theta_i \cdot \Delta H \tag{15.42}$$

式中,$\Delta H = \dfrac{H_{\text{initial}} - H_{\text{final}}}{N}$,$\theta_i$ 通过式(15.40)得到。

下降时间为

$$t_{\text{glide}} = \int_{H_{\text{initial}}}^{H_{\text{final}}} \frac{1}{V \sin \theta} \mathrm{d}H \tag{15.43}$$

$$t_{\text{glide}} = \sum_{i=1}^{N} \frac{1}{V \sin \theta_i} \Delta H \tag{15.44}$$

下降油耗为

$$m_{\text{f,glide}} = \int_{0}^{t_{\text{glide}}} C \cdot F \cdot \zeta \cdot \mathrm{d}t \tag{15.45}$$

$$m_{\text{f,glide}} = \sum_{i=1}^{N} C_i \cdot F_i \cdot \zeta \cdot \Delta t_i \tag{15.46}$$

式中,ζ 为下降时发动机油门状态修正值,初始计算时,也可以不考虑下滑油耗;$\Delta t_i = \dfrac{1}{V \sin \theta_i} \Delta H$。

2. 有利下降速度的计算

在某一特定的下降方式下,在给定下降高度范围内,给出一系列下降速度,由式(15.41)~式(15.46)可得对应于每一个下降速度下的距离 x_{glide},获得 $x_{\text{glide}} - V$ 图,如图 15.11 所示。可通过该图确定与最大下降距离 $x_{\text{glide,max}}$ 对应的飞行速度,是为有利下降速度 $V_{\text{glide,best}}$。

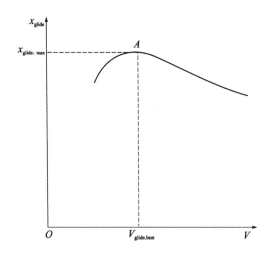

图 15.11 计算有利下降速度示例[2]

15.6 起飞与着陆性能计算

15.6.1 起飞性能计算

起飞性能计算包括起飞地面滑跑段性能及起飞空中段性能参数计算。

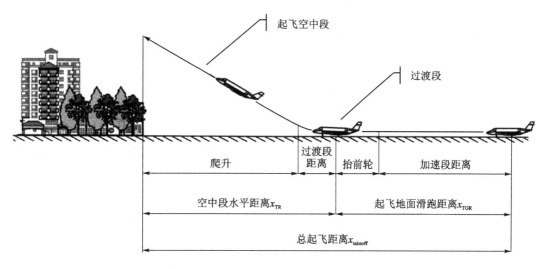

图 15.12 起飞距离计算[4]

1. 起飞地面滑跑段性能参数

将滑跑段看作一段进行计算,发动机全部工作时的地面滑跑距离及时间如下(通过数值积分进行求解):

$$x_{TGR} = \frac{1}{g} \int_0^{V_{LOF}} \frac{V dV}{\left(\dfrac{F\cos(\alpha + \varphi_P)}{mg} - f - \vartheta\right) - (C_{D1} - fC_{L1})\dfrac{\rho S V^2}{2mg}} \tag{15.47}$$

$$t_{TGR} = \frac{1}{g} \int_0^{V_{LOF}} \frac{dV}{\left(\dfrac{F\cos(\alpha_1 + \varphi_P)}{mg} - f - \vartheta\right) - (C_{D1} - fC_{L1})\dfrac{\rho S V^2}{2mg}} \tag{15.48}$$

式中,α 为飞机停机角,(°);C_{D1},C_{L1} 为对应于迎角 α 的从气动特性极曲线中选取的飞机气动力系数(可按照 $Ma=0.2$);F 为发动机推力,N;S 为机翼面积,m^2;φ_P 为发动机推力线和飞机迎角基准之间的夹角,(°);ϑ 为跑道坡度角,1/rad,一般取 0;ρ 为大气密度,取计算机场海拔高度下的大气密度;V_{LOF} 为飞机的主轮离地速度,对于军机,$V_{LOF}=1.1V_S$,对于民机 $V_{LOF}=1.15 \sim 1.25V_S$,在这里,$V_S$ 为飞机的失速速度,可由下式算得或自定义给出:

$$V_S = \sqrt{\frac{2[mg - F\sin(\alpha + \varphi_P)]}{\rho S C_{L\max}}} \tag{15.49}$$

式中,$C_{L\max}$ 为飞机起飞最大升力系数。f 为跑道表面滑跑摩擦系数。在无试验数据的情况下,f 可从表 15.1 和表 15.2 中选取。

表 14.1 干燥硬跑道表面摩擦系数[2]

地面滑跑摩擦系数 f	刹车摩擦系数
0.025	0.20~0.30

表 15.2 其他跑道表面滑跑摩擦系数[2]

跑道表面状况	f 最小值	f 最大值
湿水泥地面	0.03	0.05
干硬土草地面	0.035	0.07~0.10
湿草地面	0.06	0.10~0.12
覆雪或覆冰机场	0.02	0.10~0.12

为便于计算,将地面滑跑段的空速变化区间分为 N 等份,形成若干 V_i ($V_0=0$, $V_N=V_{\text{LOF}}$),并假定飞机在发动机推力作用下按匀加速直线运动,则起飞距离和起飞时间可以对所有段求和得到,即

$$\Delta x_{\text{TGR},i} = \frac{1}{g} \frac{V_{\text{average},i}\Delta V}{\left(\dfrac{F_{\text{average},i}\cos(\alpha+\varphi_P)}{mg} - f - \vartheta\right) - (C_{D1} - fC_{L1})\dfrac{\rho S V_{\text{average},i}^2}{2mg}} \quad (15.50)$$

$$x_{\text{TGR}} = \sum_0^{V_{\text{LOF}}} \Delta x_{\text{TGR},i} \quad (15.51)$$

$$\Delta t_{\text{TGR},i} = \frac{1}{g} \frac{\Delta V}{\left(\dfrac{F_{\text{average},i}\cos(\alpha+\varphi_P)}{mg} - f - \vartheta\right) - (C_{D1} - fC_{L1})\dfrac{\rho S V_{\text{average},i}^2}{2mg}} \quad (15.52)$$

$$t_{\text{TGR}} = \sum_0^{V_{\text{LOF}}} \Delta t_{\text{TGR},i} \quad (15.53)$$

式中,$\Delta x_{\text{TGR},i}$ 为第 i 段起飞滑跑距离;$\Delta t_{\text{TGR},i}$ 为第 i 段起飞滑跑时间;ΔV 为每段速度差,$\Delta V = V_{\text{LOF}}/N$;$V_{\text{average},i}$ 为第 i 段的平均速度,$V_{\text{average},i} = \dfrac{V_{i-1}+V_i}{2}$;$F_{\text{average},i}$ 为第 i 段的平均推力,$F_{\text{average},i} = \dfrac{F_{i-1}+F_i}{2}$,$F_{i-1}$ 和 F_i 分别对应于速度为 V_{i-1} 和 V_i 时的发动机推力,为简化计算,也可以取第 i 段平均速度 $V_{\text{average},i}$ 对应下的发动机推力。

地面滑跑段的油耗为

$$m_{\text{f,TGR}} = \sum_{i=1}^{N} \frac{C_{i-1}+C_i}{2} F_{\text{average},i} \Delta t_{\text{TGR},i} \quad (15.54)$$

式中,C_{i-1} 和 C_i 分别对应于速度为 V_{i-1} 和 V_i 时的发动机单位耗油率,kg/(N·s),通过发动机特性插值获取。

2. 起飞空中段性能参数

由能量守恒定理可知,飞机爬至安全高度时的总能量等于离地瞬间能量加爬升沿途外力所做的功。

空中段水平距离为

$$x_{\mathrm{TR}} = \frac{mg}{(F-D)_{\mathrm{average}}} \left\{ \frac{V_2^2 - V_{\mathrm{LOF}}^2}{2g} + H_2 \right\} \tag{15.55}$$

式中，$(F-D)_{\mathrm{average}} = \frac{1}{2}[(F-D)_{\mathrm{LOF}} + (F-D)_{V_2}]$；$D$ 为阻力，$D = \frac{1}{2}C_D \rho V^2 S$，N；$H_2$ 为起飞安全高度，军机的安全高度 H_2 为 15 m，民机为 10.7 m，V_2 为该高度下对应的速度，一般取失速速度 V_S 的 1.2 倍。

空中段时间为

$$t_{\mathrm{TR}} = \frac{x_{\mathrm{TR}}}{\frac{1}{2}(V_{\mathrm{LOF}} + V_2)} \tag{15.56}$$

全部发动机工作时，空中段油耗可取该飞行阶段耗油率的平均值。

$$m_{f,\mathrm{TR}} = \frac{C_{\mathrm{LOF}} + C_{V_2}}{2} \cdot F \cdot t_{\mathrm{TR}} \tag{15.57}$$

式中，C_{LOF} 为起飞离地速度下发动机耗油率，C_{V_2} 为飞行速度 V_2 时对应的耗油率。

3. 起飞总场长和时间、油耗及平衡场长

① 全部发动机工作起飞状态的起飞距离和时间如表 15.3 所列。

起飞总油耗为

$$m_{f,\mathrm{takeoff}} = m_{f,\mathrm{TGR}} + m_{f,\mathrm{TR}} \tag{15.58}$$

表 15.3　全部发动机工作起飞状态起飞场长和时间计算

飞机类型	起飞距离和时间	飞机类型	起飞距离和时间
军机	$x_{\mathrm{takeoff}} = x_{\mathrm{TGR}} + x_{\mathrm{TR}}$	民机	$x_{\mathrm{takeoff}} = 1.15(x_{\mathrm{TGR}} + x_{\mathrm{TR}})$
	$t_{\mathrm{takeoff}} = t_{\mathrm{TGR}} + t_{\mathrm{TR}}$		$t_{\mathrm{takeoff}} = t_{\mathrm{TGR}} + t_{\mathrm{TR}}$

② 平衡场长的计算。

由上述计算方法可得，在不同发动机失效认定速度 V_1 下，单发继续起飞所需的距离或中断起飞所需的距离。此二者相等时所对应的起飞距离为平衡场长，对应该场长的 V_1 为决策速度（又称决断速度）。该速度的意义在于：若起飞时驾驶员在某速度下发觉一台发动机失效，此时的飞机速度大于决策速度，只能继续起飞；若小于决策速度，必须停止起飞。

15.6.2　着陆性能计算

着陆距离包括着陆空中段和着陆地面滑跑段。

1. 着陆空中段性能参数

（1）空中段水平距离

该过程由等速下滑和拉平接地两部分组成。假定飞机速度保持进场速度 V_{AP}，拉平段看作半径为 R 的匀速圆周运动，如图 15.13 所示，则

$$x_{\mathrm{AP}} = H_{\mathrm{AP}} \cot \theta + r \tan \frac{\theta}{2} \tag{15.59}$$

式中，H_{AP} 为进场初始高度，取着陆安全高度 15 m。航迹角 θ 由等速下滑条件确定，半径 r 由拉平过程中升力产生的向心加速度求得。

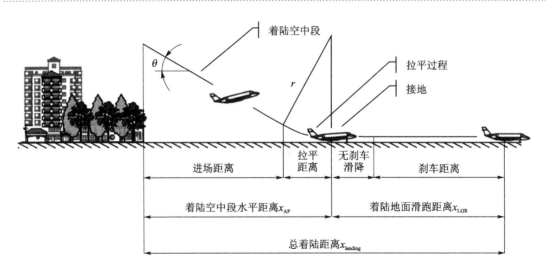

图 15.13 着陆性能计算

$$\tan\theta \approx \frac{C_{D,\mathrm{AP}}}{C_{L,\mathrm{AP}}} - \frac{F}{mg} \tag{15.60}$$

$$r = \frac{V_{\mathrm{AP}}^2}{g(n_y - 1)} \tag{15.61}$$

式中,$n_y = \dfrac{\frac{1}{2}\rho S V_{\mathrm{AP}}^2 C_{L\max}}{G}$,$C_{L\max}$ 为着陆构型下失速最大升力系数;V_{AP} 为进场速度,对于军机,$V_{\mathrm{AP}} \approx 1.2 V_{s0}$;对于民机,$V_{\mathrm{AP}} \geqslant 1.3 V_{s0}$;$V_{s0}$ 为起落架放下、襟翼在着陆位置、无地效的失速速度;$C_{D,\mathrm{AP}}$ 和 $C_{L,\mathrm{AP}}$ 分别对应着陆进场时的阻力系数和升力系数。

将式(15.61)和式(15.60)代入式(15.59),可得着陆空中段水平距离近似表达式。该过程推力发动机慢车状态推力 F 可取该阶段中的平均值,或者取 $F \approx 0$。

(2) 空中段时间

空中段所经历的时间可以按照平均速度估算,即

$$t_{\mathrm{AP}} = x_{\mathrm{AP}}/V_{\mathrm{average}} \tag{15.62}$$

$$V_{\mathrm{average}} = \frac{1}{2}(V_{\mathrm{AP}} + V_{\mathrm{TD}}) - V_{\mathrm{w}} \tag{15.63}$$

式中,V_{TD} 为由擦地角确定的着陆接地速度,$V_{\mathrm{TD}} = \sqrt{\dfrac{2mg}{\rho S C_{L,\mathrm{TD}}}}$,$C_{L,\mathrm{TD}}$ 为主起落架接地时由擦地角限制的最大升力系数,或取为 $1.25 \sim 1.30 V_{s0}$;V_{w} 为着陆时的风速。

2. 着陆地面滑跑段性能参数

近似计算时,可认为整个滑跑过程均为使用刹车的三点滑跑,在假定无风的情况下,地面滑跑距离及时间为

$$t_{\mathrm{LGR}} = \frac{1}{2g \cdot l} \ln \frac{(A + l \cdot V_{\mathrm{TD}})}{(A - l \cdot V_{\mathrm{TD}})} \tag{15.64}$$

$$x_{\mathrm{LGR}} = \frac{1}{2gB} \ln \frac{A + B \cdot V_{\mathrm{TD}}^2}{A} \tag{15.65}$$

式中，$l=\sqrt{-AB}$；$A=\mu(>0)$；$B=\dfrac{\rho S}{2G}(C_D-\mu \cdot C_L)(<0)$；$C_D$，$C_L$ 为着陆构型滑跑时的气动系数，可取 $H=0$，$Ma=0.2$ 时对应数值；μ 为刹车时折算的摩擦系数，一般为 $0.2\sim0.3$，在没有实验数据的情况下，可初步取 0.25。

📋 课程设计项目进展建议

- 基于重量、气动及动力特性等数据，完成主要飞行性能的计算；
- 绘制初步的飞行包线；
- 对照飞行性能计算结果与设计要求，仔细分析设计要求的符合性及造成部分指标不符合的原因，进行方案的修改迭代与重新分析。

参考文献

[1] RAYMER D P. Aircraft Design：A Conceptual Approach[M]. 6th ed. Reston：AIAA Inc.，2018.
[2] 《飞机飞行性能计算手册》编写组. 飞机飞行性能计算手册[M]. 西安：飞行力学杂志社，1987.
[3] 顾诵芬，解思适. 飞机总体设计[M]. 北京：北京航空航天大学出版社，2001.
[4] BRANDT S A，STILES R J，BERTIN J J，WHITFORD R. Introduction to Aeronautics：a Design Perspective[M]. 3rd ed. Reston：AIAA Inc.，2015.
[5] 艾德·奥波特. 运输类飞机的空气动力设计[M]. 顾涌芬等，译. 上海：上海交通大学出版社，2010.
[6] 陈迎春，宋文滨，刘洪等. 民用飞机总体设计[M]. 上海：上海交通大学出版社，2010.

第 16 章　飞机的稳定性与操纵性

🎯 知识点
- 稳定性与操纵性的定义及分类；
- 纵向及横航向静稳定性分析的方法及判定原则；
- 飞行品质的概念及作用；
- 主动控制技术的概念及其对飞机设计的影响。

16.1　飞机稳定性与操纵性的基本概念

所谓飞机的稳定性，简单来说就是当飞机处于某一定常飞行状态时，受到一定扰动（扰动可能来自突风、驾驶员操纵等），当扰动消失后飞机能否回到扰动前原始状态（俯仰角、偏航角、滚转角、速度等等）的能力。

根据受到扰动后的运动过程，飞机的稳定性又可以划分为静稳定性与动稳定性。静稳定是指飞机受到扰动并待至扰动消失的瞬间，若飞机具有恢复扰动前状态的趋势，则称飞机具有静稳定性。动稳定是指飞机可以最终恢复到初始状态，并且其过程具备可接受的特性。也就是说，静稳定表示的仅仅是飞机是否具有恢复扰动前运动状态的趋势，而飞机能否最终回到扰动前状态，则由其动稳定性决定。

结合图 16.1 对静稳定与动稳定的进一步说明如下：图中 x 轴表示运动的时间，y 轴表示飞机的某一状态变量，为描述方便可暂时将其理解为俯仰角。与水平轴平行的虚线表示飞机受到扰动前所处的状态。在 0 时刻前，飞机受到一定扰动使其俯仰角偏离虚线所表示的平衡状态，在 0 时刻时扰动消失，则不同稳定性如图 16.1(a)～(e)所示。

图 16.1(a)表示理想的中立稳定性，飞机在扰动消失后仍保持在扰动导致的俯仰角。

图 16.1(b)是静不稳定状态，即在扰动消失后俯仰角仍继续增大。

图 16.1(c)为静稳定且动稳定，即扰动消失后俯仰角缓慢恢复至扰动前状态。由于运动阻尼较高导致恢复过程没有超调。

图 16.1(d)同样为静稳定且动稳定，即扰动消失后可以恢复至扰动前姿态。由于运动呈欠阻尼状态，因此恢复过程中存在震荡。

图 16.1(e)为静稳定但动不稳定。在扰动消失的瞬间，俯仰角存在向扰动前状态恢复的趋势，说明具有静稳定性。但由于其阻尼为负值，使得震荡逐渐加大最终导致运动发散。

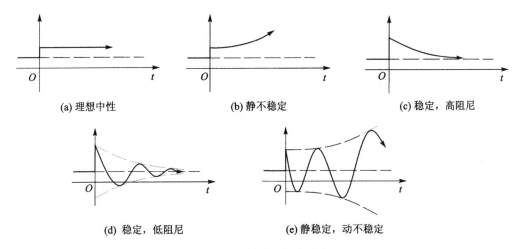

图 16.1 静稳定和动稳定

飞机的操纵性是指飞机由一种状态转化至另一种状态的能力。与稳定性类似,操纵也可以分为静操纵与动操纵。静操纵指飞机从一个平衡状态转入另一个平衡状态所需的操纵机构偏角或驾驶杆力。动操纵性则指飞机在指令下响应的动态特性,如超调量、振荡情况和达到新的稳定状态的时间等。由于飞机的设计过程中驾驶杆及其传动系统是可以独立调整的,因此在总体设计和气动设计过程中往往较多地关心飞机随舵面偏角的动态与静态特性。

飞机的稳定与操纵分析均需建立在气动数据计算的基础上。在飞机总体设计前期过程中,由于可信度较高的高精度数值计算和风洞实验尚未开展,总体设计者必须承担起计算气动数据的工作。在此阶段获得气动数据的方法主要包括:工程算法和快速计算流体力学方法的相关软件。对于外形较为简单的飞机而言,通过使用 DATCOM 这类工程算法仅通过纸笔和计算器即可获得一定精度的气动分析结果;而对于外形较为复杂的新布局飞机而言,则必须依赖于计算机软件的支持,具体可参考 14.3 节中相关内容。

在方案稳定与操纵分析过程中,静稳定与静操纵问题可以直接由气动数据分析得到;而动稳定与动操纵问题,还需要在气动数据的基础上联立飞机的重量特性、转动惯量特性以及空速和大气密度数据。在分析方法上,一般需要使用线化小扰动方程或六自由度全量方程。本章仅引用其公式简要介绍计算方法,在实际分析问题时可参照飞行力学的相关教材进行更深一步的学习。此外,本章中所有角度单位均为弧度。

16.2 飞机的静稳定性与动稳定性

16.2.1 纵向气动导数与静稳定性

进行飞机的静稳定性分析,首先要引入气动导数的概念。气动导数指的是空气动力系数与力矩系数对飞行器运动参数和运动参数随时间变化率的导数,常写成无因次系数的形式。其中飞机静稳定性主要关心三个导数:$C_{m\alpha}$、$C_{L\beta}$、$C_{n\beta}$。$C_{m\alpha}$ 是飞机俯仰力矩系数对迎角的导数,$C_{L\beta}$ 是飞机滚转力矩系数对侧滑角的导数,$C_{n\beta}$ 是飞机偏航力矩系数对侧滑角的导数。气动导数一般可以通过气动估算粗略得出,也可以通过风洞试验、模型自由飞和试飞等方法求出。

利用 CFD 手段往往可以通过数据差分的方法获取气动导数。图 16.2 为某飞机在一定高度/马赫数下,升力系数随迎角和侧滑角变化所构成的曲面,则任意一点 (α_n,β_n) 处飞机的升力系数对迎角导数 $C_{L\alpha}$ 可以表示为

$$C_{L\alpha}(\alpha_n,\beta_n)=\frac{C_L(\alpha_{n+1},\beta_n)-C_L(\alpha_n,\beta_n)}{\alpha_{n+1}-\alpha_n} \tag{16.1}$$

从图 16.2 中还可以看到,当飞机处在小迎角范围内时,$C_{L\alpha}$ 基本保持不变。大部分气动导数均具有这一性质。

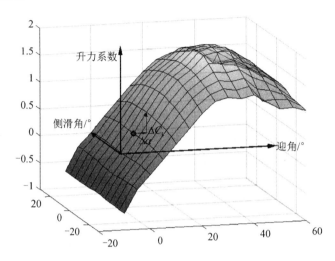

图 16.2 典型飞机升力随迎角侧滑角变化关系

在初始设计阶段进行 $C_{m\alpha}$ 估算时,通常只考虑机翼与尾翼的影响。下面介绍一种简化估算 $C_{m\alpha}$ 的方法,具体公式为

$$C_{m\alpha}=C_{L\alpha\cdot w}(\bar{X}_{cg}-\bar{X}_{ac\cdot w})+k_q\frac{S_t}{S}C_{L\alpha\cdot t}(\bar{X}_{cg}-\bar{X}_{ac\cdot t})\left(1-\frac{\partial\varepsilon}{\partial\alpha}\right) \tag{16.2}$$

式中,$C_{L\alpha\cdot w}$ 为机翼的升力线斜率,k_q 为尾翼处气流的速度阻滞系数,初步估算时可取 0.95;$C_{L\alpha\cdot t}$ 为尾翼的升力线斜率;$\bar{X}_{cg}=X_{cg}/c_A,\bar{X}_{ac\cdot w}=X_{ac\cdot w}/c_A,\bar{X}_{ac\cdot t}=X_{ac\cdot t}/c_A$,$X_{cg}$ 为飞行器重心位置到平均气动弦前缘的距离;$X_{ac\cdot w}$ 为机翼焦点位置到平均气动弦前缘的距离;$X_{ac\cdot t}$ 为尾翼焦点沿机身轴量得的到平均气动弦前缘的距离,当参考点位于平均气动弦前缘后方时为正,c_A 为平均气动弦长,$\frac{\partial\varepsilon}{\partial\alpha}$ 为考虑下洗时尾翼处气流下洗角对迎角的导数;k_q 和 $\frac{\partial\varepsilon}{\partial\alpha}$ 均会受到飞机气动布局的影响,在进行粗略工程估算时可参考 DATCOM。

由 $C_{m\alpha}$ 的代数式可以得出,$C_{m\alpha}$ 的大小随着重心改变而改变。当重心位于一个点时,能够使得俯仰力矩不随迎角变化而变化,该点被称作全机焦点 $\bar{X}_{ac}$。由 $C_{m\alpha}$ 代数式可以得到 $\bar{X}_{ac}$ 代数式为

$$\bar{X}_{ac}=\bar{X}_{ac\cdot w}+k_q\frac{S_t}{S_w}\frac{C_{L\alpha\cdot t}}{C_{L\alpha}}(\bar{X}_{ac\cdot t}-\bar{X}_{cg})\left(1-\frac{\partial\varepsilon}{\partial\alpha}\right) \tag{16.3}$$

将重心到全机焦点的距离与平均气动弦长的比值定义为稳定裕度 K_n。稳定裕度的定义式为

$$K_n = \bar{X}_{cg} - \bar{X}_{ac} \tag{16.4}$$

综上所述,飞机是否具有纵向静稳定性,取决于飞机焦点与重心之间的相对位置。全机焦点位于重心之后,稳定裕度为正值,$C_{m\alpha}<0$,飞机具有纵向静稳定性;全机焦点位于重心之前,$C_{m\alpha}>0$,飞机不具有纵向静稳定性;全机焦点与重心位于同一点,$C_{m\alpha}=0$,飞机是纵向中立静稳定。

稳定裕度是飞机纵向稳定性方面的最重要的一项设计要求。运输机一般具有 5%~10% 的正稳定裕度;通用航空飞机甚至设计得更稳定——Cessna172 的静稳定裕度约为 19%。早期战斗机通常具有大约 5% 的正稳定裕度,但新型战斗机如 F-16 和 F-22 开始设计为"放宽静稳定性"——飞机的稳定性裕度为负值(0~-15%),配合计算机飞行控制系统主动偏转升降舵获得人工稳定性。这可以显著降低配平阻力。

图 16.3 所示是几类飞机的俯仰力矩导数值,可作为设计目标。设计后期通过动态分析可以修正这些目标。升力系数导数(升力线斜率)可通过气动特性章节中的相关估算方法获得。

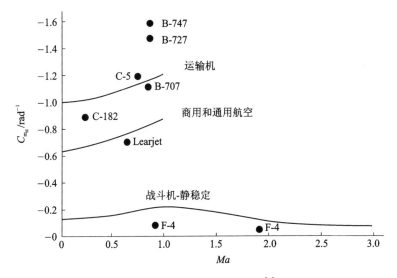

图 16.3 典型俯仰力矩导数[1]

16.2.2 横航向气动导数与静稳定性

横航向静稳定性分析与纵向静稳定性分析有很大的不同。飞机的侧滑、滚转和偏航运动之间耦合紧密,即横航向任一运动参数的改变,往往会引起其他所有参数的变化。

横航向静稳定性分析的几何参数如图 16.4 所示。图中显示横航向主要操纵面为副翼以及方向舵。定义向右偏航和滚转为正值。当飞机因为扰动发生了右侧滑时,需要产生右偏航力矩来消除侧滑,此时偏航力矩关于 β 的导数 $C_{n\beta}>0$,飞机具备航向静稳定性。当飞机因为扰动发生了左滚转时,升力与重力的合力使得飞机产生向左侧滑,需要飞机产生右滚转力矩来消除侧滑,此时滚转力矩关于 β 的导数 $C_{L\beta}<0$,具备横向静稳定性。

飞机横航向上的气动导数主要受翼面形状、上反角、垂尾的影响。机翼后掠与上反都可以产生横向安定作用,使横向静稳定导数 $C_{L\beta}$ 为负。而垂尾主要提供航向安定作用,使导数航向静稳定导数 $C_{n\beta}$ 为正。值得注意的是,后掠机翼在侧滑情况下左右两边机翼的阻力存在一定的差值,从而会导致偏航力矩。由于机翼后掠产生的偏航力矩太小,估算时一般忽略不计。同

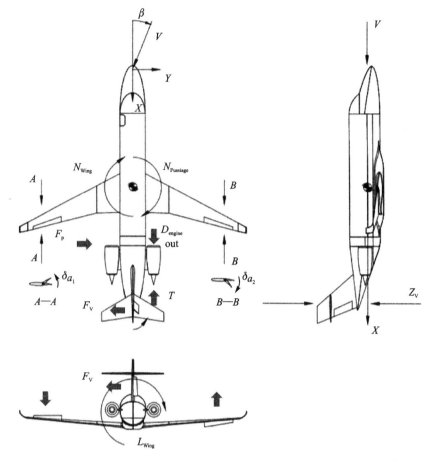

图 16.4 横航向几何定义

理,上反机翼侧滑情况下产生的偏航力矩通常很小,一般也忽略不计。

下面给出 $C_{L\beta}$、$C_{n\beta}$ 的估算式。$C_{L\beta}$ 的估算式等号右侧第一项来自于机翼的后掠,第二项来自于机翼上反作用。$C_{n\beta}$ 的估算式只考虑了垂尾的作用。更精确的计算公式可以参阅 DATCOM。

$$C_{L\beta} = -0.5 C_L \bar{y}_{s \cdot c} \tan \chi - 0.5 C_{L\alpha} \bar{y}_{s \cdot c} \psi \tag{16.5}$$

$$C_{n\beta} = -k_q \frac{S_{vt} l_{vt}}{Sb} C_{c\beta \cdot vt} \left(1 - \frac{\partial \sigma}{\partial \beta}\right) \tag{16.6}$$

式中,χ 为机翼的后掠角;ψ 为机翼上反角;k_q 为速度阻滞系数;l_{vt} 为垂直尾翼面心沿 Ox_b 轴量得的到飞行器重心距离;S_{vt} 为垂尾面积;σ 为垂尾处气流的侧洗角;$C_{c\beta \cdot vt}$ 为垂尾产生侧力对侧滑角的导数,其计算方法与飞机机翼升力线斜率算法类似;$\bar{y}_{s \cdot c} = \dfrac{y_{s \cdot c}}{b/2}$,$y_{s \cdot c}$ 近似为半机翼面心到对称面的距离,其值与机翼外形有关,初步估算时可取为

$$\bar{y}_{s \cdot c} = 0.36 \sim 0.4$$

图 16.5 提供了关于 $C_{n\beta}$ 的建议值(图中虚线)。它低于 NASA 建议的曲线。关于 $C_{L\beta}$,在亚声速时,量值约为 $C_{n\beta}$ 的一半,符号为负;在跨声速时,大约与 $C_{n\beta}$ 相当。

在传统常规布局飞机的初步设计时,通常需要将 $|C_{n\beta}|/|C_{L\beta}|$ 保持在一个恰当的范围。否则当稳定性相对程度 $|C_{n\beta}|/|C_{L\beta}|$ 过大时,飞机容易产生螺旋不稳定;反之,当 $|C_{n\beta}|/|C_{L\beta}|$ 过

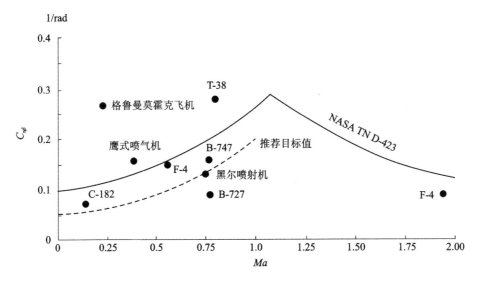

图 16.5 典型偏航力矩导数

小时,飞机容易产生荷兰滚或者飘摆不稳定。

如果分别以 $C_{n\beta}$、$C_{L\beta}$ 为坐标轴,假定其他参数为常值,可以得到一条关于 $C_{n\beta}$、$C_{L\beta}$ 的稳定性边界,如图 16.6 所示。

影响飞机横向静稳定性的主要构造参数是机翼的后掠角与上反角。机翼的后掠角由飞机的基本性能决定,不能任意改变,所以改变 $|C_{L\beta}|$ 主要依靠改变上反角来实现。对于采用大后掠机翼的飞机,后掠角产生的 $|C_{L\beta}|$ 往往过大,所以通常采用下反角。影响航向静稳定性的主要部件是垂尾。当尾臂长度确定后,航向静稳定性主要由垂尾面积决定。

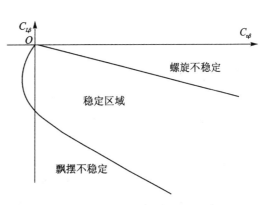

图 16.6 横向静稳定性和航向静稳定性相对关系

横向静稳定性与航向静稳定性的相对大小除与飞机的构造参数有关外,还与飞机的飞行状态有很密切的关系。对于大后掠翼飞机,在低速或者高空飞行时,C_L 很大,而后掠角产生的横向静稳定性与 C_L 成正比,所以 $|C_{L\beta}|$ 也会很大。另一方面,由于在大迎角情况下翼身对于垂尾有较大的遮蔽作用,航向静稳定性 $|C_{n\beta}|$ 处于较低的水平,此时飞机容易发生飘摆不稳定。

这些数值,需要基于风洞数据作动态分析后才能最终选择。而且,有一些项目在原型机试飞以后,还会改变垂尾面积或机翼上反角(如 F-100,B-25)。

16.2.3 飞机模态特性与动稳定性

飞机的动稳定性分析主要基于线化小扰动方程展开。

如果不计高度变化对外力和外力矩的影响,并假设基准运动为水平直线运动,则可以将飞机无控状态下的纵向小扰动方程写成

的形式
$$\dot{x} = Ax$$

$$\begin{bmatrix} \Delta\dot{V} \\ \Delta\dot{\alpha} \\ \Delta\dot{q} \\ \Delta\dot{\theta} \end{bmatrix} = \begin{bmatrix} X_V & X_\alpha + g & 0 & -g \\ -Z_V & -Z_\alpha & 1 & 0 \\ \overline{M}_V - \overline{M}_{\dot{\alpha}}Z_V & \overline{M}_\alpha - \overline{M}_{\dot{\alpha}}Z_\alpha & \overline{M}_q + \overline{M}_{\dot{\alpha}} & 0 \\ 0 & 0 & 1 & 0 \end{bmatrix} \begin{bmatrix} \Delta V \\ \Delta\alpha \\ \Delta q \\ \Delta\theta \end{bmatrix} \quad (16.7)$$

$$X_V = \frac{T_V\cos(\alpha_* + \varphi_T)}{m} - \frac{(C_{DV} + 2C_{D*})q_*S}{mV_*}, \quad X_\alpha = \frac{-T_*\sin(\alpha_* + \varphi_T) - CD_\alpha q_*S}{m} \quad (16.8)$$

$$X_\alpha = \frac{-T_*\sin(\alpha_* + \varphi_T) - CD_\alpha q_*S}{m}, \quad Z_V = \frac{T_V\sin(\alpha_* + \varphi)}{mV_*} + \frac{(C_{LV} + 2C_{L*})q_*S}{mV_*^2} \quad (16.9)$$

$$Z_\alpha = \frac{(C_{D*} + C_{L\alpha})q_*S}{mV_*} = \frac{T_*\cos(\alpha_* + \varphi_T) + C_{L\alpha}q_*S}{mV_*},$$

$$\overline{M}_V = \frac{(C_{mV} + 2C_{m*})q_*Sc}{V_*I_y} = \frac{C_{mV}q_*Sc}{V_*I_y} \quad (16.10)$$

$$\overline{M}_\alpha = C_{m\alpha}\frac{q_*Sc}{I_y}, \quad \overline{M}_{\dot{\alpha}} = C_{m\dot{\alpha}}\left(\frac{c}{2V_*}\right)\frac{q_*Sc}{I_y}, \quad \overline{M}_q = C_{mq}\left(\frac{c}{2V_*}\right)\frac{q_*Sc}{I_y} \quad (16.11)$$

式(16.7)~(16.11)中静稳定导数在本章前两节已有介绍,动导数项则可应用气动计算软件或 DATCOM 工程算法完成估算。飞机受到扰动后无控状态的运动特性取决于矩阵 A 的特征根。

由代数方程理论可知,A 矩阵共有 4 个特征根,且若有复根则必定成对共轭出现。在小扰动范围内,飞机的纵向或横航向运动均为由每组特征根所表达的运动叠加而成,称为典型模态运动。每个实数特征根或每一对共轭复数特征根都代表了一个基本模态运动。单独的实根代表扰动后运动中的一阶模态即指数型运动,共轭复根则表示运动中的二阶振荡运动模态。视特征根实部符号情况,每一个模态运动或为发散,或为收敛。当系统振动运动收敛时,则所有的模态皆收敛,即所有的特征根具有负实部或为负实根;当振动运动发散时,则系统有一个或一个以上的模态发散,亦即有一个或一个以上的特征根具有正实部或为正实根。

通过特征根,可进一步求出模态运动的半衰期、倍幅时间、振荡频率、周期和半衰期内振荡次数。假设 A 矩阵具有形态类似 $\lambda = n \pm i\omega$ 的特征根。当 ω 为 0 时对应为实根,不为零时为共轭复根。由 λ 即可计算得到模态对应的相关参数值:固有频率 $\omega_n = \sqrt{n^2 + \omega^2}$;阻尼比 $\zeta = -\frac{n}{\omega_n}$;

半衰期(倍幅时)$t_{1/2} = \frac{0.693}{|n|}$,当 $n > 0$ 时模态趋于发散,该时间对应为模态的发散倍幅时 t_2;对于一阶模态,时间常数即为 $-\frac{1}{n}$。

下面通过一架通航飞机的纵向扰动响应来分析典型飞机的纵向模态特性。该通航飞机的重量以及气动参数如下：

机翼面积 $S=17.1\text{ m}^2$，重量 $W=12\,224\text{ N}$，机翼展长 $b=10.18\text{ m}$，机翼平均气动弦长 $\bar{c}=1.74\text{ m}$，以平均气动弦长为单位，重心到机翼前缘的距离 $\bar{x}_{cg}=0.295$，$I_x=1\,420.9\text{ kg}\cdot\text{m}^2$，$I_y=4\,067.5\text{ kg}\cdot\text{m}^2$，$I_z=4\,786\text{ kg}\cdot\text{m}^2$，$I_{xy}=I_{zx}=I_{zy}=0$，$C_{L*}=0.41$，$C_{D*}=0.05$，$C_{L\alpha}=4.44$，$C_{L\dot{\alpha}}=0$，$C_{D\dot{\alpha}}=0$，$C_{LM}=0$，$C_{L\delta_e}=0.355$，$C_{m\delta_e}=-0.923\,0$，$C_{D\alpha}=0.33$，$C_{DM}=0$，$C_{D\delta_e}=0$，$C_{m\alpha}=-0.683$，$C_{m\dot{\alpha}}=-4.36$，$C_{mMa}=0$，$C_{mq}=-9.96$，$C_{Lq}=3.8$，$Ma=0.158$，$\rho=1.225\text{ kg/m}^3$，以上所有导数中涉及的角度都以 rad 为单位。

假设飞机在受到扰动时处于水平飞行状态，则将上述导数值经过计算替换掉状态矩阵 A 中各项的值，可以得到

$$A=\begin{bmatrix} -0.045\,2 & 1.693\,9 & 0 & -9.81 \\ -0.006\,9 & -2.027\,4 & 1 & 0 \\ 0.006\,3 & -6.984\,3 & -2.998\,6 & 0 \\ 0 & 0 & 1 & 0 \end{bmatrix}$$

计算获得其特征值为

$$\lambda_{1,2}=-2.519\pm 2.597\text{i}$$
$$\lambda_{3,4}=-0.017\pm 0.213\text{i}$$

因为 A 矩阵具有两对实部为负的共轭复根，说明该机在当前状态下的纵向无控响应包含两个衰减的震荡运动模态，因此是动稳定的。结合前文关于模态参数的讲解，可以计算得到该飞机两个模态的对应参数分别为

$$\zeta_{d1,2}=0.696,\quad \omega_{n1,2}=3.618,\quad t_{1/2}=0.275$$
$$\zeta_{d3,4}=0.080,\quad \omega_{n1,2}=0.214,\quad t_{1/2}=40.76$$

纵向两个模态中，其中一个周期很短，衰减很快，其周期和半衰期在数秒量级，频率每秒几弧度，称为短周期模态；另外一个周期长，衰减慢，其周期和半衰期在数十秒甚至数百秒量级，频率每秒零点几弧度甚至更小，称之为长周期模态。对于大多数飞机而言，其纵向大都包含与本算例类似的长周期和短周期模态。

飞机横航向动稳定性分析的方法与纵向类似。首先将无控下的横航向线化小扰动方程改写为矩阵形式

$$\begin{bmatrix} \dot{\beta} \\ \dot{p} \\ \dot{r} \\ \dot{\psi} \end{bmatrix}=\begin{bmatrix} \bar{Y}_\beta & \alpha_*+\bar{Y}_p & \bar{Y}_r-1 & g\cos\theta_*/V_* \\ \bar{L}_\beta & \bar{L}_p & \bar{L}_r & 0 \\ \bar{N}_\beta & \bar{N}_p & \bar{N}_r & 0 \\ 0 & 1 & \tan\theta_* & 0 \end{bmatrix}\begin{bmatrix} \beta \\ p \\ r \\ \psi \end{bmatrix} \quad (16.12)$$

$$\bar{Y}_\beta=\frac{C_{y\beta}q_*S}{mV_*},\quad \bar{Y}_P=\frac{C_{yp}q_*S}{mV_*}\frac{b}{2V_*},\quad \bar{Y}_r=\frac{C_{yr}q_*S}{mV_*}\frac{b}{2V_*}$$

$$N_\beta=C_{y\beta}q_*Sb,\quad N_p=C_{np}q_*Sb\frac{b}{2V_*},\quad N_r=C_{nr}q_*Sb\frac{b}{2V_*} \quad (16.13)$$

$$L_\beta=C_{L\beta}q_*Sb,\quad L_p=C_{Lp}q_*Sb\frac{b}{2V_*},\quad L_r=C_{Lr}q_*Sb\frac{b}{2V_*}$$

$$\bar{L}_i=\frac{L_i+(I_{zx}/I_z)N_i}{I_x-I_{zx}^2/I_z},\quad \bar{N}_i=\frac{N_i+(I_{zx}/I_z)L_i}{I_z-I_{zx}^2/I_x}$$

同样以前文纵向分析中相同的通航飞机为例进行横航向扰动响应的计算。该通航飞机的横向气动参数如下：

$$C_{y\beta}=-0.564,\ C_{y\delta_a}=0,\ C_{y\delta_r}=0.157,\ C_{L\beta}=-0.074,\ C_{Lp}=-0.410,$$
$$C_{Lr}=0.107\,0,\ C_{L\delta_a}=-0.134\,2,\ C_{L\delta_r}=0.011\,8,\ C_{n\beta}=0.070\,1,$$
$$C_{np}=-0.057\,5,\ C_{nr}=-0.125,\ C_{n\delta_a}=0.003\,46,\ C_{n\delta_r}=-0.071\,7,$$
$$C_{y\dot{\beta}}=0,\ C_{l\dot{\beta}}=0,\ C_{n\dot{\beta}}=0,\ C_{yp}=0,\ C_{yr}=0$$

将上述导数代入到横航向线化小扰动方程的矩阵形式中，假设飞机在遭遇扰动之前处于定常平飞状态，可以得到

$$A=\begin{bmatrix} -0.255 & 0.092 & -1 & 0.182 \\ -16.038 & -8.419 & 2.197 & 0 \\ 4.568 & -0.351 & -0.762 & 0 \\ 0 & 1 & 0.092 & 0 \end{bmatrix}$$

求解 A 矩阵特征根，可获得特征根及其所代表的模态特性参数如下：

$$\lambda_1=-8.263,\ t_{1/2}=0.084$$
$$\lambda_2=0.007\,02,\ t_2=98.72$$
$$\lambda_3=-0.587\pm2.363\mathrm{i},\ t_{1/2}=1.18$$

从以上参数中可以发现，算例飞机横航向响应共有 3 个模态。其中一个为衰减很快的单调模态，其半衰期很短，对应于大负值特征根，称为滚转收敛模态，主要表现为扰动恢复初期滚转角速度的迅速衰减变化，而偏航角速度、侧滑角速度变化很小。另一个单调变化模态对应于离原点很近的特征根，通常表现为很缓慢地发散或者收敛，取决于特征根位于原点右侧还是左侧，被称为螺旋模态，主要表现为扰动运动后期滚转角以及偏航角的变化，即带滚转、几乎无侧滑的缓慢偏航运动。若模态发散，则飞行轨迹表现为缓慢下降的近似螺旋线。一对共轭复特征根对应于频率较快、中等阻尼的周期震荡运动，称为荷兰滚模态，主要表现为飞机来回滚转，同时左右偏航，并伴随着侧滑振荡，与滑冰中荷兰滚动作比较相似而得名。

对于大多数飞机而言，其横航向大都包含与本算例类似的滚转收敛模态、螺旋模态和荷兰滚模态。

16.2.4 飞机稳定性的判定依据

为了能够更直观地量化飞机的稳定性，引入飞行品质的概念。飞行品质指的是飞机的飞行动力学特性，决定了驾驶员为实现特定任务时的操纵难易程度和完成任务的准确度，不仅与飞机和驾驶员的动态特性有关，而且与飞行环境有关。飞行品质规范在飞机的设计、开发、试飞和生产中占有举足轻重的地位。衡量有人驾驶飞机飞行品质好坏的标准是驾驶员能否以较小的工作负荷准确地完成战斗、巡航或起降等飞行任务。

对不同类型的飞机，在不同的飞行任务阶段及其不同的工作状态，飞行品质要求是不同的。我国军用飞机飞行品质规范 GJB185—86 与美国军用飞机飞行品质要求手册 MIL—HDBK—1797 相同，将飞行品质要求分为四种飞机类型、三种飞行任务阶段和三个飞行品质等级。在飞机设计阶段，通常认为满足二级标准即可以实现较好的飞行品质。本节中仅列出高机动性飞行器如战斗机进行快速机动任务如空对空战斗、对地攻击等任务阶段对纵向、横航向各个模态飞行品质的要求，如表 16.1 和表 16.2 所列。

表 16.1　GJB185—86 对战斗机快速机动任务中纵向飞行品质的要求

飞行品质级别	短周期模态阻尼比		长周期模态要求
	最小值	最大值	
1	0.35	1.30	阻尼比不小于 0.04
2	0.25	2.00	阻尼比不小于 0
3	0.15	—	倍幅时间不小于 55 s

表 16.2　GJB185—86 对战斗机快速机动任务中横航向飞行品质的要求

飞行品质级别	荷兰滚模态			滚转收敛模态最大时间常数	螺旋模态最小倍幅时间
	Min ζ_d	Min $\zeta_d \omega_{nd}/(\mathrm{rad \cdot s^{-1}})$	Min $\omega_{nd}/(\mathrm{rad \cdot s^{-1}})$		
1	0.08	0.15	1.0	1.4	20 s
2	0.02	0.05	0.4	3.0	8 s
3	0	0	0.4	10	4 s

从表 16.1 和表 16.2 中可以看到，良好的飞行品质并不要求飞机所有模态都是收敛的。对于纵向长周期模态和横航向螺旋模态而言，均允许存在缓慢的发散。飞行员有足够的时间对此类慢发散模态进行修正，因为它并不比阵风引起的姿态偏离更明显。

16.3　飞机的操纵性

飞机总体设计前期阶段较为关心飞机的静态操纵特性，其核心为各种状态下的配平问题。而动态操纵特性一方面可在确定的外形上通过修改舵面面积来实现，另一方面还可通过飞行控制系统调参的手段加以改善。

16.3.1　纵向操纵性

飞机的配平是指通过控制操纵机构，使得飞机在一定迎角/侧滑角下保持围绕各运动轴力矩总和为零的状态。对飞机纵向配平而言，由于飞机从起飞至降落过程中迎角处于不断改变过程中，为了保证飞机能够满足性能需求，必须使其在各种设计状态下能够实现围绕俯仰轴的力矩平衡。

飞机在俯仰方向上操纵机构主要有升降舵、襟翼、推力矢量喷管，等等。飞机通过偏转操纵机构，获得操纵力矩，改变配平状态。其中，由升降舵、襟翼偏转引起的操纵力矩称为气动操纵力矩。

对于常规布局飞机而言，升降舵位于平尾的后缘，可绕其转轴上下转动。当舵面偏转时，平尾翼型的有效弯度发生改变，产生了附加升力，从而对飞行器重心产生了附加力矩。习惯上，当舵面后缘向下偏转时，形成的升降舵偏角 $\delta_e > 0$。

为计算升降舵偏转产生的操纵力矩，引入升降舵效率系数 η_e。它等于升降舵偏转 1°所产生的平尾升力系数与平尾迎角改变 1°所产生的平尾升力系数之比，即

$$\eta_e = \frac{C_{L \cdot \delta}}{C_{La \cdot t}} \tag{16.14}$$

式中，$C_{L \cdot \delta} = \partial C_{L \cdot t}/\partial \delta_e$。若升降舵偏转角度为 δ_e，则平尾上产生的升力为

$$L_t = k_q q S_t C_{La \cdot t} \eta_e \delta_e \tag{16.15}$$

相对于飞机重心产生的纵向力矩以及相应的无因次力矩系数为

$$\Delta M = -L_t l_{ht} \tag{16.16}$$

$$\Delta C_m = -k_q A_{ht} C_{La \cdot t} \eta_e \delta_e \tag{16.17}$$

式中，l_{ht} 为平尾焦点位置沿机身轴线方向量得的到飞行器重心的距离，A_{ht} 为平尾静面矩系数，计算公式为 $A_{ht} = S_t l_{ht}/Sc$。将上式对 δ_e 求导，得到升降舵操纵导数为

$$C_{m\delta_e} = -k_q A_{ht} C_{La \cdot t} \eta_e \tag{16.18}$$

式中，η_e 可以近似按照下列公式计算：

$$\eta_e \approx \sqrt{\frac{S_e}{S_t}} \cos \chi_e \qquad Ma < Ma_c \tag{16.19}$$

$$\eta_e \approx \frac{S_e}{S_t} \cos \chi_e \qquad Ma > 1 \tag{16.20}$$

式中，S_e 为升降舵面积，χ_e 为升降舵转轴后掠角。从上述公式可以看出，升降舵产生的操纵力矩与迎角无直接联系，所以升降舵偏转不会影响飞行器的静稳定性，但会改变零升力矩的大小。升降舵上偏一个角度，零升力矩变大，相应的平衡迎角与升力系数也会发生改变。

具备静稳定性的飞机，俯仰上受扰动而发生迎角的改变时，会产生阻碍其改变力的俯仰力矩。即当飞机受到扰动迎角变大时，俯仰上应该会产生一个低头力矩阻碍迎角变大。此时俯仰力矩系数关于迎角的导数 C_{ma} 为负值。对于常规布局飞机而言，C_{ma} 为负值，飞机重心应该位于全机焦点之前。飞机若想稳定平飞，则在平衡状态时应保证一个适当的正迎角以产生升力，因此飞机的零升俯仰力矩应为正值。对于静不稳定飞机而言，由于其 C_{ma} 为正值，因此在飞机设计时必须使其零升俯仰力矩为负值，才可保证飞机能够以一定正迎角实现平飞状态的俯仰力矩平衡。

16.3.2 横航向操纵性

最受关注的横航向配平状态是起飞时单发停车。垂尾和方向舵必须有能力在起飞速度（1.1倍失速速度）、单发失效、重心位于后限的状态下提供足够的偏航力矩，保持飞机处于零侧滑角。方向舵偏角或许不应该超过20°，以便仍有一定的余量用于操纵。

另一种需要检查的配平状态是侧风着陆。飞机必须能在相当于20%起飞速度的侧风中着陆，这相当于在起飞速度下保持11.5°的侧滑角。同样，方向舵偏角不应大于20°。

如果在以上任一种情况下，垂尾无法提供足够的力来保证偏航力矩等于零，有几种办法可以修正这个问题：

① 蛮力法，简单地增大垂尾尺寸，不过这要付出飞机的阻力和重量的代价。

② 可以增大方向舵弦长或展长来提升方向舵效率，也可以采用双铰链方向舵，如DC-10所用的。全动垂尾（如F-107和SR-71所采用的）可以提供最大的"方向舵"操纵能力，不过比较重。

③ 可以将发动机向内侧移动，以减小发动机失效的力矩，不过这会增加机翼重量。

16.4 飞行控制系统与主动控制技术

16.4.1 飞行控制系统的物理意义

现代高速飞机飞行包线不断扩大,从亚声速到超声速飞行过渡过程中焦点位置发生很大变化,因而对一定的重心位置,飞机的纵向静稳定性也发生很大变化。当设计超声速飞行具有合适的静稳定性时,在亚声速范围内由于焦点前移将导致飞机静稳定性下降甚至变为静不稳定。为使飞机仍维持飞行员可以接受的操稳特性,必须借助飞行控制系统的主动控制。

主动控制技术(Active Control Technology,ACT),早期也被称为随控布局技术(Control Configured Vehicle,CCV),其名称就意味着飞机可以主动响应外界环境的激励,从而获得更好的性能和特性——在各种飞行状态下,机载计算机根据飞行员指令及飞机传感器信息,按预定策略作动相应的控制部件,使飞机上所承受的气动力按照需要变化,从而改善性能,并降低制造成本和使用费用等。

主动控制技术对飞机设计产生了深远的影响,使得飞行控制系统设计技术上升为飞机设计的支柱技术之一。并且,它也赋予设计师更大的自由度,可以更有效地兼顾飞机设计中面临的种种矛盾,跨越更多的限制,并提升综合性能。

对于放宽静稳定性的飞机,有些飞行状态下飞机将是静不稳定的,重心位置位于全机焦点之后。此时对于定常飞行,舵面偏转产生的升力与主翼产生的升力方向一致,这样与常规布局飞机相比,放宽静稳定飞机将具有更强的机动性。与此同时放宽静稳定性的飞机不必要强调提供自然静稳定性,因而可以使用更小的尾翼使飞机阻力进一步降低,从而提升其巡航效率。

16.4.2 主动控制技术的发展

20世纪70年代开始,很多国家开展了ACT验证工作。美国曾以B-52、C-5A、F-4、F-8C、YF-16和A-7等作为电传操纵系统和主动控制技术的验证机开展研究。1969年,美国空军开始F-4生存飞行控制系统发展计划。该系统为模拟式电传系统,采用四余度并行工作以保证工作可靠性。该计划历时4年,共飞行84次,达到了预期效果。1978—1987年,美国空军、海军和NASA联合发起了先进技术综合验证机AFTI/F-16计划,旨在验证提高战斗机作战效率的综合技术,同时还开展了X-29前掠翼验证机计划,研究主动控制技术在未来战斗机上的应用前景。X-29本身是一架静不稳定的战斗机,其亚声速不稳定度达30%,通过ACT系统为其提供人工稳定。

20世纪70年代初,英国皇家飞机研究院在"猎人"飞机上进行了电传操纵研究,其后又开展了"美洲虎"ACT验证机研究。该研究历时8年,飞行了100多次。1974年,德国使用F-104G进行了电传飞控系统的研制和验证。该系统能对不稳定度直至-20%的布局实现有效控制,到1981年末,对5种布局试飞了120多次,获得大量的技术与经验。英国、德国和意大利还共同开展了EAP计划,应用了在开发"美洲虎"和F-104过程中所得到的大量技术和经验,为未来欧洲战斗机EFA进行综合技术验证。

20世纪70年代末,ACT技术已用于多种生产型飞机。美国的F-16A/B和F-18等飞机装备了主动控制系统,瑞典的JAS-39也直接实现了某些主动控制功能。80年代以后的军机都在不同程度上具备主动控制能力。在民机方面，以1986年空客A320客机为起始，主动控制技术在民机领域稳步发展。一般民机对电传系统的可靠性要求要比战斗机高出1~2个数量级，因此在系统配置和余度管理方面的研究力度很大，如波音B777采用了非相似余度来防止灾难性的共模故障。超大运量的运输机A380和以高效益为目标的波音B787都采用了多种主动控制功能，用先进的飞控技术来保障其优越的性能。

我国于20世纪80年代开展了对主动控制技术的研究，早期研究将歼-8作为原型机，把主动控制技术研究规划为三个阶段。第一阶段完成纵轴模拟式电传与纵轴数字式电传操纵系统的研制与试飞验证；第二阶段完成三轴数字式电传飞控系统的研制，以及重要的主动控制功能开发与试飞验证；第三阶段在三轴数字式电传飞控系统基础上进行其他主动控制功能的验证。在以李明院士、顾诵芬院士为代表的众多科研工作者的共同努力下，搭载三轴数字式电传飞控系统的原型机通过了试飞验证，取得了显著成果。[16,17]

16.4.3　先进主动控制概况

主动控制技术并不局限于飞控系统，还覆盖了气动、结构强度、动力、火控和航空电子等多种技术领域，给飞机设计师以更大的自由度，并可以大幅提高飞机的综合性能。主动控制技术的主要应用方向包括以下方面。

1. 放宽静稳定度

传统飞机设计时，需要将飞机设计成静稳定的，即重心位于焦点之前。在一般配平状态下，通常平尾的配平力方向是向下的。这种配平的影响有几个方面：

① 机翼上的升力要增大，以弥补平尾的负升力，会增大诱导阻力和配平阻力。对于超声速飞机这个问题更严重，因为超声速状态焦点会大幅后移，为了配平，平尾需产生很大的负升力。显然，这会大幅增加机翼升力需求和配平阻力。

② 为了配平，平尾（或升降舵）后缘有一定幅度的上偏，从而减小了机动飞行时的可用平尾偏角，会降低机动能力。如果可用偏度有限的情况下要保证足够的机动能力，就需要增大平尾面积，增大结构重量和零升阻力。

③ 配平的负升力需要机翼产生额外的升力来弥补，因而使可用升力降低，机动能力变差。为保证足够的机动能力，需要增大升力系数或机翼面积，导致阻力增大。对于现代高性能战斗机，这种问题更为突出。

如果按放宽静稳定度（Relaxed Static Stability，RSS）设计，可以将重心布置在焦点位置（中立稳定）甚至焦点后面（静不稳定），平尾配平力为正升力，可以大大改善上述问题。大致说来，其优势包括阻力减小、爬升率增大、升限提高、有效航程增大、全机重量降低、有用升力增大、机动能力增强等。研究表明，RSS是提高飞机性能的一种非常有效的手段，如一架采用RSS的轻型战斗机，当重心位于$0.38 b_A$时，与重心位于$0.25 b_A$的常规战斗机相比，在9 000 m高度最大推力条件下，转弯角速度增大了$0.75°/s \sim 1.1°/s$，从$Ma 0.9$加速到$Ma 1.6$的时间缩短了1.8 s，Ma为0.8、0.9和1.2时，法向过载分别提升了$0.2g$、$0.4g$和$0.6g$，而升阻比在亚声速区提高了4%~8%，超声速区提高了8%~15%。

对于大型运输机，采用放宽静稳定性技术也会有很大收益。如B-52轰炸机放宽纵向静稳定性后结构重量减小6.4%，阻力减小2%，航程约增加4.3%。波音公司对一种航程为3 200 km的200座双发运输机研究表明，放宽纵向静稳定性后，水平安定面比常规飞机减小

45%，机翼前移 108 cm，巡航配平阻力降低 3.6%。L-1011 放宽静稳定性后使飞机阻力下降 2%，巡航油耗下降 2%。A300 飞机试飞也表明放宽静稳定性后可节省燃油 2.5%。

2. 边界控制

边界指的是飞机的极限状态。边界控制（Boundary Control，BC）即是对飞机的一些重要参数实施监控和限制，避免飞机进入危险状态，也可以减轻驾驶员的操作强度。通常的边界控制可分为几种：① 与控制极限相关的，如迎角、侧滑角、空速等；② 与飞机结构应力相关的，如过载、滚转速率等；③ 与驾驶员耐受能力相关的，如过载大小、过载变化率的大小等；④ 其他参数，如与发动机正常工作相关的、与武器投放相关的参数限制，等。

目前，对于边界限制问题还存在许多争论。一方面，边界控制可以使驾驶员不需过分操心飞机的安全，可以将注意力更集中于任务相关的操作；另一方面，它可能会限制飞机的性能，使得在某些应急状态下无法完成任务，如躲避撞山、撞地或某些战斗需要。这方面的应用需要一定的权衡，比较理想的方案是既可以保证安全、降低驾驶员工作强度，在某些应急状态又可以跨越边界，充分发挥驾驶员的主动决策能力。

3. 直接力控制

常规飞机要改变航迹，需要先偏转操纵面来产生一定的力矩，改变飞机的姿态，进而改变飞机的迎角或侧滑角，从而产生改变航迹的气动力。这种操纵方式称为力矩操纵或间接力操纵。而直接力控制（Direct Force Control，DFC）就是通过组合操纵面作动，在不产生力矩的条件下直接产生升力或侧力。这种方式不仅可以实现力与力矩的解耦，而且也可改善飞机的时间响应特性，显著改善飞行性能。

以升力为例，产生直接升力的方法可以有几种：

① 鸭翼与平尾组合，两者如果同时下偏，并且各自产生的纵向力矩相互抵消，则可以产生单纯的升力；

② 襟翼与平尾组合；

③ 鸭翼与机动襟翼组合；

④ 扰流片的偏转与鸭翼组合等。

如果发动机推力方向可变，也可配合使用推力矢量技术。

4. 阵风载荷减缓和乘坐品质控制

阵风载荷减缓（Gust Load Alleviation，GLA）是利用主动控制技术来减小阵风作用下可能引起的过载，从而达到减小机体结构载荷和疲劳的目的。乘坐品质控制（Ride Quality Control，RQC）是利用主动控制技术来降低机上乘员在不稳定环境中的不舒适度。这两种技术虽然针对不同的客体，但其功能基本是相同的。

阵风载荷减缓系统有时也称为载荷减缓、模态抑制或疲劳减缓系统，其研究内容包括大气扰动数学模型建立、大气扰动对飞机运动的影响和对这种运动的抑制。一般来说，带有直接力控制的系统可以获得较好的效果。有些飞机为了减缓局部位置的阵风过载，安装了特殊的操纵面，如 NB-52 CCV 试验机为了改善驾驶员处的乘坐品质，在座舱附近安装了两片水平鸭翼；B-1B 轰炸机的驾驶舱位于细长机身的前端，在低空飞行时由于大气扰动会引起机身结构的挠性振动，使驾驶员感觉不适，影响操纵。为此，B1-B 在驾驶舱下方安装了一对 30° 下反角的水平前翼，当其对称偏转时可产生垂直控制力，反向偏转时可产生水平控制力，从而可以用来实现阵风载荷减缓和乘坐品质控制。

5. 机动载荷控制

机动载荷控制（Maneuvering Load Control，MLC）的出发点在于，大型运输机长期工作于巡航状态，承受 $1g$ 过载。作机动时，载荷与过载同比例增大。按传统设计办法，运输机需按机动过载设计，致使长时间的巡航飞行中结构强度有富余。如果在机动飞行时，通过控制系统驱动有关操纵面，使机翼升力分布向翼根偏移，则可以保证升力增量满足需要，又不致使翼根弯矩过大，从而减小结构重量，提高巡航经济性。

对于战斗机，有些飞行任务和机动飞行需要很高的升力系数，同时为了获得最高的飞行性能还要求保持阻力最小。那么在机动飞行时，可以通过控制机翼升力沿展向的分布，来减小诱导阻力和延缓气流分离，提高机动性能。

6. 颤振模态控制（Flutter Mode Control，FMC）

传统的抑制颤振的方法包括增大结构尺寸、重量加大、改变材料和增大刚度等，但这会影响飞机的性能。

现代的方法则可以采用人工阻尼系统来主动抑制颤振。在机翼上安装传感器感受振动信息，以此驱动相应的操纵面协调偏转，产生阻尼气动力来抑制颤振。这种方法可以有效减小结构重量，并提供足够的颤振临界速度容量。

> **课程设计项目进展建议**
> ➢ 进行纵向及横向气动导数估算；
> ➢ 进行纵向静稳定性计算，判定方案的稳定性水平；
> ➢ 对是否采用主动控制技术进行说明和分析；
> ➢ 对照稳定性与操纵性结果和设计要求，进行方案修改迭代。

参考文献

[1] RAYMER D P. Aircraft Design：A Conceptual Approach[M]. 4th ed. Reston：AIAA Inc.，2006.
[2] PERKINS C，HAGE R. Airplane Performance，Stability，and Control[M]. New York：Wiley，1949.
[3] SECKEL E. Stability and Control of Airplanes and Helicopters[M]. New York：Academic Press，1964.
[4] PHILLIPS W H. Appreciation and Prediction of Flying Qualities[R/OL]. NACA927，1949. http：//www.dtic.mil/dtic/tr/fulltext/u2/a322377.pdf.
[5] NICOLAI L M. Fundamentals of Aircraft Design[M]. Dayton：Aerospace Engineering University of Dayton，1975.
[6] STINTON D. The Design of The Aeroplane[M]. New York：Van Nostrand Reinhold，1983.
[7] HULL D G. Fundamentals of Airplane Flight Mechanics[M]. Berlin：Springer Verlag，2007.
[8] ETKIN B，REID L D. Dynamics of Flight：Stability and Control[M]. 3rd ed. Canada：John Wiley & Sons Inc.，1996.
[9] HOAK D E，FINCK R D. USAF Stability and Control DATCOM[DB/OL]. AFWAL，TR 81-3048，1978. www.aeropersian.com/uploads/pdf/USAF_DATCOM_UM.pdf.
[10] 班度 N. 帕玛迪. 飞机的性能、稳定性、动力学和控制[M]. 2版. 北京：航空工业出版社，2013.
[11] 方振平，陈万春，张曙光. 航空飞行器飞行动力学[M]. 北京：北京航空航天大学出版社，2005：324-334.
[12] 高金源，焦宗夏，张平. 飞机电传操纵系统与主动控制技术[M]. 北京：北京航空航天大学出版社，2005.

[13] 张德发. 飞机主动控制技术的应用和发展[J]. 航空科学技术, 1995, 5: 7-10.
[14] 文传源. 现代飞行控制[M]. 北京: 北京航空航天大学出版社, 2004.
[15] 吕新波, 高亚奎, 刘振钦. 大型飞机主动控制技术综合收益研究[C]// 中国航空学会. 大型飞机关键技术高层论坛暨中国航空学会 2007 年学术年会论文集. 北京: 航空工业出版社, 2007.
[16] 袁新立. 一路前行: 飞机设计专家李明[M]. 北京: 航空工业出版社, 2012.
[17] 顾诵芬, 师元光. 我的飞机设计生涯[M]. 北京: 航空工业出版社, 2011.

第 17 章 飞机的经济性和环保性

🎯 **知识点**
- 全寿命周期成本的构成及主要的分析方法；
- 直接使用成本的构成及主要影响因素；
- 总体设计阶段提高飞机经济性的主要途径；
- 飞机的主要噪声源及降噪途径。

17.1 飞机的经济性

无论是军机项目，还是民机项目，对经济性的考虑都至关重要。对军机项目而言，主要关注的是全寿命周期成本；而对于民用飞机项目而言，使用经济性是取得商业成功以及可持续发展的关键因素之一。两者都是飞机制造商以及飞机设计人员需要自始至终密切关注的设计指标之一。

飞机的经济性是设计出来的，需要在飞机设计的所有阶段融入对经济性的考虑，针对各项经济性指标开展飞机方案和设计参数的分析与优化。在飞机概念设计和初步设计阶段的决策权衡对飞机经济性的影响更加突出；随着飞机项目的进展，可以更改的设计参数和范围越来越有限，经济性的改善空间也在不断缩小。因此，需要发展准确可靠的多层级经济性指标分析模型，并尽可能在设计早期与飞机设计参数和技术决策实现紧耦合，系统、广泛地开展面向经济性指标的设计优化。

飞机的经济性研究主要涵盖飞机的全寿命周期经济性、使用经济性、技术经济性、产业经济性以及经济性设计等方面。

17.1.1 飞机全寿命周期成本

全寿命周期成本是飞机项目整个寿命周期所产生的全部成本，通常包括 RDT&E 成本(Research, Development, Test & Evaluation, 研究、开发、测试和评估)、生产和采购成本、使用和维护成本，以及寿命结束后的处置成本，如图 17.1 所示。

在飞机项目的经济性分析中，还有其他的成本分类方法。比较常用的分类包括：直接成本和间接成本；固定成本和可变成本；重复成本和非重复成本等。不同成本分类方法的使用主体存在一定的差异。例如，航空公司一般采用固定成本(fixed cost)和可变成本(variable cost)的方法，而飞机制造商则更多使用直接使用成本/直接运营成本和间接成本的分析方法。

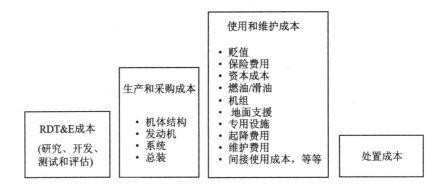

图 17.1　全寿命周期成本的典型构成

全寿命周期成本的理念有利于更全面地涵盖项目和产品全寿命周期内的技术决策、管理决策和设计决策对飞机经济性的整体影响,可以有效避免单独考虑飞机所有权成本或使用成本等单一成本指标带来的片面性。

1. 飞机的全寿命周期定义

飞机的全寿命周期一般是针对飞机项目提出的,最早来源于美国针对军用装备成本控制的需求,主要目的是解决装备成本的分析、控制和优化问题。基于这一概念,兰德公司发展了一系列成本分析方法,其应用已经扩展到更加广泛的政府投资类国防和非国防类大型项目的成本管理,对大型商业项目的成本管理和竞争性分析也具有重要的借鉴意义。在这一框架下,针对飞机项目,飞机的单机成本以及定价方法是其中的一项重要内容,在很大程度上决定了制造商在项目竞标上的竞争能力。对于民用飞机而言,由于飞机的销售价格以及销售量主要由市场决定,飞机项目的成本控制也决定了制造商在特定飞机项目上的盈亏平衡能力。

2. 飞机全寿命周期成本分析方法

在飞机设计过程中,需要将成本估算和控制纳入完整的经济性指标体系中。这是发展基于经济性设计,实现面向经济性决策的基础。

在飞机的经济性分析方法中,描述成本项与飞机典型特征参数的关系式统称为成本估算关系(Cost Estimation Relationship,CER)。方法选择的主要决策依据包括分析的目的、经济性数据的完备性和颗粒度、模型的复杂度等因素。

① 参数法(parametric cost estimating):根据同类机型的历史统计数据,利用回归分析方法建立研究对象的特征参数(如几何尺寸、飞机重量、飞行高度和飞行速度等)与开发成本之间的函数关系,利用该成本函数预测新机型的成本。该方法使用简单,但需要采用相同研制生产环境下的模型对新型号进行成本估算,无法用于非相同环境下的成本评估。

② 工程法(industrial engineering cost method):一种"自下而上"的成本估算方法,主要基于工作分解结构(Work Breakdown Structure,WBS)和成本分解结构(Cost Breakdown Structure,CBS)进行任务分解和成本分解。将 CBS 中每个单元的成本累加起来,便得到该型号项目的总成本。

③ 类比法(analogy cost method):一种常用的初步成本估算方法,是将在研型号直接与具有同样特征的类似型号进行比较,并估算其成本。该方法是一种精度相对较差但容易实现的通用方法,其精度往往与使用者的经验息息相关。

④ 外推法(extrapolation cost method)：与类比法相比，它是一种相对准确的成本估算方法。新型号与原准型号技术状态差异的大小决定了评估方法的准确性，一般情况下应用于民用飞机型号改型设计成本的估算。

在全寿命周期成本中，使用成本是一个重要的部分，也是占比最大的一个部分。在本章第2节中将对民用飞机的使用/运营成本分析方法进行详细介绍，其他类型飞机的使用成本计算中涉及的成本项大同小异，需要结合具体机型的使用场景来分析。在飞机的使用成本之外，飞机的全寿命成本计算中还包括：研究、开发、测试和评估成本（RDT&E）；生产采购成本和处置成本。这些成本项的计算分析方法同样因机型而异，需要具体分析，但基本方法类似。下面以 Roskam 方法为例[4]，介绍上述三项成本的基本计算方法。

(1) 研究、开发、测试和评估成本（RDT&E）

此项成本为飞机项目的研制成本，属于非重复成本（Non-Recurring Cost，NRC），具体的成本项包括工程设计成本、工装成本以及其他成本。工程设计成本包括机体设计与分析，研发支持与测试成本；工装包括工具与型架设计，工具和型架制造成本；其他包括研发支持和测试设备的研制与采购，试飞成本和财务成本。

机体设计与分析成本由工时及人工费率构成，即

$$C_{aed} = \mathrm{MHR}_{aed} \cdot R_{eng} \quad 美元 \tag{17.1}$$

$$\mathrm{MHR}_{aed} = 0.204\,1 \cdot m_{ampr}^{0.791} \cdot V_{max}^{1.526} \cdot N_{rdte}^{0.183} \cdot K_{diff} \cdot K_{cad} \tag{17.2}$$

式中，$m_{ampr} = 0.49 \cdot m_E$，$m_E$ 为飞机空机重量（运营空重），kg；V_{max} 为最大飞行速度，m/s；N_{rdte} 为飞机研制阶段的试验飞机架数；R_{eng} 为小时费率，$/h（美元/小时）；$K_{diff}$ 和 K_{cad} 为分别考虑技术复杂度和 CAD 应用水平的修正因子。

研发支持与测试成本为

$$C_{dst} = 0.058\,3 \cdot m_{ampr}^{0.873} \cdot V_{max}^{1.890} \cdot N_{rdte}^{0.346} \cdot \mathrm{CEF} \cdot K_{diff} \tag{17.3}$$

式中，CEF 为考虑通货膨胀的修正因子，以便转换到特定年份的币值。

工装成本为

$$C_{tool} = \mathrm{MHR}_{tool} \cdot R_{tool} \quad 美元 \tag{17.4}$$

$$\mathrm{MHR}_{tool} = 13.343 \cdot m_{ampr}^{0.764} \cdot V_{max}^{0.899} \cdot N_{rdte}^{0.178} \cdot Pr_r^{0.066} \cdot \mathrm{CEF} \tag{17.5}$$

式中，R_{tool} 为小时费率，Pr_r 为飞机的量产率。

试飞成本，包括用于试飞的飞机成本和试飞支持成本，其中用于试飞的飞机成本主要包括

$$C_{fta} = C_{ea} + C_{man} + C_{mat} + C_{qc} \quad 美元 \tag{17.6}$$

式中，各成本项的估算方法分别为

$$C_{ea} = C_e \cdot N_e + C_{prop} \cdot N_{prop} + C_{ac} \cdot (N_{rdte} - N_{st}) \tag{17.7}$$

$$C_{man} = \mathrm{MHR}_{man} \cdot R_{man} \tag{17.8}$$

$$\mathrm{MHR}_{man} = 74.639 \cdot m_{ampr}^{0.740} \cdot V_{max}^{0.543} \cdot N_{rdte}^{0.524} \cdot K_{diff} \tag{17.9}$$

$$C_{mat} = 44.168 \cdot K_{mat} \cdot m_{max}^{0.689} \cdot N_{rdte}^{0.792} \cdot \mathrm{CEF} \tag{17.10}$$

$$C_{qc} = 0.13 \cdot C_{man} \tag{17.11}$$

式(17.7)~式(17.11)中，C_e 为发动机成本，C_{prop} 为螺旋桨成本，N_e 和 N_{prop} 分别为发动机和螺旋桨数目，C_{ac} 为航电、系统成本，N_{st} 为地面试验飞机架数，K_{mat} 为考虑全机材料使用情况的因子，C_{man}、C_{mat} 与 C_{qc} 分别代表人工成本、材料成本和质量控制成本，R_{man} 为小时费率，$/h。

用于飞机试飞支持的成本可以采用如下方法估算：

$$C_{\text{fto}} = 0.0077 \cdot m_{\text{ampr}}^{1.160} \cdot V_{\max}^{1.371} \cdot (N_{\text{rdte}} - N_{\text{st}})^{1.281} \cdot \text{CEF} \cdot K_{\text{obs}} \quad \text{美元} \quad (17.12)$$

式中，K_{obs} 为考虑飞机隐身特性的修正因子，对于民用飞机来说，取 $K_{\text{obs}} = 1$。

财务成本，考虑飞机项目研制成本来源的财务成本，一般采用总研制成本的典型融资成本进行估算。

（2）生产采购成本

生产采购成本构成飞机的重复成本。重复成本（Recurring Cost）指每架飞机均发生的成本，包括劳务成本、材料成本、制造成本、产品支持成本等。劳务成本包括制造、装配、总装成本；材料成本、制造成本包括原材料、外购产品、购置设备等的成本；产品支持成本包括质量评估、产品工装支持、工程支持（"跟产"）等成本。

对飞机重复成本的估算，一般采用重量成本方法。首先估算飞机的部件重量，在部件重量估算的基础上进行飞机生产采购成本的估算。

在重复成本的分析中，一般应考虑随着生产架数的增加，每架飞机的生产效率提高，材料浪费减小，重复成本降低。例如：第 x 批量产飞机的重复成本是第一批量产飞机重复成本的 x^{ε} 倍，其中 $\varepsilon = \log b / \log 2$，$b$ 是熟练因子。b 的典型值：制造取 0.9，装配取 0.75，材料取 0.98。$b=0.9$ 的含义是：在基准产量的基础上，产量翻番时的单机生产时间（或成本）按因子 0.9 的比率降低。但是随着面向制造设计理念的发展，以及计算机控制的全自动制造与装配的应用，对熟练曲线因子的考虑应该具体分析。

（3）处置成本

飞机的处置成本约为飞机购买价格的 10% 或者全寿命周期成本的 1%，并且受市场和经济环境、飞机状态，以及飞机用户的商业模式和运营策略的影响。飞机处置的方法和成本与飞机设计中的材料选择、制造工艺等因素密切相关，需要在设计环节加以考虑。飞机处置环节的经济性分析与决策和飞机的残值、处置成本以及回收的价值分析有关。

除了上述 Roskam 提供的方法之外，兰德公司的"飞机发展与采购成本（Development and Procurement Costs of Aircraft，DAPCA）模型"也是一种被广泛使用的成本估算模型，可用于估算包含上述三个部分以及使用成本在内的飞机全寿命周期成本。由于篇幅关系，在此不再具体介绍，读者可参考文献[5]进一步了解。

17.1.2 民用飞机使用成本

对于民用飞机而言，通常使用的经济性指标是指使用成本或运营成本。民用飞机的总使用成本（Total Operating Cost，TOC）主要由以下几个元素构成：与飞机有关的使用成本（Airplane Related Operating Cost，AROC），或称直接使用成本（Direct Operating Cost，DOC）；与乘客服务有关的使用成本；与货运服务有关的使用成本；与飞机地面系统有关的使用成本等。其中后三个方面也统称为间接使用成本（Indirect Operating Cost，IOC）。在缺乏可靠数据估算的情况下，可以假定 TOC 近似为 DOC 的两倍，亦即 IOC 近似等于 DOC。DOC 中包括所有权成本/资本成本和现金使用成本（Cash Operating Cost，COC）两个方面的内容。具体划分如图 17.2 所示。

民用飞机直接使用成本的计算与飞行任务剖面和飞机的性能直接相关，其中涉及的性能参数包括轮挡时间、轮挡燃油等。直接使用成本的分析和飞机的典型任务剖面密切相关。典

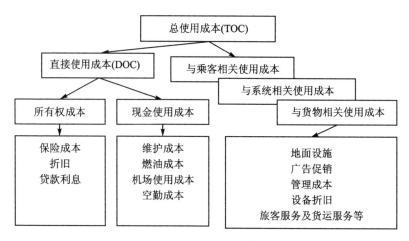

图 17.2 民用飞机总使用成本的典型划分方法

型飞行剖面的组成以及相关参数的定义在前文中已有叙述,下面主要介绍直接使用成本的构成与计算方法。

1. DOC 的主要项目及影响因素

DOC 计算中涉及的成本项目主要包括:资本成本、机场使用成本、燃油成本、维护成本以及空勤成本等。各成本项中所包含的具体内容如表 17.1 所列。

表 17.1 DOC 主要项目划分

资本成本	贷款额度,利率,期限,残值,保险率,寿命期限,配件投资成本等
机场使用成本	导航服务,降落费,地面服务,旅客服务,民航基础设施建设基金收费等
空勤成本	平均薪资水平,包括飞行员、空乘人员
燃油成本	轮挡时间,轮挡燃油
维护成本	发动机维护成本,飞机维护成本

影响 DOC 计算结果的主要技术参数包括飞机的航程、巡航速度、座位数、飞机结构重量、发动机的巡航推力和巡航 SFC。影响 DOC 计算结果的运营参数包括轮挡时间、轮挡燃油和平均上座率。同时,航空公司采纳购买或租赁以及汇率波动都会对使用成本的计算产生一定的影响。

2. DOC 主要成本项目的计算方法

在 DOC 的构成中,各项成本所占的比重不同,其中最主要的三个构成元素分别为资本成本、燃油成本和维护成本。

(1) 资本成本

在采用贷款购买模式下,资本成本的计算是基于飞机机体和发动机的总价得到的,包括贷款成本、折旧成本和保险成本三部分,各项的详细计算规则和典型的参数值如表 17.2 所列。

在方案设计阶段对飞机机体价格的估算主要是通过关联飞机结构重量和飞机目录价格(list price)近似得到。根据一些民用飞机的数据可以得到飞机机体的单价估算公式为

$$TC = 0.0021 \cdot m_E^{0.96} \quad \text{百万美元,2007} \tag{17.13}$$

式中,m_E 为飞机的运营空重,kg。

发动机的总价 EP 可以通过关联发动机的推力和燃油消耗率 SFC 来得到：

$$\text{EP} = 0.530\ 4 \times [3.31 \times 10^{-16} (F_{\text{cruise}}^{0.88}/\text{SFC}^{2.58}) + 0.714\ 2] \quad \text{百万美元，2007} \tag{17.14}$$

式中，F_{cruise} 为发动机巡航推力，N；SFC 的单位为 kg/(s·N)，式(17.13)和式(17.14)中的系数是将货币币值修正到 2007 年美元而增加的系数。

表 17.2 资本成本计算规则（购买）

项 目	数 值	单 位
飞机配件投资比例(investment spares: airframe)	6%	飞机价格的百分比
发动机配件投资比例(investment spares: engines)	20%	发动机价格的百分比
贷款在投资总额的百分比	100%	
利率期限(interest: period)	20	年
贷款利率(interest rate)	5%	年利率
年偿贷次数	2	次/年
折旧期限(depreciation period)	20	年
残值百分比(residual value)	10%	飞机总价的百分比
飞机机体、发动机和配件保险费率	0.4%	飞机总价/年的百分比

贷款成本的计算可以按如下方式进行：假设贷款总额为 A（飞机机体价格、发动机价格加发动机与机体配件的价格），其中机体价格与发动机价格由式(17.13)与式(17.14)计算得到，配件价格按机体与发动机价格的比例来计算，各项相加得到贷款总额，用公式表示为

$$A_{\text{m}} = \text{TC} + \text{EP} + 0.06 \times \text{TC} + 0.20 \times \text{EP} \quad \text{百万美元，2007} \tag{17.15}$$

假定 β 为贷款利率，n 为贷款年限，则 n 年的年本息 a_n 为

$$a_n = \frac{A_{\text{m}} \beta}{1 - \dfrac{1}{(1+\beta)^n}} \quad \text{百万美元，2007} \tag{17.16}$$

年度利息为

$$I_n = \frac{n \times a_n - A_{\text{m}}}{n} \tag{17.17}$$

$$I_{\text{loan}} = \frac{n \times a_n - A_{\text{m}}}{D_{\text{p}} \times t_{\text{ba}}} \times t_{\text{b}} \times Ex \tag{17.18}$$

式中，I_{loan} 为（某轮挡时间内的）贷款付息，h；a_n 为每年支付的本息，h；A_{m} 为贷款总额，h；D_{p} 为折旧年限；t_{ba} 为年平均轮挡时间；t_{b} 为轮挡时间，h 为汇率。

机体折旧和发动机折旧的成本计算方法分别为

$$K_{\text{da}} = \frac{\text{AP}_{\text{pt}} - \text{RV}_{\text{a}}}{\text{DP}_{\text{ap}} \times t_{\text{ba}}} \times t_{\text{b}} \quad \text{百万美元，2007} \tag{17.19}$$

$$K_{\text{deng}} = \frac{\text{EP}_{\text{pt}} - \text{RV}_{\text{e}}}{\text{DP}_{\text{eng}} \times t_{\text{ba}}} \times t_{\text{b}} \quad \text{百万美元，2007} \tag{17.20}$$

式中，K_{da} 为机体折旧，AP_{pt} 为税后机体价格，RV_{a} 为机体残值，DP_{ap} 为机体折旧年限，K_{deng} 为发动机折旧，EP_{pt} 为税后发动机价格，RV_{e} 为发动机残值，DP_{eng} 为发动机折旧年限。

税后机体价格和发动机价格的计算方法为

$$AP_{pt} = (AP_{bt} - N_e \times EP_{bt}) \times (1 + TR_{im}) \times (1 + VATR) \quad (17.21)$$

$$EP_{pt} = EP_{bt} \times (1 + TR_{im}) \times (1 + VATR) \quad (17.22)$$

式中,AP_{bt} 为税前飞机价格,N_e 为发动机数目,EP_{bt} 为税前发动机价格,TR_{im} 为飞机进口关税税率,VATR 飞机增值税率。

国家的税率经常随国内外经济形势和产业政策而变化,因而需要开展针对性的分析。例如,目前空载重量 25t 以上的飞机进口增值税率与关税合计为 5.04%,25t 以下合计为 22.85%,则需要对上式进行调整,忽略两税率相乘的小项。考虑到没有发现发动机单独的税率,此处假设为一样。此外,航材增值税率为 17%,未考虑关税。但是,只要采用相同的计算规则,作为不同飞机设计方案经济性的对比分析仍然是可行的。

保险成本的计算方法为

$$C_{ins} = \frac{CR \times TP}{t_{ba}} \times t_b \times Ex \quad (17.23)$$

式中,C_{ins} 为保险费;CR 为保险费率;TP 为飞机交付价格(发动机与机体的总价),百万美元。

如果采用租赁形式,资本成本的计算略有区别,需要计算每期需付的租金,计算规则见表 17.3。

表 17.3 资本成本计算规则(租赁)

项 目	数 值	单 位
租赁保证金比例	10%	飞机总价的百分比
飞机承租期	12	年
每年支付租金次数	12	次
租赁年贴现率	6%	
承租期满时的残值	30%	飞机价格的百分比
手续费所占租金比例	5%	

租金是指航空公司采用租赁形式引进飞机所要支付的成本,计算公式为

$$R = R_p \times n_y \times \frac{1 + SCR}{t_{ba}} \times t_b \quad (17.24)$$

式中,R 为租金,R_p 为每期租金,n_y 为每年支付租金次数,SCR 为手续费费率。

一般地,每期租金由飞机的机型、机龄、航空公司的经营水平等而定。简单起见,可以采用下式计算:

$$R_p = \frac{I_p \times (AP_{pt} - RSDP - V_m)}{1 - (1 + I_p)^{(1-n)}} \quad (17.25)$$

$$I_p = \frac{I_a}{n} \quad (17.26)$$

$$RSDP = AP_{pt} \times RSDPR \quad (17.27)$$

$$V_m = \frac{AP_{pt} \times VR_m}{(1 + I_p)^n} \quad (17.28)$$

式中,I_p 为每期支付贴现率,AP_{pt} 为税后飞机价格,RSDP 为租赁保证金,RSDPR 为租赁保证金比例,V_m 为承租期满时残值之现值,VR_m 为承租期满时的残值比例,价格均为百万美元(2007)。

需要指出的是,存在多种资本成本的计算方法,航空公司采纳的方法与飞机制造商采纳的方法也存在差异,因此结果各有不同。由于 DOC 计算所关心的是不同方案间的对比,而不是运营成本的绝对数值,因此只要采纳相同的规则进行计算即可。

(2) 机场服务成本

机场服务的成本可分解为导航服务费、进近指挥费、航空业务服务费,以及机场地面服务费。与机场服务密切相关的旅客餐食项目也列在此处。导航服务费通常按飞行的里程来计算,进近指挥费根据飞机的降落重量来计算,旅客餐食是根据座舱等级和旅客数目来计算。航空业务服务费和机场地面服务费的计算较为复杂,二者的计算与飞机的设计特点存在一定的联系。具体规则分别如表 17.4~表 17.7 所列。

表 17.4 内地航空公司内地航班航空性业务收费标准

	起降费收费项目/(元·架次$^{-1}$)					停场费 /(元·架次$^{-1}$)	客桥费 /(元·h^{-1})	旅客服务费 /(元·人$^{-1}$)	安检费	
	飞机最大起飞重量 m_{max}/kg								旅客行李 /(元·人$^{-1}$)	货物邮件 /(元·t^{-1})
	25t 以下	26~50 t	51~100 t	101~200 t	201 t 以上					
一类 1 级	240	650	$1\,100+22\times\left(\dfrac{m_{max}}{1\,000}-50\right)$	$2\,200+25\times\left(\dfrac{m_{max}}{1\,000}-100\right)$	$5\,000+32\times\left(\dfrac{m_{max}}{1\,000}-200\right)$	2 h 以内免收;超过 2 h,每停场 24 h 按照起降费的 15% 计收,不足 24 h 按 24 h 计收	单桥:1 h 以内 100 元;超过 1 h,每半小时 50 元。不足半小时按半小时计收。多桥:按单桥标准的倍数计收	34	5	35
一类 2 级	250	700	$1\,100+23\times\left(\dfrac{m_{max}}{1\,000}-50\right)$	$2\,250+25\times\left(\dfrac{m_{max}}{1\,000}-100\right)$	$5\,050+32\times\left(\dfrac{m_{max}}{1\,000}-200\right)$			40	6	40
二类	250	700	$1\,150+24\times\left(\dfrac{m_{max}}{1\,000}-50\right)$	$2\,350+25\times\left(\dfrac{m_{max}}{1\,000}-100\right)$	$5\,100+33\times\left(\dfrac{m_{max}}{1\,000}-200\right)$			42	7	41
三类	270	800	$1\,300+24\times\left(\dfrac{m_{max}}{1\,000}-50\right)$	$2\,500+25\times\left(\dfrac{m_{max}}{1\,000}-100\right)$	$5\,150+33\times\left(\dfrac{m_{max}}{1\,000}-200\right)$			42	7	42

表 17.5 内地航空公司内地航班收费标准

收费项目	明 细	收费标准	单 位
一般代理费		50	元/航段
配载/通信/集装设备/旅客及行李服务收费	基本项目	30(飞机最大商载<10 t);33(飞机最大商载>10 t)	元/t
货物及邮件服务收费	基本项目	25(飞机最大商载<10 t);28(飞机最大商载>10 t)	元/t
客梯/装卸/地面运输服务收费	基本项目	5(飞机最大商载<10 t);6(飞机最大商载>10 t)	元/t
	客梯	45	元/次
	旅客摆渡车	55	元/h
	机组摆渡车	40	元/h
	升降平台车	65	元/次
	残疾人专用车	30	元/次

续表 17.5

收费项目	明细	收费标准	单位
飞机服务	标准服务	100(100 座以下);120(100～200 座); 240(200～300 座);480(300 座以上)	元/架次
	航前按标准110%, 航后按标准120%		元/架次
飞机勤务(基本项目)	一般勤务	100(100 座以下);150(100～200 座); 300(200～300 座);600(300 座以上)	元/架次
	例行检查标准	160	元/h
	飞机放行	例行检查费用的50%	元/h
飞机勤务(额外项目)	引导车	60	元/次
	气源车	普通飞机120/宽体飞机240	元/h
	电源车	普通飞机100/宽体飞机200	元/h
	牵引车	普通飞机80/宽体飞机160	元/h
	空调车	普通飞机150/宽体飞机300	元/h
	除冰车	400	元/h
	扫雪车	500	元/架次

表 17.6 导航费收费标准

收费项目	导航费收费标准/(元·km^{-1})		
最大起飞重量/kg	$(m_0/1\,000)<50$	$50\leqslant(m_0/1\,000)<100$	$(m_0/1\,000)\geqslant 100$
导航费/(元·km^{-1})	0.2	0.3	0.4

表 17.7 进近指挥费收费标准

收费项目	机场进近指挥费收费标准(元/t)			
最大起飞重量/kg	$(m_0/1\,000)<25$	$25\leqslant(m_0/1\,000)<100$	$100\leqslant(m_0/1\,000)<200$	$(m_0/1\,000)\geqslant 200$
机场进近指挥费收费标准/(元·t^{-1})	4	5	7	8

此外,我国还对民用航空承运人收取民航发展基金,目前执行的《民航发展基金征收使用管理暂行办法》(财综〔2012〕17号)规定的收费标准如表17.8所列。

(3) 机组成本

为了便于计算,机组成本采用欧洲航空协会(Association of European Airlines,AEA)推荐的DOC模型中的计算方法。

机组成本可以进一步细分为空乘成本与空勤成本。空勤成本受航线距离影响较大,长航线的飞行由于受到适航等因素限制,对备用机组和飞行员的连续工作时间都有明确的要求,而空乘成本则和航空公司的服务定位有密切关系,即和旅客舒适程度成一定的函数关系。空乘成本和空勤成本的简化计算公式如下:

$$空勤成本 = 380 \times t_b \quad 美元 \tag{17.29}$$

$$\text{空乘成本} = 60 \times t_b \quad \text{美元} \tag{17.30}$$

在计算空勤成本时,假设两人机组;在计算空乘成本时,假设每35名经济舱乘客配一名乘务员,余数四舍五入。

表 17.8 民航发展基金*

元/km

飞机最大起飞全重	第一类航线	第二类航线	第三类航线
<50t	1.15	0.90	0.75
50~100t	2.30	1.85	1.45
100~200t	3.45	2.75	2.20
>200t	4.60	3.65	2.90

(4) 燃油成本

燃油成本取决于飞机完成特定航线所消耗的轮挡燃油和燃油单价,其中轮挡燃油的计算根据典型的任务剖面来进行。计算结果与飞机的性能参数,如巡航速度及发动机的油耗性能之间存在密切的关系。燃油成本在DOC中的比重随着燃油价格的增加而增加,是航空公司运营成本中的重要元素,也反映出改善发动机的油耗特性对改善DOC性能具有很大意义。

$$C_{\text{pol}} = (t_{\text{gm}} \times C_{\text{gm}} + \text{FFC}) \times \text{FP} \tag{17.31}$$

式中,C_{pol} 为轮挡燃油成本,\$;C_{gm} 为滑行耗油率,kg/s;t_{gm} 为地面滑行时间,s;FFC为空中油耗,kg;FP为燃油价格,\$/kg。

(5) 维护成本

为了便于计算,维护成本采用欧洲航空协会AEA推荐的DOC模型中的计算方法。飞机直接维修成本DMC与飞机年平均轮挡时间、平均航段距离以及飞机维修体制有关。在新研制飞机的方案优化与竞争分析中,经常利用飞机和发动机的价格和设计参数来估算飞机的直接维修成本。AEA推荐的DOC模型中,DMC的计算包括机体维护成本和发动机维护成本,两者又分别可以分解为与劳务有关的成本和与材料有关的成本。机体维护成本中各项成本的计算方法分别如下。

① 机体劳务成本(美元/轮挡时间)为

$$\text{DMC}_a = R_a \left[\left(0.09 m_{\text{af}}/1\,000 + 6.7 - \frac{350}{m_{\text{af}}/1\,000 + 75} \right) \times \left(0.8 + \frac{0.68(t - 0.25)}{t} \right) \right] \tag{17.32}$$

式中,m_{af} 为机体重量,kg,即制造空重减去发动机重量;t 为轮挡时间,飞行小时;R_a 为工时费,\$/h(美元/工时)。

② 机体材料成本(美元/轮挡时间)为

$$\text{DMC}_b = \frac{4.2 + 2.2(t - 0.25)}{t} \times P \tag{17.33}$$

---

* 第一类航线:内地至港澳台地区航线,东中部16个省、直辖市(包括北京、天津、上海、河北、山西、江苏、浙江、福建、山东、安徽、江西、河南、湖北、湖南、广东、海南)范围内的航线;第二类航线:东中部16个省、直辖市与西部和东北15个省自治区、直辖市(包括内蒙古、广西、四川、云南、贵州、西藏、重庆、陕西、甘肃、宁夏、青海、新疆、辽宁、吉林、黑龙江)之间的航线、国际航线国内段,飞越内地空域的航线,以及内地串飞至港澳台的航班按第二类航线征收;第三类航线:西部和东北15个省、自治区、直辖市范围内的航线。

式中，P 为机体交付价格，百万美元，即飞机交付价格减去发动机价格的裸价。

发动机维修成本中的劳务成本和材料成本的计算方法分别如下。

① 发动机维修劳务成本。与时间有关的发动机劳务成本（美元/飞行小时）为

$$L_{\mathrm{t}} = 0.21 R_{\mathrm{a}} \times C1 \times C3 \times (1+(F_{\mathrm{o}}/(1\,000g)))^{0.4} \tag{17.34}$$

式中，R_{a} 为工时费，\$/h；$C1=1.27-0.2\,\mathrm{BPR}^{0.2}$，$C3=0.032\mathrm{NC}+k$；$F$ 为海平面起飞静推力，N；BPR 为涵道比；NC 为压气机级数（包括风扇）；k 为涡扇发动机轴数的函数（对应单轴、双轴和三轴布局，分别取 $k=0.5,0.57,0.64$）。

与飞机起降次数有关的发动机维修劳务成本（美元/起落次数）为

$$L_{\mathrm{c}} = 1.3 L_{\mathrm{t}} \tag{17.36}$$

② 发动机材料成本。与时间有关的发动机材料成本（美元/飞行小时）为

$$M_{\mathrm{t}} = 2.56(1+(F_{\mathrm{o}}/(1\,000g)))^{0.8} C1(C2+C3) \tag{17.37}$$

式中，$C2 = 0.4 \left(\dfrac{\mathrm{OAPR}}{20}\right)^{1.3} + 0.4$，OAPR 为总压比。

与飞机起降次数有关的发动机成本（美元/起落次数）为

$$M_{\mathrm{tc}} = 1.3 M_{\mathrm{t}} \tag{17.38}$$

综上，发动机维修成本可综合如下：

$$\mathrm{EMC} = \frac{N_{\mathrm{e}}(L_{\mathrm{t}}+M_{\mathrm{t}})(t_{\mathrm{f}}+1.3)}{t_{\mathrm{f}}+0.25} \tag{17.39}$$

式中，EMC 单位为"美元/轮挡时间"；N_{e} 为每架飞机的发动机数；t 为轮挡时间；t_{f} 为空中时间（飞行小时），$t_{\mathrm{f}}=(t-0.25)$。

上述直接使用成本(DOC)计算方法中结合了部分欧洲航空公司协会(AEA)提出的 DOC 计算方法，读者也可参考文献[6]和[7]了解 AEA 方法的详细思路。AEA 为不同飞机经济性分析提供了统一的标准，但是作为一种相对通用的方法，其数据与实际情况可能存在一定的差距，比较适合作为一种进行对比分析的方法，提供一定的参考意义。除了 AEA 方法之外，不同的国家与地区也提供了不同的计算方法，不同的航空公司和飞机制造商一般也发展了专用的方法，但是其结构与思路是基本一致的。

17.1.3 飞机的经济性设计

经济性指标始终是飞机设计过程中需要考虑的重要指标之一。通过开展飞机项目、产品或服务的技术经济分析，做出最优的设计和管理决策，一直是提升费效比(cost-effectiveness analysis)的关键途径之一。对飞机经济性特性的描述可以采用多种指标，包括飞机的单机价格、研制成本、使用成本、飞机油耗、飞机运营收入、全寿命周期成本等。在飞机项目的优化设计过程中考虑经济性指标作为目标函数的方法统称为飞机的经济性设计。在飞机项目的不同阶段可以采用不同的经济性指标对飞机设计方案进行权衡分析和优化设计。

1. 飞机经济性设计方法

不同经济性指标的侧重点不同，采用不同的设计指标进行优化可以得到不同的设计方案。因此，如何确定最优的经济性指标，就成为问题的关键。与此同时，飞机设计过程中还涉及大量的技术指标，包括目前越来越受到重视的环保指标，使得问题更加复杂，需要采用多学科、多目标、多约束的全局和局部相耦合的、多层次的优化方法开展优化设计，服务于决策系统。

飞机经济性设计中常用的一些设计思路和方法包括：定费用设计，多学科优化，价值工程方法等。定费用设计（Design to Cost, DTC）是在综合考虑民用飞机整体性能、安全性、可靠性以及技术工业发展水平的基础上，通过研究飞机目标销售价格，将飞机的经济性指标进行分解，形成包括研制成本、单机成本和直接运营成本在内的目标成本，作为设计的一项重要输入，以满足市场要求的销售价格和性能指标。但是，受到市场因素以及技术和产品复杂性的约束，成本指标的确定与分解存在一定的不确定性，过分强调定费用设计也可能带来一定的负面影响。这就推动了考虑多种经济性指标的多学科优化方法的发展，其核心是将经济性指标融入飞机的方案和参数优化流程中。由于飞机使用环境的变化和不确定性，考虑经济性指标的多学科优化进一步融合了对飞机使用环境的考虑，从而进一步推动了"价值工程"设计方法的发展。价值工程将对飞机经济性指标的考虑转化为对最终用户和飞机制造商等航空产业相关利益方在内的价值增值效应的考虑，不再以单项的经济性指标作为衡量目标，能够充分体现飞机设计参数与方案对"价值"的影响。对飞机价值的定义可以采用飞机净现值（Net Present Value, NPV），或航空公司使用该机型的盈利能力，并考虑市场环境不确定性带来的商业风险等。

2. 基于经济性的飞机总体技术方案设计

从飞机项目的历史经验来看，在飞机概念设计阶段及初步设计的早期，设计决策锁定了飞机全寿命周期成本的70%以上（图1.9），也基本决定了飞机的直接使用成本，进而影响了飞机的市场竞争力。因此，在设计初期开展不同设计方案以及不同设计参数的经济性分析和优化能够起到事半功倍的效果，也是提高飞机市场竞争力的关键环节。

如前文所述，民用飞机经济性设计方法，是将经济性指标作为飞机概念设计综合迭代优化过程中的目标函数之一，与飞机安全性、环保性、可靠性、舒适性以及飞机性能等指标同时考虑的设计方法。民用飞机经济性设计的基础在于成本估算。在经济性设计方法中，设计者可以自行通过有机融入概念设计中的成本模型对设计方案进行经济性评估，并能对设计方案开展快速评估，使设计者能将成本与气动、性能、环保等因素同时考虑。估算模型建立以后，可以将成本模型有机融入飞机方案优化迭代的设计流程中，使飞机设计参数作为成本模型的输入端，成本模型亦反映出对设计参数的敏感性。例如使用飞机的性能数据计算飞行轮挡时间，作为直接运营成本的输入，能很好地增加运营成本对设计参数的敏感性。

为得到经济性良好的设计方案，将经济性分析应用于飞机优化设计过程中，首先需要区分飞机总体设计参数的类型及其范围。例如，对于像飞机的设计航程、飞机座位数、单发升限以及机场的起飞降落距离、进场速度等描述飞机市场适应性的总体设计参数，是飞机制造商根据目标市场需求而定的。而其他类型的飞机总体方案参数，则是在以经济性指标为目标函数的迭代优化中重点关注的参数。面向经济性的民用飞机总体方案优化的一般流程如下：

首先确定基准机型的总体参数，包括重量、气动和性能等。基准机型应该满足目标市场的设计需求。基准机型参数的准确度很重要，不准确的基准机型参数将会使得总体设计的参数优化产生不准确的结果，并影响到飞机方案系列化优化的参数选择。

随后利用民用飞机经济性设计程序，在满足设计需求的条件下，选择基准机型的几何参数、气动参数（机翼展弦比、机翼面积、机身长细比、增升装置等）、动力参数（发动机推力、发动机单位耗油率等）、设计速度（失速速度等）等参数进行敏感性分析，得出这些总体参数的变化带来的飞机重量、发动机推力需求和轮挡性能等设计参数的变化。

最后,利用经济性估算模型,对参数变化后的设计机型进行经济敏感性分析,以经济性最优为基本原则来选取各项总体设计参数。

在飞机总体方案的设计优化中,需要以不同的经济性指标为目标函数进行优化。常用的指标包括单机成本、直接使用成本,以及考虑飞机市场价值在内的飞机净现值等。对于民用飞机而言,虽然直接使用成本是客户关心的主要经济性指标,也是飞机设计中重点考虑的指标,但也不能完全忽略其他指标。例如,为了提高飞机的使用经济性而在新技术上的过分投入,这一方面增加项目风险,另一方面又增加了研发投入,在市场竞争定价的民用飞机市场环境中,大大增加了制造商的财务风险。而通过机型的系列化发展,提高不同机型之间的共通性设计,可以有效降低飞机的研发成本。因此,如何平衡制造商和运营商的利益,同时取得市场竞争并非一个简单的问题,需要探索以直接使用成本为主,多种经济性指标相结合的综合应用,以及引入价值链概念,考虑飞机价值随时间动态变化的趋势,综合飞机研制进度影响等内容。这些因素大大增加了飞机经济性设计的难度和不确定性。

17.2　飞机的环保性

随着航空运输业的持续发展,航空产业对环境的影响越来越受到公众的关注,导致行业监管部门以及飞机制造商对飞机环保性的重视程度不断提高。可以说,改善飞机以及整个航空产业对环境的影响已经成为推动航空技术进步的重要因素。

广义而言,与航空业有关的环保问题包括飞机的噪声、空气质量、全球变暖,以及新能源问题。具体而言,飞机的环保性指标主要包括飞机的噪声与排放指标,其中飞机的噪声指标包括客舱噪声以及适航噪声。飞机噪声的主要来源包括机体噪声和发动机噪声。起落架和增升装置是机体噪声的主要来源,喷流和风扇噪声则是涡轮风扇发动机的主要声源。此外,各种机上系统及设备产生的噪声、管路噪声等也是重要的噪声源,特别是对客舱噪声影响很大。

飞机的排放主要和发动机有关。飞机排放的影响既涉及机场及其周边环境,又涉及对全球气候的影响。如飞机起降阶段的排放主要影响机场当地环境;而对全球温室效应的影响则是考虑飞机巡航过程中二氧化碳排放的主要动因。

17.2.1　飞机噪声

飞机噪声是一个复杂的问题,影响飞机噪声特性的因素很多。飞机的噪声特性主要有两个方面,即适航条款主要关心的飞机起降噪声以及与客舱舒适性有关的客舱噪声。

飞机在起降阶段的噪声指标在各国的适航规范中有明确的规定,美国联邦航空管理局(FAA)针对飞机噪声的标准在 FAR 第 36 部中给出(14 CFR Part 36),欧洲航空安全局(EASA)的噪声标准为 CS-36,我国对应的标准为 CCAR 36。这些标准之间是彼此协调的。这些噪声适航规范的目标是确保通过各种符合安全性和适航条款的新技术的应用,降低单架飞机的噪声指标,从而达到在航班量不断增加的情况下,能够不断降低噪声对公众健康的影响。

伴随着技术的不断进步,新投入运营的机型的噪声越来越小,与此对应的是飞机的噪声标准在不断提高。飞机的噪声标准以及典型机型的噪声特性如图 17.3 所示。从 2017 年 12 月 31 日起,新的噪声规范进一步提高了对飞机噪声特性的要求,噪声指标需要在第四阶段标准基础上再降低 7 dB。常规布局运输类飞机的主要声源如图 17.4 所示。不同声源在总的飞机噪声中所占的比例不尽相同,和发动机的类型、工作状态有关,也和飞机的大小有关。

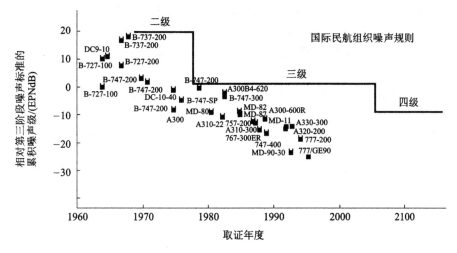

图 17.3 民航飞机的噪声标准以及一些典型机型的噪声特性[8]

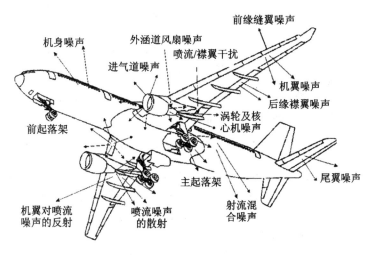

图 17.4 常规布局运输机的主要噪声源[1]

(1) 飞机主要噪声源

飞机在起飞、巡航、降落过程中都会产生巨大的噪声,噪声主要来源于机体噪声和发动机噪声两个部分。

① 机体噪声:主要来自飞机飞行过程中机体与周围空气摩擦产生的气流脉动和机翼振动。在飞机起飞和降落过程,由于起落架和襟翼、缝翼等增升装置以及扰流板的打开,加强了气流扰流,增大了机体噪声。

② 发动机噪声:可以分成风扇压气机叶片产生的噪声、燃烧室燃烧产生的噪声、涡轮叶片转动产生的噪声以及发动机尾喷口排气产生的噪声。这些噪声源产生噪声的原因有很多,属于气动的噪声源会与速度成一定关系,当气流速度增加时噪声值就会跟着增大。

进行飞机噪声合格审定时通常采用飞机的有效感觉噪声级(简写 EPNL)作为评估对象,单位以 EPNdB 表示。

（2）飞机噪声测量点

评估飞机噪声等级是否满足噪声适航要求时，以测量飞机的边界有效感觉噪声级、飞越有效感觉噪声级和进场有效感觉噪声级是否超过各自最大噪声限制要求为评判标准。飞机的三个有效感觉噪声级对应三个噪声测量点，分别是：边界噪声测量点、飞跃噪声测量点、进场噪声测量点。

① 边界噪声测量点：在跑道两侧 450 m 的平行线上。飞机起飞过程中可测得这个点的噪声等级最高。

② 飞越噪声测量点：从滑跑起始点开始沿跑道延长至 6 500 m 的地方。

③ 进场噪声测量点：在跑道入口沿中心线向前延伸 2 000 m 的地方。

飞机三个噪声测量点位置如图 17.5 所示。

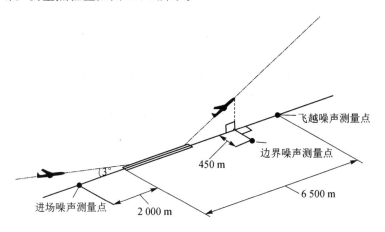

图 17.5　噪声测量点示意图

正常情况下，飞机飞行到离地 60～600 m 时，在噪声测量点位置可测得最高边界噪声等级，相对应于飞机的起飞投影距离在 3 000～6 000 m 时，能够测量得最高的边界噪声等级。下面以飞机边界噪声为重点，介绍一种飞机边界噪声预测方法。

（3）飞机边界噪声预测算法

在飞机概念设计阶段，飞机噪声测量点和飞机的距离、飞机爬升角、发动机推力状态等参数都已确定，这些状态参数和飞机噪声值之间存在某种关系[9]。

根据飞机噪声适航审定要求，进行飞机噪声测量飞行试验时，飞机需在最大起飞重量状态全推力起飞。预测飞机噪声值所需要的飞机物理参数有发动机静止最大推力 F_{ts}、飞机最大起飞重量 m、飞机翼展面积 A_w、发动机静止喷气速度 V_{js}、测量点位置飞机升力系数 C_l 和飞机爬升率 β 等。其中发动机静止喷气速度 V_{js} 通过发动机涵道比 u 近似获得。

发动机涵道比定义为

$$u = \frac{q_{m2}}{q_{m1}} \tag{17.40}$$

式中，q_{m1} 表示流过发动机核心机的空气流量，q_{m2} 表示从风扇外涵道流过的空气流量。NASA 研究表明：发动机喷气速度和涵道比之间存在一定关系，发动机涵道比越大喷气速度越小，通过大量发动机数据拟合可得发动机涵道比与喷气速度的关系如图 17.6 所示。利用图中拟合曲线可知，确定发动机涵道比后，可以推导出发动机的静止喷气速度。

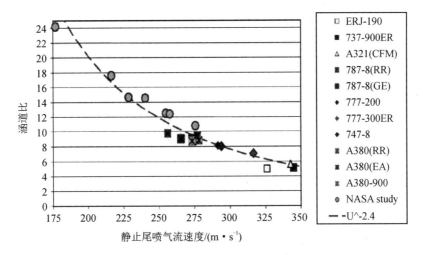

图 17.6 发动机涵道比与喷气速度的关系图[10]

当飞机以马赫数 Ma_f 飞过噪声测量点时,发动机最大推力和发动机喷气速度跟静止状态相比会发生变化。测量点的发动机最大推力 F_t、发动机喷气速度 V_j 与发动机静止最大推力 F_{ts}、发动机静止喷气速度 V_{js} 的关系和飞机飞过测量点的速度有关。

发动机推力公式为

$$F_t = q_m(V_j - V_f) + A_5(p_5 - p_0) \tag{17.41}$$

式中,q_m 为发动机的空气流量,V_j 为发动机喷气速度,V_f 为飞机飞行速度,A_5 为发动机尾喷管面积,p_5 为尾喷压力,p_0 为大气压力。当发动机尾喷管完全膨胀时,式(17.41)变为

$$F_t = q_m(V_j - V_f) \tag{17.42}$$

当发动机静止时,式(17.42)转换为

$$F_t = q_m \times V_j \tag{17.43}$$

已知发动机涵道比 u,查找涵道比和静止喷气速度关系图获得静止喷气速度 V_{js},求得静止喷气马赫数 Ma_{js}。

飞机起飞安全速度 V_2 为

$$V_2 = \sqrt{\frac{mg}{C_{lref} \times \rho_0 \times A_w}} \tag{17.44}$$

以 A380 飞机为例,查阅飞机相关数据可知,A380 飞机最大起飞重量等于 575 000 kg,翼展面积 845 m²,测量点空气密度 ρ_0 取 1.2 kg/m³。已知最大重量标准起飞模式下 A380 飞机 V_2 速度等于 300 km/h,代入式(17.44)可求得 $C_{lref} = 0.8$。应用 C_{lref} 和式(17.44)可求得不同飞机的 V_2 值。测量点飞行速度 $V_f = V_2 + 37.04$ km/h,进而求得测量点飞行马赫数 Ma_f。

由于飞行速度的影响,在测量点处发动机喷气马赫数和静止喷气马赫数的关系为

$$Ma_j = Ma_{js} \times \sqrt{\frac{\left(1 + \frac{\gamma-1}{2}Ma_f^2\right)\pi_{fan}^{\frac{\gamma-1}{\gamma}} - 1}{\pi_{fan}^{\frac{\gamma-1}{\gamma}} - 1}} \tag{17.45}$$

式中,π_{fan} 定义为

$$\pi_{fan} = \left(1 + \frac{\gamma-1}{2}Ma_{js}^2\right)^{\frac{\gamma}{\gamma-1}} \tag{17.46}$$

通过测量点喷气马赫数求得测量点发动机喷气速度 V_j。流过发动机的空气质量流量定义为

$$q_m = \rho_j V_j A_j \tag{17.47}$$

假设飞机从静止加速至飞行速度等于 V_f 时流过发动机的空气密度保持不变,则根据式(17.47)推导出飞机静止时的发动机空气流量 q_{ms} 与飞机飞行速度等于 V_f 时发动机空气流量 q_m 的关系为

$$\frac{q_m}{q_{ms}} = \frac{V_j}{V_{js}} \tag{17.48}$$

飞机飞过测量点时,发动机推力和发动机静止最大推力的关系为

$$\frac{F_t}{F_{ts}} = \frac{m}{m_s} \times \frac{V_j - V_f}{V_{js}} = \frac{V_j(V_j - V_f)}{V_{js}^2} \tag{17.49}$$

由式(17.49)可确定发动机在测量点的推力。

对于给定的喷嘴,喷射混合噪声主要取决于喷气速度 V_j 和飞行速度 V_f,排放角度等于 $90°$ 的发动机,在距离为 r 的地方混合喷射噪声的声压平方 p^2 的定义为

$$p^2 \propto p_0^2 \frac{A_j}{r^2} \left(\frac{V_j}{a_0}\right)^n \left(\frac{V_j - V_f}{V_j}\right)^{m_{rel}} \tag{17.50}$$

式中,指数 n 和相对速度指数 m_{rel} 取决于排放角度,$a_0 = 340 \text{ m/s}$。当排放角为 $90°$ 时,如果考虑飞机的辐射声功率则取 $n=8.5$,否则 $n=8$。当排放角等于 $90°$ 时,可取 $m_{rel} = 5, \cdots, 6$[11],m_{rel} 值也可取更小值,$m_{rel} = 3.2, \cdots, 3.6$[12]。

将式(17.42)和式(17.47)代入式(17.50),可得

$$p^2 \propto \frac{p_0}{r^2} \frac{\rho_0}{\rho_j} \left(\frac{V_j}{a_0}\right)^{n-2} \left(\frac{V_j - V_f}{V_j}\right)^{m_{rel}-1} \tag{17.51}$$

由发动机喷气速度和飞机的飞行速度定义有效喷气速度 V_e 为

$$V_e = V_j \left(\frac{V_j - V_f}{V_j}\right)^{\alpha_{rel}} \tag{17.52}$$

式中,

$$\alpha_{rel} = \frac{m_{rel} - 1}{n - 2} \tag{17.53}$$

将式(17.52)和式(17.53)代入式(17.51),有

$$\frac{p^2}{F_t} \propto \frac{p_0}{r^2} \frac{\rho_0}{\rho_j} \left(\frac{V_e}{a_0}\right)^{n-2} \tag{17.54}$$

进行飞机噪声适航审定时,以飞机的有效感觉噪声级作为评估飞机噪声等级的指标[13]。飞机有效感觉噪声级计算式为

$$\text{EPNL} = \text{EPNL}_{ref} + 10\lg\left(\frac{F_t}{F_{t,ref}}\right) - 10\lg\left(\frac{H}{H_{ref}}\right) - 10\lg\left(\frac{V_f}{V_{f,ref}}\right) + 10(n-2)\lg\left(\frac{V_e}{V_{f,ref}}\right) \tag{17.55}$$

由此确定出飞机有效感觉噪声级与发动机推力、飞机飞行高度、飞机飞行速度、有效喷气速度等飞机物理参数的关系。

飞机进行边界噪声测量时,发动机处于全推力状态,发动机喷气速度达到最大值,因此产

生较大的喷流噪声;飞机从起飞到边界噪声测量点位置时飞机飞行速度还不大,因而机体噪声处于较低水平。在飞机边界噪声测量点位置,发动机喷气噪声级超过飞机机体噪声级 10 dB,由双噪声源理论可知,飞机边界噪声主要由发动机噪声产生,可以忽略机体噪声对边界噪声级的影响。

飞机和边界噪声测量点之间的距离在不同的飞机型号和起飞重量下变化很小,因此飞行高度在不同认证状态下变化也很小,飞行高度的变化对边线有效感觉噪声级的影响可以忽略。

在边界噪声测量点位置,可通过将式(17.55)中飞行高度对噪声级的影响调整为飞机起飞爬升率的影响来确定飞机有效感觉噪声级计算式,因此可设飞机边界有效感觉噪声级为

$$\mathrm{EPNL} = \mathrm{EPNL}_{\mathrm{ref,lat}} + 10\lg\left(\frac{F_\mathrm{t}}{F_\mathrm{t,ref}}\right) + A_\mathrm{l}\lg\left(\frac{V_\mathrm{e}}{V_\mathrm{e,ref}}\right) - 10\lg\left(\frac{V_\mathrm{f}}{V_\mathrm{f,ref}}\right) + A_\mathrm{c}\lg\left(\frac{\beta}{\beta_\mathrm{f,ref}}\right)$$

(17.56)

式中,A_l 定义为

$$A_\mathrm{l} = 10(n-2)$$

(17.57)

其中,推力参考参数 $F_\mathrm{t,ref} = 100$ kN,飞行速度参考参数 $V_\mathrm{f,ref} = 100$ m/s,爬升率参考参数 $\beta_\mathrm{ref} = 0.15$,经验参数 $A_\mathrm{c} = 2$。当取 $n = 8.5$,有 $A_\mathrm{l} = 65$;当 $V_\mathrm{e,ref} = 150$ m/s,有 $\mathrm{EPNL}_\mathrm{ref,lat} = 69$ EPNdB。

影响飞机噪声的因素很多,主要包括飞机的布局、发动机类型、降噪技术的使用、飞机使用方式和机场环境等。在设计之初需要对飞机的噪声特性进行评估,这一评估将伴随着飞机研制进展不断细化,从基于经验的方法逐渐过渡到试验方法和基于数值分析(计算声学,CAA)的方法。

17.2.2 飞机排放

人类活动对大气环境的影响需要引入"辐射强迫"这一概念,英文为 Radiative Forcing。这一概念反映的是太阳辐射被地球吸收的量和反射回太空的量之间的差异,这一差异带来地球环境温度的变化,即全球变暖效应。在 1992 年,航空业的二氧化碳排放大致占全球总的排放量的 2%,辐射强迫所占比例 3.5%。按照航空业运输量每年 5% 的增长速度,到 2050 年,二氧化碳排放和辐射强迫的比例将分别达到 3% 和 5%。

飞机的排放物主要包括氮氧化合物(NO_x)和二氧化碳(CO_2)。前者主要影响机场当地的环境,而后者主要体现在对全球气候变暖的影响。改善飞机排放的主要手段包括降低飞机动力系统的燃油消耗,改变巡航高度以减小对全球气候变暖的影响等。其中,反映出降低航空业对环境的影响既涉及发动机技术、燃料技术等领域,又涉及飞机的运营优化技术、减小飞机在机场的滑行时间、优化飞机起飞和着陆的流程等。航空排放对大气的影响主要局限于特定的高度层,如图 17.7 所示。

对特定航班排放的计算可以参考国际民航组织的计算方法,按照一个航班任务的全部构成(起飞,滑行,爬升,巡航和着陆),并基于每个阶段的时间和发动机的工况。计算需要的数据输入包括:

① 飞机的机型数据和典型飞行剖面数据;
② 发动机型号数据;
③ 发动机的油耗数据;

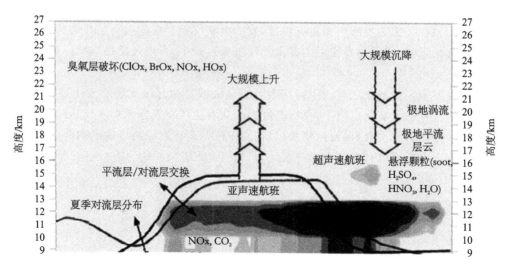

图 17.7　航空排放对大气的影响[2]

④ 发动机排放数据。

以上数据中，飞机起飞、着陆过程的数据相对比较标准，而滑行时间则因机场和航空公司不同存在差异，计算过程需要参考特定机场和航空公司的实际数据或统计数据。在飞机概念设计中，为了考虑飞机设计参数对排放的影响，可以选取一组典型航线，给出不同设计方案的排放估算，与飞机设计的经济性指标或其他性能指标一并开展优化设计。

17.3　新技术的经济性和环保性评估

随着航空业对环境影响的程度不断提高和公众环保意识的增强，监管部门对航空业环保指标的要求越来越高。飞机制造商对未来飞机环保性的重视程度不断提高，在过去的十多年间，开展了大量的新技术和新概念研究。一些典型的研究项目包括欧盟的"洁净天空"计划，以及美国的 ERA 项目等。这些项目的目标在于为未来飞机研制提供技术储备和概念探索。

改善飞机的经济性和环保性指标本质上需要技术领域的不断突破和改进。考虑到飞机项目和新技术发展的周期长，首先需要按照技术的成熟度、技术风险、经济影响，以及应用周期，梳理潜在的可用新技术，如图 17.8 所示。第二步是结合飞机构型的发展，分析各种技术在新机型上的应用潜力，完成综合评估。

> **课程设计项目进展建议**
> - 选用合适的方法进行设计方案的全寿命周期成本估算，应注意估算所需原始数据的取值，并考虑汇率、生产架数等因素影响；
> - 对民用飞机，进一步估算和分析直接使用成本；
> - 对照经济性估算结果和设计要求，进行方案修改迭代；
> - 对方案的噪声源及拟采取的降噪途径进行分析说明。

参考文献

[1] THOKALA P. Life Cycle Cost Modeling as an Aircraft Design Decision Support Tool[D]. Southampton：

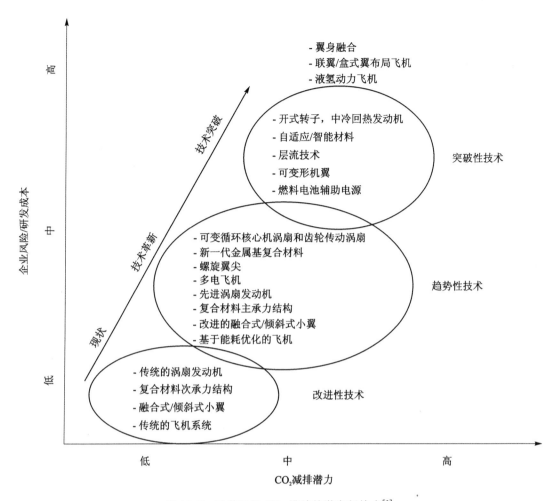

图 17.8　改善飞机 CO_2 排放的潜在新技术[3]

University of Southampton，2009.

[2] BOWER G C, KROO I M. Multi-objective Aircraft Optimization for Minimum Cost and Emissions Over Specific Route Networks[DB/OL]. American Institute of Aeronautics and Astronautics，AIAA 2008-8905，2008. https://arc.aiaa.org/doi/abs/10.2514/6.2008-8905.

[3] NOLTE P, ZILL T, APFFELSTAEDT A, STUMPF E. Technology Screening，Selection and Modeling for an Environmentally Sustainable Aviation[DB/OL]. American Institute of Aeronautics and Astronautics，AIAA 2011-6968，2011. https://arc.aiaa.org/doi/abs/10.2514/6.2011-6968.

[4] ROSKAM J. Airplane Design：Airplane Cost Estimation：Design, Development, Manufacturing and Operating[M]. Kansas：Roskam Aviation and Engineering Corporation，1990.

[5] HESS R W, ROMANOFF H P. Aircraft Airframe Cost Estimating Relationships：All Mission Types. A RAND Note，December，1987.

[6] Associationof European Airlines. Short-Medium Range Aircraft AEA Requirements. Brüssel：AEA，1989 (G(T)5656).

[7] Association of European Airlines. Long Range Aircraft AEA Requirements. Brüssel：AEA，1989 (G(T)5655).

[8] ICAO Secretariat. "ICAO Programme Of Action On International Aviation and Climate Change" in

ICAO. ICAO Environmental Report 2010: Aviation and Climate Change, Montreal: ICAO, 2010:8 at 9. https://www.icao.int/environmental-protection/Documents/Publications/ENV_Report_2010.pdf.

[9] Ulf Michel. Correlation of Aircraft Certification Noise Levels EPNL with Controlling Physical Parameters. 19thAIAA/CEAS Aeroacoustics Conference, Berlin, 2013.

[10] GYNN M D, BERTON J J, FISHER K L, et al. Refined Exploration of Turbofan Design Options for an Advanced Single-aisle Transport. Tech. Rep. NASA/TM-2011-216883, NASA, 2011.

[11] STEVENS R, BRYCE W. Noise from a Bypass Engine in Flight. AIAA-83-0751, Atlanta: AIAA 8th Aeroacoustics Conference, 1983, 11-13.

[12] VISWANATHAN K, CZECH M J. Measurement and Modeling of Effect of Forward Flight on Jet Noise. AIAA, 2011, 49(1): 216-234.

[13] Sae Arp 876C. Gas Turbine Jet Exhaust Noise Prediction. Aerospace Recommended Practice. Society of Automotive Engineers, 1985.

第 18 章　军用飞机的效能评估

◎知识点
- 军用飞机效能的定义、意义与特点；
- 军用飞机作战效能评估的常用方法；
- 仿真效能评估方法的基本思想与发展趋势；
- 作战效能评估结果的应用。

18.1　军用飞机效能研究的定义与特点

军用飞机效能研究的重要性不仅仅体现在评价飞机设计方案的优劣，还体现在：

① 武器装备对于国防至关重要。现代武器装备的研制和使用费用极高，对其研制和采购的决策必须十分慎重。对于作战飞机这种影响很大的武器装备的研制，必须对其效能、费用进行详尽分析。

② 对于空军实力、作战飞机的效能评估，不仅可以用于作战模拟、演练及教学训练，结合士气、训练水平、指挥能力、国力等因素后，还可用于对于战争的结果进行有依据的预测，为可能发生的战争提供决策依据。

对于军机，作战效能（operational effectiveness）是一个内涵非常丰富的概念，是军事运筹学研究的重要内容，也是武器系统总体设计过程中必须考虑的一个因素。在进行效能评估时，构建效能评估指标体系和建立评估模型与评估方法较为关键，需要使用者根据评价目标慎重选择和设计。同时，这两个环节也最容易受人为因素的影响。需充分考虑并尽量减小人为因素所造成的不利影响。

武器装备作战效能的定义是：考虑到部队编制、作战原则、战术、生存性、易损性和威胁（包括各种电子对抗，核武器初始效应，核、生物和化学污染威胁等因素），在系统作战使用所计划或预期的环境（如自然、电子、威胁等）中由有代表性的人员使用时，系统完成任务的总体水平[1]。对于军用飞机的作战效能分析，实际上是考查军机在典型的作战使用方法和特定任务环境下完成任务的能力。在具体评价时，将对作战使用方法、任务环境进行抽象和假定，进而形成可以量化评估的数学模型。

作战效能一般的理解是指其实际使用于作战的能力大小，而广义的理解或者说从系统工程的角度看，"效能"还应包括它的可用度（availability）、可靠度（dependability）和保障度（supportability）。所以，对作战飞机的效能评价也可以有不同的处理方法，并由此得出不同的结论。

作战飞机的效能可用公式表达为[2]
$$E = C \times S \times A \times D \tag{18.1}$$
式中，E 是效能，C 是作战能力，S 是保障度，A 是可用度，D 是可靠度。式(18.1)不一定是反映两型飞机相对优劣的最优表达式，但强烈地表达出四种主要衡量指标之间的关系：只要其中一项很差，那么这种飞机的效能也就很低。

作战能力 C 反映飞机直接作战性能的优劣。保障度 S 差时，说明很难将飞机维护至可用状态；可用度 A 差时，可以执行任务的飞机比例低；可靠度 D 差时，飞机因故障而中断执行任务的概率高。通常 S、A、D 固然在飞机设计时就要打下基础，但往往还与使用过程中的配套条件、维修管理、零备件供应等组织工作有关，在飞机总体设计阶段考虑起来较为繁琐。所以在不少场合，分析对比作战飞机的效能时，先忽略后三种因素，而只用作战能力代替效能，即先假定 S、A、D 均为 1。

作战飞机的效能衡量牵涉很多参数。有很多参数有确切数据，可以进行精确计算；但也有很多参数不能直接测量或统计出来，只能进行估计，例如飞机的操纵效率。因此，对作战飞机的效能通常只能"评估"而不是直接计算。所谓评估就是说会带有一定的经验判断成分。总的来说，对作战飞机效能的评估有如下特点：概略性、相对性、时效性和局限性[2-6]。

概略性是指作战飞机的性能可以测量或计算得很精确，而其效能却很难用精确的数字来表达。如按百分制评估，一种飞机效能值 76.8 分，另一种 76.7 分，并不能表明前一种效能就高一些；其差别在 10 分以上才可能在实际中表现出来。

相对性是指在同一条件下分析对比才有意义，脱离同一假定条件、参数化过程，也就是基准不同，两个独立得出的效能值通常是没有可比性的。实际上，在评价过程中大量采用无量纲化参数。无量纲化的过程通常就是取基准的过程。

时效性主要是因为作战飞机的性能数据通常获取比较困难，而且这些数据随着新机的磨合和潜力发掘、飞机技术指标的宣传夸大及解密、飞机升级改型等等因素而不断更新，实际采用的都只能是当前条件下能获取的最可靠的数据，因此具有一定的时效性。

局限性是指武器装备效能评估的结果直接与要求完成的任务有关，也和采用何种方法有关。同一种武器装备在不同任务要求条件下的效能也不一样。而且各种方法都有一定的假设或先决条件，或者有不同程度的人的主观评定因素。因此评估的结果或多或少都有一定的局限性，不存在完全公平和全面合理的评估结果。每种方法评估出来的效能值只在预定范围和假设条件下可信。

效能评估方法有很多，按照获取评估结果的基本途径主要分为解析法、统计法和仿真方法[6,7]。

解析法依据装备的性能指标与设定的各种条件及其相互间关系，通过建立适当的数学模型和理论计算得到效能评估结果，相当于一种预计分析，包括结构评估法、量化标尺评估法、阶段概率法、ADC（Availability、Dependability、Combat effectiveness，即可用度、可靠度和作战效能）法及模糊评估法等。它的优点是将定性分析有效地转化为定量分析，缺点是考虑因素少，只在严格限定的假设条件下有效。

统计法是应用数理统计的方法，依照实战、演习、试验获得的大量统计资料评估效能指标，其前提是所获得的统计数据的随机特性可清楚地用模型表示并相应地加以利用。

计算机仿真方法,通过仿真试验得到关于作战进程和结果的数据,进而得出效能指标估计值,主要有模拟法和分布交互仿真法。

因为统计法和计算机仿真方法需要大量的统计、模拟数据作为支撑,传统上在需求论证和方案验证阶段使用;而解析法由于简单灵活、使用限制小,在概念设计阶段较多使用。

18.2　解析法及参数法

解析法按照计算特点和评估方式可分为参数计算法、概率分析法和需要量估算法。参数计算法是根据选用的参数直接计算出作战飞机的相对作战能力,从而得出优劣的结论。概率分析法则按完成预定任务的概率高低评定飞机好坏。需要量评估法是计算为完成一定任务需要的飞机数量来评比。这三种方法并不是完全独立的,本节只介绍参数计算法。

参数法还可分为顺序评估法、相对值评估法和对数法等。各种方法选取的参数不尽相同。选择参数的依据主要是按作战意图或针对该类型飞机的任务选取认为比较重要的有关项目(或称为品质)。重要的项目可以加权处理。对于用加法综合的项目,加权方式可以在代表该项目的参数上乘以一个放大系数;而对于用乘法综合的项目则需要用若干次方来加权。

应用参数计算法评估作战效能,除加权问题外还要解决的一个问题是,用什么方式综合各参数、得出一个能代表效能的数值。目前最常用的方法是加法和乘法,其实这二者是一致的,因为加法相当于乘法取对数。以加法为例,在相加之前是否加权则视具体参数而定。一般来说,应用加法的各项目的作用是互相不直接影响的,即所谓的"不相干",其含义是某一项目的参数值一旦接近于0,不会影响到其他参数完全失去作用或使总效能完全丧失。

朱宝鎏等所著的《作战飞机效能评估》[2]是我国系统性开展航空装备效能分析的奠基之作,开创了对数法这一经典的分析方法。本节介绍的参数法与相关案例主要引用这一著作的部分内容,详细介绍请参阅该文献。

18.2.1　顺序评估法

顺序评估法的特点是,将某机型的某一性能在所有对比机型中的排名次序作为该机型该项性能的评分值参与到综合性能计算中。该方法最早出现于1977年,用于评估"狂风"(Tornado)战斗机相对于F-14A、F-15A和F-16等飞机的优劣。

下面以"狂风"战斗机的对地攻击能力评估为例。为与同时代的典型现役飞机对比,选择了与对地攻击能力关系较密切的8个参数作为对比依据(见表18.1),对比机型为"狂风",F-4F,F-14A,F-15A,F-16,F-18和F-111A。在上述8个对比参数中有些是可用具体数字进行比较的,有些不能直接用数字来衡量。表18.1给出了这8个对比参数的衡量方法。

这些衡量方法并不是唯一的。例如,评价低空飞行突防能力的低空飞行颠簸程度,也可以用飞机的突防速度乘以升力系数斜率,再除以翼载荷作为对比参数。

电子设备优劣对比选用的5个评比参数只考虑"有"或"无"两种情况。评比结果是"狂风"与F-111A并列第一,以下顺序为F-4F,F-14A,F-15A,F-18和F-16。由于1978年F-18飞机刚开始试飞,所以对其电子设备能力估计偏低。

表 18.1 各参数的衡量方法

评价参数	衡量方法
作战半径	作战半径
载弹量	载弹量
低空飞行突防能力	低空飞行颠簸程度,即平均每分钟 12g 冲击的次数
电子设备好坏	全天候低空攻击能力
	地形跟随能力
	专用空对地电子设备
	夜间攻击电子设备
	目视对地攻击辅助电子设备
起降性能	要求跑道长度
机动性	最大使用过载
生存力	飞机几何尺寸(飞机受弹面积)
单位价格重量	单位价格重量

将各飞机的参数对比后得出飞机优劣序列如表 18.2 所列。对飞机各参数进行评分是按名次决定的,第一名得 1 分,第二名得 2 分,余类推。并列的两种飞机得分各半。最终各项得分之和愈小表示其对地攻击效能愈高。这里对各项是同等对待,没有加权,评比结果"狂风"最好,F-15A 最差。

表 18.2 战斗轰炸机对地攻击效能对比(1978 年)

机型	作战半径	载弹量	紊流敏感度	电子设备	起降性能	机动性	生存力	单位重量价格	总分	名次
F-4F	6	5	4	3	6	7	4	5	40	6
F-14A	3	2	3	4	1	5	6	6	30	2
F-15A	7	7	7	5	5	1	5	3.5	40.5	7
F-16	4	6	6	7	3	2	1	1	30	2
F-18	5	4	5	6	4	3	2.5	2	31.5	4
F-111A	1	1	1.5	1.5	7	6	7	7	32	5
"狂风"	2	3	1.5	1.5	2	4	2.5	3.5	20	1

如果作战要求或作战指导思想认为各参数的重要性不一样,可以用加权系数方法处理。

这种方法较简单,可以很快进行优劣对比。如果某些参数缺乏技术数据或具体评比依据,也可用专家评估来决定名次。但这种方法最终得出的总分比较粗略,用来分辨各种飞机优劣是可以的,不宜用作效费比分析或其他要求更高的定量分析。

18.2.2 相对值评估法

这种方法的特点是不以具体某型飞机的整套参数作为基准来求其他飞机的相对值,而是以参加对比的所有机型中该参数最优的值作为基准赋 100 分,其他飞机该参数的得分用相对值求出,最后进行综合比较,所以相比后单项最高分不会超过 100 分。这里给出一个瑞典 Saab 公司为竞争欧洲四国(荷兰、丹麦、比利时、挪威)后继战斗机的例子,具体项目得分见

表18.3。如果对比的参数都选用确切的数据，这种方法得出的结果将比只评等级的方法更精确一些。表中各参数用平均值方法综合，没有加权处理。事实上最终欧洲四国选中的战斗机是 YF-16 而不是 JAS-37，不过这种方法在评估作战飞机作战能力时是可以参考使用的。

表 18.3　战斗机重要参数相对值评估结果

项目	瑞典 JAS-37	美国 YF-16	法国 F-1
地面生存力（对机场要求、反应时间）	100	65	70
起飞上升性能	100	95	80
出勤率（再次起飞时间、维护工作量）	100	70	70
格斗性能	50	100	50
火力（航炮数量、威力）	100	60	40
火控、导弹性能	90	100	70
拦截能力（下视、显示能力）	100	80	60
Ma 数、升限	90	90	100
最大 Ma 数、最大表速	100	100	100
作战半径（低空，8 枚炸弹）	100	85	60
载弹量	100	90	70
对地攻击火力	100	30	90
对地攻击评价	100	80	80
使用经济性	100	90	80
平均值	95	88.6	72.9

国内也有用相对值评估方法的案例，计算基准是世界上已知作战飞机的最佳值或预期值。对空作战能力方面考虑了飞机的机动能力、火力及空中发现目标能力和对空作战系数。后者是由航程、雷达散射截面、巡航 Ma 数、飞机几何尺寸、操纵效率系数和电子对抗能力系数综合而成。对地作战能力方面考虑了飞机外挂架数量、最大载弹量、发现和瞄准地面目标能力和对地作战系数。最后一个参数包括最大航程、导航系统评价、雷达散射截面、最大突防速度、最低突防高度、操纵效率系数和电子对抗系数等。各参数综合时采取加法、乘法混合的方式。计算结果见表18.4。

表 18.4　作战飞机综合作战能力相对值

机　　型	对空作战	对地作战
F-4E	0.352	0.357
F-5E	0.26	0.238
F-15C	0.658	0.685
F-16C	0.486	0.490
F-18	0.536	0.624
米格-21MΦ	0.206	0.165
米格-23C	0.302	0.238
米格-29	0.360	0.326
"幻影"2000C	0.370	0.460

18.2.3 对数法

对数法利用相对参数作为衡量作战飞机能力的依据。基准是现代作战飞机的先进指标或标准值。数据的处理上采用自然对数来"压缩"数值大小,即用幂数作为作战能力指标而不是用自然值,所以称为对数法。

作战飞机的作战能力可分两大类:空对空和空对地。两者在飞机总作战能力评估中各占多少分量要根据使用方对该型飞机的要求而定。设 C_{KZ} 为空战能力指标,C_{KD} 为空对地攻击能力指标,E 为总作战能力指标,则

$$E = a_1 C_{KZ} + a_2 K_1 C_{KD} \tag{18.2}$$

式中,a_1,a_2 为空对空和空对地任务分配系数,两者之和应等于 1。例如,制空歼击机 a_1 为 1.0,a_2 为 0,即不要求对地攻击能力;战斗机 a_1 为 0.8,a_2 为 0.2;战斗轰炸机 a_1 为 0.3,a_2 为 0.7;轰炸机则 a_1 为 0,a_2 为 1.0。当然这只是举例说明,使用方可以提出任何其他比例。K_1 是平衡系数,由于计算 C_{KZ} 和 C_{KD} 方法不同,两者数值可能不相匹配,这就要用 K_1 值来调整。但在这里介绍的方法中,C_{KZ} 和 C_{KD} 值基本协调,可令 $K_1=1$。

可以选用有关空战的项目来衡量飞机空对空作战能力。例如,机动性、火力、探测目标能力、操纵效能、生存力、航程和电子对抗能力,将前三项的对数值相加,最后乘上后四项系数可以得出一种评价总的空战能力指标。用公式表示为

$$C_{KZ} = \left[\ln B + \ln\left(\sum A_1 + 1\right) + \ln\left(\sum A_2\right)\right]\varepsilon_1\varepsilon_2\varepsilon_3\varepsilon_4 \tag{18.3}$$

式中,C_{KZ} 为空战能力指标,B 为机动性参数,A_1 为火力参数,A_2 为探测能力参数,ε_1 是操纵效能系数,ε_2 是生存力系数,ε_3 是航程系数,ε_4 是电子对抗能力系数。

为避免各数值交互影响带来计算上的困难,所有参数都用该飞机及挂载武器的标准值或最佳值,不互相关联。例如,挂载很多武器和不挂武器,飞机的机动性将会有较大差异,这里不考虑这种变化。所以计算得出的能力指标只代表其可能的最佳能力,并不完全是实战的情况。如果按不同外挂状态下的不同机动性计算,可能得出一个最大和一个最小指标值,即一个指标范围。

空对地作战能力指标分两部分,即航程指标和武器效能指标,两者相加得出总值 C_{KD}。航程指标是当量航程 R_D 的自然对数,武器效能指标是当量载弹量 m_{BD} 的自然对数。计算公式为

$$C_{KD} = [\ln R_D + \ln m_{BD}]\varepsilon_4 \tag{18.4}$$

式中,ε_4 是电子对抗能力系数。

上述空对空作战能力与空对地作战能力计算公式中的各个系数都有相应的计算公式或经验取值,受篇幅限制不再展开,请感兴趣的读者参阅文献[2]。

对数法所得结果可用于评估双方空军实力,也可用于各种飞机效费比分析。如用来估算两种战斗机空战损失比,则可不考虑对地作战能力指标 C_{KD} 和对空作战能力中的航程系数 ε_3,得出的空战能力指标称为格斗空战能力指标。

18.3 基于仿真的效能评估方法

解析法本质上是将飞机任务过程中涉及的各种因素通过一定的数学模型进行综合,进而

得出可对飞机的作战效能进行评价的参数值的过程。随着技术的进步与军事理论的变革,世界先进军事国家的装备建设与作战运用已进入了体系化、网络化的新阶段,如图18.1和图18.2所示。武器装备体系是为完成一定作战任务,由功能上互相联系、互相作用的各种装备子系统组成的更高层次系统。武器装备系统优化是为寻求装备体系在结构、比例、技术水平、数量、编配等方面达到整体优化的过程[9]。与之相适应,武器装备的评价从衡量单一武器装备的性能和效能指标上升到武器装备在体系中的效能。解析法既难以将其他装备协同的因素和战场威胁进行量化,又难以将较为复杂的任务过程抽象为简单的静态数学模型,同时还无法考虑单一武器装备(尤其是非直接作战装备,如辅助飞机等)在一个作战体系下发挥的作用。作为实装演练的重要补充,体系对抗推演仿真逐渐成为武器装备和装备体系作战效能评估、联合作战指挥训练等的主要方法和途径。在总体设计阶段,研究装备体系作战效能评估的目的是通过对装备系统及各种体系作战行动方案的分析和评判,科学预测其效果,对其设计目标进行检验,以便对其进行进一步的提高或改进[10,11]。

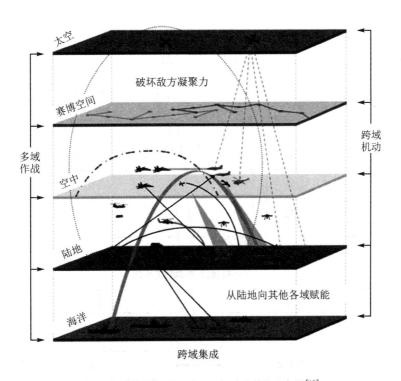

图 18.1　联合作战概念之"多域作战"示意图[12]

　　随着仿真技术的发展及其在军事领域的大范围应用,仿真作战实验逐渐受到各国军方与工业部门的重视和研究。作战仿真实验基于特定的实验目的,有计划地改变力量编配、装备性能、战术战法、战场环境等实验条件,建立并运行作战仿真模型,通过实验数据的采集与分析考察各种条件下作战过程和结果,进而指导装备系统研制、作战方案选择等研究活动。基于仿真实验的效能评估一般流程如图18.3所示。

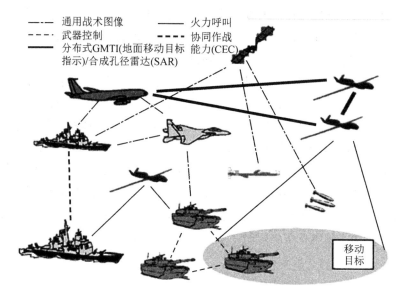

图 18.2　联合作战概念之"网络中心战"示意图[13]

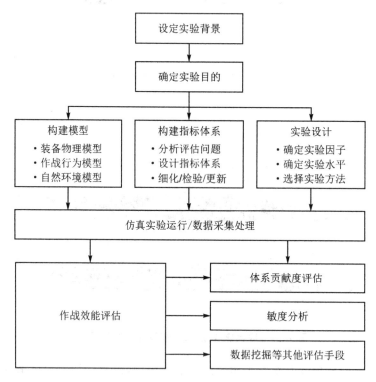

图 18.3　基于仿真实验的效能评估总体框架示例

18.3.1　建模与仿真

与解析法高度抽象的静态分析不同,仿真利用模型来描述时间轴上的活动和交互,是对所选现实世界或假想条件下事件和过程特征的动态描述。模型是仿真的核心要素与基础,是对现实世界中的对象系统的数学抽象表达,表征了系统的特征与规律。

1. 仿真模型分类

对于体系作战仿真而言,模型主要包括装备物理模型、作战行为模型、自然环境模型。

(1) 装备物理模型

作为被评估的对象,仿真中的装备物理模型应该遵循现实世界中的物理规律。以战斗机系统模型为例,可基于领域知识对传感器、通信系统、武器、发动机等典型子系统与运动特性、目标特性等典型平台特性进行组件化建模,并集成为特定的装备系统模型。装备物理模型的建模方法主要是各领域的数学模型。

以导弹动力学模型为例[14],采用三自由度质点方程,以航迹法向过载控制导弹轨迹,切向过载控制导弹动能,其动力学方程为

$$\frac{\mathrm{d}V}{\mathrm{d}t} = g(n_x - \sin\theta) \tag{18.5}$$

$$\frac{\mathrm{d}\theta}{\mathrm{d}t} = g(n_z - \cos\theta)/V \tag{18.6}$$

$$\frac{\mathrm{d}\psi}{\mathrm{d}t} = -gn_y/(V\cos\theta) \tag{18.7}$$

$$\frac{\mathrm{d}x}{\mathrm{d}t} = V\cos\theta\cos\psi \tag{18.8}$$

$$\frac{\mathrm{d}y}{\mathrm{d}t} = V\sin\theta \tag{18.9}$$

$$\frac{\mathrm{d}z}{\mathrm{d}t} = -V\cos\theta\sin\psi \tag{18.10}$$

式中,V 为导弹质心对地速度;x、y 和 z 为地轴坐标系坐标;θ 为轨迹倾斜角;ψ 为轨迹偏转(航向)角;n_x 为切向过载;n_y 和 n_z 为法向过载;g 为重力加速度。

n_y 和 n_z 的计算按照比例导引法计算,比例导引法是在自寻的导弹上采用较多的一种导引规律,是指在导弹飞向目标的过程中,导弹速度方向的变化率与目标视线的变化率成比例。

如图18.4所示,设某一时刻目标位于 M 点,导弹位于 O 点,则根据比例导引率的计算,有

$$\dot{q} = 1/R(v\sin(q-\theta) - v_m\sin(q-\theta_m)) \tag{18.11}$$

$$\dot{\theta} = k\dot{q} \tag{18.12}$$

$$n_z = v\dot{\theta}/g = kv\dot{q}/g \tag{18.13}$$

式中,v_m 为目标速度;v 为导弹速度;R 为导弹和目标的相对距离;θ_m 和 θ 为目标和导弹的速度矢量与参考线的夹角;q 为目标视线角;η_m 和 η 为目标和导弹速度矢量与视线的夹角;k 为比例导引系数。n_y 的计算方法与 n_z 相同。

(2) 作战行为模型

在体系作战仿真中,除对装备对象进行建模以外,还需要对作战中不同级别的指挥人员根据任务、条令、态势、规则做出决策过程,以及作战过程中由于人的因素而产生的各类影响进行建模。以战斗机系统模型为例,当其作为单机执行任务时,需要考虑机动引导、目标分配、进攻

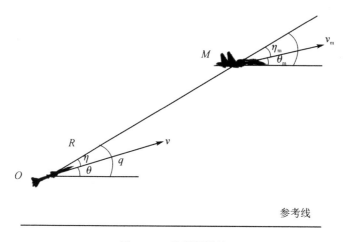

图 18.4 比例导引法

作战、防御作战、电子对抗等不同作战行为的决策;当其作为编队或更高层级联合作战的一部分时,还需要考虑编队样式、协同方式、冲突消解等作战行为的决策。作战行为模型的建模方法包括基于专家系统的规则推理、有限状态自动机、多 Agent(智能体)系统、人工神经网络、强化学习等[15]。

以战斗机单机作战为例[14],利用 Anylogic 软件的状态图方法对智能体的决策流程进行建模,通过可视化建模建立了对智能体基于时间或事件的行为模型,如图 18.5 所示。

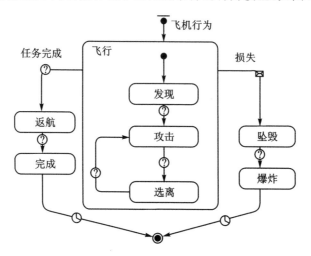

图 18.5 战斗机 Agent 状态图示例

(3) 自然环境模型

自然环境模型会对装备的性能产生影响,主要包括地形、地貌、气象、水文、海况等。自然环境模型的核心要素是符合某一标准格式的自然环境数据。以美国军方发布的数字地形高程数据(DTED)为例,实质上是某一地理区域的高度数据网络,根据精度分为 5 个层级——间距分别为 100 m、30 m、10 m、3 m、1 m,相同面积下数据点和数据量依次增加一个数量级。

2. 建模原则与流程

建模是设计模型的过程,为了保证在使用建模技术进行建模时模型的质量,建模活动应该遵从一定的原则与流程。

建模主要原则包括以下四个方面[15]：

① 简单性。根据奥克姆剃刀原理，实体不应该被放大到超过其必要性的程度，一味追求系统复杂性可能会导致项目的失败。

② 准确性。准确性是模型与所表示的真实系统在物理和功能方面的相似程度，准确的模型未必是最精确的模型，但是一定是符合客观物理规律的模型。

③ 有效性。有效性是指对于给定的仿真目标，模型以足够精度和合理形式表示真实世界的能力。有效的模型可能不是最准确的模型，如局部战斗对地球曲率准确性的需求。

④ 效率。效率是精度与费用的权衡，在保证有效性、准确性的前提下，应该尽可能使用合适精度的模型，避免消耗建模与仿真资源，如对于空战仿真而言，精度为 1 m 的地形数据就会显著增加建模成本、降低仿真效率。

建模活动的主要流程包括：① 明确问题；② 建立明确的目标；③ 收集数据，进行建模；④ 对模型进行编程实现；⑤ 检查代码和数据；⑥ 对模型和数据进行验证；⑦ 执行仿真；⑧ 检查并分析结果；⑨ 生成最终报告。

3. 建模仿真工具

建模与仿真技术被广泛应用于飞机设计的各个阶段，国内外相关机构都组织开发了用于建模与仿真的软件工具。军用仿真系统可按照粒度层次、用途、人参与程度划分为不同类型。按照粒度可分为工程级、交战级、任务级以及战役级；按照用途可分为分析、训练、采办、作战辅助等；按照人参与的程度可以分为构造、虚拟和真实。

美国将建模与仿真技术列为国防关键技术之一，并在最近数十年持续投入建设，形成了数量众多、谱系健全的建模与仿真工具。法国装备总署将建模与仿真的领域分为部队训练(PDF)、作战辅助支撑(AAO)、未来准备(PDA)、采办(ACQ)、支撑工具设计(SRO)[14]。各国军方和工业部门主导的军用建模与仿真工具大多是限制使用的大型软件，因此在飞机设计教学中，一些公开的商业软件或游戏也是了解军用建模与仿真的可选途径。

Anylogic 软件是一款在 JAVA 语言环境上开发的多方法建模与仿真软件，支持离散事件、基于智能体与系统动力学等建模方法并可以自由组合，利用可视化的建模语言大大降低了模型程序的编写难度，使用户可以将主要精力放在模型逻辑的建立上，而不是编程语言的功能实现上。基于 Anylogic 软件实现的防空系统仿真案例如图 18.6 所示。

Command:Modern Operations 软件是美国知名游戏开发公司 Warfare Sims 开发的兵棋推演游戏，提供了可拓展的仿真引擎、灵活的用户界面、内置的各类模型、完备的数据库，可支持从战术到战役层级的推演仿真与分析。该游戏的专业版(PE)被各国军方与工业部门广泛应用，以进行作战任务推演、人工智能训练等工作。基于 Command 软件实现的空战任务仿真如图 18.7 所示。

18.3.2 指标体系设计

指标是效能的度量(measure)，用于定量评估、比较和跟踪任务或系统的效能，军用飞机效能评估的一项重要工作就是确定效能评估的指标体系。国内外对于效能指标的划分大体相同，但是略有差异。

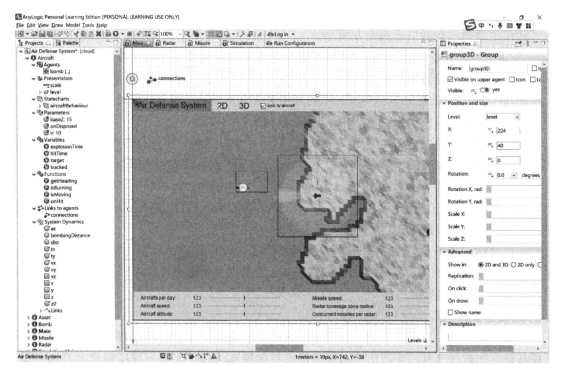

图 18.6 基于 Anylogic 实现的防空系统示例[156]

图 18.7 基于 Command 设计的仿真推演场景[17]

1. 效能评估指标类型

国内外暂时没有统一的效能评估指标分类方法,文献[9]从系统的视角对效能评估指标划分为以下四类:

① 系统参数(Dimensional Parameter,DP),表示系统固有的属性或特征,其值表示系统的结构和行为,如材料、尺寸、重量、干扰功率等。

② 系统性能指标(Measures of Performance,MOP),系统行为属性的定量化描述,或系统单个因素属性对于整体能力贡献的量化描述,如飞机的飞行速度、飞机的探测范围等,一般不考虑环境的影响。

③ 系统效能指标(Measures of Effectiveness,MOE),系统在作战环境中完成其功能程度的定量化描述或者系统以最佳方式及预期结果完成使命的能力的量化表述。

④ 作战效能指标(Measures of Force Effectiveness,MOFE),衡量军事力量(包括人和武器系统)在作战环境中按一定行动方案完成任务的能力。

美国国防部发布的《使命任务工程》以任务的视角对指标进行了划分[18],主要分为以下三类:

① 系统效能指标(Measures of Performance,MOP),表示执行任务的各个系统的效能特征,对应作战活动/系统层级。

② 任务效能指标(Measures of Effectiveness,MOE),表示与任务目标(指挥官意图)相关的可测量结果,对应工作任务层级。

③ 任务成功性指标(Measures of Success,MOS),表示任务预期效果,对应任务线程/效果链层级。

图 18.8 是《使命任务工程》提供的指标体系示例。

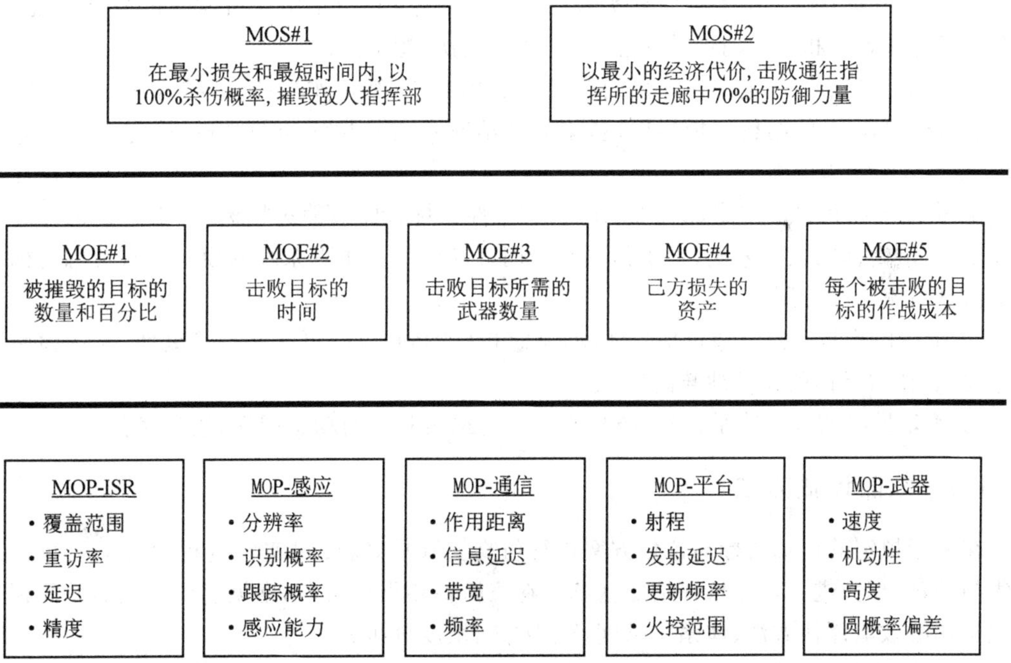

图 18.8 《使命任务工程》中提供的 MOE 与 MOP 示例[18]

尽管不同来源的定义略有差异,但是体现的相同思想是——军用飞机作战效能评估的指标体系应该充分考虑系统在真实或虚拟作战环境中完成特定任务的能力,并需要从系统本身和系统所处任务两个维度考虑。

2. 指标选取原则

仿真应用活动评估指标应该具备以下原则：

① 简约性。应尽量选取较少的指标反映较全面的情况，指标之间的逻辑关联要强。

② 时效性。指标的选取应能随着仿真活动的变化进行适应性调整并确保有效性。

③ 可测性。选择的指标应尽可能通过数学公式、测试仪器或试验统计等方法获得，具备现实的收集渠道。

④ 灵敏性。选取的指标应对结果敏感。

⑤ 独立性。选择的指标应尽可能相互独立，指标之间应减少交叉。

⑥ 完备性。所设计的指标应能全面反映出仿真活动各方面特征，具有完备性。

3. 指标构建流程

对于军用飞机作战效能评估这样的多层次、多系统评估问题，首先需针对待分析对象进行分析，并使用实际分析的结果，构建科学的评估指标体系。指标体系应当能将被评估对象内部错综复杂的关系层次化、条理化，对被评估对象在作战环境中完成任务的程度进行量化，同时能够量化区分各个指标对评估目标的相对重要程度。

评估指标体系的建立是一项困难的、需要反复深入的过程，其基本过程包括：

① 问题定义与目标分析。对评估问题的定义与评估目标的确定是构建指标体系的前提，其中问题定义包括任务定义、场景设计、假设与约束确定等等，目标可能包括作战概念研究、系统技术参数论证、编队战术研究等。

② 评估对象分析。系统是仿真实验的被评估对象，对于军用飞机这样的复杂系统，需要用系统工程的观点和方法确定其功能层次、结构层次、逻辑层次。

③ 指标体系结构确定。在评估问题定义的场景下，细化作战活动，结合评估目标确定任务效能指标(MOE)的结构与指标项；基于对评估对象与作战活动的分析，确定系统效能指标(MOP)的结构与指标项。

④ 指标项细化。确定指标属性，如定量/定性指标、动态/静态指标，对于定性指标确定量化方法；确定指标的数据来源，对于仿真实验而言需要结合仿真系统的模型参数考虑指标在计算机仿真系统中的可测性。

⑤ 指标检验与精简。通过仿真实验，确定指标的独立性、可测性与灵敏性；通过领域专家咨询，综合评估指标的完备性与简约性。

⑥ 确定最终的指标体系，并在仿真实验中根据实验目的动态调整、逐步完善。

18.3.3 效能评估方法

在基于拟定的评估目标与评估方案进行仿真实验后，需要对实验过程中产生的数据进行收集与处理，作为进一步分析评估的基础。在飞机初步设计阶段，常见的仿真实验效能评估方法包括作战效能评估方法、体系贡献度评估方法、敏度分析方法等。

1. 作战效能评估方法

作战效能评估方法指利用经典物理及数学理论基础，基于结构清晰的指标体系与主观或客观获得的权重进行作战结果综合分析的方法，包括确定性评估与不确定性评估。其中确定性评估方法包括加权和法、加权积法、因子分析法等，不确定性评估方法包括灰色评估、云评估、粗糙集评估等。

在作战效能评估方法中,一个重要的信息载体是权重,即各个指标对于评估目标的相对重要程度,通常分为主观权重与客观权重。

主观权重反映专家对该评估问题的经验与知识,无需知道指标的数据分布,仅对评估指标的相对重要程度进行判断,并使用一定的数学手段将专家的判断量化为指标权重。常用的主观赋权方法包括德尔菲法(Delphi)、层次分析法(AHP)、网络分析法(ANP)、PATTERN法等[17]。

客观权重反映不同实验/方案中评估指标的数值分布,属于由指标数值表征的指标空间结构特性,与评估者的主观意愿无关,各个客观赋权方法的主要差异在于各种方法对于"结构特性"的表示方法不同。常见的客观赋权方法包括熵值法、主成分分析(PCA)、拉开档次法(SD)、逼近理想点、变异系数法(CV)等[19]。

以经典的层次分析法为例,其一般流程如图18.9所示[9]。

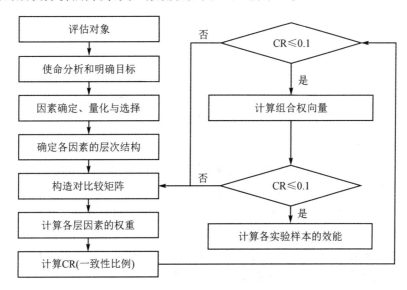

图18.9 层次分析法一般流程

2. 体系贡献度评估方法

体系贡献度是对评估对象对作战体系内各系统作战能力及整个体系作战能力的影响作用或涌现效应的度量。体系贡献度不仅要考虑武器装备自身的能力,还要考虑其对体系作战能力的贡献,用来描述该武器装备对受益方有多大作用。受益方可以是具体的武器装备或系统,也可以是整个作战体系。因此,体系贡献度是比系统作战效能和体系作战效能更深入的概念,通过作战效能评估方法得到的效能指标与效能值可作为体系贡献度评估的基础。

体系贡献度评估是一项新的评估工作,从其内涵上可将作战效能贡献度分为两个方面[9]:

(1)需求满足度,即在各个系统相互关联的作战体系中,贡献者所提供的支持对受益方需求的满足程度,可用于作战体系中各个系统的相互贡献度评估。

(2)效能提升度,即新加入作战体系的技术、装备作为贡献者对整个作战体系的效能提升程度,可用于作战体系中单个装备系统的作战效能贡献度评估。

在此基础上,可通过关联关系与度量方法对体系贡献度进行进一步的划分,如图18.10

所示。

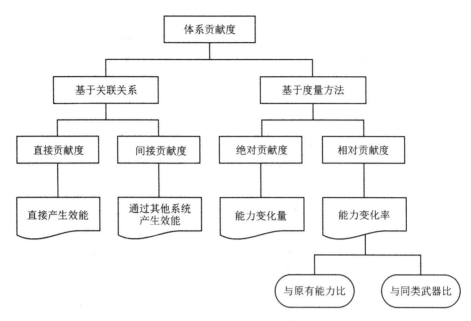

图 18.10　体系贡献率分类方法[9]

3. 敏度分析方法

敏度分析方法指在特定的评估目标下,通过实验设计技术改变仿真实验的输入参数(如模型参数或任务参数)的值,记录不同输入参数组合对效能评估结果影响,并总结规律。常用的实验设计技术包括正交设计、均匀设计、拉丁方设计等。常见的敏度分析技术包括基于极差分析的敏度分析技术与基于 Sobol's 法的全局敏度分析方法[9]。

敏度分析的一般流程包括[20]:① 建立输入输出的回归模型;② 选择最优回归模型;③ 检验回归模型的有效性;④ 制作输入输出变量影响曲线图;⑤ 计算灵敏度系数。

敏度分析方法有两类应用方向:一是通过改变输入参数验证结果的变化趋势是否符合理论或预计的趋势;二是确定哪些输入参数对期望的结果敏感,据此进行武器装备或战术战法的优化设计。

以战斗机突防效能敏度分析研究为例[14],将突防速度与隐身指标作为可变的输入参数并进行实验设计,以任务成功率为效能指标,采用直线突防策略开展仿真实验。通过对结果的分析,可得到"飞行速度与隐身指标的变化均对突防成功率有较大的影响,且随着飞行速度的增加,隐身指标变化对突防成功率的影响越来越小"的敏度分析结论,并可得到定量的优化建议,如图 18.11 所示。

> **课程设计项目进展建议**
>
> ➢ 对所设计的军机方案可执行的作战任务,进行细化和分析;
> ➢ 选用一到两种解析法及参数法,初步评估方案在各种任务中的作战效能;
> ➢ 进一步查阅文献,尝试基于仿真的效能评估,进行至少一个作战任务的仿真及效能评估(选做);
> ➢ 对照效能评估结果和设计要求,进行方案修改迭代。

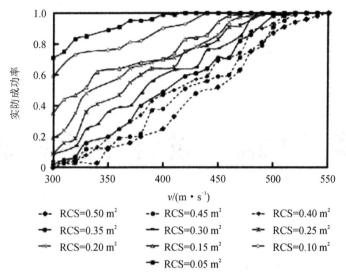

图 18.11 战斗机突防成功率敏度分析

参考文献

[1] 美国防务系统管理学院. 防务采办术语和缩略语[M]. 北京:北京航空航天大学出版社,1998.
[2] 朱宝鎏,熊笑飞. 作战飞机效能评估[M]. 北京:航空工业出版社,1993.
[3] RAYMER D P. 现代飞机设计[M]. 钟定逵等,译. 北京:国防工业出版社,1992.
[4] 张恒喜,郭基联,董彦非,等. 现代飞机效费分析[M]. 北京:航空工业出版社,2001.
[5] 防务系统管理学院. 防务采办术语与缩略语[M]. 北京:航空工业出版社,1992.
[6] 宋笔锋,裴扬,郭晓辉,等. 飞机作战生存力计算理论与方法[M]. 北京:国防工业出版社,2011.
[7] 姬东朝,宋笔锋,喻天翔. 作战飞机生存力设计及评估方法[J]. 火力与指挥控制,2007,32(10):13-16.
[8] BALL R E. The Fundamentals of Aircraft Combat Survivability Analysis And Design[M]. Reston:AIAA Inc.,1985.
[9] 燕雪峰,张德平,黄晓冬,等. 面向任务的体系效能评估[M]. 北京:电子工业出版社,2020.
[10] 王振宇,马亚平,李柯. 基于作战模拟的联合作战效能评估研究[J]. 军事运筹与系统工程,2005,19(4):62-66.
[11] 李梦汝. 联合作战仿真实验的几个基本问题[J]. 军事运筹与系统工程,2008,22(1):25-29.
[12] U. S. Army. Ready Today, Investing in Tomorrow FY19-21 Accomplishments and Investment[EB/OL]. https://www.army.mil/standto/archive/2019/01/28/,2019-01-28.
[13] National Academies of Sciences, Engineering, and Medicine. Network-Centric Naval Forces:A Transition Strategy for Enhancing Operational Capabilities[M]. Washington, DC:The National Academies Press. https://doi.org/10.17226/9864.
[14] 白金鹏,李天. 面向指标论证的战斗机突防效能评估[J]. 航空学报,2016,37(1):122-132.
[15] Pascal C, Dominique L. 体系的建模与仿真[M]. 北京:国防工业出版社,2017.
[16] 北京格瑞纳电子产品有限公司. Anylogic[EB/OL]. https://www.anylogic.cn/.
[17] Command Dev Team. Nitro Boost and DB magics:Command-PE v2.3.1 released[EB/OL]. https://command.matrixgames.com/.
[18] Office of the Deputy Director for Engineering, Office of the Under Secretary of Defense for Research and Engineering. Mission Engineering Guide[R]. Department of Defense,2020.
[19] 马亚龙,邵秋峰,孙明,等. 评估理论和方法及其军事应用[M]. 北京:国防工业出版社,2013.
[20] 胡晓峰,杨镜宇,司光亚,等. 战争复杂系统仿真分析与实验[M]. 北京:国防大学出版社,2008.

第 19 章　设计中的权衡研究

> **知识点**
> ➢ 权衡的基本概念及其在飞机设计中的作用；
> ➢ 改进的参数选择与重量核算方法的一般步骤；
> ➢ 参数选择矩阵的构建方法；
> ➢ 参数选择矩阵曲线和毯式图的绘制方法及作用。

19.1　权衡的基本概念

在我国古代，权衡可以比喻事物在动态中维持平衡的状态。《史记·范雎蔡泽列传》中所述："平权衡，正度量，调轻重"。在英文中，飞机设计中所用的权衡对应于"Trade-off"，其本义是一个生态学词汇，指生物对有限资源（物质和能量）在繁殖、生长、维持三方面进行合理分配。针对有限的资源，投入到某一功能或性状上的量多，必然会减少投入到另一项上的量。这些表述都能够体现出权衡用于判断优劣、维持整体平衡的重要意义。在总体设计中，显然也需要进行类似的设计资源分配、方案对比与选择等工作。这就是设计中的权衡研究。可以说，权衡是飞机总体设计综合性和迭代性的必然要求，会贯穿总体设计的各个环节。凡是需要进行设计决策和优化的工作，都会涉及权衡。

以美国研制的"基于经济可承受性设计"、与 F-15 形成高低档搭配的 F-16 战斗机为例。图 19.1 体现了该型飞机在方案阶段进行的 78 种布局权衡研究的一部分。图 19.2 体现了 F-16 在后续发展为 F-16XL 验证机时，对其机翼设计又进行了大量的权衡与分析[1]。在 F-16 的结构设计中，还对 600 种结构进行了性能、出厂单价和全寿命费用的对比分析和优选[2]。

在单体设计中，典型的权衡可以分为以下三类[3]：

① 设计参数权衡，主要指外形参数（如机翼几何参数）、推进装置的变化以及构型布置等的权衡。其约束条件为，满足所给定的一组飞行任务和性能要求下，尽可能降低飞机的重量和成本。

② 需求权衡，主要指针对相关设计要求的权衡，此类权衡需首先确定设计要求的改变所引起的飞机重量或成本改变的敏感程度，针对某些迫使重量或成本增加很多的设计要求，则可适当放宽范围。

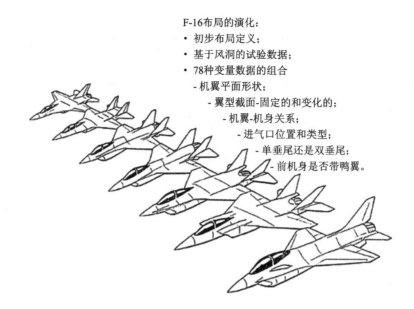

图 19.1　F-16 的初始方案布局权衡

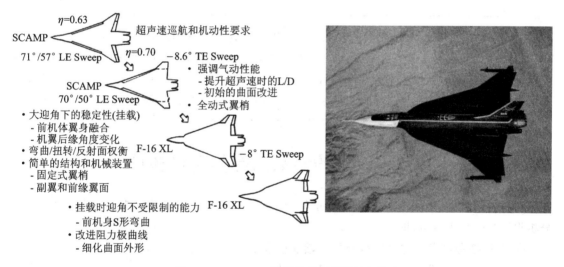

图 19.2　F-16XL 验证机的机翼设计权衡

③ 增长敏感性权衡,主要针对设计参数,通过对相关设计参数变化百分比对重量变化百分比的影响分析,确定相关参数对飞机重量或成本的影响程度,以此确定相关参数的选取。

更为直观地,关于这三类权衡对应的相关飞机参数可由表 19.1 获得。显然,在实际的设计过程中,需要权衡的参数会远远超出表格中所列的内容,但它们体现了最为基础和重要的一部分。一种进行权衡研究的参考流程包括建立所研究的问题、对输入条件进行评估、选择并建立研究的方法、确定并选择可行的方案、衡量性能、结果分析、将上述流程和结果存档等主要环节[4]。其中,在"选择并建立研究的方法"这一环节,具体的权衡分析方法很多,例如文献[5]中就对设计过程中的先进技术评估进行了专门的讨论。本章将结合总体设计参数的选择,分别介绍参数选择矩阵曲线和毯式图这两种常用的权衡分析方法。

表 19.1 典型权衡参数分类表[3]

设计参数权衡	需求权衡	增长敏感性权衡
$\dfrac{F_0}{m_0 g}$ 和 $\dfrac{m_0}{S}$	航程,有效载荷,乘客数	结构重量
展弦比,后掠角,尖削比	待机时间	零升阻力系数
翼型相对厚度	速度	升阻比
增升装置	转弯速率	波阻系数
涵道比,总压比	单位剩余功率	最大升力系数
涡轮进口温度	最大过载	装机推力
材料	跑道长度	单位耗油率
构型	加速时间	燃油价格
尾翼形式	爬升时间	
可变后掠	成本	
发动机数量和型式		
维护性		
可检性		
乘客安排		
先进技术		

随着需求的演变及设计技术的发展,总体设计人员要考虑的因素日益增多,对权衡这一"基本功"的要求也越来越高。权衡往往意味着要从整体和局部两个角度对大量的参数进行深入研究,进而修正不合理或不理想的设计结果。即使这样的修正是复杂的、费时的,甚至是令人沮丧的,但如果能够在尽量早的阶段通过权衡做好修正,总是比将隐患留到后期(此时将引起人力、物力、财力上的浪费,甚至可以导致一家飞机公司走向破产)要好得多。

19.2 改进的参数选择与重量核算

在首轮近似中,根据约束分析选择初始的推重比和翼载荷,进而通过基于任务剖面的任务分析得到初始起飞重量,即

① 通过任务段燃油重量比得到总的燃油重量比;
② 通过统计公式得到空机重量与起飞重量关系;
③ 乘员和有效载荷重量通过设计要求给出。

在这一过程中,采用了很粗略的统计气动特性和动力特性。尽管如此,首轮近似后仍然得到了作为方案布局和布置设计起点的各个主要总体设计参数(包括起飞重量 m_0,动力装置海平面静推力 F_0,机翼面积 S,以及它们对应的组合参数:推重比 $\dfrac{F_0}{m_0 g}$,翼载荷 $\dfrac{m_0}{S}$。记为 Version0,简称 V_0 状态)。

通过总体布局和布置设计,形成了方案的三面图、总体布置图等方案描述,将此方案记为 Version1(简称 V_1)状态。根据方案 V_1 选择发动机,可以根据附录 C 的方法得到所选发动机的动力特性(耗油率、推力特性曲线);根据方案 V_1 选择的设计参数,可以依据第 12 章和第 13 章的方法得到相应的起飞重量、气动特性,并且得到 V_1 状态下的推重比和翼载荷。

那么,根据方案 V_1 的实际气动特性、动力特性,按照设计要求的任务剖面,进行改进的参数选择,会得到什么样的所需燃油重量及起飞重量(记为状态 V_2)? 此即本节中改进的参数选择方法的关键所在。

改进的参数选择方法以首轮近似的计算公式为基础,结合对前面气动特性和发动机特性更为准确分析方式的应用,以实现重量迭代公式的更加准确化。针对整个任务剖面的分析如下。

① 发动机启动、暖机和滑行:按发动机慢车工作 15 min 计算(d 表示时间,s),即

$$\frac{m_i}{m_{i-1}} = 1 - Cg\left(\frac{F}{mg}\right)_i d \tag{19.1}$$

② 起飞:将起飞分成几段,按照第 15 章性能计算小节给出的方法计算燃油消耗。

有时,把暖机、滑行和起飞结合到一起,按某给定推力、给定时间计算。对于军用战斗机,按发动机最大净功率工作 5 min 计算;对于运输机和民用飞机,按慢车状态工作 14 min 加起飞推力工作 1 min 计算。

③ 爬升和加速段重量比计算:采用文献[3]提出的爬升性能计算方法,长时间爬升和速度比较大时,要分段进行,即

$$\frac{m_i}{m_{i-1}} = \exp\left(\frac{-C\Delta h_e}{V(1-D/F)}\right) \tag{19.2}$$

式中,$\Delta h_e = \Delta\left(H + \frac{1}{2g}V^2\right)$ 为能量高度的变化量。

④ 在第 3 章的巡航段重量比计算中,升阻比 L/D 是根据公式(3.56)初步估算的。事实上,升阻比与飞机翼载荷有着紧密的关系,并可表达为翼载荷的函数(具体推导参见文献[3]第 80 页):

$$\frac{m_i}{m_{i-1}} = \exp\left(\frac{-1000gRC}{V}\left(\frac{qC_{D0}}{g(m/S)_{巡航}} + \frac{g}{q\pi Ae}(m/S)_{巡航}\right)\right) \tag{19.3}$$

式中,e 的典型取值为 0.7~0.85,初步分析时可取中值 0.775。基于具体方案的更具体的估算公式参见式(3.40)和式(3.41)。C_{D0} 来自于方案气动力估算结果。

需要注意的是,升阻比计算方程中所用的翼载荷是巡航状态对应的翼载荷,而不是起飞翼载荷,在计算时需要结合各任务段的重量比进行转换,可表达为

$$(m/S)_{巡航} = (m_0/S) \cdot \prod_{j=1}^{i}\frac{m_j}{m_{j-1}} \tag{19.4}$$

式中,i 为巡航段之前的任务段数量。

⑤ 待机段重量比计算:

$$\frac{m_i}{m_{i-1}} = \exp\left(-3600gEC\left(\frac{qC_{D0}}{m_0/S} + \frac{m_0}{S}\frac{1}{q\pi Ae}\right)\right) \tag{19.5}$$

⑥ 在第 3 章的格斗段重量系数比计算过程中,起飞推重比 $\frac{F_0}{m_0 g}$ 是根据最大飞行速度估算的。此处则将起飞推重比 $\frac{F_0}{m_0 g}$ 作为自变量处理,以研究推重比的影响。

⑦ 下滑段重量比计算:参照第 15 章相关公式计算。

⑧ 着陆段重量比计算:可参第 15 章相关公式计算。

除非设计者极其幸运，V_2 状态的起飞重量与 V_1 状态的起飞重量肯定是不相等的。可直观对照如下两个算式：

$$m_{0-V_1} = m_{crew} + m_{PL} + m_{F-V_1} + m_{E-V_1} \quad (V_1 \text{ 状态}) \tag{19.6}$$

$$m_{0-V_2} = m_{crew} + m_{PL} + \frac{m_F}{m_0} m_{0-V_1} + m_{E-V_1} \quad (V_2 \text{ 状态}) \tag{19.7}$$

式(19.6)中，m_{F-V_1} 需根据方案 V_1 的实际油箱布置计算，m_{E-V_1} 需根据第 13 章的方法将方案 V_1 各个部件重量累加（机身、机翼、尾翼、动力……）计算；式(19.7)中，$\frac{m_F}{m_0} m_{0-V_1}$ 需根据改进的参数选择方法得到，m_{E-V_1} 则继续沿用方案 V_1 的空机重量。

接下来的一项重要工作就是以新假设重量（如 V_1 和 V_2 状态起飞重量的平均值）开始迭代，得到一个收敛的起飞重量（记为 V_{end} 状态）

$$m_0 = m_{crew} + m_{PL} + \frac{m_F}{m_0} m_0 + m_{E-V_1} \cdot \left(\frac{m_0}{m_{0-V_1}}\right)^{(1+C)} \tag{19.8}$$

式中，$\frac{m_F}{m_0} m_0$ 是作为近似处理，以保持 V_2 状态下的燃油重量系数不变；$m_{E-V_1} \cdot \left(\frac{m_0}{m_{0-V_1}}\right)^{(1+C)}$ 则采用拟合公式反映起飞重量变化后对空机重量的影响，指数中 C 的典型值为 -0.1。

如果收敛得到的起飞重量 $m_{0-V_{end}}$ 与 m_{0-V_1} 差别很大，就要非常注意参数选择或方案设计的合理性；如果二者间的差别超过 30%，很大程度上就意味着需要对布局方案进行较大的调整！

19.3 参数选择矩阵和参数选择矩阵曲线

单参数权衡可以体现出单个要求或设计参数对起飞重量的影响，并基于此进行更为优化的参数取值。对于更多参数的分析，设计人员一般会选择一个"基准"参考点，并以"基准点"为中心，进行相关参数的调整，从而形成数据集合，进一步结合约束条件可形成可行方案/可行方案空间。当前，进行上述分析的方法主要包括参数选择矩阵曲线和毯式图，而这两种曲线图都基于参数选择矩阵。这两类方法用于权衡研究的自变量通常都是推重比和翼载荷，而因变量通常是飞机的起飞重量，这些也是影响飞机性能的最重要的参数。

建立参数选择矩阵时，需要构建自变量和因变量之间的函数关系，例如起飞重量和推重比、翼载荷的关系可以表达为

$$m_0 = f\left(\frac{F_0}{m_0 g}, m_0/S\right) \tag{19.9}$$

参数选择矩阵的应用说明如下：一般在基准方案的基础上，将推重比 $\frac{F_0}{m_0 g}$ 及翼载荷 m_0/S 作约 ±20% 幅度的变化，每个参数至少形成 3 组数据，进而形成 3×3 的矩阵。此处采用一个示例进行分析说明[3]。

某轻型战斗机的性能要求包括：起飞距离不大于 152.4 m（为便于理解，此处已将文献[3]中的英制单位数据换算成了国际单位制数据，下同），在 Ma 数为 0.9、5g 过载和高度 9 144 m 时，P_s 为 0，Ma 数由 0.9～1.5 的加速时间小于 50 s。

与起飞重量类似,起飞距离 x_{takeoff} 和加速时间 t 也与推重比和翼载荷有紧密的关系,可以抽象地表达为推重比和翼载荷的函数(具体内容可参见 3.3 节的相关介绍),即

$$x_{\text{takeoff}} = f_s\left(\frac{F_0}{m_0 g}, m_0/S\right) \tag{19.10}$$

$$t = f_a\left(\frac{F_0}{m_0 g}, m_0/S\right) \tag{19.11}$$

针对上述要求,选择 $m_0/S = 290 \text{ kg/m}^2$,$\frac{F_0}{m_0 g} = 1.0$ 时所对应的参数:$m_0 = 19\,920 \text{ kg}$,$P_s = 15 \text{m/s}$,$x_{\text{takeoff}} = 178 \text{ m}$,$t = 47.2 \text{ s}$,为基准参数。通过翼载荷上下 50 kg/m² 的变化、推重比上下 0.1 的变化,形成参数选择矩阵如表 19.2 所示。为了指代和绘图时标识方便,将九宫格中代表的九个对应方案分别记为设计点 1、2、3、4、5、6、7、8、9。中心的设计点 5 即为基准参数,从而可以看出其他的各个设计点在对应的重量和性能上各有优劣。

表 19.2 参数选择矩阵示例

	$m_0/S = 240 \text{ kg/m}^2$	$m_0/S = 290 \text{ kg/m}^2$	$m_0/S = 340 \text{ kg/m}^2$
$\frac{F_0}{m_0 g} = 1.1$	$m_0 = 25\,740$ kg $P_s = 223$ m/s $x_{\text{takeoff}} = 103$ m $t = 46.4$ s (1)	$m_0 = 22\,370$ kg $P_s = 107$ m/s $x_{\text{takeoff}} = 128$ m $t = 42.2$ s (2)	$m_0 = 20\,880$ kg $P_s = 12$ m/s $x_{\text{takeoff}} = 198$ m $t = 39.1$ s (3)
$\frac{F_0}{m_0 g} = 1.0$	$m_0 = 22\,240$ kg **$P_s = 143$ m/s** **$x_{\text{takeoff}} = 134$ m** $t = 50.9$ s (4)	$m_0 = 19\,920$ kg $P_s = 15$ m/s $x_{\text{takeoff}} = 178$ m $t = 47.2$ s (5)	**$m_0 = 19\,060$ kg** $P_s = -56$ m/s $x_{\text{takeoff}} = 241$ m **$t = 45$ s** (6)
$\frac{F_0}{m_0 g} = 0.9$	$m_0 = 20\,180$ kg **$P_s = 56$ m/s** $x_{\text{takeoff}} = 202$ m $t = 56.3$ s (7)	**$m_0 = 17\,800$ kg** $P_s = -66$ m/s $x_{\text{takeoff}} = 243$ m $t = 53.2$ s (8)	**$m_0 = 16\,360$ kg** $P_s = -98$ m/s $x_{\text{takeoff}} = 323$ m $t = 51.1$ s (9)

注:标粗部分表示方案参数优于基准参数。

在进行上述分析计算时,需要进一步说明的是:在初步方案设计完成后,根据每个变动后的推重比和翼载荷值计算新的起飞重量和性能的过程非常繁琐,不借助计算机程序几乎是不可能完成的任务。

起飞重量仍然需要迭代计算,但这里面燃油重量系数的计算和空机重量的计算,会因为推重比和翼载荷的变动而受到很大影响。下面介绍的只是一种简化的处理方式。新设计点的初始起飞重量为

$$m_0 = m_{\text{crew}} + m_{\text{PL}} + \frac{m_{\text{F}}}{m_0} m_0 + m_{\text{E}} \tag{19.12}$$

式中,$\frac{m_{\text{F}}}{m_0}$ 需根据新的气动和动力特性,采用改进的参数选择方法得到;m_{E} 需根据基准的各

部件重量累加并修正,机翼、尾翼、动力系统等的重量也都需要修正。

具体而言,根据一个初始的 m_0(可以用基准方案 m_0)和改变后新设计点的推重比和翼载荷,可以得到新的机翼面积和海平面静推力。

新的机翼面积会进一步导致尾翼(包括平尾和垂尾)面积的变化。作为简化方法可以认为尾翼的面积变化幅度是机翼面积变化的1.5次方倍(为了保证尾容量不变),即

$$S_{\text{ht-new}} = S_{\text{ht-baseline}} \left(\frac{S_{\text{new}}}{S_{\text{baseline}}}\right)^{1.5} \tag{19.13}$$

$$S_{\text{vt-new}} = S_{\text{vt-baseline}} \left(\frac{S_{\text{new}}}{S_{\text{baseline}}}\right)^{1.5} \tag{19.14}$$

机翼、尾翼面积的变化,一方面会导致气动特性的变化,这就使得采用改进的参数选择方法计算矩阵中的一个设计点时,必须重新计算气动特性,并且代入到重量迭代方程中去计算燃油重量系数(幸好发动机的耗油率曲线还不用变);另一方面,机翼、尾翼的变化还会影响这两个部件的重量(根据第13章的重量计算公式)。推重比和总重的变化导致推力变化,进而导致动力系统的重量变化(第13章重量公式)。在后续的各轮迭代中,如果采用简化的方式,可以沿用前文提到的迭代公式,得到收敛的起飞重量。如果采用细化的方式,意味着每轮新迭代都会有新的机翼面积、推力变化带来的一系列气动及重量变化。得到新设计点的收敛的起飞重量,根据选定的推重比和翼载荷,确定对应的机翼面积、推力,进而计算出受这些影响后的气动特性及推力特性曲线(根据基准方案的推力特性曲线,直接按新推力和基准推力的比例缩放即可)。

在这些数据都具备后,才有可能算出新设计点的起飞距离 x_{takeoff}、加速时间 t 等性能数据,从而填满参数选择矩阵的"九宫格"。

以上只是示例,正式方案设计时仅采用 $3 \times 3 = 9$ 种设计点进行分析是不够准确的,最好用到 $5 \times 5 = 25$ 种设计点,甚至更多的设计点进行分析。理论上,设计点越多,分析越准确。另一方面,不能仅以推重比和翼载荷这两个综合参数的变化进行分析,最好还能结合其他设计参数,如展弦比、后掠角等。

矩阵形式的描述虽然能反映参数选择矩阵的特点,但并不直观。为更好地反映参数选择方案对设计要求的敏感性及最优参数的选取,可使用参数选择矩阵曲线来形象地表达,该种曲线的构建步骤如下。

第一步,根据参数选择矩阵中的推重比,分别绘制下面两类"参数选择相交曲线"。

① 起飞重量变化曲线(图19.3(a_1)(a_2)(a_3))。以图(a_1)为例进行说明:通过参数选择矩阵中的1、2、3这三个点(以实心圆表示)的重量数据和翼载荷数据,可以确定出一条拟合曲线。

然后,在纵坐标中选取比较圆整(便于绘图和比较),而且间距相同的重量值。例如以2 000 kg为间距,在(a_1)中选取25 000、23 000、21 000 这3个值。将其对应到拟合曲线上,可以得到3个新的数据点(以空心圆表示,标记为 w_1、w_2、w_3),然后可通过插值获得对应的翼载荷。同理,在(a_2)和(a_3)中可以得出对应于21 000、19 000、17 000 等重量值的数据点(标记为 $w_4 \sim w_8$),并且可以求出对应的翼载荷值。

② 性能约束变化曲线。作为简化方法,此处只给出对应于起飞距离的变化曲线(图19.3中(b_1)(b_2)(b_3))。以图(b_1)为例进行说明:通过1、2、3这三个点的起飞距离和翼载荷数据,

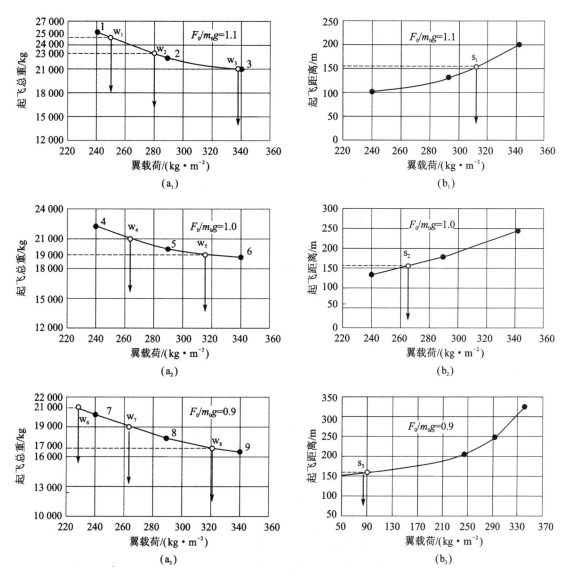

图 19.3　参数选择相交曲线(第一步)

可以确定出一条拟合曲线。然后,在纵坐标中选取起飞距离的约束值 152.4m。将其对应到拟合曲线上,可以得到一个新的数据点(标记为 s_1),然后可通过插值获得对应的翼载荷。同理,在(b_2)和(b_3)中都可以得出对应于起飞距离为 152.4 m 的数据点(标记为 s_2 和 s_3)和对应的翼载荷值。注意,s_3 的位置非常靠左,即对应的翼载荷值非常小,实际上意味着推重比等于 0.9 时,几乎不可能满足起飞距离要求。

第二步,绘制参数选择矩阵曲线。

对于第一步绘制起飞重量变化曲线时新确定的数据点($w_1 \sim w_8$),根据其对应的纵坐标推重比的值及横坐标翼载荷的值,可以绘制到同一个翼载荷-推重比坐标系内,如图 19.4 所示。由于在图 19.3 的(a_1)(a_2)(a_3)这三个图的新数据点取值中,有一些重量的取值在各个图中都用到了(如 21 000 kg、19 000 kg),因此在图 19.4 中,对应于参数选择矩阵中的三个不同的推重比,会出现重量相同的点。将这些点光滑连接起来,就得到了若干条等起飞重量曲线。通过这些曲线,设计人员可以方便地分析出来,要得到某一特定的起飞重量,应当取怎样的推重比和翼载荷组合。

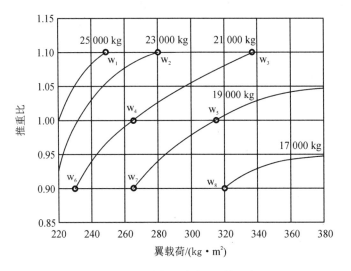

图 19.4　参数选择矩阵曲线(第二步)

第三步,绘制叠加了性能约束的参数选择矩阵曲线,如图 19.5 所示。

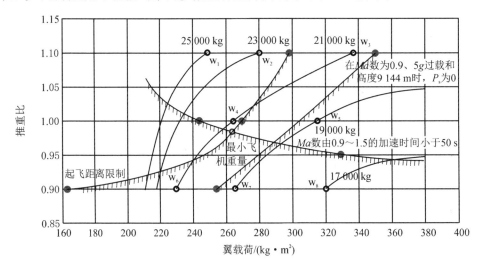

图 19.5　叠加了性能约束的参数选择矩阵曲线(第三步)

根据从图 19.3 得到的新数据点 s_1、s_2、s_3,可以绘制出起飞距离约束曲线,即满足起飞距离为 152.4 m 的推重比和翼载荷组合曲线。同理,可以通过这三步绘制出加速时间及其他的性能约束曲线。图 19.5 中还给出了单位剩余功率 P_s 约束。P_s 在飞行性能分析章节中已介绍,此处不再赘述。

通过叠加了性能约束的"参数选择矩阵曲线",便可分析出满足全部性能要求、而且重量最轻的方案。一般而言,这个方案对应的点位于两条约束曲线(需要考虑的约束曲线可不止两条!)的相交点上,从而可以很方便地从图中读出对应于这个点的推重比和翼载荷。

19.4 毯式图

毯式图(又称毯式曲线)是参数选择矩阵的另一种重要和常用的表现形式,其构建步骤如下。

第一步,平移和叠加起飞重量变化曲线。

将图19.3中的(a_1)重新记为图19.6,将(a_2)图的纵轴向左平移一个任意距离(设为δ),同时将横轴的位置向下移动(移动量对应着延伸的纵轴,即起飞重量刻度的实际值),可以得到图19.7的形式:图中的纵轴是起飞重量(同一套刻度)的,两个横轴分别对应于(a_1)图和(a_2)图的横轴。同理,也可以将(a_3)图叠加进来。注意(a_3)的纵轴向左进一步平移的量也必须是相同距离的δ。进行纵轴平移的作用,不仅仅是为了美观,还便于在曲线间进行插值,以便确定某个给定的翼载荷值所在的位置——这对于约束曲线的绘制很有好处。

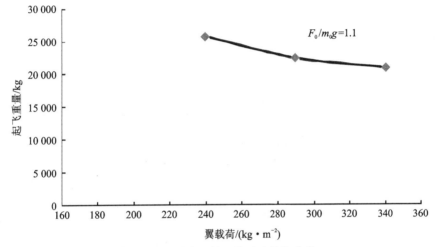

图 19.6 对应于某一推重比值的曲线

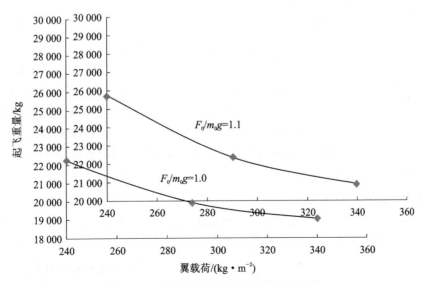

图 19.7 平移和叠加的起飞重量变化曲线

第二步,绘制毯式图。

在平移和叠加后的图中,将横轴(翼载荷)全部隐藏,同时将纵轴仅保留最左侧的一个。然后将1、4、7连线,2、5、8连线,3、6、9连线,即得到三条等翼载荷曲线。这样,就可以形成一个基本的毯式图,如图19.8所示。

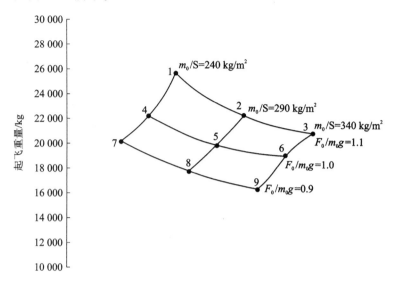

图 19.8 基本的毯式图

第三步,绘制叠加了性能约束的毯式图。

再考虑起飞距离、加速时间等性能要求,将约束曲线叠加到毯式图上。同样以起飞距离约束为例,从图19.3得到的新数据点 s_1、s_2、s_3,可以分别标注到图19.9中。需要注意的是,s_1 应当位于 $\dfrac{F_0}{m_0 g}=1.1$ 的等推重比曲线上,其具体位置的确定,还需要根据 s_1 的翼载荷值,在其左右两侧的两个网格交点(原始数据点2、3)之间,按照横坐标进行插值即可。同理,可以通过插值确定出 s_2 和 s_3 在另外两条等推重比线上的位置。

至此,可以得到一个完整的毯式图的形式,如图19.9所示。从中也可以找到满足所有性能要求,而且重量最小的最佳设计点,通常是在两条约束曲线的交叉点上。

参数选择矩阵曲线和毯式图都源于同一个参数选择矩阵,而且给出的最佳设计点也是一致的。区别在于,前者便于读出最佳的推重比和翼载荷组合,而后者便于读出最小重量。有趣的是,从二者的不足上来说,参数选择矩阵曲线中有若干条等起飞重量曲线,但却不能直接读出最佳设计点对应的重量值;毯式图中有若干条等推重比曲线和等翼载荷曲线,但却不能直接读出最佳设计点对应的推重比值和翼载荷值。因此,设计人员可以根据关注的重点确定绘制哪种曲线,或者将二者都绘制出来。

📋 课程设计项目进展建议

> 根据所设计方案的重量(注意应当使用第13章的统计分类方法得到,而不是继续使用首轮近似方法)、气动、动力及飞行性能数据,完成重量核算,进行改进的参数选择;
> 比较新迭代得到的起飞重量与初值,根据核算结果进行方案的修改迭代;
> 对设计要求进行必要的权衡,确定并完善每项要求的具体取值;

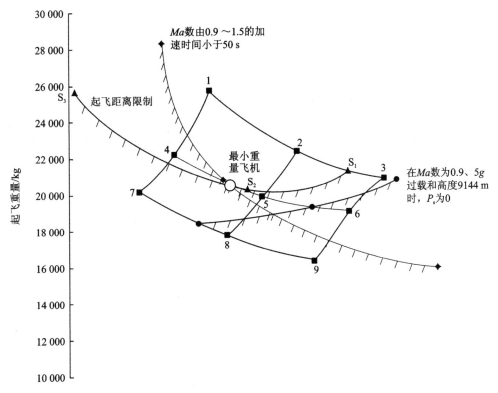

图 19.9 叠加了性能约束的毯式图

- 尝试建立 3×3 或 5×5 的参数选择矩阵,绘制叠加了性能约束的参数选择曲线或毯式图,进行权衡研究和方案优化;
- 注意:参数选择矩阵的每个设计点对应的数据,应通过相应的重量、气动、动力及飞行性能的分析得到,建议对分析方法进行编程以提高效率。

参考文献

[1] BRANDT S A, STILES R J, BERTIN J J, et al. Introduction to Aeronautics: A Design Perspective[M]. 2nd ed. Reston: AIAA Inc., 2004.

[2] 解建喜. 飞行器顶层设计决策权衡研究:探索 创新 交流——中国航空学会青年科技论坛文集[C]. 北京:航空工业出版社,2004.

[3] RAYMER D P. 现代飞机设计[M]. 钟定逑等,译. 北京:国防工业出版社,1992.

[4] 赵净净. 民用飞机研发过程中的权衡研究[J]. 科技创新导报,2011(34):5,14.

[5] PATRICK T B. A Methodology for Capability-based Technology Evaluation for Systems-of-Systems[D]. Atlanta: Georgia Institute of Technology, 2007.

第 20 章 飞机总体方案的优化

◎知识点
- ➢ 优化模型的基本要素及典型优化算法；
- ➢ 优化方法的应用要点；
- ➢ 基于工程分析模型的飞机总体参数优化的实施步骤；
- ➢ 多学科优化方法的基本内容和关键技术；
- ➢ 气动优化设计的基本方法。

20.1 概 述

正如在第 1 章中所述，飞机总体设计的一个特点是迭代性，表现为设计要求、设计方案、设计分析与评估、设计参数权衡和优化之间的循环迭代。第 3～12 章讲述了如何建立飞机概念方案，第 13～18 章分别从重量、气动、性能、操稳、经济性、效能等方面对概念方案进行了分析与评估。本章内容属于设计参数优化，目的是让读者了解飞机总体参数优化的基本概念和方法。

在进行了概念方案分析与评估之后，该方案可能不满足设计要求，或即使能满足要求，也可能不是令人满意的方案，因此通常需要对设计参数进行调整，改进设计方案。调整设计参数的传统方法是人工调参方法，即设计人员根据方案分析和评估结果，基于经验来修改设计参数。例如，为了满足客机的航程要求，可增加展弦比来提高升阻比。但展弦比过大又会使飞机重量增加而影响着陆速度，导致着陆速度达不到要求。为了满足着陆速度要求，可以增加机翼面积。但在给定推力下，增加机翼面积会降低最大飞行速度。从这个例子可以看出，设计参数与各项性能之间存在着错综复杂的关系，通过人工调参方法来获得满意的设计方案非常困难，而且人工调参方法费时费神，效率也不高。

随着优化设计方法的不断成熟，人工调参方法已有被优化设计方法取代的趋势。优化设计是将参数设计问题转化为一个数学上的优化问题，然后应用优化算法，通过计算机的迭代运算，自动获得最优设计参数[1]。优化方法实质上是在计算机中模拟了设计参数的调整过程，通过优化算法使循环迭代自动进行，逐渐逼近最优设计。因此，优化设计方法能帮助设计者更快、更好地获得最佳设计参数。

20.2 优化设计的基本概念

为了理解飞机总体参数优化的基本原理,首先需要了解优化设计的基本概念。

20.2.1 优化设计的数学模型

优化设计的一个前提是需首先将工程设计问题提炼为一个数学上的优化问题(优化模型)。优化问题的定义包括三个要素[1]:① 设计变量;② 目标函数;③ 约束条件。优化问题表述的一般数学形式为

求 $X: X \in A$

使得 $F(X)$ 最小(或最大)

并满足: $g_i(X) \leqslant 0$

$h_j(X) = 0$

式中,$X = [x_1, x_2, x_3, \cdots, x_n]^T$ 是设计变量,A 为设计变量空间,$F(X)$ 是目标函数,$g_i(X)$ 是不等式约束,$h_j(X)$ 是等式约束。

下面对工程优化设计中的基本概念作进一步的说明。

设计变量:用来描述工程系统的特征、在设计过程中可被设计者改变的一组相互独立的变量。例如,图 20.1 中 x_1 和 x_2 是设计变量。

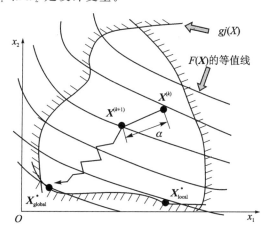

图 20.1 可行域、局部和全局最优点、寻优过程示意图

设计空间:各设计变量的取值范围组成的多维空间(所有设计变量可能的取值所组成的集合)称为设计空间。设计空间中的一个点实际上就是一个设计方案。

固定参数:用来描述工程系统的特征、在设计过程中保持不变的一组参数。例如,飞机设计要求中所规定的载客人数就是一个固定参数。

优化目标与目标函数:优化目标用于判断设计方案的优劣。优化目标一般是设计变量的函数,这个函数就是目标函数。例如,图 20.1 中 $F(X)$ 是设计变量 X 的函数。

设计要求与约束条件:约束条件通常对应于设计要求。例如,飞机总体设计中关于起降性能、航程等设计要求就是优化问题中的约束条件。

设计分析:给定设计变量 X,通过分析模型的求解,计算出目标函数 $F(X)$、约束函数

$g_j(\boldsymbol{X})$ 和 $h_j(\boldsymbol{X})$ 值的过程称为设计分析。分析模型可能是简化的工程分析模型,也可能是复杂的数值分析模型。对于综合设计问题(例如飞机总体设计),分析模型涉及多个学科(或专业)。对于这种情况,设计分析通常称为综合分析或多学科分析。

可行域:在设计空间中满足所有约束条件的设计方案称为可行设计。所有可行设计点组成的空间称为可行域。图 20.1 中约束边界所围成的区域就是可行域。

最优设计:使目标函数最小(或最大)的可行设计。从数学角度看,最优点是可行域中的极值点。有的极值点是局部最优,例如图 20.1 中点 $\boldsymbol{X}_{local}$ 称为局部最优点;有的极值点是整个可行域中最优点,例如图 20.1 中点 $\boldsymbol{X}_{global}$ 称为全局最优点。

20.2.2 优化算法

定义了优化问题之后,就可应用优化算法求出优化解。优化算法是应用数学的一个分支,有专门的教材介绍,这里只简要地介绍优化算法的基本概念。

1. 优化算法的基本过程

优化计算过程是一个迭代计算过程,需经过多次迭代,逐渐逼近最优设计点。下面用图 20.1 来直观地说明优化计算的迭代过程。如果起始点为图 20.1 中的点 $\boldsymbol{X}_k$,优化算法的功能是在由约束条件 $g_j(\boldsymbol{X})$ 限定的可行域内找到使目标函数 $F(\boldsymbol{X})$ 最小的最优点($\boldsymbol{X}_{local}$ 或 $\boldsymbol{X}_{global}$)。为了寻找到最优点,优化算法的步骤是:① 搜索使 $F(\boldsymbol{X})$ 下降的方向,在传统的优化算法中,通常根据所处点的梯度来确定搜索方向(使目标函数 $F(\boldsymbol{X})$ 减小的方向);② 沿这个方向按一定步长前进;③ 然后在新的点 $\boldsymbol{X}_{k+1}$ 搜索新的使 $F(\boldsymbol{X})$ 下降的方向;④ 重复上述过程,直到迭代过程收敛,找到最优点。

2. 优化算法的分类

优化算法作为一个专门的研究领域,已经形成了多种算法,其分类方法也有多种。若按优化计算中是否需要梯度计算来划分,可分为基于梯度的优化算法和无需梯度的优化算法。

基于梯度的优化算法是传统的优化算法,在迭代计算中需要进行梯度计算。例如,可行方向法、序列线性规划、序列二次规划法等都是经典的基于梯度的优化算法。这类方法的优点是收敛速度较快,缺点是易于陷入局部最优点。另外,当分析模型复杂时,梯度计算也是一个困难问题。

无需梯度的优化算法是在迭代计算中不需要梯度计算的优化算法。遗传算法(Genetic Algorithms,GA)是一种典型的无需梯度的优化算法,是一类模拟生物界自然选择和遗传的启发式随机搜索算法,是一种具有"生成+检测"的迭代过程的搜索算法。它的特点是[2]:① 处理的对象广,对象可以是连续变量,也可以是离散变量;② 具有较好的全局最优解的搜索性能,可减少陷于局部最优解的几率;③ 由于无需梯度计算,在工程应用中具有较好的稳健性,但收敛速度慢。

20.2.3 优化方法应用的要点

大多数工程设计中参数设计问题都可提炼成优化模型。作为工程设计人员,在应用优化方法时,应注意以下几点。

1. 重点是优化模型的提炼

建立优化模型就是将工程设计中参数设计问题用目标函数、设计变量、约束条件来定义。

设计方案通常由一组设计参数确定。在确定设计变量时,首先需区分给定的固定参数和可变的设计参数,然后选择对设计目标和约束条件有重要影响的设计参数作为设计变量。有些设计参数虽然是可变的,但对目标和约束条件影响不大,就不一定将其作为设计变量,而是可以作为固定参数来处理。目标函数的作用是尽可能提高某项(或几项)设计指标,所以目标函数反映了设计者的意图。选用不同的目标函数,优化计算出的设计方案往往是不同的。约束条件应充分体现主要的设计要求。若在约束条件中遗漏了重要的设计要求,优化结果将会不符合实际情况。

2. 选择合适的分析模型

工程优化设计中的一个重要问题是选择合适的分析模型。要根据所需解决的实际问题来确定分析模型。对于不同的问题,分析模型的精度要求是不一样的。一般来讲,在最初设计阶段,对分析模型的精度要求可能低些,采用工程估算方法可满足计算精度要求;而在后期设计阶段,对模型的精度就有更高的要求,可能需要详细的数值分析模型。总之,分析模型应能满足实际工程问题的精度要求。如果分析模型的误差太大,优化结果就没有参考价值了。

3. 优化算法的选用

需要说明的是,目前还没有一种所谓万能的优化算法能求解所有优化问题。这就需要设计人员在实际应用中通过不断摸索和总结各种优化算法的特点,针对具体问题,选择合适的优化算法,或者组合多种优化算法。另外,设计人员作为优化方法的应用者,在实际工作中不一定需要自己编写优化算法程序,而应充分利用成熟的优化软件。例如,MATLAB 的优化工具箱中有多种优化算法,商用软件 iSIGHT、OPTIMUS、ModelCenter 等也提供多种算法程序包,另外在互联网上还有大量免费的优化计算程序。

20.3 基于工程分析模型的总体参数优化方法

下面以一个简化的飞机总体参数设计问题为例[3],来说明如何应用优化方法进行飞机总体参数优化。

20.3.1 总体参数优化问题的表述

以双通道宽体客机概念方案为研究对象。该宽体客机采用双发翼吊的正常式布局,如图 20.2 所示。其标准座级为 280 座,设计航程为 12 000 km,初始巡航高度为 10 973 m(36 000 ft),巡航马赫数为 0.85。

下面按照优化模型的三要素来定义该客机总体参数优化问题。

1. 优化目标

图 20.2 客机的总体布局型式

客机经济性是客机竞争力的一个重要指标。在这个例子中,以经济性作为优化目标。客机经济性主要通过直接使用成本(DOC)来衡量,DOC 综合反映了飞机性能、重量和发动机特性。因此,本算例中将 DOC 最小作为优化目标。

2. 约束条件

在这个算例中,主要考虑性能要求,包括航程、爬升、起飞和着陆性能要求。另外,还要考虑油箱容积的要求,机翼内油箱容积应能容纳最大燃油量所需体积。根据这些设计要求,确定了约束条件,见表20.1。

表20.1 算例的约束条件

设计约束	数 值
设计航程/km	12 000
起飞场长/m	≤2 700
单发失效第二阶段爬升梯度	≥0.024
初始巡航高度最大爬升率/(m·s^{-1})	≥1.5
着陆场长/m	≤1 750
油箱容积/最大燃油量所需体积	≥1

3. 设计变量

客机总体参数包括机身外形参数、机翼外形参数、尾翼参数、发动机参数、设计燃油量等。机身外形参数主要取决于客舱布置,尾翼参数主要由操稳要求确定,而对性能和燃油容积影响最直接的参数是机翼参数和发动机参数。本算例中,为了简化优化问题,将机翼外形参数、发动机的最大起飞推力和涵道比设置为设计变量,其他参数设置为固定参数。设计变量的初值及其变化范围见表20.2。

表20.2 算例机型优化问题中的设计变量定义

设计变量	取值范围	初始值
机翼参考面积/m^2	300～400	355.5
机翼展弦比	8.0～13.0	10.46
1/4弦线后掠角/(°)	27～36	32.4
机翼根部相对厚度	0.11～0.15	0.135
机翼梢根比	0.1～0.12	0.106
发动机最大起飞推力/kN	280～420	334.0
发动机涵道比	8～15	11.0

20.3.2 实现总体参数优化的步骤

为了求解上述客机总体参数优化问题,需要完成以下工作。

1. 建立各专业的分析模型

该客机概念方案的分析模型包括几何、动力、气动、重量、性能、DOC分析模型。由于本算例为常规布局飞机,在概念设计阶段,各专业分析模型可采用工程计算方法。几何分析模型描述飞机各主要部件的外形,包括机翼、机身、尾翼、发动机短舱的外形尺寸及位置参数。这些参数确定后就可以大致绘制出飞机三面图,计算出飞机的平均气动弦长、外露面积和机翼内油箱容积。动力分析模型根据发动机的主要设计参数(海平面最大静推力、涵道比、总压比等),估算出发动机的推力和油耗特性、特征尺寸和重量。重量分析模型的功能是计算结构重量、使用空重、最大起飞重量等特征重量。气动分析模型用于计算飞机高、低速构形的升力特性和阻力特性。性能分析模型的功能是分析航线性能、起飞性能、爬升性能和着陆性能。DOC模型用于估算座千米成本。

建立了各分析模型后,应用计算机编程技术编写各分析模型的程序,形成几何、动力、气动、重量、性能、DOC分析模块。算例中各模块均采用MATLAB语言编写。

由于分析模型的精度将直接影响优化结果的可信度,因此在优化计算之前,必须对各分析模型的精度进行验证。在本算例中,以典型客机为验证例子,对几何、动力、气动、重量、性能分析模型的精度进行了验证,误差均在8%之内,能满足概念设计阶段的精度要求。这也说明对于常规布局飞机,工程方法具有较好的可信度。

2. 建立综合分析程序

在总体方案分析中,几何、动力、气动、重量、性能、DOC模块之间存在数据传递,需要将这些模块集成为一个综合分析程序。

在集成各模块之前,需首先分析各模块之间的数据传递关系。采用如图20.3所示的设计结构矩阵的方式,可清晰地表示各模块之间的数据关系。例如,气动模块需要几何信息来估算气动特性,同时需要各飞行阶段的重量数据来计算各飞行阶段的升力和阻力;重量模块的输入数据包括发动机重量数据、几何数据,同时还需性能模块输出的满足航程所需的燃油量;性能模块的输入包括发动机数据、重量数据和气动数据。

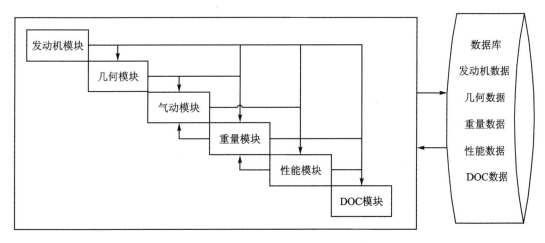

图20.3 分析模块之间的数据传递关系与集成

确定了各模块之间的数据传递关系后,就可进行集成工作。这个算例中,通过一个数据库来实现各模块之间的数据传递。图20.3中所示的数据库用于集成各模块。

建立综合分析模块后,只需输入客机的主要几何数据、发动机主要参数、巡航速度和高度、运营环境参数等,调用综合分析程序,便可输出该方案的几何、发动机特性、重量特性、气动特性、性能和DOC,其中起降性能、爬升性能、航程、机翼油箱容积的数据用于约束条件的评估,而DOC数据将用于优化目标的评估。

3. 优化计算

下一步是将综合分析程序集成于优化软件中,进行优化计算。按照20.3.1节中定义的客机总体参数优化问题,在优化软件中设置设计变量、约束条件和目标函数,然后选择合适的优化算法就可进行优化计算。在这个算例中,由于分析模型采用工程分析方法,计算量小,对优化算法的收敛速度要求不高,所以采用了遗传算法来求最优解。

表 20.3 列出了优化前、后设计变量的值以及性能、重量、成本几个主要指标值。从表 20.3 中的数据可以看出,优化后的机翼面积减小,展弦比变大,后掠角和相对厚度变小,所需的发动机最大起飞推力减小。优化方案能满足所有约束条件,最大起飞重量和 DOC 均有所减小,其中 DOC 相对于初始方案降低了 5.7%。

表 20.3 优化前后的设计变量值和各项性能指标比较

参　数	初始方案	优化方案
机翼参考面积/m²	355.5	332.02
1/4 弦线后掠角/(°)	32.4	30.46
机翼展弦比	10.47	12.88
机翼梢根比	0.106	0.113
机翼相对厚度	0.135	0.113
发动机最大起飞推力/kN	334	307.91
发动机涵道比	11	10.70
航程/km	12 000	12 000
起飞场长/m	2 715	2 671
着陆场长/m	1 691	1 666
单发失效第二阶段爬升梯度	0.025 3	0.030 2
初始巡航高度最大爬升率/(m·s⁻¹)	2.841	3.035
最大起飞重量/kg	230 870	220 875
DOC(座千米成本)/元	0.316	0.296

20.4　多学科设计优化方法

20.4.1　多学科设计优化的背景

在上述基于工程分析模型的总体参数优化方法中,气动和重量分析模型采用了工程算法。这些工程算法包含以往同类飞机的统计数据或基于试验数据的修正因子。虽然这种方法对于同类飞机具有较好精度,但对于新概念飞机未必适用。因为对于新概念飞机(例如飞翼布局飞机),往往没有可参考的统计数据或修正因子,因此基于工程算法的分析模型(特别是气动模型和结构重量模型)很难用于新概念飞机。

针对上述飞机总体参数优化方法存在的问题,在 20 世纪 90 年代初,人们提出了多学科设计优化方法[4](Multidicopliary Design Optimization,MDO)。将 MDO 应用于飞机总体设计,就形成了飞机总体 MDO 这一新的研究方向。飞机总体 MDO 与传统的飞机总体参数优化的主要区别是:各专业分析模型(特别是气动模型和结构重量模型)采用了基于数值分析模型的优化设计方法。例如,对于给定机翼外形参数(展弦比、后掠角、梢根比、相对厚度等)预测机翼气动特性问题,在传统的飞机总体参数优化中,通过估算公式(或曲线)来预测机翼升阻特性;而在飞机总体 MDO 中,则是以 CFD 方法为分析模型,对翼型进行气动优化,获得气动优化方案,然后根据优化方案的 CFD 分析结果来预测机翼升阻特性。类似地,对于结构重量估算问题,在飞机总体 MDO 中是通过基于结构有限元分析的优化方法来初步确定结构件尺寸,然后根据结构件尺寸来预测飞机结构重量,而不是通过基于统计数据的经验公式来预测机翼结构重量。

简而言之,在飞机总体 MDO 的计算流程中,不仅有飞机总体参数优化,还涉及各学科优化(气动优化、结构优化等),因此这种方法被称为多学科设计优化。这种方法的优势在于:飞机设计方案的分析可不依赖于统计数据和经验公式,适用于新概念飞机总体参数优化。

20.4.2 MDO 的基本内容

对于 MDO 问题,由于各学科采用数值分析模型,其计算量要比基于工程算法的优化设计的计算量大得多,各学科之间的数据传递与管理也更复杂。目前已经发展了多种方法来解决 MDO 问题。下面简要介绍 MDO 的基本内容[5]。

1. 代理模型

MDO 强调各学科应采用数值分析模型。如果直接将各学科的数值分析模型应用于优化过程,会导致计算量过大而难以实施。为了解决数值分析模型的快速响应问题,采用代理模型(surrogate models)是一种有效的方法。所谓代理模型是指计算量小、但其计算结果与原有数值分析模型的计算结果相近的分析模型。在优化计算(迭代计算)过程中,可用代理模型替代原数值分析模型,以克服计算量过大的问题。

如图 20.4 所示,构造代理模型一般需要三个步骤:首先用某种方法产生设计变量的样本点;然后用数值分析模型对这些样本点进行分析,获得一组输入/输出的数据;最后用某种拟合方法来拟合这些输入/输出的样本数据,构造出近似模型,并对该近似模型的可信度进行评估。

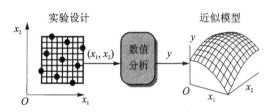

图 20.4 代理模型的构造过程

样本点的生成可采用实验设计法来确定。实验设计法起源于实验取样技术,常用的方法包括全因子设计、中心组合设计等。近来许多研究者认为更适用于计算机模拟的取样方法是计算机实验设计/分析法,包括拉丁超立方、均匀设计等方法。

构造近似模型的主要方法有多项式响应面法、人工神经网络、Kriging 模型、径向基函数等拟合方法。多项式响应面法在概念上最简单,对于拟合低阶非线性的样本数据,精度较好。人工神经网络、Kriging 模型、径向基函数等拟合方法能比较有效地用于拟合高度非线性的样本数据。

2. MDO 方法

MDO 方法有时也称为 MDO 策略或 MDO 算法,是求解 MDO 问题的计算流程。目前已形成了多种 MDO 方法,其中二级优化方法是一种行之有效的多学科设计优化方法。二级优化方法的基本框架如图 20.5 所示,基本思想是:① 将优化流程分为两个层次,即系统级优化和子系统级优化;② 把对各学科都有较大影响的变量作为全局设计变量,系统级优化的任务是调整全局设计变量使系统目标最优,并满足总体性能要求;③ 将对全局影响不大的变量作为某个学科的局部设计变量,子系统级优化的任务是调整局部设计变量,满足本学科的约束条件,并使子系统的目标最优。

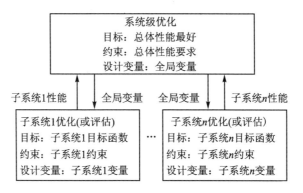

图 20.5 二级优化方法的框架

这类 MDO 方法有如下突出的优点:

① 将复杂的优化问题分解为系统级优化和若干个相对简单的子系统优化问题。由于对设计变量进行了合理分配,减小了系统级和子系统优化的规模。

② 各学科组有很强的自主性。各学科组可根据实际需求,自主地确定优化问题的设计变量和约束,可选择适当的分析模型和优化算法,并且每个子系统能同时进行优化。

③ 与工业界现有的设计组织和管理形式相一致。系统级优化相当于总体协调部门的工作,子系统优化相当于各专业组的设计工作。

二级优化方法也有缺陷。系统级优化中执行一次迭代计算,各子系统级需完成一次优化,这使得子系统级的分析次数非常多,导致计算量很大。克服这个缺陷的一个有效措施是应用代理模型方法。

将代理模型引入二级优化方法,用代理模型代替各学科的优化计算,可克服原二级优化方法的缺陷,减少各学科的优化次数,从而减少总计算量。这种融入代理模型的二级优化方法称为基于代理模型的二级优化方法,其框架如图 20.6 所示。

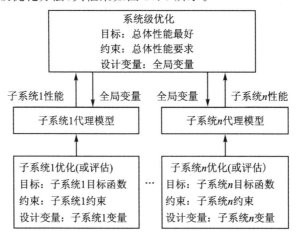

图 20.6 基于代理模型的二级优化的框架

3. MDO 环境

MDO 环境是指能支撑和实现 MDO 运行的计算环境。在这个计算环境中，能够集成和运行各学科的计算，能实现各学科之间的数据交换。MDO 计算环境包括硬件和软件两个方面。在硬件方面，MDO 环境通常是一种分布式计算环境，对于计算量大的分析模型，还需要高性能计算平台。软件环境应具有以下基本功能：在分布式计算环境能集成各学科已有的计算程序和常用的商用软件；提供优化算法库；能构建代理模型；设计过程和结果可视化；良好的人机界面。

20.4.3 飞机总体 MDO 的关键技术

上面介绍了适用于一般复杂系统的 MDO 的基本方法。实现飞机总体 MDO，还需针对飞机总体设计的特点，解决一些专门的关键问题[5]，包括：① 飞机参数化几何模型；② 飞机总体 MDO 流程；③ 各学科分析模型的自动生成；④ 数据交换与数据管理；⑤ 计算平台的建立。

1. 飞机参数化几何模型

飞机参数化几何模型包括外形参数化几何模型、结构布置参数化几何模型和装载布置参数化几何模型，是飞机总体 MDO 的基础，为各学科分析和优化提供一个统一的几何模型。典型的参数化方法包括以下几种。

(1) NURBS 参数化方法

NURBS 参数化方法是非均匀有理 B 样条（NURBS）基函数进行线性加权组合的方式描述曲线的方法，这类参数化方法被广泛用于生成和控制曲线外形，能够对曲线外形进行局部控制和光顺处理，被广泛集成在 CAD 环境中。NURBS 曲面如图 20.7 所示。

由于 B 样条基函数具有局部支撑性质，所以 NURBS 参数化方法具有局部外形控制能力，改变控制点位置时，只会导致一定范围内的外形发生变化，方便设计人员在基准外形的基础上对其局部区域进行修形。

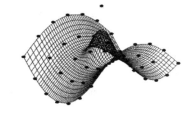

图 20.7 NURBS 曲面

(2) CST 参数化方法

CST 参数化方法是由美国波音公司的 Brenda M. Kulfan 提出的一种新型参数化方法，该方法采用类函数与形函数相结合的方法描述外形。CST 参数化方法具有较强的外形控制能力，生成的外形一般不会出现波浪外形，能够描述较大的设计空间；但该参数化方法对不同类别外形的控制能力存在较大差别，要求设计人员具有一定的使用经验。

(3) FFD 自由变形

自由变形（Free Form Deformation，FFD）技术的出现，对克服传统曲面造型方法的不足及对以上问题的解决提供了新的思路。它基于 Bernstein 基函数，利用平行六面体均匀控制晶格对原始物体进行变形。自由变形方法可以有这样一个物理类比：设有一个橡皮体，其内部镶嵌着希望变形的曲面。若橡皮体变形，则其内部的曲面也将随之发生变形。在这个物理类比中，橡皮体的作用类似于自由变形方法中的控制晶格。平行六面体控制晶格与 FFD 几何控制的民机气动外形如图 20.8 所示。

以飞翼布局无人机为例[6]，其外形几何参数包括平面外形参数、主剖面参数和过渡面参数。平面外形参数包括飞机参考面积、展弦比、后掠角等参数。主剖面参数用于确定顺气流方

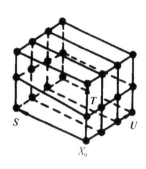 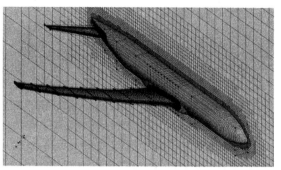

图 20.8 平行六面体控制晶格与 FFD 几何控制的民机气动外形

向上飞翼的典型剖面形状和位置,其他剖面形状可由这些主剖面形状拟合而成。过渡面是指光滑连接各主剖面的曲面,这个曲面的形状可由一组过渡面参数来控制。结构布置几何模型描述结构件的数量和位置,包括梁和翼肋的数量、位置等。

根据上述飞翼布局无人机的参数化几何模型,应用 CATIA 软件二次开发方法[6]或其他 CAD 软件,就可自动生成三维外形几何模型和结构布置模型,如图 20.9 所示。

 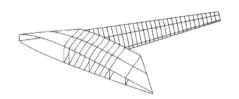

(a) 外形几何模型　　　　　　　　　　(b) 结构布置几何模型

图 20.9 飞翼布局无人机三维 CAD 模型

2. 飞机总体 MDO 流程

对于每个特定的飞机总体设计问题,需制定一个切实可行的 MDO 流程(或策略)。制定飞机总体 MDO 流程时,主要考虑如下问题:如何定义系统级优化问题,要包含哪些学科,各学科拟采用何种分析模型和优化方法,哪些设计变量为全局设计变量,哪些设计变量为局部设计变量。

例如,针对飞翼布局无人机总体参数优化设计问题[6],根据基于代理模型的二级优化方法,建立如图 20.10 所示的实施流程。图中左列为针对全局设计变量的系统级优化;右列为针对局部设计变量的各学科设计优化(或分析评估);中间列为多学科模型生成器,是连接系统级优化和子系统优化(或评估)的纽带。

图 20.10 所示流程的主要环节解释如下:

① 根据飞翼布局飞机初始设计方案的特点,用一组参数描述飞机外形和结构布置,建立飞翼布局飞机外形参数化几何模型和结构布置参数化几何模型。

② 从这组外形参数中确定机翼参考面积、展弦比、前缘后掠角、外翼翼根和翼梢相对厚度为全局设计变量,用实验设计法生成全局设计变量样本点。

③ 根据参数化几何模型,生成由样本点确定的飞机三维 CAD 模型。

④ 根据飞机三维 CAD 模型,由多学科模型生成器生成各学科分析的输入文件。

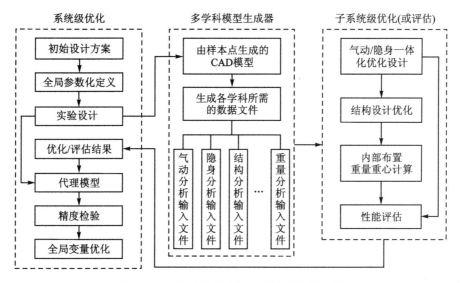

图 20.10 飞机总体多学科设计优化的流程

⑤ 进行子系统分析和优化。以翼型参数为局部设计变量,进行气动/隐身一体化优化设计,获得气动特性和隐身特性(RCS);以结构尺寸为局部设计变量,进行结构设计优化,获得结构重量;根据总体布置方案,进行重量重心计算;根据发动机特性、气动特性和重量数据,评估飞机性能。

⑥ 根据实验设计产生的全局设计变量样本点,以及各个样本点所对应的子系统级优化或评估结果(重量、性能、RCS 等),选择合适的近似方法,建立系统级代理模型,并检验代理模型精度。

⑦ 进行系统级优化。以全机重量为优化目标,以性能要求、隐身要求、油箱容积为约束条件,针对全局设计变量,选择合适的优化算法,获得全局设计变量的最优解。

3. 各学科分析模型的自动生成

各学科分析模型的自动生成是指基于飞机几何模型自动生成气动分析模型、结构分析模型、重量重心计算模型、电磁散射特性模型、成本分析模型等,实质就是要为各学科的分析模型自动地准备好输入数据文件。通常将具有自动生成各学科分析模型的程序模块称为多学科模型生成器,它是实现飞机 MDO 流程自动化的一个关键环节。

图 20.11 形象地说明了多学科模型生成器的功能[6]。它的功能是基于几何模型自动生成气动分析模型、RCS 分析模型、结构分析模型、重量重心分析模型。

多学科模型生成器通常是一组接口程序。例如,在亚声速飞翼布局无人机气动分析模型中,采用面元法气动程序分析升力系数和诱导阻力系数,采用基于边界层理论的方法分析零升阻力系数。气动分析模型自动生成的过程是:

① 编写一个接口程序(例如 Gridgen 软件的脚本程序),读取三维外形图形文件,并划分全机表面网格和尾迹面网格(参见图 20.11),然后将网格节点数据保存到网格数据文件中。

② 编写一个接口程序,自动将网格数据文件中数据转换为面元法气动程序所需的输入数据文件。

③ 编写一个接口程序,从三维几何模型中提取飞机的湿面积和特征尺寸,自动生成零升

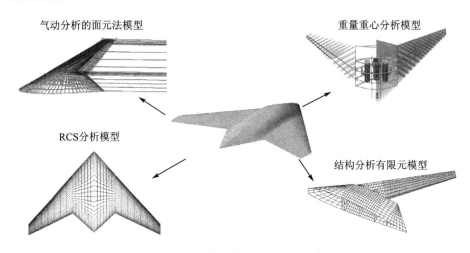

图 20.11 多学科模型生成器的示意图

阻力系数计算程序所需的输入文件。

对于气动分析模型自动生成问题,其网格自动生成技术主要包括三类:

第一类是嵌套网格技术。这类技术已经发展得比较成熟,是一种国内外很常用的求解多体分离问题的方法,如图 20.12 所示。嵌套网格由于运动子块之间及其与背景网格之间的相对位置随时间变化,所以交叠区内的人工边界,即所谓"洞"边界,必须每个时间步都重新建立,重新定义计算网格。

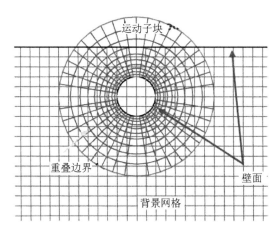

图 20.12 CFD 嵌套网格

第二类是网格变形方法。这类方法在非结构网格中运用较多,代表性算法包括弹簧法、弹性体方法、Delaunay 图法和径向基函数网格变形方法等。近年来,采用径向基函数(RBF)插值的网格变形方法逐渐兴起,如图 20.13 所示。该方法先运用径向基函数对物面边界网格节点的位移进行插值,再利用构造出来的径向基函数序列将物面的位移效应光滑地分散到整个网格区域的节点上。结合数据精简算法的 RBF 网格变形技术在处理小幅变形问题时具有很高的效率,且网格质量可以得到保证。

第三类是计算网格重新生成技术。对于结构化网格,由于其拓扑结构相对固定,因此可以在计算过程中根据边界位置运用代数方法重新生成新的网格。而非结构网格下的网格局部重

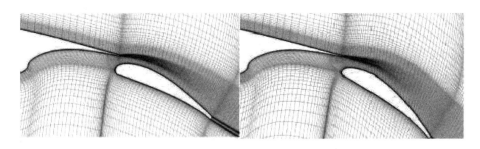

图 20.13　采用 RBF 网格变形二维襟翼偏转的 CFD 网格

生办法则要复杂得多。对于非结构网格下的大幅度变形问题，人们往往采用网格变形和网格局部重生相结合的策略。

对于结构有限元分析模型自动生成问题，根据结构布置几何模型（参见图 20.9），应用 MSC.Patran 的二次开发语言 PCL 编程，可实现飞翼结构有限元模型的自动生成，所生成的结构分析模型见图 20.11。

4. 数据交换与管理

飞机总体 MDO 中几何、气动、结构、重量重心、推进系统、操稳、性能等学科之间需要数据交换。与传统的基于工程算法的总体参数优化相比，基于数值分析的 MDO 中数据量更大。例如，在结构分析中需要读入气动载荷。因此，学科之间的数据交换与管理也是飞机总体 MDO 中需解决的一个关键问题。

在早期的飞机总体 MDO 研究中，各学科模块都有各自独立的输入数据文件和输出数据文件，学科之间的数据交换通过提取相关数据文件中的数据来实现。但随着 MDO 问题规模的增大，这种数据交换方式难于管理。为此，人们开始采用一个中心数据模型（或数据库）来管理各学科之间的数据交换。中心数据库储存各学科所需的数据和计算结果，每个学科从中心数据库中获取所需的输入数据，同时将分析或优化结果存入中心数据库，如图 20.14 所示。

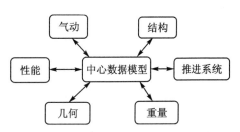

图 20.14　中心数据模型模式

中心数据模型的一个典型例子是德国宇航中心（DLR）开发的通用参数化飞机构型模型 CPACS（Common Parametric Aircraft Configuration Schema），目的是为飞行器多学科分析和优化提供一个标准数据模型，用以管理多学科模块之间的数据传递[7]。CPACS 基于模式定义的方式，应用 XML（Extensible Markup Language），按照树状层次结构来组织飞机的相关信息，每个子节点（或树枝）可以按树状结构不断展开，从而可按所需详细的程度来定义飞机各方面的数据。它是一种人能看懂、计算机能处理的数据模型。

5. 飞机总体 MDO 平台

完成上述工作后，就可着手搭建飞机总体 MDO 平台。飞机总体 MDO 平台是按照飞机总体 MDO 的流程，集成各学科的分析模型和优化模型，形成多学科分析和优化的计算平台。实施集成有两种技术路线：一种是开发专门软件来集成各个模块；另一种是应用商用软件来搭建飞机总体 MDO 平台。无论采用哪种集成方式，均能实现飞机 MDO 平台。例如，欧盟开发了一个专门软件来搭建翼身融合飞机的 MDO 平台[8]，文献[6]应用商用软件 iSIGHT-FD 建立了一个飞翼布局飞机概念设计的 MDO 平台，波音公司则应用商用软件 ModelCenter 建立了高超声速飞行器 MDO 平台[9]。

课程设计项目进展建议

- 参考本章中的总体参数优化算例，尝试基于工程分析模型，定义一个优化模型，利用优化软件工具，进行方案的总体参数优化；
- 进一步查阅文献，尝试利用优化软件工具，进行包含两个以上目标的多学科设计优化（选做）。

参考文献

[1] 程极泰. 最优设计的数学方法[M]. 北京：国防工业出版社, 1981.

[2] 陈国良, 王煦法, 庄镇泉, 等. 遗传算法及其应用[M]. 北京：人民邮电出版社, 1996.

[3] CHAI X, YU X, WANG Y. Tradeoff Study Between Cost and Environmental Impact of Aircraft Using Simultaneous Optimization of Airframe and Engine Cycle[J/OL]. International Journal of Aerospace Engineering, 2017, Article ID 2468535. https://doi.org/10.1155/2017/2468535.

[4] AIAA Technical Committee for MDO. Current State of The Art：Multidisciplinary Design Optimization [R]. AIAA White Paper, Washington D C, 1991.

[5] 余雄庆. 飞机总体多学科设计优化的现状与发展方向[J]. 南京航空航天大学学报, 2008, 40(4)：417-426.

[6] 胡添元. 飞翼布局飞机总体多学科设计优化研究[D]. 南京：南京航空航天大学, 2010.

[7] LIERSCH C M, HEPPERLE M. A Distributed Toolbox for Multidisciplinary Preliminary Aircraft Design [J]. CEAS Aeronaut J, 2011(2)：57-68.

[8] MORRIS A J. MOB A European Distributed Multi-disciplinary Design and Optimization Project [R/OL]. AIAA 2002-5444. https://arc.aiaa.org/doi/10.2514/6.2002-5444.

[9] BOWCUTT K G, KURUVILA G, GRANDINE T A. Advancements in Multidisciplinary Design Optimization Applied to Hypersonic Vehicles to Achieve Closure[R/OL]. AIAA 2008-259. https://arc.aiaa.org/doi/10.2514/6.2008-2591.

[10] András Sóbester, Alexander I J Forrester. Aircraft Aerodynamic Design：Geometry and Optimization [M]. John Wiley & Sons, Ltd, 2014.

第 21 章 多方案评价与决策

◎知识点
- 多方案评价与决策对飞机总体设计的重要意义;
- 典型属性的权重计算方法及其区别;
- 典型多属性决策排序算法及各自的特点。

21.1 多方案评价与决策的意义

在飞机总体设计阶段,设计师(决策者)需要从多个备选方案中选出最佳的初始方案,并在该方案的基础上进行后续更细化的设计。由于总体设计涉及多个技术指标,并且备选方案在各项技术指标上的表现(属性值)也不尽相同,这导致通常不存在各项技术指标的性能均优于其他方案的最优方案,从而给决策者的方案选择带来了很大的困难。由于飞机总体设计中存在设计因素众多、评价指标复杂等问题,如何科学合理地进行飞机方案评价与优选成为设计师所面临的一大技术难题。常用的决策方法包括多属性决策、对策论、层次分析、模糊或直觉模糊集等。其中,多属性决策方法因为其便捷迅速、受主观因素影响较小等优势得到了国内外研究人员的普遍关注。

多属性决策(Multi-Attribute Decision Making,MADM)又称有限方案多目标决策,指把各技术指标综合成一个特定的评价指标,并据此对备选方案进行排序,选出最优方案的决策方法。从狭义方面讲,多属性决策方法主要是为辅助决策者识别满意的方案而服务的,其在社会管理、经济以及国防工业等诸多领域中发挥重要作用。多属性决策的实质是综合利用各项技术指标的属性值构造一个特定的评价指标,并据此对备选方案进行排序或者择优,进而选出符合实际工程需求的最佳方案。在飞机总体设计中运用多属性决策方法,能够对多个飞机备选方案进行较为有效的评估和排序,从而科学合理地获取最佳设计方案。

本章主要从技术指标权重计算和多属性决策排序算法两个方面,介绍基于多属性决策的飞机多方案评价与排序方法,并通过工程案例阐述多属性决策方法在实际飞机多方案评价中的应用。

21.2 权重计算方法

在飞机方案评价中,各个技术指标通常具有不同的权重。合理设置各技术指标的权重是开展方案评价的前提和基础。权重计算方法可以分为客观方法(熵权法等)和主观方法(层次分析法等)两大类。其中,客观方法只依赖于决策矩阵,不依赖于决策者主观评价;主观方法则需要依赖于专家经验与知识,所确定的权重系数具有较强的主观性。下面介绍几种常用的权重计算方法。

1. 熵权法

信息熵最早由美国数学家、麻省理工学院教授香农(Shannon)于 1948 年提出,代表随机变量不确定度的度量,用于表示排除冗余信息后的平均信息量。熵权法即根据方案评估数据确定各属性(指标)的信息熵,各方案在某项指标上的属性值差异越大,信息熵越小,信息的无序度越低,其信息的效用值越大,属性的权重越大;反之,各方案在某项指标上的属性值差异越小,信息熵越大,信息的无序度越高,其信息的效用值越小,属性的权重也越小[1]。因此,熵权法是一种计算属性权重的客观方法,完全取决于决策矩阵数据。熵权法确定属性权重的计算步骤如下[2]。

① 构造方案评价问题的评估矩阵。设飞机设计方案集为 $A=\{A_1,A_2,\cdots,A_n\}$,技术指标属性集为 $T=\{T_1,T_2,\cdots,T_m\}$,得到飞机系统方案评价问题的评估矩阵 $\boldsymbol{D}$ 为

$$\boldsymbol{D}=\begin{bmatrix} y_{11} & y_{12} & \cdots & y_{1m} \\ y_{21} & y_{22} & \cdots & y_{2m} \\ \vdots & \vdots & & \vdots \\ y_{n1} & y_{n2} & \cdots & y_{nm} \end{bmatrix} \tag{21.1}$$

式中,y_{ij} 为方案 i 在技术指标 j 上的属性值,n 为方案数量,m 为属性数量。

② 对各方案的技术指标属性数据规范化如下:

$$r_{ij}=y_{ij}\bigg/\sum_{i=1}^{n}y_{ij} \tag{21.2}$$

式中,r_{ij} 为规范化后的属性值。

③ 计算每个属性的熵值如下:

$$e_j=-K\sum_{i=1}^{n}r_{ij}\log r_{ij} \tag{21.3}$$

式中,e_j 为属性 j 的熵值。通常 $m>n$,因此取 $K=1/\log m$,以确保 $0\leqslant e_j<1$。

④ 计算每个属性的熵权如下:

$$w_j=\frac{1-e_j}{\sum_{i=1}^{m}(1-e_i)} \tag{21.4}$$

式中,w_j 为技术指标属性 j 的熵权,且满足 $\sum_{j=1}^{m}w_j=1$。

2. 模糊权重法

模糊权重法采用模糊数反映决策者对各技术指标属性的主观重视程度,进而确定各属性对应的权重[3]。模糊数是一种表达模糊信息及决策者模糊偏好程度指标的模糊集。常用的模糊数包括模糊区间数、梯形模糊数和三角模糊数[4]。下面以三角模糊数为例,说明模糊权重法确定属性权重的流程。

例如,决策者可将指标属性的重要程度划分为非常低(VL)、低(L)、中(M)、高(H)和非常高(VH)5 个层次。每种重要程度对应一组归一化的三角模糊数,如表 21.1 所列。

表 21.1 属性重要程度对应的三角模糊数

重要程度	三角模糊数
非常低(VL)	(0,0.1,0.3)
低(L)	(0.1,0.3,0.5)
中(M)	(0.3,0.5,0.7)
高(H)	(0.5,0.7,0.9)
非常高(VH)	(0.7,0.9,1.0)

若有 k 个决策者,第 i 个决策者通过指定第 j 个属性的重要程度,得到第 j 个属性的模糊权重(三角模糊数)为 $\tilde{w}_j^i = (w_{j1}^i, w_{j2}^i, w_{j3}^i)$,则全体决策者对第 j 个属性的模糊权重如下:

$$\tilde{w}_j = \frac{1}{k}(\tilde{w}_j^1 + \tilde{w}_j^2 + \cdots + \tilde{w}_j^k) = (w_{j1}, w_{j2}, w_{j3}) \tag{21.5}$$

采用面积中心法将属性的模糊权重转换为最佳非模糊性能(Best Non-fuzzy Performance,BNP)值,转换公式为

$$\mathrm{BNP}_j = \frac{1}{3}(w_{j1} + w_{j2} + w_{j3}) \tag{21.6}$$

最佳非模糊性能值反映了设计方案技术指标属性的重要程度,将最佳非模糊性能值归一化求得第 j 个属性的模糊权重如下:

$$w_j = \frac{\mathrm{BNP}_j}{\sum\limits_{j=1}^{m} \mathrm{BNP}_j} \tag{21.7}$$

3. 离差最大化法

离差最大化方法的原理与熵权法一致,通过比较设计方案在技术指标上的属性值差异确定权重[5,6]。若所有设计方案 A_i 在技术指标 T_j 上的属性值差异越小,则说明该属性值对方案评价与排序结果的影响最小;反之,如果属性 T_j 能使所有设计方案的属性值有较大差异,则说明其对方案评价与排序结果影响较大。因此,从对设计方案优劣进行排序的角度考虑,技术指标属性值差值越大,则其相应的权重值就越大。特别地,如果设计方案 A_i 在属性 T_j 上的属性值无差异,那么属性 T_j 对设计方案排序没有作用,其权重设为 0。

设指标属性 T_j 的权重 $w=[w_1, w_2, \cdots, w_m]$($w_j \geqslant 0, j=1,2,3,\cdots,m$),设计方案 A_i 与其他方案关于属性 T_j 之间的离差用 $V_{ij}(w)$ 表示,总离差用 $V_j(w)$ 表示,其定义分别为

$$V_{ij}(\boldsymbol{w}) = \sum_{k=1}^{n} |r_{ij}w_j - w_{kj}w_j| \quad i=1,2,3,\cdots,n;\ j=1,2,3,\cdots,m \tag{21.8}$$

$$V_j(\boldsymbol{w}) = \sum_{i=1}^{n} V_{ij}(\boldsymbol{w}) = \sum_{i=1}^{n}\sum_{k=1}^{n} |r_{ij} - r_{kj}| w_j \quad j=1,2,3,\cdots,m \tag{21.9}$$

式中,r_{ij} 和 r_{kj} 为规范化后的属性值,如式(21.2)所示。

技术指标属性权重 w 的选择应使所有属性对所有方案的总离差最大,构造优化模型如下:

$$\begin{cases} \max V(\boldsymbol{w}) = \sum\limits_{j=1}^{m}\sum\limits_{i=1}^{n}\sum\limits_{k=1}^{n} |r_{ij} - r_{kj}| w_j \\ \mathrm{s.t.}\ w_j \geqslant 0;\ \sum\limits_{j=1}^{m} w_j^2 = 1 \end{cases} \tag{21.10}$$

采用拉格朗日乘子法求解式(21.10)中的优化模型,得到

$$w_j^* = \frac{\sum_{i=1}^{n}\sum_{k=1}^{n}|r_{ij}-r_{kj}|}{\sqrt{\sum_{j=1}^{m}(\sum_{i=1}^{n}\sum_{k=1}^{n}|r_{ij}-r_{kj}|)^2}} \quad j=1,2,3,\cdots,m \quad (21.11)$$

式(21.11)的最优解即为不同属性的权重。

4. 层次分析法

层次分析法(Analytic Hierarchy Process,AHP)是美国匹兹堡大学教授 T·L·Satty 提出的一种因素重要度分析方法。AHP方法在确定权重时易于反映决策者的主观意向,是一种偏向于主观的权重计算方法[5,6]。AHP方法的主要步骤如下:

① 设有技术指标属性集 $T=\{T_1,T_2,\cdots,T_m\}$。决策者对技术指标属性两两进行重要性比较,构造判断矩阵如下:

$$Q = [a_{ij}]_{m \times n} \quad (21.12)$$

式中,a_{ij} 表示决策者认为第 i 个属性对第 j 个属性的相对重要性的估计值,且 $a_{ij}=1/a_{ji}$。当 a_{ij} 取值为奇数 1、3、5、7、9 时,分别表示同等重要、较重要、很重要、非常重要、绝对重要;当 a_{ij} 取值为偶数 2、4、6、8 时,分别表示指标两两相比的重要性程度介于两个相邻奇数所表示的重要性程度之间。

② 对判断矩阵进行一致性检验。计算判断矩阵的一致性指标 $CI=\frac{\lambda-m}{m-1}$,其中 λ 为判断矩阵 Q 的最大特征值。根据表 21.2 中的随机一致性指标 RI,计算一致性比率 $CR=\frac{CI}{RI}$。若 $CR<0.1$,认为判断矩阵满足一致性检验,进而可按照

$$w_j = \left(\prod_{i=1}^{m} a_{ij}\right)^{\frac{1}{m}} \quad j=1,2,\cdots,m \quad (21.13)$$

计算不同属性的权重;否则返回第一步重新修改判断矩阵,直至满足一致性检验。

表 21.2 随机一致性指标 RI

m	3	4	5	6	7	8	9	10	11	12	13
RI	0.58	0.90	1.12	1.24	1.32	1.41	1.45	1.49	1.51	1.54	1.56

21.3 多属性决策排序算法

多属性决策排序算法是多属性决策问题的核心,不同的算法采用不同的评价方法对各个备选方案进行排序,从而获得最佳设计方案。本节主要介绍六种常用的多属性决策排序方法。

1. TOPSIS 方法

逼近理想解的排序方法(Technique for Order Preference by Similarity to Ideal Solution,TOPSIS)认为越靠近正理想解、越远离负理想解的设计方案性能越好[7]。TOPSIS算法能够对多个备选方案的性能进行全面客观的评价,已得到广泛运用[8]。将该算法用于飞机方案评估,可综合各方案的特点以及各项技术指标的重要程度,得到相对准确的评估结果。TOPSIS

方法的具体步骤如下。

① 构造规范化的评估矩阵如下：

$$\mathbf{Z} = \begin{bmatrix} z_{11} & z_{12} & \cdots & z_{1m} \\ z_{21} & z_{22} & \cdots & z_{2m} \\ \vdots & \vdots & & \vdots \\ z_{n1} & z_{n2} & \cdots & z_{nm} \end{bmatrix} \tag{21.14}$$

对于效益型属性（即属性值越高越好，如最大航程、升阻比等），规范化属性变换公式如下：

$$z_{ij} = \frac{y_{ij}}{\sqrt{\sum_{i=1}^{n} y_{ij}^2}} \tag{21.15}$$

效益型属性通常可用符号 J 表示。

对于成本型属性（即属性值越小越好，如滑跑距离、结构重量比等），规范化属性变换公式如下：

$$z_{ij} = \frac{1/y_{ij}}{\sqrt{\sum_{i=1}^{n} (1/y_{ij})^2}} \tag{21.16}$$

成本型属性通常可用符号 K 表示。

② 采用熵权法（或其他方法）计算各个技术指标属性的权重，在此基础上构造加权的规范化评估矩阵如下：

$$\mathbf{X} = \begin{bmatrix} x_{11} & x_{12} & \cdots & x_{1m} \\ x_{21} & x_{22} & \cdots & x_{2m} \\ \vdots & \vdots & & \vdots \\ x_{n1} & x_{n2} & \cdots & x_{nm} \end{bmatrix} \tag{21.17}$$

式中

$$x_{ij} = w_j \cdot z_{ij} \tag{21.18}$$

为加权后的规范化属性值，w_j 为属性 j 的权重。

③ 分别按照下列公式计算理想解 x^+ 和负理想解 x^-。

$$x^+ = \{x_1^+, x_2^+, \cdots, x_m^+\} = \{\max_i x_{ij} \mid i = 1, 2, 3, \cdots, n\} \tag{21.19}$$

$$x^- = \{x_1^-, x_2^-, \cdots, x_m^-\} = \{\min_i x_{ij} \mid i = 1, 2, 3, \cdots, n\} \tag{21.20}$$

④ 计算设计方案 A_i 到理想解 x^+ 和负理想解 x^- 的距离，一般采用欧几里得范数作为距离测度，分别如下：

$$S_i^+ = \sqrt{\sum_{j=1}^{m} (x_{ij} - x_j^+)^2} \tag{21.21}$$

$$S_i^- = \sqrt{\sum_{j=1}^{m} (x_{ij} - x_j^-)^2} \tag{21.22}$$

⑤ 计算设计方案 A_i 对理想解的相对接近度 R_i 如下：

$$R_i = S_i^- / (S_i^- + S_i^+) \tag{21.23}$$

R_i 的值越大，表示设计方案的性能越好，反之则越差。根据 R_i 值的大小可以得到设计方案的排序。

2. COPRAS 方法

复杂比例评估法(COmplex PRoportional ASsessment, COPRAS)广泛使用于包含效益型和成本型两种属性类型的多属性决策中[9]。该方法在进行多属性决策时，需要对效益型和成本型两种属性分别处理，其具体步骤如下。

① 与 TOPSIS 方法类似，首先通过式(21.14)～式(21.18)确定加权的规范化评估矩阵 X。

② 根据各个属性的类型计算各个评价方案的性能指标如下：

$$G_i^+ = \sum_{j=1}^{m} x_{ij}, x_{ij} \in J \tag{21.24}$$

$$G_i^- = \sum_{j=1}^{m} x_{ij}, x_{ij} \in K \tag{21.25}$$

式中，G_i^+ 为效益型属性的指标和，G_i^- 为成本型属性的指标和，J 为效益型属性集，K 为成本型属性集。

③ 计算排序参考值 Q_i 如下：

$$Q_i = G_i^+ + \frac{\min_i(G_i^-) \sum_{i=1}^{n} G_i^-}{G_i^- \sum_{i=1}^{n} (\min_i(G_i^-)/G_i^-)} \tag{21.26}$$

Q_i 越大，方案性能越好。根据 Q_i 值的大小可以得到设计方案的排序。

3. MOORA 方法

多目标约定排序方法(Multi-objective Optimization by Ratio Analysis, MOORA)从每个指标属性中选出最优值生成参考方案(正理想解方案)，计算每个方案中各个属性距参考方案的欧氏距离，通过比较最远距离来确定各设计方案的性能。最远距离最小的方案性能最好[10,11]。MOORA 方法的具体步骤如下。

① 与 TOPSIS 方法类似，首先通过式(21.14)～式(21.18)确定加权的规范化评估矩阵 X。

② 计算每个属性的最大值如下：

$$x_j^+ = \max\{x_{ij}\} \quad i = 1,2,3,\cdots,n \tag{21.27}$$

③ 计算各个设计方案的排序参考值 $\tilde{Q}_i$ 如下：

$$\tilde{Q}_i = \max\{x_j^+ - x_{ij}\} \quad j = 1,2,3,\cdots,m \tag{21.28}$$

$\tilde{Q}_i$ 越小，方案性能越好。根据 $\tilde{Q}_i$ 值的大小可以得到各设计方案的排序。

4. PROMETHEE 方法

PROMETHEE(Preference Ranking Organization Methods for Enrichment Evaluations)方法根据备选方案之间的优先关系进行评价和排序[10,11]。PROMETHEE 方法在判别各方案在某个属性值上的优劣时，使用偏好函数对属性值数据进行规范化处理。因此，不需要对原始数据预处理，避免了预处理过程带来的误差。

PROMETHEE 法概念及意义明确清晰，但是由于不满足无关方案独立性，增加或减少备选方案都可能对排序结果产生影响，甚至出现排序结果不一致的情况。因此，运用该方法时需注意增减方案对评价结果的影响。

① 与 TOPSIS 方法类似，首先通过式(21.14)～式(21.16)确定规范化评估矩阵 $\mathbf{Z}$。

② 任意选取两个方案，计算两个方案之间各个技术指标属性的差值 $d_j(A_i, A_k)$ 如下：

$$d_j(A_i, A_k) = z_{ij} - z_{kj} \tag{21.29}$$

③ 对 $d_j(A_i, A_k)$ 进行线性归一化处理如下：

$$\tilde{d}_j(A_i, A_k) = \frac{d_j(A_i, A_k)}{\max_j(d_j(A_i, A_k))} \tag{21.30}$$

④ 计算各个方案的上位关系如下：

$$\pi_{ik} = \sum_{j=1}^{m} w_j \cdot \tilde{d}_j(A_i, A_k) \tag{21.31}$$

式中，π_{ik} 为方案 i 相对于方案 k 的上位关系值。

⑤ 分别计算 $\phi^+(A_i)$ 和 $\phi^-(A_i)$ 如下：

$$\phi^+(A_i) = \sum_{\substack{k=1 \\ k \neq i}}^{n} \pi_{ik} \tag{21.32}$$

$$\phi^-(A_i) = \sum_{\substack{k=1 \\ k \neq i}}^{n} \pi_{ki} \tag{21.33}$$

⑥ 通过式(21.34)计算 $\phi(A_i)$，$\phi(A_i)$ 越大，方案性能越好。

$$\phi(A_i) = \phi^+(A_i) - \phi^-(A_i) \tag{21.34}$$

根据 $\phi(A_i)$ 值的大小可以得到各设计方案的排序。

5. 雷达图排序方法

雷达图是一种经典的多元数据可视化方法，其每条射线对应一个指标属性，每个设计方案规范化的属性值绘制在射线上，将属于同一设计方案的属性值用线段连接得到雷达图[10,11]。雷达图可以直观地反映设计方案综合性能的优劣，通常认为雷达图所围成的面积越大，方案综合性能越好。雷达图排序方法的具体步骤如下。

① 创建并初始化决策矩阵 $\mathbf{D}$，如式(21.1)所示。

② 根据式(21.14)～式(21.16)生成规范化决策矩阵 $\mathbf{Z}$。

③ 根据给定的属性权重构造加权的规范化决策矩阵 $\mathbf{X} = [x_{ij}]$。

④ 计算第 i 个设计方案的雷达图面积 U_i 如下：

$$U_i = \sum_{j=1}^{m-1} \frac{1}{2} x_{i,j} x_{i,j+1} \sin\theta + \frac{1}{2} x_{i,m} x_{i,1} \sin\theta \quad i = 1, 2, 3, \cdots, n \tag{21.35}$$

式中，$\theta = 2\pi/m$ 表示雷达图上各属性之间的夹角大小。

⑤ 比较各个方案雷达图面积 U_i 的大小，面积越大，方案性能越好。

图 21.1 给出了某多方案评价问题雷达图，该问题涉及 3 个备选方案，每个方案包含 6 个技术指标。图 21.1 中方案 1 的雷达图面积为 0.019 9，方案 2 的雷达图面积为 0.025 6，方案 3 的雷达图面积为 0.023 7，因此方案评价的排序结果为方案 2＞方案 3＞方案 1。

6. 综合排序方法

由于各种多属性决策方法对于同一组设计方案可能存在不同的排序结果，且无法事先确定哪种方法的评估结果最为合理。为了降低方案评价出错的风险，Jahan[12]等人提出了一种

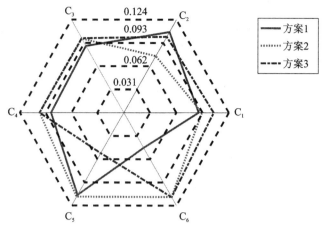

图 21.1 雷达图示意图

综合排序的方法,在综合利用多种决策方法排序结果的基础上,通过求解定制的优化问题获得综合排序结果。该综合排序方法的具体步骤如下。

① 使用多种多属性决策排序算法对同一个问题进行评价排序,得到各自的排序结果。

② 建立 $n \times n$ 的方阵 $\boldsymbol{M} = [M_{ik}]_{n \times n}$,$M_{ik}$ 表示方案 i 排在第 k 名的次数。

③ 计算 C_{ik},其中 $C_{ik} = M_{ik} + C_{i-1\,k}$ 并且 $C_{0K} = 0$。

④ 求解下式中的 0-1 优化问题(可使用 MATLAB 中的 intlinprog 函数求解):

$$\begin{aligned}
\max \quad & \sum_{i=1}^{n}\sum_{k=1}^{n} C_{ik} \cdot w_k \cdot N_{ik} \\
\text{s.t.} \quad & \sum_{k=1}^{n} N_{ik} = 1 \quad i = 1,2,3,\cdots,n \\
& \sum_{i=1}^{n} N_{ik} = 1 \quad k = 1,2,3,\cdots,n \\
& N_{ik} = \begin{cases} 0 \\ 1 \end{cases}
\end{aligned} \quad (21.36)$$

式中,$w_k = n^2/k$,以保证较高的排名对应较大的目标函数值;$\boldsymbol{N} = [N_{ik}]_{n \times n}$ 为 0-1 矩阵,若 $N_{ik} = 1$ 则说明目标 i 排在第 k 名,若 $N_{ik} = 0$ 则说明目标 i 没有排在第 k 名。通过求解式(21.36)中的 0-1 整数规划问题,得到最优方阵 $\boldsymbol{N}^* = [N_{ik}]_{m \times m}$,并根据 $\boldsymbol{N}^*$ 中元素为 1 的位置,确定综合排序后的最终飞机系统设计方案排名结果。

21.4　多方案评价案例

面向特定任务的需求,要求设计一款具有高升力系数、高升阻比和较好隐身性能的无人机。根据该无人机的技术指标,共有四种备选的无人机外形布局方案:① 正常式后掠翼方案(A1);② 正常式前掠翼方案(A2);③ 鸭式后掠翼方案(A3);④ 鸭式前掠翼方案(A4),如图 21.2 所示。各无人机方案的技术指标及相应的属性值如表 21.3 所列,其中 J 表示属性类型为效益型,K 为成本型。

(a) 正常式后掠翼　　　　(b) 正常式前掠翼　　　　(c) 鸭式后掠翼　　　　(d) 鸭式前掠翼

图 21.2　四种无人机方案外形示意图

表 21.3　无人机方案技术指标的属性值

属　性	A1	A2	A3	A4	属性类型
最大升力系数	1.395	1.305 4	1.400 2	1.405 2	J
最小平飞速度/(m·s^{-1})	17.641 8	18.003 6	17.383 5	17.352 5	K
平飞升阻比	18.914 7	18.772 6	20.613 2	20.728 4	J
平飞需用推力/N	13.999 1	14.105 1	12.845 6	12.774 2	K
上升角/(°)	15.040 1	15.001 7	15.560 4	15.589 3	J
上升率/(m·s^{-1})	6.487 4	6.471 2	6.706 4	6.718 5	J
航时/h	11.273 0	11.188 4	12.285 4	12.354 0	J
航程/km	1 461	1 450	1 592	1 601	J
起飞滑跑距离/m	146.9	147.1	144.5	144.3	K
起飞滑跑时间/s	11.3	11.3	11.1	11.1	K
无人机前向 RCS/m^2	0.191 7	0.188 1	0.174 7	0.153 2	K

本案例采用模糊权重法计算各属性权重,输入信息为无人机方案各指标属性重要程度所对应的三角模糊数。无人机方案各指标属性重要程度对应的三角模糊数以及模糊权重计算结果如表 21.4 所列。

表 21.4　无人机方案指标属性模糊权重计算结果

属　性	三角模糊数	模糊权重
$C_{l\max}$	(0.5,0.7,0.9)	0.097 2
$V_{\min}$	(0.3,0.5,0.7)	0.069 4
L/D	(0.5,0.7,0.9)	0.097 2
T_r/N	(0.5,0.7,0.9)	0.097 2
θ	(0.3,0.5,0.7)	0.069 4
V_y	(0.3,0.5,0.7)	0.069 4
E/h	(0.7,0.9,1.0)	0.120 4
R/km	(0.7,0.9,1.0)	0.120 4
L_{to}/m	(0.3,0.5,0.7)	0.069 4
t_{to}/s	(0.3,0.5,0.7)	0.069 4
RCS/m^2	(0.7,0.9,1.0)	0.120 4

在此基础上，按照本章第 3 节中给出的流程，分别采用 TOPSIS、COPRAS、MOORA、PROMETHEE、雷达图法和综合排序法求解，得到各个方案的排序结果如表 21.5 所列。四种方案的雷达图如图 21.3 所示。

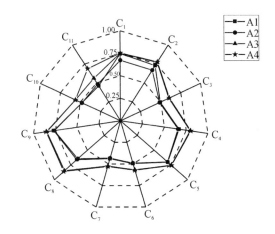

图 21.3　无人机方案雷达图

表 21.5　无人机方案排序结果

决策方法	A1	A2	A3	A4
TOPSIS	3	4	2	1
PROMETHEE	3	4	1	2
COPRAS	3	4	2	1
MOORA	4	3	2	1
雷达图法	3	4	1	2
综合排序法	3	4	2	1

从表 21.5 中可以看出，PROMETHEE 和雷达图法对方案 A1 和 A2 的排序结果与其他方法不同，MOORA 对方案 A3 和 A4 的排序结果与其他方法不同。根据综合排序结果，四种无人机总体方案的优先顺序为：鸭式前掠翼方案（A4）＞鸭式后掠翼方案（A3）＞正常式后掠翼方案（A1）＞正常式前掠翼方案（A2）。

课程设计项目进展建议

- 基于至少两种多属性决策排序算法及综合排序方法，对所设计的各个备选方案进行评价，确定优选方案；
- 结合对已有同类机型的评价，量化分析设计方案的优势；
- 系统梳理总结各种设计图和数据，准备课程设计项目最终的初步方案评审（CoDR）。

参考文献

[1] 孟庆生. 信息论[M]. 西安：西安交通大学出版社，1989：19-36.
[2] 邹志红，孙靖南，任广平. 模糊评价因子的熵权法赋权及其在水质评价中的应用[J]. 环境科学学报，2005(04)：552-556.

[3] CHICLANA F, HERRERA F, HERRERA-VIEDMA E. Integrating Multiplicative Preference Relations in A Multipurpose Decision-making Model Based on Fuzzy Preference Relations[J]. Fuzzy Sets & Systems, 2001, 122(2):277-291.

[4] 姜枫. 基于模糊多属性的决策方法研究[D]. 合肥:中国科学技术大学, 2013.

[5] HWANG C L, YOON K P. Multiple Attribute Decision Making: Methods and Applications. A state-of-the-art survey[J]. Lecture Notes in Economics & Mathematical Systems, 1981, 375(4):1-531.

[6] GWO-HSHIUNG T. Multiple Attribute Decision Making: Methods and Applications[J]. Multiple Attribute Decision Making: Methods and Applications, 2010.

[7] 廖炎平, 刘莉, 邢超. TOPSIS 中不同规范化方法的研究[J]. 北京理工大学学报, 2012, 32(8):871-875.

[8] 廖炎平, 刘莉, 龙腾. 基于多属性决策的气动隐身多目标优化[J]. 机械工程学报, 2012, 48(13):132-140.

[9] ZAVADSKAS E K, KAKLAUSKAS A, TURSKIS Z, et al. Selection of The Effective Dwelling House Walls by Applying Attributes Values Determined at Intervals[J]. Journal of Civil Engineering and Management, 2008, 14(2):85-93.

[10] BRAUERS W K. Optimization Methods for a Stakeholder Society[J]. Journal of Business Economics & Management, 2004, 6(1):178-80.

[11] BRANS J P, MARESCHAL B. Promethee V: Mcdm problems with segmentation constraints[J]. INFOR: Information Systems and Operational Research, 1992, 30(2):85-96.

[12] JAHAN A, ISMAIL M Y, SHUIB S. An Aggregation Technique for Optimal Decision-making in Materials Selection[J]. Materials & Design, 2011, 32(10):4918-4924.

附录 A 苏-27 总体设计方案的演变

苏-27 是世界上最优秀的第三代（俄标第四代）战斗机之一，但其研发过程并非一帆风顺。自 20 世纪 70 年代初开始论证，随着技术研究的深入，使用需求、应用对象、应用环境等的不断变化，苏霍伊设计局对其进行了一系列的改进和优化，发展出了 30 余种的系列化改进机型，已经远远超过了最早原型机的指标。同时，基于因时而异的改进也使得苏-27 系列的诸多改进机型大量出口到其他国家，更印证了该型飞机的优异性能。

A.1 多用途歼击机的提出与竞标

苏联时期航空技术装备样机的研制程序主要分为科学研究阶段与设计试制阶段。科学研究阶段中主要针对设计目标拟定工程报告，并进行初步方案研究。在该阶段工作结束后，如果设计方案可行，则启动设计试制工作。设计试制阶段的主要工作包括草图方案设计研究、详细设计、发图生产、飞机制造与飞行试验等工作。

20 世纪 60 年代，美国空军吸取了越战和中东战争中的经验教训，在展开新一代战斗机 F-X 研制计划时，放弃了上一代多用途战斗机的研制思想，明确指出"没有一磅用于对地攻击"。这一项目直接的结果即著名的 F-15 战斗机。但当时苏联设计的飞机更加注重截击性能，在机动空战中处于劣势。此外，当时的苏联飞机还无法实现通用，因而研制一款拥有统一平台的飞机显得尤为重要。

1969 年，为了对抗 F-15，苏联空军第 30 研究所开始论证"新一代远景前线战斗机计划"（PFI）。根据可能的 F-15 飞行数据，苏联的战术任务书中使用了较为简单的评估手段，即将 F-15 的性能指标提高 10%，最终得到如表 A.1 所列的性能需求。

表 A.1 性能需求数据表[1]

技术特性	参数
最大平飞速度：海平面/高空/(km·h^{-1})	1 500/2 700
远离机场 100 km 并考虑 5 min 空战的空重巡逻时间/h	1
使用升限/km	21~22
实际航程（无外挂副油箱）：近地/高空/km	1 000/2 500
起飞推重比	1.1

续表 A.1

技术特性	参数
最大使用过载	9～10g
起飞滑跑距离/m	500～600
着陆滑跑距离/m	≤600
600～1 100 km/h 加速时间/s	≤12～13
1 100～1 300 km/h 加速时间/s	≤6

随后,苏联的几家主要设计局相继提出了方案草图,如图 A.1 所示。

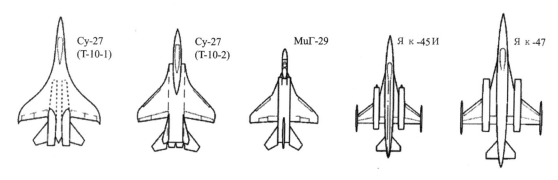

图 A.1　各设计局提出的设计方案[1]

雅克夫列夫设计局提出了雅克-45/47(Як-45/47)系列飞机方案。该系列飞机使用常规布局,将发动机布置在飞机机翼中段。这种布局在飞行时会带来极大的气动阻力,同时由于机翼外形遭到破坏,降低了机翼的总体升力效率。此外,单发停车后会产生较大的偏航力矩,使得横向操纵性变差。更为不幸的是,这一设计方案根本无法满足任务书中提出的要求,因而率先出局。

苏霍伊设计局主要提出了两种方案:T-10-1 与 T-10-2。T-10-1 采用全新的翼身融合式布局,翼身之间通过光滑的 S 形曲线过渡使得该飞机获得了极高的升阻比,进一步降低了干扰阻力的影响。而 T-10-2 则在米格-25 与 F-15 成熟的气动布局形式基础上,沿用了相对传统的两侧进气常规式布局。

米高扬设计局的米格-29 设计方案与 T-10-1 类似,不过设计指标稍逊于任务书所提出的设计要求,但带来了更好的机动能力。随着 F-15 的低配方案 F-16 的出现,并结合各部门专家的意见,这一设计思路在随后得到了支持。即将原有的 PFI 分为两个部分:TPFI(重型制空战斗机)与 LPFI(轻型前线战斗机)两个方案,分别由苏霍伊与米高扬两个设计局承担设计,也就有了如今的苏-27 与米格-29。

这两款战机的主要作战任务是近距格斗、中距交战以及全向目标截击,次要任务是摧毁地面目标。拥有更大的载油量、载弹量与更加精密复杂的导航、自卫、通信系统的苏-27 主要以小队为单位独立深入敌方控制区域 250～300 km 执行任务,而更加轻型、便宜的米格-29 则只能深入敌方控制区域 100～150 km 执行任务。

A.2 设计方案的演变与重大改进

A.2.1 初期方案的演变

1970—1975年,设计人员考察了超过15种战机布局、配置,详见表A.2。这些方案不仅在整体布局(翼身融合布局或者传统布局)上不同,在一些具体问题的解决上也有差异(如发动机与进气道位置、起落架设计等)。最终,设计人员更倾向于采用翼身融合、双发、静不稳定布局的总体设计方案,苏-27也因此成为了苏联第一款飞行中纵向通道使用电传操纵系统进行控制的战机。采用翼身融合的静不稳定布局使苏-27能实现传统布局战斗机无法拥有的机动能力。这一阶段设计的飞机公开代号为T-10。

表 A.2 设计方案演变汇总表[1]

序号	名 称	三面图	主要设计特点
1	T-10飞机第一方案三面图(1970年第一版)		飞机采用翼身融合体布局,机翼前缘后掠并呈正弦形状,根部有边条翼。机翼采用尖锐前缘、中弧面变形的尖拱形机翼,前缘有扭转。采用了"休曼翼梢效应",获得了额外的气动效果
2	T-10-1方案三面图(1972年5月第二版)		在机身中段下部、发动机舱之间布置了一个对接舱,在机身尾段包头处布置了减速板和减速伞舱。取消了独立副翼,代之以滚转器,继承了T-4M轰炸机的设计经验
3	T-10-2方案三面图(1971年5月第二版)		常规布局方案,采用两侧进气,机身中段为矩形截面,尖拱形机翼。与T-10-1不同,增加了两段前缘襟翼,双垂尾布置在机身后部发动机两侧
4	T-10-2方案布局图(1971年9月第三版)		发动机调整位置后采用外侧附件机匣,在飞机纵轴上形成"蜂腰",减小了机身最大迎风面积。起落架取消了纵向小车式机轮布局方案,改为使用相同规格的机轮

续表 A.2

序 号	名 称	三面图	主要设计特点
5	T-10-3方案三面图（1971年12月第一版）		对T-10-1横截面进行"修剪"，替换了前机身模型，降低了最大迎风面积，使面积分布更平缓。但存在主起落架无处可放的缺陷。此外，研究表明扩大展弦比可使飞机的最大升阻比提高一个单位
6	T-10-3方案三面图（1972年8月第二版）		为了保证飞行员具有向前下倾15°的视野角，前机身向下倾斜了37°。飞机的外挂点削减到6个。机翼端部未使用休曼式翼梢
7	T-10-3方案三面图（1972年10月第三版）		采用展弦比3.94的基准机翼方案，增大机翼展长和机翼面积。机翼后缘出现后掠波折。发动机采用后推出的拆卸方案。细化了起落架的运动形式设计，实现了中央翼无分割的一体化承力布局形式
8	T-10-4舰载机方案三面图（1972年6月）		融合了T-10-1边条机翼、机身低头方案以及T-10-2机身中段和后机身的承力布局结构，并采取了多种吸除附面层的措施。两台发动机相距较近。机翼外翼在展向位置$Z=3.825$ m处折叠
9	T-10-5方案布局图（1973年3月）		发动机舱沿展向分开的距离由于进气道的外移和发动机短舱轴线后倾角的增加而扩大。为解决起落架收放问题，发动机短舱在横向平面内有15°的外倾角。采用上置发动机附件机匣，减小机身最大迎风面积

续表 A.2

序号	名称	三面图	主要设计特点
10	T-10-7方案布局图（1973年8月第一版）		分开布置的发动机舱，主起落架收放到机翼根部的侧面舱内，在机身下面串联布置武器挂架，同时也降低了飞机的气动阻力。垂尾位于发动机舱外侧，以及变钝的机翼边条。此外，研究了使用轴对称进气道的可能性
11	T-10-7方案三面图（1974年2月第二版）		进气道采用矩形截面和上置水平调节斜板方案，机翼边条采用对称翼型SR-5，主机翼前缘后掠角减小到36°。飞机的亚声速特性得到改善，但由于面积率分布存在凹陷，超声速波阻急剧增加
12	T-10-6方案三面图（1974年1月第一版）		一种两台发动机布置在统一舱体内的紧凑型方案，改善了面积率分布。进气道增长，气流稳定性更好。同时研究了可供选择的、结构形式不同的中央翼方案，目的是减轻结构重量
13	T-10-6方案三面图（1974年4月第二版）		减小了尾梁尺寸，改善了飞机最大迎风面积。垂尾移回发动机舱上面，并外倾15°。减小了后机身承力框结构高度，发动机维护拆卸系统采用专门的成形滑轨。但吹风实验结果表明气动特性变差
14	T-10-10方案三面图（1974年6月）		以T-10-4方案为基础，改进包括：采用轴对称的圆形进气道；两个进气道、发动机短舱和两台发动机距离足够远；采用新的起落架布置方案，起落架收至短舱内。但存在大迎角下轴对称进气道特性变差等问题

续表 A.2

序号	名 称	三面图	主要设计特点
15	T-10-11 方案三面图（1974 年 9 月）		主起落架固定在尾梁上，并向后收起。为了使机身面积率平滑，垂尾比全动平尾略靠前。边条几乎延伸至机身头部。为了改善受载特性，机身下部半圆形做成单独的部件。但存在尾梁的扭转力矩无法传递的问题
16	T-10-12 方案三面图（1974 年 11 月）		机翼相对于机身的弦平面降低；进气道继承 T-10-4 改为三角形；主起落架收放类似 T-10-11 向后收至尾梁的整流罩内，前起落架逆气流向前收起

A.2.2 T-10 原型机试飞及其问题

T-10 原型机的详细设计于 1975—1976 年完成，第一架原型机在库隆机械厂开始制造。不幸的是，帕维尔·苏霍伊没有来得及看到这架战斗机便于 1975 年与世长辞。1976 年，苏-27 项目开始由总设计师米哈伊尔·西蒙诺夫负责。

1977 年 4 月 28 日，第一架原型机 T-10-1 制造完成。由于 AL-31F 涡扇发动机的研制进度滞后，这架原型机装备的是 AL-21F-3AI 涡喷发动机。1977 年 5 月 20 日，T-10-1 在苏霍伊设计局首席试飞员弗拉基米尔·伊留申的操纵下成功首飞。该原型机主要用来评估关键飞行性能与稳定性和操纵性。

1978 年 7 月 7 日，第二架原型机 T-10-2 发生飞行事故，导致试飞员叶甫根尼·索洛维耶夫牺牲。事故原因为飞机在超声速飞行时发生纵向振荡而产生极大过载，进而导致空中解体，随后设计人员迅速做出了改进。

与此同时，库隆机械厂还组装了另外两架装备了 AL-31F 发动机的苏-27 原型机（T-10-3、T-10-4）。AL-31F 与 AL-21F-3AI 相比，重量减少了 500 kg，推力增大了 12%，油耗更低，尽管有外涵道，但前者直径与长度都较后者小。

1980 年年初，第一批预生产型飞机即将投产，一切都按照预定计划进行。但是，总设计师米哈伊尔·西蒙诺夫以及来自西伯利亚航空研究院（SibNIA）的空气动力学专家坚决反对按照现有的气动布局投入生产。SibNIA 的专家在经过大量针对 T-10 原型机的空气动力学研究之后认为，该型战斗机在研发阶段便有如下问题：

① T-10 的机翼与边条布局会导致涡流过早分离；

② 机翼周围的不稳定气流在迎角 8°~10°时便会出现，导致飞机升力下降、发生抖动、横向稳定性降低。

③ T-10 的尾部结构设计没能提供有效的纵向、横向与航向控制面。

T-10-1 和 T-10-3 的飞行测试结果证实了 SibNIA 空气动力学专家的质疑。为了补偿在大迎角条件下由于垂直安定面效率下降导致的航向稳定性降低,第一批原型机根据茹科夫斯基中央空气流体力学研究院(TsAGI)的建议在机翼上表面安装了扰流条,如图 A.2 所示。但是这种扰流条降低了机体的升力,并削弱了边条带来的性能提升。

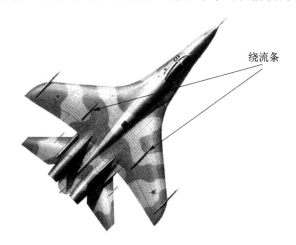

图 A.2　T-10 上的扰流条

A.2.3　空战模拟及改进方案 T-10S 的提出

20 世纪 70 年代中期,针对原有的 T-10 方案,为检验其对潜在对手——F-15 的性能优势,苏联国家航空系统研究院在 KPM-2300 综合仿真试验台上进行了大量的空战模拟仿真试验。针对 F-15 的相关性能数据主要通过已有的公开资料以及 F-15 模型在中央空气流体动力研究院的风洞试验结果来确定。虽然虚拟建立的飞机模型偏理想化,但是这种做法在新飞机概念研究阶段是允许的。在试验台模拟试验中,未来的苏-27 飞机和米格-29 飞机都输给了对手。国家航空系统研究院甚至构造出具体指标:现代歼击机 70% 的作战任务为近距空战,这意味着提高近距空战效率对苏-27 这样的重型战斗机仍具有重要意义。

为此,西蒙诺夫极力推进苏-27 气动布局的改进,新西伯利亚航空研究院按照设计局交给的任务要求,完成了各种模型的专题吹风试验研究。通过细致、缜密的分析,最终提出的改善苏-27 气动特性的途径和方向如表 A.3 中的各图所示。

表 A.3　苏霍伊设计局为 T-10S 飞机布局更改准备的会议挂图[2]

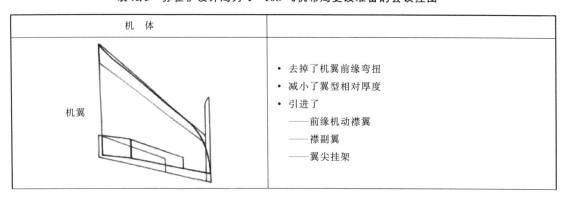

续表 A.3

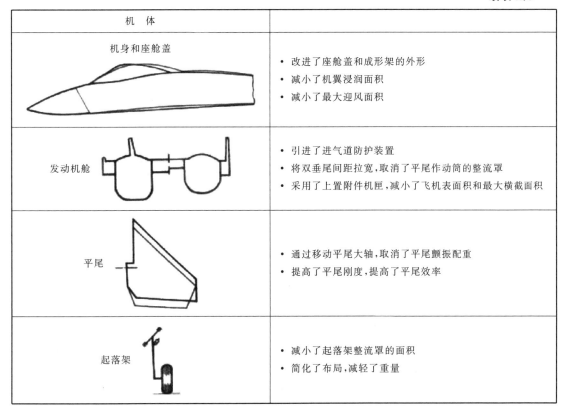

战机布局的改变，使飞机的最大横截面积减少了15%，跨声速、超声速速度区间飞行时空气阻力降低18%～20%。由于机体的升力特性提高，再加上航向与横向稳定性与三个操纵通道内操纵性的提升，使战机获得了优异的机动性，尤其是在大迎角情况下的机动性能，同时航程也达到了设计指标。此外，改进方案中还大量使用钛合金焊接工艺，没有铆钉的蒙皮壁板既可承受气动载荷，也改善了阻力特性。

采用新布局的战斗机的设计工作于1979年展开（编号为 T-10S，S 代表 серийное，指量产型号），最初是由苏霍伊设计局和西伯利亚航空研究院（SibNIA）共同设计一个战斗机方案以解决第一版 T-10 的各种缺陷，并达到设计指标要求。随着研究工作的不断深入，T-10S 与 T-10 之间的差别日益明显。最终设计师们设计出的是一款全新的飞机，如图 A.3 所示。

尽管 T-10S 针对 T-10 进行了大量改进，但是苏霍伊本人为苏-27 确定的包括整体气动布局、重心相对靠后的静不稳定设计、电传操纵系统、采用机腹进气道以及独立发动机吊舱等设计均得到了保留。

图 A.3　T-10S 与 T-10 平面对比图

A.2.4　T-10S 的试飞与服役

苏霍伊设计局在 1981 年早些时候完成了 T-10S 编号为 T-10-7(或者 T-10S-1)的首架原型机组装,1981 年 4 月这架飞机由试飞员弗拉基米尔·伊留申首飞。随后生产的 T-10-12 与 T-10-7 被用来确定新布局飞机的主要飞行性能,包括稳定性与操纵性,同时也要测试上置附件机匣的新发动机。然而这两架飞机都没有飞行太久。1981 年 9 月 3 日,T-10-7 因燃油系统故障而损失。1981 年 12 月 23 日,T-10-12 从最大速度减速时进入了不可控制的侧滑而坠毁,试飞员亚历山大·科马罗夫在事故中牺牲。由于残骸损毁严重,完全搞清楚事故原因非常困难。但在 1983 年,苏霍伊试飞员尼古拉·萨多夫尼科夫在试飞第一批生产型苏-27 当中的 T-10-17(图 A.4)时遇到了类似的情况。

图 A.4　试飞中的 T-10-17

尼古拉·萨多夫尼科夫驾驶着这架失去了大部分机翼、只剩下部分垂直尾翼的飞机平安降落,为研制人员提供了宝贵的信息,帮助他们查找问题。后来发现几起事故的原因是错误计算了自适应前缘襟翼在特定飞行模式下所产生的铰链力矩。设计局采取措施重新设计,新设计修改了机身与机翼的加固方式,采用了面积更小的自适应前缘襟翼。

第一批新布局原型机:T-10-15(后来改装成为 P-42 纪录飞机)、T-10-16 以及前文提到过的 T-10-17 在 1982 年的 6 月 2 日首飞。在根据试飞情况又进行了一些细节的改进完善后,第一批苏-27 于 1984 年加入苏联空军服役。到第二年末,有近百架战机生产下线,大量的空军与防空军部队换装新的战斗机。然而,一些机载航电设备在国家联合试飞之后还按照专门的流程进行补充试飞。在补充试飞完成后,1990 年,苏-27 战机正式加入苏联空军与防空军的航空兵作战序列。

A.3　苏-27 的系列化发展

在苏-27 的基础上,苏霍伊设计局发展出了一个拥有多型战机的战机家族。这一家族包括苏-27UB 双座战斗教练机、苏-33 舰载战斗机、苏-30 多用途战斗机系列、苏-34 战斗轰炸机以及经过深度现代化改进的苏-35 战斗机等,如图 A.5~图 A.10 所示。

从整体的气动布局分析,为了进一步增加飞机的机动能力,同时也为了降低由于机头设备增加、重量提升带来的不稳定性,在苏-27M、苏-30MKI、苏-30SM、苏-33 与苏-34 上使用了三翼面布局以增加升力,同时配平重心。但在苏-35 上,机头的电子设备已经实现了轻量化设计,并且推力矢量技术趋于成熟,鸭翼带来的提升效果不再明显,因而苏-35 取消了鸭翼。气动布局发生较大变化的是苏-34,为了降低飞行员的操作压力,苏-34 使用了并列双座的座舱布局。

为了加强机动能力,苏-27M11 号机(即 711 号苏-37)、苏-30MKI/SM、苏-35 分别使用了 AL-31FU、AL-31FP、AL-41F1/F1S(产品 117S)的推力矢量发动机。

图 A.5　苏-27UB 双座战斗教练机

图 A.6　苏-33 舰载战斗机

图 A.7　苏-30KI 战斗机

图 A.8　苏-30MKI 战斗机

图 A.9　苏-34 战斗轰炸机

图 A.10　苏-35S 战斗机

　　限于篇幅,关于苏-27 研制中更多波澜壮阔的故事和技术细节在本书中不再展开,读者可以从文献[1]和[2]中查阅。从研制历程可以看出,苏-27 战斗机的设计方案是在其不断更改和完善的过程中逐渐形成的。正是在需求的牵引下,通过与国外同类型战机的不断对比与分析、与国内已有或可能的新技术不断融合与更新、设计者思想的充分融入与体现、系统而完整的地面及飞行试验与问题修正,以及多个部门协同下的联合攻关等因素的综合作用,才成就了这款优秀的战斗机。

参考文献

[1] 巴维尔·普鲁因斯基,弗拉基米尔·安东诺夫,维亚切斯拉夫·金肯,等. 苏-27 研制历程:历史的起点[M]. 王永庆,李志,译. 北京:航空工业出版社,2017.

[2] 巴维尔·普鲁因斯基,弗拉基米尔·安东诺夫,维亚切斯拉夫·金肯,等. 苏-27 研制历程:传奇的诞生[M]. 李志,王永庆,译. 北京:航空工业出版社,2017.

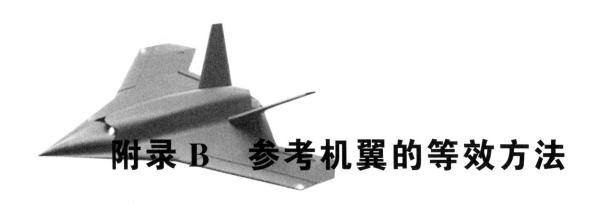

附录 B 参考机翼的等效方法

在各种翼面中,机翼对设计的作用是最为突出的。在大多数情况下,与机翼平面形状(planform)有关的参数都定义在一个延伸到机身对称面的梯形机翼上[1],这一假想的机翼就是所谓的参考机翼(或称等效参考机翼,equivalent reference wing)[2]。在机翼只包含一个翼段时,直接将其延伸到对称面即可推导出所需的参考机翼。然而,如果机翼是由多个翼段组成的有弯折翼,对参考机翼的定义则缺乏统一的规定。文献[2]中列举了将有弯折翼等效为参考机翼的五种方法,在本附录中介绍了其中的加权平均气动弦法和 ESDU(Engineering Science Data Unit)法,它们也是在北京航空航天大学自己研发的计算机辅助飞机概念设计系统 SEACD[3] 中采用的方法。

如图 B.1 所示,加权平均气动弦法首先需要将首翼段的前缘和后缘延伸到机身对称面上,并且将所得梯形的面积和其他翼段的投影面积相加得到参考机翼的面积。然后求出每个翼段(首翼段按延伸后的计)的平均气动弦(Mean Aerodynamic Chord,MAC)的长度和位置,则等效机翼的 MAC 长度和位置应该是所有翼段的 MAC 以各自的面积为基础进行加权的结果。设第 i 个翼段的投影面积为 S_{wsi},MAC 的长度为 l_{MACi},前缘的 X 和 Y 坐标分别为 x_{MACi} 和 y_{MACi},则有

$$S_{ref} = \sum_{i=1}^{n} S_{wsi} \tag{B.1}$$

$$l_{MACref} = \sum_{i=1}^{n} \frac{S_{wsi}}{S_{ref}} l_{MACi} \tag{B.2}$$

$$x_{MACref} = \sum_{i=1}^{n} \frac{S_{wsi}}{S_{ref}} x_{MACi}; \quad x_{MACref} = \sum_{i=1}^{n} \frac{S_{wsi}}{S_{ref}} x_{MACi} \tag{B.3}$$

式中,n 为翼段数,S_{ref} 为参考机翼面积,$l_{MACiref}$,x_{MACref} 和 y_{MACref} 分别为参考机翼 MAC 的长度、前缘 X 和 Y 坐标。由此确定的参考机翼 MAC 前缘点在图 B.1 中标记为 A 点。

加权 MAC 法假设参考机翼与实际机翼具有共同的翼梢前缘点(在图中标记为 B),则参考机翼在对称面上的根弦前缘点(标记为 C)可以通过延伸 B 与 A 的连线得到。而参考机翼的根弦长可以结合实际机翼的梢弦长、展长和 S_{ref} 求出,从而确定出参考机翼的平面形状。

图 B.2 表示了 ESDU 法的基本原理。在这一方法中,首先需要累计出实际翼段的外露平面积 S_{exp}。假设从机身最大直径处(也被认为是翼身交界处)到翼梢的展长,则参考机翼在翼身交界处的翼弦,即图中所谓的当地弦(local chord)的长度可以通过实际机翼的翼梢弦和 S_{exp} 求出。该弦的前缘位置(标记为 A)由等面积原则确定:将翼梢前缘点(标记为 B)与 A 点相连

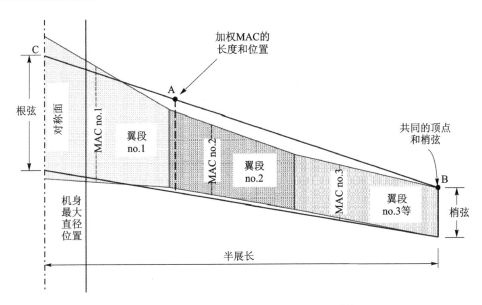

图 B.1 加权平均气动弦法确定参考机翼[2]

形成一条直线段,当其与各个翼段的前缘相交时将形成若干小的区域。按照翼段前缘和线段的相对位置可以将这些小区域分别归入如图 B.2 所示的两个大区域,而所求的 A 点位置应当恰好使得这二者的面积相等。由此可以进一步确定出参考机翼的外露部分形状,将其延伸到机身对称面上所得的即为参考机翼。

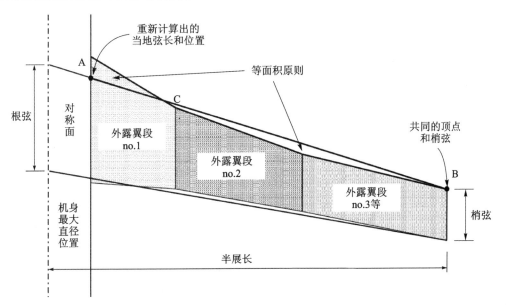

图 B.2 ESDU 法确定参考机翼[2]

根据文献[2]中的介绍,在各种等效参考机翼的方法中,加权 MAC 法所得的结果是与实际机翼最接近的,而且在编程实现上也比 ESDU 更为简单。不过,在 SEACD 系统中也对 ESDU 法进行了一定的改动,即假设设计者在建立实际机翼时不会使其过度贯入机身而与内部的部件相冲突,也不会使其与机身相分离而导致模型的不连续,从而近似地用首翼段的根部位置替代所需的翼身交界的位置。在这种情况下,图 B.2 中的 A 点实际上就落在了首翼段根弦上,从而避免在编程计算参考机翼时查询机身的信息。

通过使用加权 MAC 和 ESDU 法,等效得到参考机翼不仅利于后续的分析和优化,还便于设计者将所得参考机翼的面积与初步参数选择时确定的机翼参考面积相对比,以及将参考机翼的展弦比等其他参数与同类型飞机的统计数据相对比,从而有助于判断实际机翼的合理性。

参考文献

[1] NICOLAI L M. 飞机设计基本原理[M]. 赵先宁,译. 台北:徐氏基金会,1983.
[2] ISIKVEREN A T. Quasi-Analytical Modeling and Optimisation Techniques for Transport Aircraft Design[D]. Stockholm:Royal Institute of Technology,2002.
[3] 刘虎,罗明强,田永亮,等. 飞机总体设计支持技术探索与实践[M]. 北京:北京航空航天大学出版社,2013.

附录 C 发动机特性估算方法[①]

一架飞机方案的参数可采用某些现有的发动机或新设计的发动机来确定。现有发动机的尺寸和推力都是固定的,称为固定发动机(fixed engine)或标称发动机。新设计的发动机可以是任意要求的尺寸和推力,称为待定发动机或橡皮发动机(rubber engine),因为在确定飞机参数过程中,它可以"缩放",以提供任何需要的推力。

大多数飞机研制时并不考虑从头研制全新的发动机与之匹配,而是在现有的发动机中挑选最合适的。然而,即使对于那些必须使用现有发动机的飞机方案,开始时也可以采用待定的发动机进行设计研究,以确定在对现有发动机挑选过程中如何寻求所需的发动机特性。

C.1 涡扇和涡喷发动机

为了在飞机总体设计过程中更好地考虑飞行速度与高度的影响,本附录给出典型涡扇和涡喷发动机特性的计算方法(表 C.1~表 C.3)以及相应算例。本附录中的计算方法是综合文献[1—4]所得。算例可作为"基准"发动机特性,供初始设计时进行缩放。需要注意的是,由于技术的不断发展,新服役发动机的性能会得到不断改进,尤其是类似于超高涵道比涡扇发动机(ultra-high bypass ratio turbofan engine)的发展。所以,针对具体问题,仍应考虑是否需要使用高精度的基于物理的方法。表 C.4 给出了一些公开文献中搜集的典型涡扇发动机的特性数据。

表 C.1 高涵道比涡扇发动机主要计算方法

序 号	公 式	注 释
1	$\theta_0 = \dfrac{T_{tot}}{T_{std}} = \dfrac{T_{oat}}{T_{std}}\left(1+\dfrac{\gamma-1}{2}Ma^2\right)$	Ma 为当前马赫数; T_{oat} 为设计状态下静温; T_{tot} 为设计状态下总温; T_{std} 为标准大气条件下海平面温度
2	$\delta_0 = \dfrac{p_{tot}}{p_0} = \dfrac{p}{p_0}\left(1+\dfrac{\gamma-1}{2}Ma^2\right)^{\frac{\gamma}{\gamma-1}}$	p_{tot} 是设计状态下总压; p 是设计状态下静压; p_0 是标准大气条件下海平面气压

[①] 本附录保留了部分非国标单位。

续表 C.1

序号	公 式	注 释
3	$\theta_0 \leqslant TR, \alpha = \delta_0(1 - 0.49\sqrt{Ma})$	α 为给定高度速度条件下发动机许用推力与海平面静推力之比;
4	$\theta_0 > TR, \alpha = \delta_0\left(1 - 0.49\sqrt{Ma} - \dfrac{3(\theta_0 - TR)}{1.5 + Ma}\right)$	TR 为发动机节流比(介于 0.8~1.4 之间,建议值为 1)
5	$C = c'(1 - 0.15BPR^{0.65})[1 + 0.28(1 + 0.063BPR^2)Ma]\sigma^{0.08}$	C 为设计状态下的耗油率值(公式中单位为 $mg \cdot N^{-1} \cdot s^{-1}$); BPR 为涵道比; c' 为待定修正系数,在无修正数据的情况下建议值为 20
6	SI: $(kg \cdot s^{-1})/N$ Imperial: $1/h$ $1\ (kg \cdot s^{-1})/N = 3.53 \times 10^4\ 1/h$ $1\ (kg \cdot s^{-1})/N = 10^6\ mg \cdot N^{-1} \cdot s^{-1}$ $1\ 1/h = 2.83 \times 10^{-5}\ (kg \cdot s^{-1})/N$	耗油率的国际单位与英制单位转换关系

表 C.2 低涵道比涡扇发动机主要计算方法

序号	公 式	注 释
1	$\alpha = [K_{1\tau} + K_{2\tau}BPR + (K_{3\tau} + K_{4\tau}BPR)Ma]\sigma^s$	适用于 $0 < Ma \leqslant 0.9$; σ 空气密度比(反映高度影响,设计状态下空气密度与标准大气条件下海平面空气密度之比); $K_{i\tau}$ 和 s 是待定参数; $Ma < 0.4$ 时,$K_{i\tau}$ 的建议值为 $\{1.0; 0; -0.2; 0.07\}$; $0.4 < Ma < 0.9$ 时,$K_{i\tau}$ 的建议值为 $\{0.856; 0.062; 0.16; -0.23\}$; 在无修正数据的情况下 s 建议值为 0.8
2	$\alpha = F_\tau[K_{1\tau} + K_{2\tau}BPR + (K_{3\tau} + K_{4\tau}BPR) \times (Ma - 0.9)]\sigma^s$	适用于 $Ma > 0.9$; F_τ 反映加力状态的比值,建议值为 1 $K_{i\tau}$ 和 s 是待定参数; $K_{i\tau}$ 的建议值为 $\{1.0; -0.145; 0.5; -0.05\}$; 在无修正数据的情况下 s 建议值为 0.8
3	$C = c'(1 - 0.15BPR^{0.65})[1 + 0.28(1 + 0.063BPR^2)Ma]\sigma^{0.08}$	C 为设计状态下的耗油率值(公式中单位为 $mg \cdot N^{-1} \cdot s^{-1}$); c' 为待定修正系数,在无修正数据的情况下建议值为 27

附录C 发动机特性估算方法

表 C.3 涡喷发动机主要计算方法

序号	公 式	注 释
1	$\theta_0 = \dfrac{T_{tot}}{T_{std}} = \dfrac{T_{oat}}{T_{std}}\left(1+\dfrac{\gamma-1}{2}Ma^2\right)$	Ma 为当前马赫数； T_{oat} 为设计状态下静温； T_{tot} 为设计状态下总温； T_{std} 为标准大气条件下海平面温度
2	$\delta_0 = \dfrac{p_{tot}}{p_0} = \dfrac{p}{p_0}\left(1+\dfrac{\gamma-1}{2}Ma^2\right)^{\frac{\gamma}{\gamma-1}}$	p_{tot} 是设计状态下总压； p 是设计状态下静压； p_0 是标准大气条件下海平面气压
3	$\theta_0 \leqslant TR, \alpha = \delta_0(1-0.3(\theta_0-1)-0.10\sqrt{Ma})$ $\theta_0 > TR, \alpha = \delta_0\left(1-0.3(\theta_0-1)-0.10\sqrt{Ma}-\dfrac{1.5(\theta_0-TR)}{\theta_0}\right)$	α 为给定高度速度条件下发动机许用推力与海平面静推力之比； TR 为发动机节流比
4	$C = (1.5+0.23Ma)\sqrt{\dfrac{T_{oat}}{T_{std}}}$	C 为设计状态下的耗油率值(1/h)

表 C.4 典型涡扇发动机的特性

发动机型号	干重/kg	海平面静推力/N	涵道比 BPR	耗油率/(10^{-5}(kg·s^{-1})·N^{-1})
CF34-8-C5	1 120	64 499	4.9	1.11
CFM56-7B26	2 366	117 432	5.1	1.08
RB.211-524H	4 386	269 562	4.3	1.59
CFM56-5B4	2 381	120 101	5.7	0.96
CFM56-5C3	2 585	144 567	6.5	0.91
CF6-80E1A2	4 865	287 055	5.3	0.94
GE90-85B	7 074	376 763	8.4	0.92
PW2 143	3 248	189 493	6	0.99
PW4 056	4 179	252 435	4.85	0.91
V2 500-A1	2 363	110 310	5.42	0.99

1. 高涵道比涡扇发动机特性(BPR=6，类似于CFM56-5)

图 C.1～图 C.3 给出了典型高涵道比涡扇发动机特性曲线，可据此获得推力、耗油率变化特性。

2. 低涵道比涡轮风扇发动机特性(BPR=0.87)

图 C.4～图 C.6 给出了典型低涵道比涡轮风扇发动机特性曲线，可据此获得推力、耗油率变化特性。

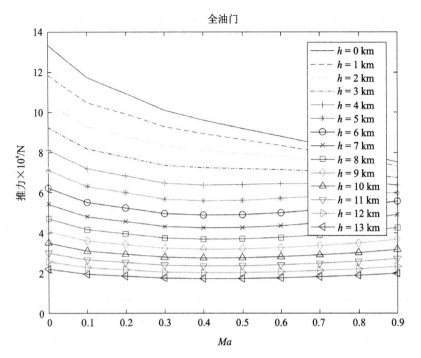

图 C.1 推力随高度/Ma 变化曲线

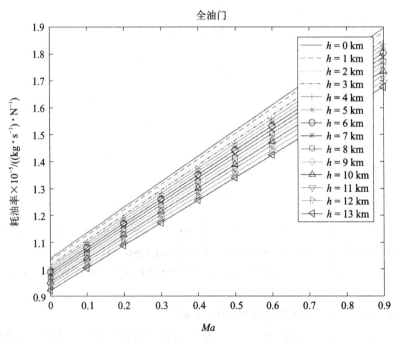

图 C.2 耗油率随高度/Ma 变化曲线

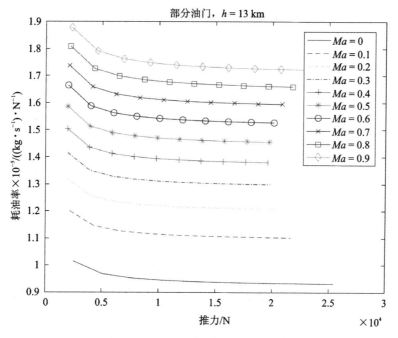

图 C.3 不同 Ma 下耗油率随推力变化曲线

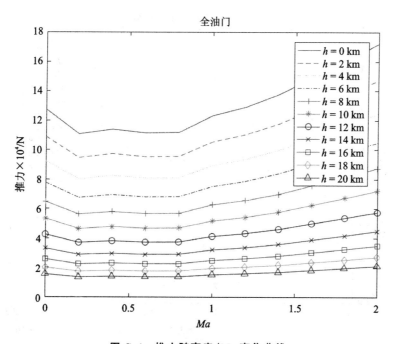

图 C.4 推力随高度/Ma 变化曲线

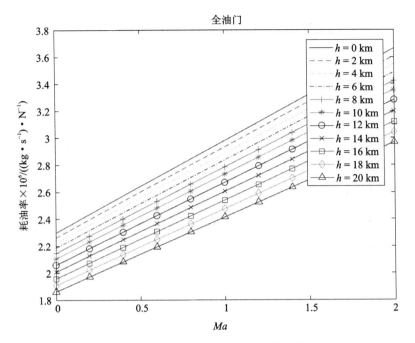

图 C.5 耗油率随高度/Ma 变化曲线

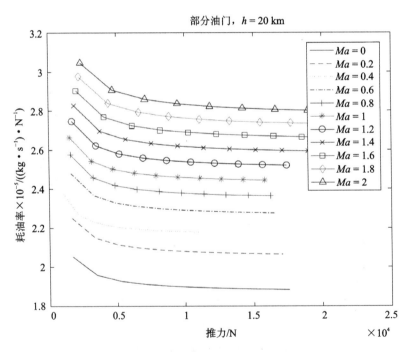

图 C.6 不同 Ma 下耗油率随推力变化曲线

C.2 涡桨发动机

到目前为止，国外已经成功地发展了四代涡桨发动机。第一代是指 20 世纪 70 年代以前投产的，主要有 Dart、PT6A 系列和 TPE331 系列的早期型号、NK-4、AI-20 等型号的发动机；第二代是指 20 世纪 70 年代末或 80 年代初期研制的，主要有 PW100 系列早期型号、CT7-5 和 TPE331-14/15 等型号的发动机；第三代是指 20 世纪 90 年代以后投入使用的发动机，主要有 AE2100、TPE351-20 和 PW150A；第四代是指 2011 年投产的先进涡桨发动机 TP400-D6。四代涡桨发动机具有明显的特点，各代的技术性能见表 C.5。

表 C.5 四代典型涡桨发动机性能参数

代别	国别	型号	起飞功率/kW	起飞耗油/(kg·(kW·h)$^{-1}$)	总增压比	涡轮前温度/K	空气流/(kg·s)	装备飞机
第一代	加拿大	PT6A-27	507	0.34	6.3	1 228	2.8	比奇 B99、DHC-6 等
	加拿大	PT6A-65R	875	0.31	10		4.5	肖特 360
	美国	TPE331-10	746	0.31	10.8	1 278		MU-2G/J/L/N
	英国	Dart 6MK510	1 145		5.5	1 123	9	"子爵号"800 系列
	英国	Dart 7MK532	1 495	0.41	5.6		10.56	F27、HS748
第二代	加拿大	PW115	1 342	0.31	11.8	1 422	6.8	EMB-120
	加拿大	PW124	1 790	0.29	14.4	1 422	7.7	F50
	美国	CT7-5	1 294	0.29	16	1 533	4.53	CN-235
	美国	TPE331-14/15	809	0.31	11	1 278	5.17	柴恩 400
第三代	英国	AE2100	4 474	0.25	16			Saab2000、IPTN 250
	美国	PW150	3 781	0.26	19			
	美国	TP351-20	1 566	0.31	13.3		6.35	CBA-123 支线运输机
第四代	欧洲	TP400-D6	7 979		25	1 500		A400 军用运输机

马赫数和高度对推力的影响如表 C.6 所列。

表 C.6 马赫数和高度对推力影响

序号	公式	注释
1	$\theta_0 = \dfrac{T_{tot}}{T_{std}} = \dfrac{T_{oat}}{T_{std}}\left(1+\dfrac{\gamma-1}{2}Ma^2\right)$	Ma 为当前马赫数； T_{oat} 为设计状态下静温； T_{tot} 为设计状态下总温； T_{std} 为标准大气条件下海平面温度
2	$\delta_0 = \dfrac{p_{tot}}{p_0} = \dfrac{p}{p_0}\left(1+\dfrac{\gamma-1}{2}Ma^2\right)^{\frac{\gamma}{\gamma-1}}$	p_{tot} 是设计状态下总压； p 是设计状态下静压； p_0 是标准大气条件下海平面气压

续表 C.6

序 号	公 式	注 释
3	当 $Ma \leqslant 0.1$，$F = F_0 \delta_0$	F 为给定高度速度条件下发动机许用推力；
4	当 $Ma > 0.1$，$\theta_0 \leqslant TR$ 时 $F = F_0 \delta_0 [1 - 0.96(Ma - 0.1)^{0.25}]$	F_0 为海平面静推力；
5	当 $Ma > 0.1$，$\theta_0 > TR$ 时 $F = F_0 \delta_0 \left[1 - 0.96(Ma - 0.1)^{0.25} - \dfrac{3(\theta_0 - TR)}{8.13(Ma - 0.1)}\right]$	TR 为发动机节流比

典型涡桨发动机的耗油率如表 C.7 所列。

表 C.7 涡桨发动机的耗油率

发动机型号	干重/kg	转速/(r·min^{-1})	功率/kW	耗油率/(kg·(kW·h)$^{-1}$)
Garrett TPE331-10	172	—	746	0.34
Garrett TPE331-5/6	163	—	626	0.38
Motorlet Walter M 601B	193	2 450	515	0.40
Motorlet Walter M 601E	193	2 450	515	0.39
Pratt & Whitney Canada P&WC PT6A-11	142.4	2 200	373	0.39
Pratt & Whitney Canada P&WC PT6A-21	143.3	2 200	410	0.38
Pratt & Whitney Canada P&WC PT6A-34	145.1	2 200	559	0.36
Pratt & Whitney Canada P&WC PT6A-41	177.3	2 000	634	0.36
Pratt & Whitney Canada P&WC PW118	391	1 300	1 342	0.30
Pratt & Whitney Canada P&WC PW120	417.8	1 200	1 491	0.30
Pratt & Whitney Canada P&WC PW123	450	1 200	1 775	0.29
Pratt & Whitney Canada P&WC PW127	480	1 200	1 775	0.28
WSK-PZL TVD-10B	230	—	754	0.35
Rolls-Royce Dart 535	607	1 395	1 551	0.37
Rolls-Royce Dart 536	569	1 395	1 580	0.37

C.3 活塞发动机

自从 1903 年莱特兄弟设计出第一架飞机之后,活塞发动机就在航空业中扮演着重要的角色。现代活塞发动机具有可靠性高、性价比高、重量较小的优点。表 C.8 中介绍了通用航空飞机及试验机所采用的几款典型活塞发动机的功率和重量。

表 C.8 典型活塞发动机功率和重量

制造商	型号	汽缸数	Dsplcmnt/m^3	工作时间/h	重量/kg	转数/(r·min^{-1})	额定功率/kW	单位耗油率/(kg·(kW·h)$^{-1}$)
美国德事隆集团	O-235	4	0.003 9	2 400	110.22～115.67	2 800	85.76～125	0.37
	O-320	4	0.005 2	2 000	121.56～135.62	2 700	111.85～160	0.37
	O-360	4	0.005 9	2 000	127.01～136.53	2 700	125.28～180	0.37
	IO-390	4	0.006 4	2 000	94.35	2 700	156.60	0.37
	IO-580	6	0.009 5		201.40	2 700	234.90	0.37
	IO-720	8	0.011 8		268.98～275.33	2 650	298.28	0.37
美国大陆发动机公司	IO-360	6	0.005 9		148.32～150.14	2 800	149.14	0.37
	IO-550	6	0.009 0		211.83～213.19	2 700	223.71～310	0.37
德国赫兹发动机公司	3003	4	0.001 0	1 000	42.18	6 500	76.06	0.51～1.11
	3501	2	0.000 6	1 000	35.38	5 500	44.74	
	3701	3	0.000 9	1 000	45.36	6 000	74.57	
奥地利 ROTAX 发动机公司	447UL	2	0.000 4	300	32.66	6 000	29.83	
	503UL	2	0.000 5	300	38.56	6 800	36.54	
	582UL	2	0.000 6	300	35.83	6 800	48.47	
	912UL	4	0.001 2	1 500	55.34	5 800	60.40	
	912ULS	4	0.001 2	1 500	56.70	5 800	74.57	0.29
	914UL	4	0.001 2	1 200	69.85	5 800	85.76	0.29

活塞发动机按实现循环的行程数分可分为四冲程发动机和二冲程发动机。表 C.9 列出了两种类型发动机的典型耗油率。

表 C.9 典型耗油率

	单位耗油率/(kg·(kW·h)$^{-1}$)
二冲程	0.51～1.11
四冲程	0.25～0.97

高度对活塞发动机的影响如表 C.10 所列。在 Gagg and Ferrar 模型中,假如飞机处于超过 2 525 m(8 283 ft)的高度,即使飞机按最大功率飞行,发动机输出的功率也不超过海平面轴功率的 75%。

表C.10 高度对活塞发动机的影响

序号	公式	注释
1	计算方法1(简单模型)： $P = P_0 \left(\dfrac{\rho}{\rho_0}\right) = P_0 \sigma$	P 为发动机功率； ρ 为给定高度下的空气密度； σ 为空气密度比； ρ_0 为海平面空气密度； P_0 为海平面发动机轴功率
2	计算方法2(Gagg and Ferrar模型)： $P = P_0 \left(\sigma - \dfrac{1-\sigma}{7.55}\right) = P_0(1.132\sigma - 0.132) = P_0 \dfrac{\sigma - 0.117}{0.883}$	

温度对活塞发动机的影响如表C.11所列。

表C.11 温度对活塞发动机的影响

公式	注释
$\dfrac{P}{P_0} = \sqrt{\dfrac{T_{\text{std}}}{T_{\text{oat}}}} = \sqrt{\dfrac{518.67(1-\kappa h)}{T_{\text{oat}}}}$ (1) $\dfrac{P}{P_0} = \sqrt{\dfrac{T_{\text{std}}}{T_{\text{oat}}}} = \sqrt{\dfrac{518.67(1-\kappa h)}{T_{\text{oat}}}}$ (2)	P 为发动机功率； h 为当前压力高度； T_{oat} 为当前状态下静温，(1)中为列氏温度，(2)中为开氏温度； T_{std} 为海平面温度； P_0 为海平面发动机功率； κ 为失效速率常数

参考文献

[1] HOWE D, RORIE G. Aircraft Conceptual Design Synthesis[M]. London: Professional Engineering Publishing Limited, 2000.

[2] MATTINGLY J D, HEISER W H, PRATT D T. Aircraft Engine Design [M]. 2nd ed. Reston: AIAA Inc., 2002.

[3] RAYMER D P. Aircraft Design: A Conceptual Approach[M]. 6th ed. Reston: AIAA Inc., 2018.

[4] GUDMUNDSSON S. General Aviation Aircraft Design: Applied Methods and Procedures[M]. Oxford: Butterworth-Heinemann, 2013.

[5] 方昌德. 航空发动机的发展研究[M]. 北京：航空工业出版社，2009.

[6] JACKSON P. Janes All the Worlds Aircraft[M]. London: Jane's, 1997.

[7] GUDMUNDSSON S. General Aviation Aircraft Design[J]. Economic & Business Review, 2017, 26:109-130.

[8] STINTON D. The Design of The Aeroplane[M]. Oxford: Blackwell Science Ltd., 2001.

附录 D 先进宽体客机设计报告范例与点评[①]

"盘古"先进布局宽体客机总体方案设计

摘　要

设计机型定位为 350 座级先进大型宽体客机,预计在 2035 年左右投入市场,旨在与现有机型相比大幅提升客舱舒适性、燃油经济性和环保性,降噪能力、成本、航程和商载与现有机型持平。

机身截面采用双气泡布局,机身气动外形具有前加载效应辅助配平。采用 GE9x 先进大推力发动机,大展弦比机翼设计,折叠翼尖设计,多电技术,采用复合材料整体壁板结构,尾翼采取 V 尾设计。完成布局关键参数的迭代优化,合理安排内部布置。

机身截面采用双气泡布局,在不增加重量的同时拓宽机身,上下空间浪费小,大幅提升乘坐舒适性。机身气动外形具有前加载效应辅助配平,降低了尾翼的配平压力。大展弦比机翼设计提高气动效率,采用折叠翼尖机构提高机场适应性。

通过迭代优化确定双气泡机身截面设计,通过实际体验确定座椅尺寸设计,综合考虑座椅、过道、行李架、货舱和气动外形确定截面的关键参数。机身气动外形产生前加载效应辅助飞屏,采用商用 CFD 软件数值模拟迭代优化,综合考虑擦地角的影响确定机身外形。

设计结果表明,本方案乘坐舒适性高于现有机型,气动效率略有提升。与同级别机型相比,商载持平的同时起飞重量更小,机身更短,翼展更小。全寿命周期成本和直接使用成本低于竞争机型,飞机造价更低。综合性能优于空客 A350-1000 和波音 777X-8。

教师点评　本摘要中,综述了设计报告的设计目的和主要的技术构型特点,重点围绕双气泡机身气动布局开展设计,并创新参考使用了折叠翼尖的创新型技术,但对于系统工程的理念引入略显不足,设计维度不全,可以在后续设计中提升。

[①]　本附录的重点是指导教师对学生设计方案的点评。因教师点评与学生方案的原貌直接相关,故本部分仅对重要的语言文字及图表编号进行规范化,其余不再严格按照编校要求修改。

关键词：大型宽体客机，双气泡布局，概念设计

Conceptual Design of "PanGu" Advanced Wide Body Aircraft

Abstract

The design model positioned as 350 seat advanced large wide body airliner is expected to be put into the market around 2035. We expect to significantly improve cabin comfort, fuel economy and environmental protection compared with the existing model, and the noise reduction capacity, cost, range and commercial load are the same as the existing model.

The cross section of the fuselage adopts double bubble layout, and the aerodynamic shape of the fuselage has front loading effect. We adopt GE9x engine, high aspect ratio wing design, folding wing tip design, and multiple electrical technology, as well as composite integral panel structure and v-tail design are adopted.

At the same time, the body is widened without increasing the weight, the space between the upper and lower parts is wasted less, and the ride comfort is greatly improved. The aerodynamic shape of the fuselage has a front-loading effect to assist the trim, which reduces the trim pressure of the tail. High aspect ratio wing design improves aerodynamic efficiency, and folding wing tip mechanism improves airport adaptability.

The cross-section design of double bubble fuselage is determined by iterative optimization, the size design of seat is determined by practical experience, and the key parameters of cross-section are determined by considering seat, aisle, luggage rack, cargo compartment and aerodynamic shape. The aerodynamic shape of the fuselage produces the front-loading effect to assist the flying screen. The commercial CFD software is used for numerical simulation and iterative optimization, and the fuselage shape is determined by considering the influence of the angle of friction.

Theresult is that the ride comfort is higher than the existing models. The aerodynamic efficiency is slightly improved. Compared with the same level of aircraft, the commercial load is even and the takeoff weight is lighter, the fuselage is shorter and the wingspan is smaller. Life cycle cost and direct use cost are lower than that of competitive aircraft, and aircraft cost is lower. The comprehensive performance is better than that of Airbus a350 and Boeing 777x.

Key words: Large wide body airliner, Double bubble layout, Conceptual design

D.1 需求分析

D.1.1 需求论证

根据空中客车发布的最新全球市场预测，未来20年（2019—2038年）全球的客运和货运机队规模将由目前的近23 000架增长超过一倍，达到近48 000架，全球航空客运量年均增长

率为 4.3%。新的细分市场需要 39 210 架全新客机和货机,其中小型市场 29 720 架、中型市场 5 370 架,大型市场 4 120 架。这些全新飞机中,25 000 架为新增飞机,14 210 架为使用拥有卓越效率的新机型替换老旧机型。

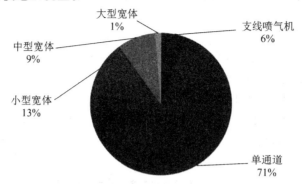

图 D.1 未来 20 年客机交付量结构

根据东方证券研究报告显示,我国航空业正处于盈利大周期,2020 年民用大飞机制造市场规模可达 868 亿元/年。我国民航业营业收入自 2009 年来一直处于正增长,近几年增速稳定在 4% 左右。对标美国航空业,我国航空业具备进入一轮盈利周期的基础条件和催化条件。

教师点评 在市场分析中,分析了经济形势和现有机队规模,但是缺少对于座级、航程、价格的论证,以及工业可行性和国际其他航空制造商的研判。

D.1.2 主流航线分析

大型民航客机的研发成本高昂,前期飞机的航程定位直接决定了所覆盖的市场和潜在的研发收益。关于客机航线航程分析,首先统计了市场上主流机型的航程、座级及其航线覆盖率,锁定了 350 座飞机合理的航程设计范围。基于张洁[2] 的研究,针对 13 000 km 航程假设,获得一定概率下不同季节的航路风,采用大圆航距并考虑 5% 的绕航率,基于可用座千米(ASK)计算在最严苛的风的影响下覆盖航线所需的航程能力,从而获得在设定航程能力下所能达到的航线覆盖率。其中北美航线需要 16 100 km 航程才能实现全覆盖。

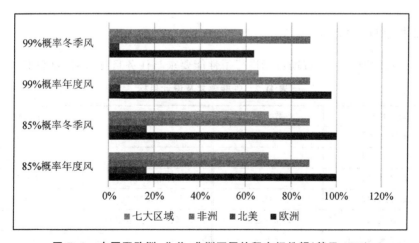

图 D.2 中国至欧洲、北美、非洲不同航程市场份额(基于 ASK)

分析发现欧洲市场的覆盖范围大于 63.6%，北美市场的覆盖范围大于 4.5%，非洲的覆盖大于 88.1%。计算限定航程能力 13 000 km 时的需求量、可能达到的市场份额，进而为权衡该座级航程下是否能够支持衍生机型项目的开展、是否能满足制造商最初设定的目标提供依据。

D.1.3 高原航线分析

根据中国民用航空局飞行标准司 2015 年发布的《高原机场运行》咨询通告，中国民航局针对执飞高原机场的飞机做出了一系列详细要求。

从市场竞争的角度来看，表 D.1 已说明中国高高原航线已经处于充分竞争状态。但是，与中国民航整体运输市场相比，西部高高原市场是一个小众的市场，高达 10 家以上的承运人分食如此小众的航线市场，再加上这个市场具有强烈的季节性且大多属于支线航线，其经营效益呈现出较大的不确定性。

表 D.1 2017 年暑期航班量前 10 位的高高原航线

航线	日均班次	承运人数量	航线	日均班次	承运人数量
拉萨-成都	14	4	玉树-西宁	3	3
拉萨-重庆	9	7	九寨-成都	3	3
拉萨-西安	6	3	稻城-成都	2	3
迪庆-昆明	6	3	九寨-西安	2	2
林芝-成都	5	3	迪庆-成都	2	1

国家民用航空服务的使命和责任。高海拔航线的需求是客观的，航空运输在这方面具有独特的竞争优势。提高中国民航高原地区航线的服务能力，更好地满足西藏人民的出行需求，是民航人的责任和使命。

教师点评 双通道客机多为洲际航线，而此部分分析多围绕支线航线，有些跑题，应重点论证开通国际航线的高原、高高原机场效益。

D.2 总体方案描述

D.2.1 基本设计指标

通过前文市场分析，针对市场目标进行了性能要求与任务目标设置，见表 D.2。

表 D.2 性能要求及设计目标

设计指标	数据	设计指标	数据
座位数/个	350	商载航程/km	13 000
巡航马赫数	0.85	最大飞行高度/m	13 100
起飞场长/m	2 800	降落距离/m	1 800
机场适应性	4E	ACN	<67
侧风要求	35 kts 起降	转场要求/min	<80
人均百千米油耗/L	<2.8		

D.2.2 典型任务剖面

目前任务剖面的设计主要依托于 350 座级客机的常规飞行方式。在选择任务剖面中的参数时,需要满足如航程 13 000 km,巡航马赫数等性能需求,同时参考民航规章 CCAR91 等章节中的条目,并参考实际飞行的记录与经验,以及文献理论分析中常见的任务剖面,确定各个任务分段,从而建立一个满足需求、适合后续分析设计的基本任务剖面。表 D.3 所列为完成后的任务剖面。

表 D.3 飞行任务

序 号	飞行阶段	飞行高度/m	飞行速度/(m·s^{-1})	飞行距离/km
1	暖机和起飞	0	80	2.8
2	爬升和水平加速	0~11 000	80~265	
3	巡航	11 000	265	13 000
4	待机	5 000	130	
5	尝试着陆	0	68	
6	再次爬升	0~8 000	80~130	
7	转场备降	8 000	130	80
8	待机	5 000	130	
9	着陆	0	72	1.8

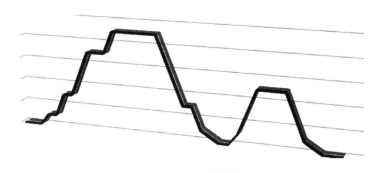

图 D.3 任务剖面

教师点评 基于典型剖面很好地对性能进行描述,暖机和起飞、着陆高度应考虑不同海拔下的起飞着陆场长以及速度。巡航高度应考虑阶梯巡航以适应不同重量下的巡航高度。

D.2.3 概念草图绘制

在资料搜索、任务分析和讨论之后,采用双气泡机身的翼身融合的大边条机翼布局方案为主要研究方向,采用常规布局方案与双气泡方案并行设计的方法,对两者最终的性能进行全向比较,择优选择最终的设计方案。常规式布局命名为 101 方案,双气泡式布局命名为 202 方案。

探索采用折叠铰链,增加翼展,满足机场使用需求,增升减阻,降低油耗与碳排放,提高经济性与环保性。

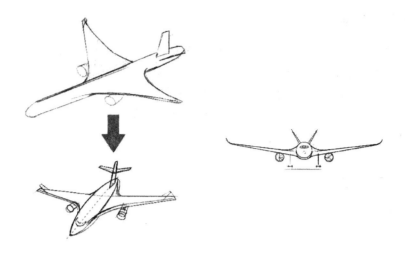

图 D.4　飞机手稿演变

教师点评　草图设计法适合于早期概念方案设计,但是方案迭代与对比,应定义评价规则,建议引入质量屋方法提升客观性。

D.2.4　约束边界分析

约束边界建立主要考虑飞机起飞滑跑距离、爬升率、最大马赫数、持续盘旋过载、升限和着陆滑跑距离这六项。参考国内外教材、资料,确定公式,常数选取各个阶段所使用的全部常数和约束,最终绘制出约束曲线并选取设计点,如图 D.5 所示。

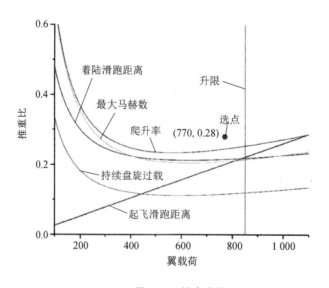

图 D.5　约束曲线

选择设计点时综合考虑多种因素,最终选择设计点翼载荷 770 kg/m²,推重比 0.28。

教师点评　推重比选取应考虑单发失效。

D.2.5 首轮近似结果

将选取的设计点(770,0.28)代入进行迭代,得到起飞重量,并计算出推力与翼面积,通过不断迭代,计算得到主要设计参数如表 D.4 所列。

表 D.4 首轮近似主要总体设计参数

设计参数	数据	设计参数	数据
机翼面积/m²	486.81	最大起飞重量/kg	365 112
翼载荷/(kg·m⁻²)	750	翼展/m	15.35
推重比	0.27	海平面静推力/N	966 087

D.2.6 机翼设计

对常规布局与双气泡布局进行对比研究,机翼分段设计以满足机族设计,尾翼分别采用常规平垂尾布局形式和 V 尾形式,具体设计如下。

D.2.6.1 常规布局 101 方案及相关参数

图 D.6 为 101 方案飞机机翼示意图。

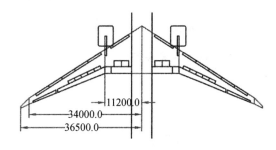

图 D.6　101 方案飞机渲染图及机翼示意图

针对常规布局方案,经由多次迭代和性能计算后得到如表 D.5 所列方案参数。

表 D.5 机翼尺寸参数表

	翼段 1 总体参数	翼段 2 总体参数	翼段 3 总体参数
半展长/mm	11 200	22 800	2 500
翼根/mm	14 000	7 001	1 795
翼梢/mm	7 001	1 795	500
平均几何弦长/mm	10 500	4 399	1 148
平均气动弦长/mm	10 900	4 912	1 270
展弦比	2.1	10.4	4.4
梢根比	0.5	0.26	0.28
前缘后掠角/(°)	32	32	45
后缘后掠角/(°)	0	22	26

续表 D.5

	翼段 1 总体参数	翼段 2 总体参数	翼段 3 总体参数
总面积/m²		442	
总展弦比		12	
1/4 弦线后掠角/(°)	25	30	41
安装角/(°)	3	3	3
扭转角/(°)	5	5	5
上反角/(°)	3.5	3.5	3.5

图 D.7 为平垂尾示意图，相关参数见图中的标注。

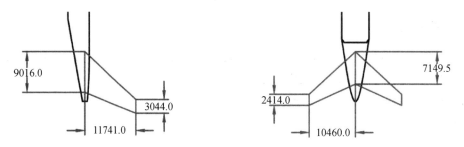

图 D.7 平垂尾示意图

D.2.6.2 双气泡布局 202 方案及相关参数

图 D.8 为 202 方案机翼示意图。

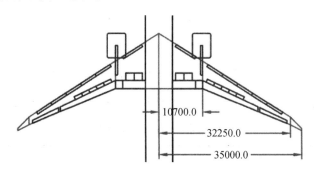

图 D.8 202 方案飞机渲染图及机翼示意图

针对双气泡布局方案，经由多次迭代和性能计算后得到如表 D.6 所示方案参数。

表 D.6 机翼尺寸参数表

	翼段 1 总体参数	翼段 2 总体参数	翼段 3 总体参数
半展长/mm	10 700	21 550	2 750
翼根/mm	13 300	6 613.9	1 854.7
翼梢/mm	6 614	1 855	500
平均几何弦长/mm	9 957	4 234	1 177
平均气动弦长/mm	10 331	4 680	1 307

续表 D.6

	翼段 1 总体参数	翼段 2 总体参数	翼段 3 总体参数
展弦比	2.15	10.18	4.67
梢根比	0.50	0.28	0.27
前缘后掠角/(°)	32	32	45
后缘后掠角/(°)	0	22	26
总面积/m²	402		
总展弦比	12.2		
1/4 弦线后掠角/(°)	25	30	41
安装角/(°)	3	3	3
扭转角/(°)	5	5	5
上反角/(°)	3.5	3.5	3.5

图 D.9 为 V 尾示意图,相关参数如表 D.7 所列。

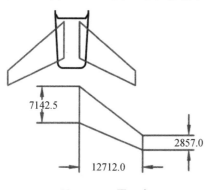

图 D.9　V 尾示意图

表 D.7　V 尾参数

参　数	数　据	参　数	数　据
半展长/mm	12 712	展弦比	2.4
后掠角/(°)	37	梢根比	0.4
舵面占比/%	27	翼面积/m²	63.56

教师点评　V 尾参数未表达上反角,以及等效平尾容和垂尾容。未表达相关参数对于安定性影响。

D.3　主要性能分析

D.3.1　巡航状态气动特性

对两个方案的气动性能进行工程估算,估算公式参考《飞行设计手册》和《飞机总体设计》,巡航构型不同迎角下的升力与阻力特性如图 D.10 所示。

202 构型与 101 构型气动方面相差不大,接近于市场主要飞机(如波音 B777)。在迎角 3°左右取到升阻比最大值。

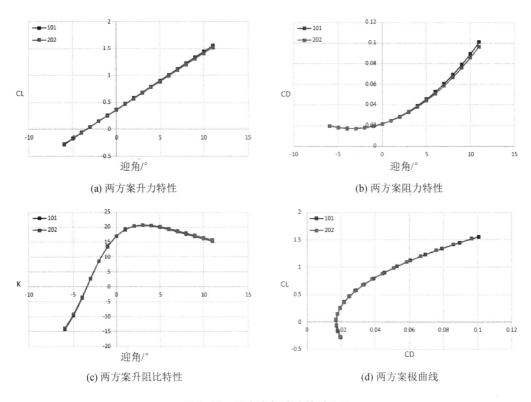

图 D.10 两方案气动特性对比图

D.3.2 稳定性

稳定性仅考虑纵向静稳定性的估算,指标为稳定裕度。计算得到两方案静稳定裕度随马赫数变化如图 D.11 所示。

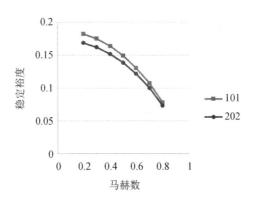

图 D.11 稳定裕度对比图

上述分析显示,101 构型稳定裕度在巡航马赫数下均符合 10%～15% 的要求,而 202 构型略高于稳定要求。

D.3.3 综合飞行性能与方案对比

两方案飞机综合飞行性能对比如表 D.8 所列。

表 D.8 飞机综合飞行性能对比

综合性能				101 方案	202 方案
水平加速性能（取高度 5 000 m）	起始速度/(km·h^{-1})	142	总时间/s	12.02	11.42
	终止速度/(km·h^{-1})	281	总油耗/kg	122.95	116.52
			总距离/m	2 488.60	2 356.39
定常盘旋性能（取高度 3 048 m）	盘旋速度	125	盘旋半径/m	614.91	630.75
			周期/s	30.91	31.71
			盘旋角速度/(°)	11.65	11.36
爬升性能			理论静升限/m	14 700.00	15 600.00
			实用静升限/m	14 100.00	15 200.00
			爬升时间/s	456.07	411.27
			爬升高度/m	8 000.00	8 000.00
			爬升水平距离/m	57 204.52	51 468.14
			爬升油耗/kg	1 296.80	1 179.00
下降性能			航迹角/(°)	−2.16	−2.50
			下降经过水平距离/m	220.43	204.12
			下降时间/s	1 691.65	1 431.20
			下降油耗/kg	29.31	27.34
			有利下降速度	230~235 m/s	250 m/s
起降性能	起飞滑跑		起飞总距离/m	1 343.37	1 309.30
			起飞总时间/s	32.69	31.86
			起飞总油耗/kg	188.15	183.40
	起飞空中		空中段水平距离/m	148.76	155.90
			空中段时间/s	1.96	1.98
			耗油量/kg	12.31	12.44
	着陆空中		空中段水平距离/m	236.60	252.03
			空中段时间/s	2.67	2.74
	着陆滑跑		滑跑距离/m	1 762.94	1 888.54
			滑跑时间/s	42.85	44.34

图 D.12 为两方案性能对比雷达图。经过对比，可得 202 方案性能在起飞、爬升、盘旋、加速阶段均优于 101 方案，而 101 方案仅在着陆滑跑距离上优于 202 方案。总体对比 202 在性

能方面胜出。

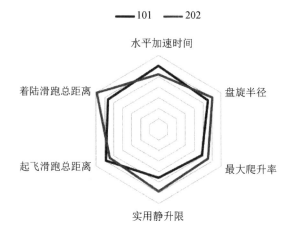

图 D.12　性能对比雷达图

D.3.4　重量特性分析

对 202 方案进行飞机总体重量分析,得到各部分重量中心位置如表 D.9 所列。

表 D.9　重量重心分析表

	重量	软糖系数	值	单位	重心	值	单位	重量占比
机翼	W_{wring}	1	22 381	kg	X_{wring}	33	m	7.81%
机身	W_{fuse}	1	21 731	kg	X_{fuse}	32	m	7.58%
V尾	W_{ht}	1	4 211	kg	X_{ht}	63	m	1.47%
发动机	W_{inen}	1	24 744	kg	X_{inen}	28	m	8.63%
燃油	W_{fuel}	1	152 670	kg	X_{fuel}	33	m	53.25%
液压系统	W_{hydr}	1	284	kg	X_{hydr}	39	m	0.10%
电子设备	W_{avio}	1	8 025	kg	X_{avio}	32	m	2.8%
内饰	W_{furn}	1	7 183	kg	X_{furn}	18	m	2.51%
起落架	W_g	1	4 669	kg	X_g	33	m	1.63%
货物	W_{cargo}	1	1 000	kg	X_{cargo}	0	m	0.35%
成员	W_{crew}	1	39 816	kg	X_{crew}	33	m	13.89%
总重	W		286 713	kg	重心	X	32	m
结构重量			52 992	kg	结构重心	35	m	18.48%
推进系统重量			49 748	kg	推进系统重心	30	m	17.35%
设备及子系统重量			15 491	kg	设备及子系统重心	26	m	5.40%
装载重量			40 816	kg	装载重心	32	m	14.24%
燃油重量			127 666	kg	燃油重心	33	m	44.53%
重心位置	X_cg		26.415	%				

通过计算飞机各种装载状态下的重量重心变化,确定飞机的装载能否满足平衡设计要求,可以直观地反映飞机装载的灵活性和装载限制范围,为民用飞机的构型和操稳设计提供原始数据。参考了《飞机设计手册》对重心云图的要求,考虑了六种不同方式对空机进行加载,得到重心云图如图 D.13 所示。

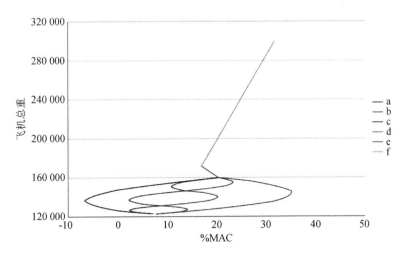

图 D.13 202 方案重心变化云图

在飞行过程中,燃油消耗导致飞机重心的变化;采用主动重心控制技术,飞机内部主动输送燃油,通过改变燃油布置,以实现重心的调节。

教师点评 此图应加入重心前限和后限设计范围。未看到尾翼油箱设计,需说明如何改变重心,以及重心变化范围。

D.3.5 适航性评估

从 CCAR - 25 - R4 等对应的适航条例中选取了几十条适航条例,作为以后设计过程中需要达标的适航硬性规定和参考设计。经过计算与对比,202 方案满足适航性需求。

D.4 布置设计

D.4.1 起落架布置

本次设计将采用前三点式布局,前轮将采用 2 轮式,主轮则使用 6 轮小车式。

根据重量特性分析的结果,我们确定了起落架的重量。前起落架为 2 392.5 kg;主起落架为 15 950 kg。

根据重量特性分析的结果,重心在全机的 47.12% 处。据此,计算和起落架相关的各项角度参数。同时,起落架的重量一般不能超过飞机起飞总重的 5%。表 D.10 为起落架计算结果。

表 D.10　起落架相关参数表

前轮位置	13 680 mm	擦地角	12°
前主轮距	23 000 mm	防倒立角	15°
主轮距	10 812 mm	防侧翻角	50°
前轮直径	940 mm	停机角	0°
前轮宽度	280 mm	前起落架重量	2 392.5 kg
主轮直径	1 250 mm	主起落架重量	7 975 kg
主轮宽度	360 mm		

D.4.2　客/货舱设计

充分考虑乘客在乘坐时的舒适性,厨房和盥洗室采用了对称布置,每两段客舱之间都布置两个厨房以及盥洗室,同时尾段客舱人数较多,厨房数量增加一个。考虑到驾驶部分人员的需求,在驾驶舱后部单独设立了厨房和盥洗室。考虑到乘客随身携带物品,同时给予乘客更好的舒适性,在每段客舱前部都设置有衣帽间。

飞机座椅为 3-4-3 的布局形式,在保证舒适性的前提下,提升飞机上的空间利用率,使得飞机上的每一处空间都得到充分有效的利用。此外,双气泡布局会有更合理的空间布置。在参数不变的情况下,座椅距墙较为舒适,靠墙座椅头部空间也较大,而且空间利用率极高。

教师点评　双气泡机身设计,应考虑客舱增压非球形剖面对于载荷和潜在结构重量的影响。

根据适航条例要求,飞机采用 8 个 I 型出口,以及 2 个 III 型应急出口,III 型应急出口位于驾驶舱后方。

根据《民用飞机总体设计》所给的座椅平均尺寸以及对舒适性的考虑,同时在实际测量体验后,对座位尺寸进行了优化,较为宽敞的尺寸能够保证乘客在乘坐时的舒适度,202 方案的客舱布置如图 D.14 所示。

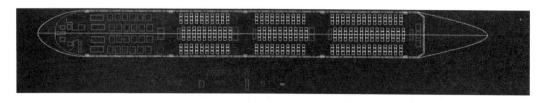

图 D.14　202 方案客舱布置图

经过在航空航天博物馆实际测量和组员的轮流体验,得出了一些舒适的座椅和座舱数据,然后与主流客机对比优化后,确定了座舱和座椅的部分参数及约束,见表 D.11。

表 D.11　客舱部分参数对比

机型	座椅宽度/mm	扶手宽度/mm	过道宽度/mm
A320	457.2	50.8	482.6
B737-600	431.8	50.8	508

续表 D.11

机 型	座椅宽度/mm	扶手宽度/mm	过道宽度/mm
CS100	469.9	50.8	508
我们的方案	450	50	510

根据货舱的高度和宽度,在横截面设计时,货舱单排布置选择使用两个 LD-3。考虑到乘客携带行李量以及货舱重心和全机重心匹配,采用 14 排货舱布置,前货舱 5 排,后货舱 9 排。客舱及货舱布局及参数如图 D.15 所示。

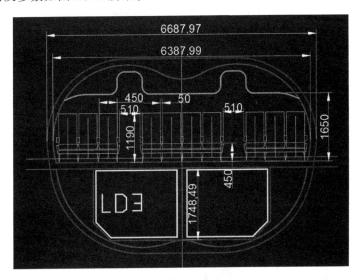

图 D.15　202 布局及参数

D.4.3　动力系统设计

基于最大起飞重量计算以及推力和油耗的权衡分析,对现有的成熟大型客机发动机性能参数进行比较,采用目前节油效果更好、性能更加优秀且故障率低的 GE9x 发动机,具体参数如表 D.12 所列。

表 D.12　发动机参数表

参　数	值	参　数	值
净重/kg	10 000	涵道比	10
海平面静推力/kgf*	45 359	巡航耗油率(kg/N*h)	0.5
推重比	6.4		

* 1 kgf=9.8 N。

D.4.4　折叠翼尖设计

采用折叠翼尖的设计,如图 D.16 所示。全展长 70 m,折叠后展长 65 m,满足 4E 机场起降要求。有效提高起飞后机翼展弦比,降低油耗,提高经济性与环保性。

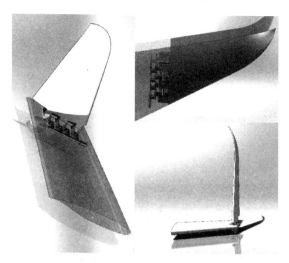

图 D.16　图 D.14 折叠翼尖示意图

D.5　方案优化

D.5.1　机身优化

机身优化的主要目标在于利用机头的气动外形产生抬头力矩,提供一定的配平能力,减小尾翼的配平压力,使得尾翼的面积可适当减小,降低结构重量,优化气动外形,消除机头机尾处的激波,增大抬头力矩。

仿真计算结果如图 D.17 所示。经过优化后可以看到,机头和机尾处的激波已经基本被

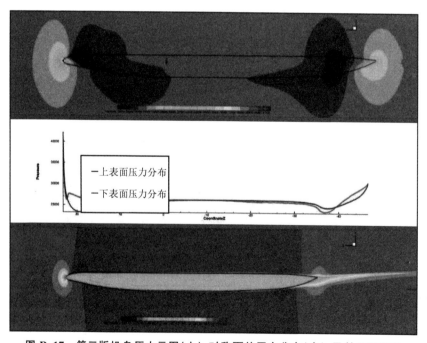

图 D.17　第三版机身压力云图(上)、对称面处压力分布(中)、马赫云图(下)

消除,已经没有大的吸力峰,从马赫云图也可以看出没有明显分离。机头下表面的高压区可以为机身提供抬头力矩,实现了最初的设计目标。

D.5.2 机翼优化

机翼后掠角增大到 32°,对各段机翼展长作了调整,适当减小了展弦比,机翼面积减小为 $402\mathrm{m}^2$,优化后机翼表面压力云图如图 D.18 所示。从压力云图可以看出,压力分布满足一般的超临界翼型的压力分布规律,机翼上表面靠近后缘处的激波显著减弱。

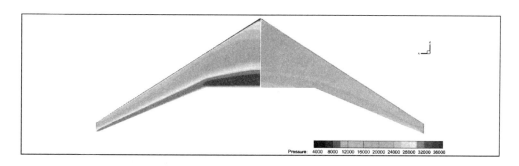

图 D.18　优化后机翼壁面压力云图(左图为下表面,右图为上表面)

在机翼形状确定之后对翼尖进行优化。在对各种类型小翼作了充分调研后,最终选择斜切式小翼。利用 Fluent 仿真对小翼的有效性作了定性验证。

翼尖附近流线如图 D.19 所示。可以明显看出,增加斜切式小翼后流线更规整,有效消除了没有小翼时产生的翼尖涡,起到增升减阻的作用。

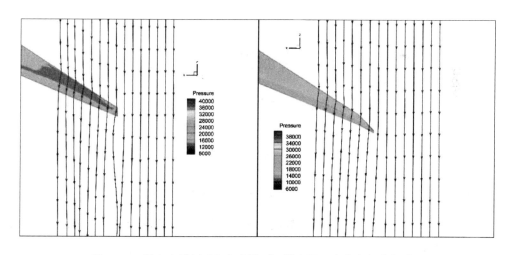

图 D.19　没有小翼(左)和有小翼(右)的表面压力分布和流线对比

综上,借助 Fluent 模拟仿真,从定性的角度对 202 方案的机身、机翼的气动特性进行了多次迭代和优化,最终达到了最初设想的设计目的。

D.6 主要特点及竞争优势分析

D.6.1 经济性分析

1. 全寿命周期成本估算

对飞机进行了比较完善的全寿命周期成本估计以及经济性分析,如表 D.13 所列。

表 D.13 直接使用成本 DOC

直接使用成本 DOC/美元每轮挡小时	各项成本/百万美元	
	资本成本	149
	机场服务成本	204
15 020	机组成本	17
	燃油成本	198
	维护成本	40

2. 盈亏平衡点估算

盈亏平衡点是指商用飞机投入生产以后,销售收入等于总成本时的销售量,用以分析、预测飞机产量对项目盈亏的影响。这里采用盈亏平衡图法求得盈亏平衡点的产量。其中,横轴为飞机数量,纵轴分别为项目利润、总成本和总收益。

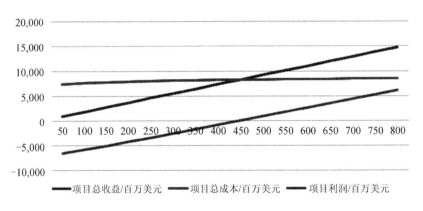

图 D.20 盈亏平衡图法得到的盈亏平衡点

分析结果如图 D.20 所示,盈亏平衡架次大概在 450。盈亏平衡架次大致在一个合理范围内,具有商业合理性。

3. 敏感性分析

为了减少决策上的失误,应进行敏感性分析。通过影响因素的变动,评估项目对风险因素的抵抗性。在此,选取在销售价格较大浮动情况下(10%)以及国际燃油价格在较大浮动情况下(50%)盈亏平衡点的分析,如图 D.21 和图 D.22 所示。

根据分析结果可知,盈亏平衡点在这两种风险因素的大范围浮动情况下均体现出了较强的抵抗性,显示出本项目飞机经济设计上具有一定的合理性。

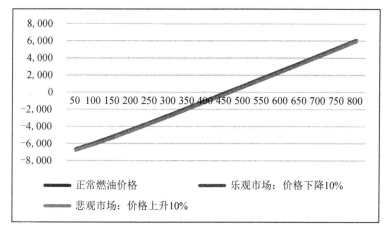

图 D.21 国际燃油价格敏感性分析

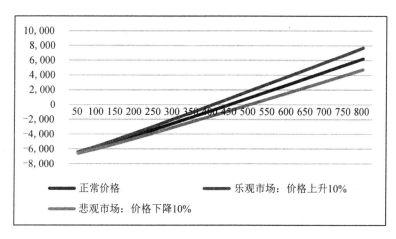

图 D.22 利润敏感性分析

D.6.2 噪声分析

在噪声预测上,主要根据闫国华、杨宗耀的《C919飞机边线噪声级预测算法》来进行最大边界噪声估算。预测边界噪声有效值为 95.517 6 dB,小于噪声边界限制值 97.925 7 dB。

D.6.3 环保性分析

根据所选用的发动机相关参数计算飞机排放量,如表 D.14 所列。从表中可以看出,飞机排放量显著低于 CCAR-34 涡轮发动机飞机燃油排泄和排气排出物规定适航上限,具有良好的环保性。

表 D.14 飞行各阶段排放量

运行模式	HC/g	CO/g	NO_X/g
起飞	9.508 8	19.017 6	9 568.23
爬升	18.287 28	67.053 36	19 768.549 68

续表 D.14

运行模式	HC/g	CO/g	NO$_X$/g
进近	21.456	565.008	4 920.576
滑行/慢车	2 019.888	10 294.128	4 153.344
LTO 循环排放量	2 069.140 08	10 945.206 96	38 410.699 68
适航上限	9 158.1	55 135.5	40 146.12

参考文献

[1] 宋海军.飞机机型与航线匹配性研究[D].广汉:中国民用航空飞行学院,2018.

[2] 张洁.一种基于O&D市场的宽体客机衍生机型座级航程确定的方法研究[J].民用飞机设计与研究,2017(04):25-30.

[3] 杨李,张洁.基于主成分分析法的民机商载航程评估指标构建[J].科技创新与应用,2017(24):89-90.

[4] 钱斐斐,宋杨.面向全寿命周期成本的民用飞机定费用设计(DTLCC)方法研究[J].价值工程,2017,36(22):3-6.

[5] 黄赶祥.远程航线市场宽体客机需求分析方法研究[D].广汉:中国民用航空飞行学院,2016.

[6] 马超,吴大卫,俞金海,等.基于参数化模型的大型民用飞机设计航程研究[J].航空学报,2016,37(01):112-121.

[7] 翟晓鸣,陈晓和.全寿命周期视角下的国产大型客机成本评估指标体系研究[J].科技管理研究,2015,35(04):26-31.

[8] 杨彦.商用飞机项目盈亏平衡点快速分析法研究[J].财经界(学术版),2014(22):126-128.

[9] 朱新铭.民用飞机全寿命周期成本分析[D].广汉:中国民用航空飞行学院,2013.

[10] 王宜新,张晨妩,刘虎,等.基于全寿命周期成本的民用飞机总体参数优化[J].飞机设计,2012,32(01):23-30.

[11] 刘进方,陈晓川,杨建国,等.基于免疫神经网络的飞机全生命周期成本预测[J].制造业自动化,2011,33(20):88-90+120.

[12] 宋志强.民用航空飞机租赁平衡点浅析[J].现代经济信息,2009(10):242-243.

[13] 《飞机设计手册》总编委会,马绪章.飞机设计手册:第十一册,民用飞机内部设施[M].北京:航空工业出版社,1998:1.

[14] 宋静波,刘熊,田巍.波音737NG飞机动力装置(CFM56-7B&APU)[M].西安:西北工业大学出版社,2018:202.

[15] 诺曼·斯·柯里.飞机起落架设计原理和实践[M].北京:航空工业出版社,1990:24.

[16] 周为民,苗俊霞.民用航空客舱设备教程[M].北京:清华大学出版社,2014:0.

[17] 任和,徐庆宏等.民用飞机工业设计的理论与实践[M].上海:上海交通大学出版社,2017:1.

[18] Sadraey, MOHAMMAD H. Aircraft Design: A Systems Engineering Approach. John Wiley & Sons, 2012.

[19] Gudmundsson, Snorri. General Aviation Aircraft Design: Applied Methods and Procedures. Butterworth-Heinemann, 2013.

[20] Greitzer, Edward M, et al. "N+3 Aircraft Concept Designs And Trade Studies, Final Report." Nasa cr-2010-216794/vol2, NASA Glenn Research Center, Cleveland, Ohio 44135 (2010).

[21] Sinnett, Mike. 787 no-bleed Systems: Saving Fuel and Enhancing Operational Efficiencies. Aero Quarterly 18 (2007): 6-11.

[22] 路多, 胡文超. 新一代干线客机 A380 和波音 787 的环境控制系统[J]. 航空科学技术, 2005 (2): 17-19.
[23] Nickol, Craig, Linwood Mccullers. Hybrid Wing Body Configuration System Studies. 47th AIAA Aerospace Sciences Meeting including The New Horizons Forum and Aerospace Exposition. 2009.
[24] ANSYS Inc. ANSYS Fluent Tutorial Guide. (2013).
[25] 胡坤. ANSYS ICEM CFD 工程实例详解[M]. 北京: 人民邮电出版社, 2014.
[26] 纪兵兵. ANSYS ICEM CFD 网格划分技术实例详解. 北京: 中国水利水电出版社, 2012.

附录 E 协同空战无人机设计报告范例与点评[①]

"白鹇"协同空战无人机总体方案设计
(精简版,2020 年 6 月)

摘　要

未来战争正朝着体系化、智能化发展,而一款具有协同作战能力的无人机,无疑可以使空军作战体系的战斗能力、打击能力与数据搜集能力得到极大的提高。本项目设计目标,即设计一款满足 2030 年需求的"忠诚僚机"。

在初步构想阶段,根据任务书中的方案要求,赋予各项设计指标不同权重,绘制了质量屋,对各项指标进行了参数化处理。结合各项需求,提出了 λ 翼布局、飞翼布局、常规布局三种方案,并对 λ 翼与飞翼布局方案进行了深入设计。首先进行了约束分析,并进行了总体布局设计,在气动设计、动力选型、起落装置设计、武器配置、结构设计、航电设备选择、新技术选择等方面展开了工作。在此基础上,从重量特性、气动特性、飞行性能、操稳特性、隐身特性、经济性以及需求满足情况等多方面对两种方案进行了细致、全面、严谨的计算和分析,并对方案进行了多轮权衡、迭代、优化,最终选择了较优的设计方案,并给出了方案设计要求的符合性,并通过与其他现有机型进行了对比,给出了本协同作战无人机的优势。

关键词:无人机,协同作战,总体设计

Conceptual Design of "BaiYe" Cooperative Air Combat UAV

Abstract

Future wars are developing towards systematization and intelligence. An unmanned air-

---

[①] 本附录的重点是指导教师对学生设计方案的点评。因教师点评与学生方案的原貌直接相关,故本部分仅对重要的语言文字及图表编号进行规范化,其余不再严格按照国标修改。

craft with cooperative combat capabilities will undoubtedly make the combat capabilities, strike capabilities, and data collection capabilities of the Air Force combat system greatly improved. The goal of our design is to design a "loyal wingman" that meets China's needs in the 2030s.

At the initial conception stage, we assigned different design indicators with different weights according to the requirements in the task book, plotted the house of quality, and parameterized our indicators. Combining various requirements, we proposed three schemes of λ wing layout, flying wing layout, and conventional layout, and carried out in-depth design of λ wing layout and flying wing layout. We first conducted a constraint analysis and carried out the overall layout design. We carried out work on aerodynamic design, engine selection, landing gear design, weapon configuration, structural design, avionics equipment selection, and new technology selection. Based on these tasks, we carried out detailed, comprehensive and rigorous calculations and analysis of the two schemes from the aspects of weight characteristics, aerodynamic characteristics, flight performance, handling characteristics, stealth characteristics, economy, and demand satisfaction. The plan was weighed, iterated, and optimized for multiple rounds. Finally, a better design plan was selected, and the compliance with the design requirements of the plan was given. By comparison with other existing planes, the advantages of this plane were given.

Key words: unmanned aircraft, cooperative air combat, overall design

E.1 需求分析

E.1.1 设计需求分析

未来战场将会向着体系化、信息化发展。所以,设想的无人机需要融入2030年前后的作战体系,并可作为体系中的一个节点发挥关键作用。在2030年左右的未来空战中,可以预想的是:当无人机与有人战斗机协同对空作战时,面对对方的五代机为主的空战体系时,能够做到先敌决策、先敌打击,并提高打击饱和度,就能够在超视距空战中取得优势。而当该无人机与对地、对海的战机和预警机等辅助作战飞机协同作战时,将根据双方导弹射程围绕主机形成多重保护,从而保护红方重要作战节点免遭敌人攻击,进而使红方作战体系的完整性得以维持,战斗力得以完全发挥。

基于服务于上述能力的需求,得出了该无人机应完成的作战任务:
① 与红方现有或计划装备的五代机协同,与蓝方五代机进行空战,夺取制空权。
② 为轰炸机、电子战飞机及预警机、加油机等作战辅助飞机提供护航,保护其免受攻击。
③ 与有人攻击编队混合编队,协同开展对地/对海攻击。

E.1.2 任务剖面设计

可以根据上述设想的三种作战任务来制定无人机的任务剖面。

1. 协同有人战斗机夺取制空权

本任务模式下的任务剖面需考虑下列关键因素:

① 红方战机巡航距离应大于敌航母战斗群打击半径与防空圈半径；
② 为达到最大的火力投射密度，红方战机从不同的机场起飞，在接近蓝方防空圈外围会合，进行编组与任务分配；
③ 红方飞机需在获取敌机信息后下降高度；
④ 空战结束后爬升至巡航高度展开警戒，预留应对突发状况的时间。

由此得到任务剖面段如表 E.1 所列，任务剖面绘制如图 E.1 所示。

表 E.1 任务段及性能数据

序号	任务段名称	任务段性能数据
1	起飞	机场海拔高度 = 500 m，起飞距离 = 350 m，起飞速度 = 0.18Ma
2	水平加速	所在高度 ≈ 500 m，起始速度 = 0.18Ma，终止速度 = 0.68Ma 最大允许加速时间 = 29.25 s，最大推力状态
3	加速爬升	起始高度 = 500 m，终止高度 = 11 000 m，起始速度 = 0.68Ma，终止速度 = 0.80Ma，最大推力状态
4	亚声速巡航	巡航高度 = 11 000 m，巡航速度 = 0.80Ma，巡航距离 = 481 km
5	盘旋待机	待机高度 = 11 000 m，待机速度 = 0.8Ma，待机时间：0.33 h
6	下降	起始高度 = 11 000 m，终止高度 = 7 000 m
7	水平加速	起始速度 = 0.80Ma，终止速度 = 1.40Ma，最大允许加速时间 = 48.78 s，最大推力状态（高度 7 000 m）
8	投放有效载荷	投放的有效载荷的重量 = 2 枚 180 kg 中远程空空导弹
9	空中格斗	格斗高度 = 7 000 m，加力推力状态，格斗盘旋圈数 = 3，格斗速度 = 1.40Ma，最大过载 +6
10	水平减速	所在高度 = 7 000 m，起始速度 = 1.40Ma，终止速度 = 0.80Ma
11	等速爬升	起始高度 = 7 000 m，终止高度 = 11 000 m，爬升速度 = 0.80Ma，军用推力状态
12	盘旋待机	待机高度 = 11 000 m，待机速度 = 0.8Ma，待机时间 = 0.33 h
13	亚声速巡航	巡航高度 = 11 000 m，巡航速度 = 0.80Ma，巡航距离 = 577 km
14	下降	起始高度 = 11 000 m，终止高度 = 3 000 m
15	空中待机	待机高度 = 3 000 m，待机速度 = 0.68Ma，待机时间 = 0.33 h
16	下降	起始高度 = 3 000 m，终止高度 = 1 000 m
17	着陆	进场高度 = 1 000 m，着陆接地速度 = 70 m/s，机场海拔高度 = 0 m，降落距离 = 700 m，跑道摩阻系数 = 0.4

2. 协同对地/对海攻击

本任务模式下的任务剖面需考虑下列关键因素：

① 红方飞机需在敌防空圈外沿降低高度，突防高度将视任务地区地理环境而定；
② 红方飞机投放任务载荷后不能过早爬升，以防止被发现而造成不必要的损失。

由此得到任务剖面如图 E.2 所示。

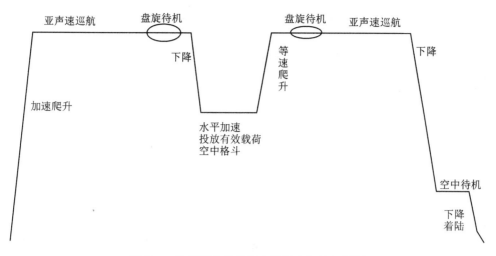

图 E.1　协同有人战斗机夺取制空权任务剖面

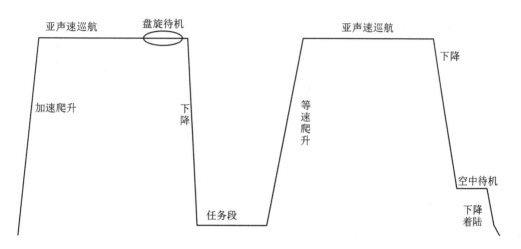

图 E.2　协同对地/对海攻击任务剖面

3. 协同最大航程截击/护航

本任务模式下的任务剖面需考虑下列关键因素：

① 该机巡航距离应能够满足为由其他机场起飞的红方飞机提供全程护航的需求，如掩护红方轰炸机至巡航导弹投放阵位；

② 在提前抵达发射阵位附近后，需分散搜索，以保证附近空域的安全以及预留空战时间；

③ 在发现监方飞机后，红方飞机需将敌情共享至作战平台并主动发起空战，以避免被掩护飞机遭到攻击；

④ 掩护红方飞机投放任务载荷后，需在返程进行伴飞护航，至安全空域后解散编队，盘旋待机并规划返航路线。

由此得到任务剖面绘制如图 E.3。

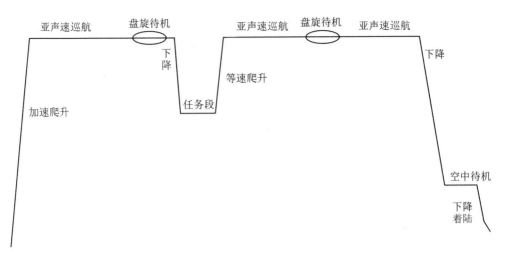

图 E.3　协同最大航程截击/护航任务剖面

E.1.3　质量屋分析

针对无人机的设计需求,结合收集到的论文与数据进行质量屋分析,如图 E.4 所示。通过对质量屋进行分析,得到以下结论:

① 高协同作战能力、低成本性、高部署性对于协同作战无人机至关重要。协同作战能力直接关系到此无人机是否可以与五代机形成有效的作战体系。

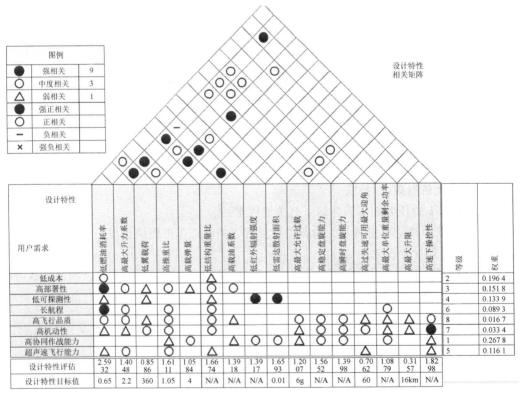

图 E.4　质量屋分析

② 低可探测性、超声速飞行能力也较为重要,是现代战机的重要特征。

E.2 国内外发展现状

经调研,在世界范围内目前已经投入或即将投入使用的主要第五代战斗机、无人战斗机部分参数如表 E.2 和表 E.3 所列。

表 E.2 国内外主要第五代战机性能参数

主要参数	F-35	歼-20	F-22	Su-57
作战半径/km	1 239	2 000	1 093	1 200
实用升限/m	15 000	20 000	20 000	20 000
最大平飞速度/Ma	1.61	2.5	2.25	2.0
推重比	0.87	0.92	1.08	0.97
头向 RCS/m^2	0.001	0.025	0.01	0.4
翼载荷/$(kg*m^{-2})$	525	340	377	470
最大起飞重量/kg	31 751	37 013	38 000	35 000

表 E.3 国内外主要无人战斗机性能参数

主要参数	S-70	XQ-58A	利剑
机长/m	14	8.8	10
翼展/m	19	6.7	12
起飞重量/kg	22 150	/	10 000
载弹量/kg	2 000	500	2 000
升限/m	/	13715	13 000

教师点评 建议对国内外现状进行一定程度分析比较,提炼对本方案可能有借鉴价值的信息。

E.3 方案设计思想

根据上述分析,得出总体设计指标如表 E.4 所列。

表 E.4 总体设计指标

性能参数	拟定数值	性能参数	拟定数值	性能参数	拟定数值
最大马赫数	1.6Ma	实用升限	16 000 m	着陆距离	700 m
巡航马赫数	0.8Ma	最大爬升率	250~300 m/s	有效载荷	<1 000 kg
航程	3 000 km	持续盘旋过载	+5g	载弹量	4
巡航高度	11 000 m	头向 RCS	0.01 m^2	同时跟踪目标数量	4
典型作战高度	7 000 m	起飞滑跑距离	350 m	同时攻击目标数量	2

E.3.1 概念草图设计

根据各种飞机构型和布局分析,提出两种备选的方案。

方案 A 为 λ 翼 V 尾布局,绘制概念草图如图 E.5(a)所示。该方案采用单发、机肋进气,DSI 进气道。方案 A 主要考虑以下优点:隐身性能好、机动性好、稳定性和控制性较好。这几点在质量屋中评分均较高,对协同作战非常重要。

方案 B 采用飞翼布局,单发,机身上部进气。该方案主要考虑飞翼布局优良的隐身性能,以及较大的内部空间。缺点就是在大迎角情况下会发生气流分离,机动性较差。方案 B 如图 E.5(b)所示。

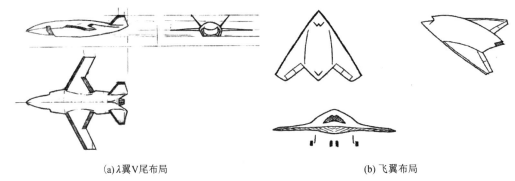

(a) λ 翼 V 尾布局　　　　　　　　　(b) 飞翼布局

图 E.5　方案概念草图

E.3.2 首轮参数估算

1. 约束分析

根据各项设计指标,以约束分析主管方程为基础,进行约束边界分析,绘制约束曲线,如图 E.6。根据各约束条件下约束曲线综合考虑,最终选择翼载荷 380,推重比 1.04 的设计点。

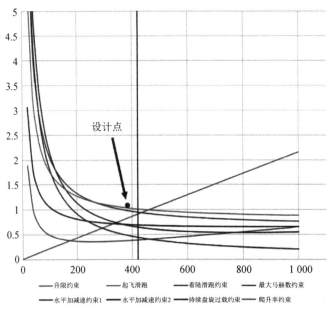

图 E.6　设计点选取

2. 重量迭代

考虑到飞机的多任务设定,分别对三个任务剖面进行燃油重量比的计算,在此仅列出截击护航任务的计算过程。

（1）空机重量比

$$\frac{m_e}{m_0} = \left[a + b \cdot \left(\frac{m_0}{0.4536} \right)^{C_1} \cdot A^{C_2} \cdot (F_0/m_0 g)^{C_3} \cdot (0.2048 m_0/S)^{C_4} \cdot Ma_{\max}^{C_5} \right] \cdot K_{VS}$$

表 E.5 主要参数选值

a	b	C_1	C_2	C_3	C_4	C_5	K_{VS}
−0.02	2.16	−0.1	0.2	0.04	−0.1	0.08	1

使用复合材料减轻为 95%,$m_0 = 13\,300$ kg,$Ma_{\max} = 1.6$,则有

$$\frac{m_e}{m_0} = 0.667073 \times 0.95 = 0.6337202$$

（2）燃油重量比

采取本书公式,计算燃油占比,经各任务段计算后,得最终的燃油重量比为

$$\frac{m_e}{m_0} = 1.06 \cdot \left(1 - \frac{m_1}{m_0} \cdot \frac{m_2}{m_1} \cdot \frac{m_3}{m_2} \cdots \frac{m_x}{m_{x-1}} - \frac{m_{\text{payload投放}}}{m_0} \right) = 0.295$$

三任务剖面的最终计算结果如表 E.6 所列。

表 E.6 重量参数表

	截击护航	协同空战	对地对海攻击
起飞重量/kg	13 292.4	12 650.0	11 165.4
空机重量/kg	8 423.6	8 381.7	7 203.9
燃油重量/kg	3 921.3	3 632.49	3 241.48

综合考虑三个任务剖面,取燃油重量最大的截击护航所得结果为最终输出参数。

3. 总体设计参数

最终形成的总体参数要求如表 E.7 所列。

表 E.7 总体设计参数

参 数	参数值	单 位	参 数	参数值	单 位
巡航高度	11 000	m	推力	13 824	kgf*
巡航马赫数	0.8	1	翼面积	34.98	m²
有效载荷重量	960	kg	机翼前缘后掠角	30	°
投放重量	960	kg	空机重量比	0.634	1
起飞重量	13 292.4	kg	燃油重量比	0.295	1
整机推重比	1.04	1	等效展弦比	4.04	1
翼载荷	380	kg/m²			

* 1 kgf = 9.8 N。

E.4 总体方案描述

E.4.1 总体参数及外形参数

两种方案的三视图及主要尺寸分别见图 E.7 和表 E.8。

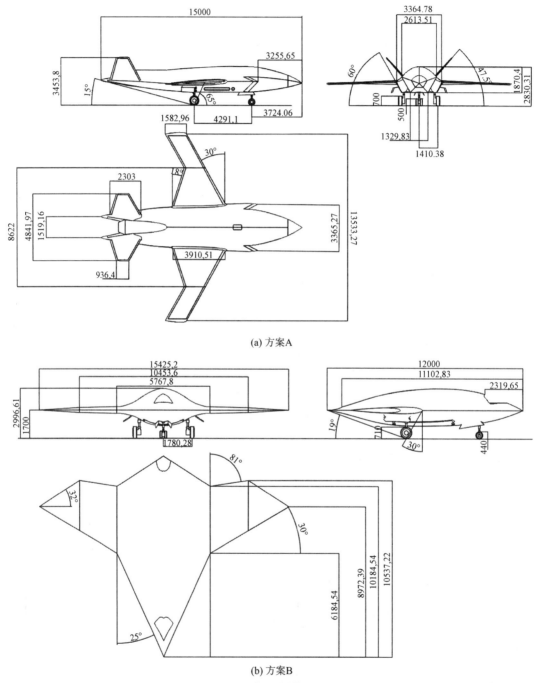

(a) 方案A

(b) 方案B

图 E.7 两种方案三视图

表 E.8 两种方案主要尺寸

主要尺寸	方案 A	方案 B
机身长度/m	15	12
机身宽度/m	13.5	14.5
机翼前缘后掠角/(°)	30	65/30
机翼后缘后掠角/(°)	30/−18	30/9
防倒立角/(°)	25	25
擦地角/(°)	16	26
防侧翻角/(°)	57.0	

E.4.2 动力装置及进排气系统设计

1. 动力需求分析与选型

根据设计要求,最大起飞重量为 13 292.4 kg,推重比为 1.04,需要发动机满足最大推力大于 135.5 kN。考虑发动机性能等多方面的要求,选择一台涡扇 15 作为动力装置,参数见表 E.9。

表 E.9 涡扇 15 基本参数

净重/kg	1 633.7	加力状态耗油率/(mg·N^{-1}·s)	55
最大长度/mm	5 050	最大状态耗油率/(mg·N^{-1}·s)	18.6
入口直径/mm	1 280	空气流量/(kg·s^{-1})	138
最大外径/mm	1 020	涡轮前温度/K	1 850
涵道比	0.25	增压比	30.5
海平面静推力(最大状态)/kg	10 736.73	推重比	9.7
海平面静推力(加力状态)/kg	16 516.84		

2. 发动机性能估算

根据发动机参数表 E.9 中所得参数,计算得出发动机的 $Ma-T$ 曲线及 $Ma-SFC$ 曲线,如图 E.8 所示。

3. 进气系统

方案 A 进气道为机身两侧进气的方式,并采用 DSI 进气道分开附面层。进气道参数主要由以下几个部分组成:进口面积(捕获面积)、外罩倾斜角、唇缘半径、喉道面积、扩散段长度。其中,进口面积通过已知的发动机进口流量进行计算;外罩倾斜角等于预计巡航飞行迎角;外唇缘半径按照书中要求选取为 0.04 倍前端直径;喉道面积按教材说明直接取 0.75 倍发动机进口直径;扩散段取为前端面直径的 8 倍,有利于提高进气效率;选取内唇缘半径为外唇缘半径的 2 倍。补充了扩散段初始扩压角(要求 0.5~1°)和弯曲段曲率半径(至少为四倍前端面直径)。另外,进气道为 S 型弯,且只弯曲一次。

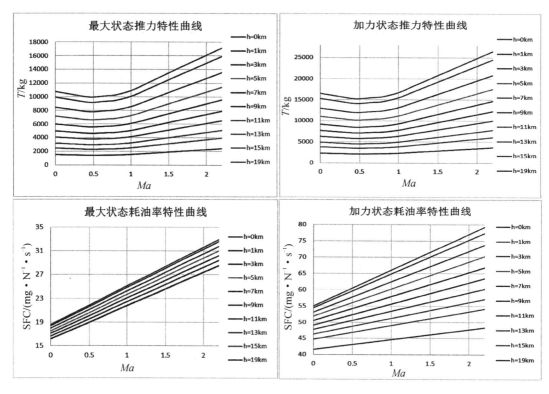

图 E.8 发动机特性

E.4.3 机翼与尾翼设计

机翼参数如表 E.10 所列，襟、副翼参数如表 E.11 所列，方案 A 尾翼参数如表 E.12 所列。

表 E.10 机翼参数

机翼参数	方案 A	方案 B	机翼参数	方案 A	方案 B
翼面积/m²	38.21	109.38	展长/m	13.524	19.3
展弦比	3.328	2.939	翼型	NACA0006	NACA0006
梢根比	0.390 5	0.25	前缘后掠角/(°)	30	65/30
根弦长/m	5.472	15	1/4 前缘后掠角/(°)	22.39	62.73
尖弦长/m	1.587	3.75	安装角/(°)	3	2.25

表 E.11 襟、副翼参数

翼 型	参 数	方案 A	方案 B
全动襟翼 （克鲁格襟翼）	展长/m	5.004	9.272 5
	弦长/m	0.453	0.25
	单个面积/m²	2.27	2.318 75

续表 E.11

翼型	参数	方案 A	方案 B
单缝后退襟翼	弦长/m	0.705	1.031 25
	展长/m	2.711	1.47
	单边面积/m²	1.920 5	1.433
副翼	展长/m	2.096	2.826
	弦长/m	0.476	0.781
	面积/m²	0.998	2.21

表 E.12 方案 A 尾翼参数

根梢比	1.432	翼尖弦长/m	1.85
展弦比	1.271	前缘后掠角/(°)	34
展长/m	2.86	尾翼面积/m²	12.87
翼根弦长/m	2.65	外倾角度/(°)	46.9

E.4.4 机身设计

通过经验公式估算机身几何参数。最终机身参数将由总体布置具体确定。根据公式

$$l_F = B_1 \times N_{ENG}^{B2} \times T_0^{B3} \times (T_0/mg)_{ENG}^{B4} \times b_{Fav}^{B5}$$

选取系数并输入参数,计算得方案 A 机身长度为 13.08 m,方案 B 机身长度为 13.81 m。

E.4.5 起落装置设计

起落架先按照书上给定的范围,给出一个符合要求的设计方案。在总体布置阶段与其他部分相协调,并在书中所给的范围内进行适当调整以达到布置合理,结果如表 E.13 所列。

表 E.13 起落架参数

参数	方案 A	方案 B	参数	方案 A	方案 B
前主轮距/m	4.84	4.5	主轮距/m	3.08	4.1
擦地角/(°)	16	15	防倒立角/(°)	25	30
防侧翻/(°)	57.0	54.32	停机角/(°)	0	0
主轮直径/cm	70.0	70.0	前轮直径/cm	50.0	50.0

教师点评 方案设计中配平能力分析以及控制特性建议在后续详细设计阶段补充,应特别关注亚声速/超声速动态特性的变化对配平能力和操稳特性的影响;同时应当关注起落架位置、质心以及舵面配平的影响,尤其是在抬前轮时舵面配平能力是否满足要求。

E.4.6 总体布置设计

两种方案的总体布置如图 E.9 和 E.10 所示。方案 A 主弹舱置于进气道与发动机下方,

可放置 4 枚 PL12,此为模块化弹舱,可更换为内置油箱或电子战系统;格斗弹舱置于机身两侧,各放置一枚 PL9C。方案 B 主弹舱置于发动机下方,与 λ 翼相比主弹舱更大,可容纳 6 枚 PL12;格斗弹舱放置于机翼两侧,可一边放置一枚 PL9C。

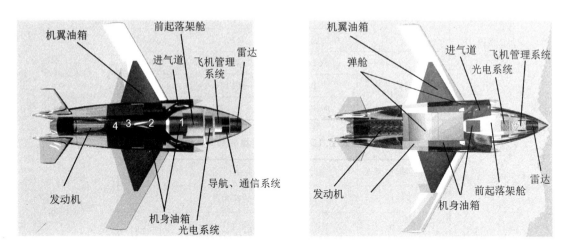

图 E.9　方案 A 总体布置示意图

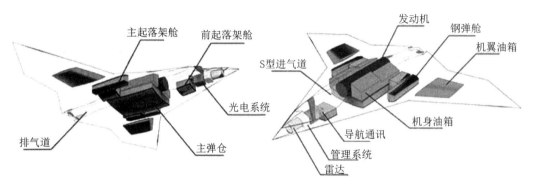

图 E.10　方案 B 总体布置示意图

E.4.7　结构设计及材料选择

方案 A 机身采用多隔框设计,在机身与翼梁、机身与尾翼连接处采用加强框;机身纵向布置桁梁。机翼采用梁式布局,翼肋顺气流布置。由于 λ 翼外形的特殊性,在 λ 翼转折处以及翼根处安置加强翼肋。为满足低成本要求,飞机大部分结构采用合金材料,如机身普通框采用超硬铝,加强框采用钛合金;由于采用全动 V 尾,需要尾翼结构轻且强度大,因此尾翼采用碳纤维-环氧复合材料,以提升全动尾翼的性能。

方案 B 由于飞翼展弦比较小,机翼较薄,故机翼采取多腹板式结构;翼肋为顺气流布置;翼尖为全动翼尖,用以提升飞机的机动性能。机身采用多隔框设计,纵向布置桁梁。结构材料方面,为节省成本尽量使用普通的合金材料,例如飞翼机身隔框均采用铝合金材料;而对于强度要求较高的全动翼尖,则使用性能优越的复合材料。

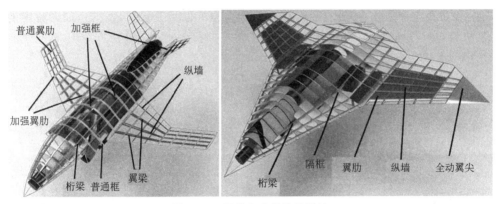

图 E.11　两种方案的结构设计

E.4.8　机电及航电系统清单

参考《飞机总体设计》以及《Jane's Avionics》,给出航电清单如表 E.14 所列。

教师点评　由于设计出发点是面向协同空战,在航电设备论证中,建议重点说明哪些是面向协同空战提出的高性能设备,哪些是面向协同新配的或者指标有所提升。

表 E.14　航电清单

子系统	包含内容
通信识别系统	指点信标机,航管应答机,Ku 波段战术通用数据链,敌我识别系统,通信中继系统,数据链通信装置
电子战系统	雷达告警系统,宽频带激光器,数字干扰机,红外干扰系统,全向全频段射频信号监视与态势感知系统(ASQ-239)
飞行控制与防撞系统	飞控计算机,联合精密进近着陆系统,无线电/雷达高度表,大气数据计算机
导航系统	惯性导航设备,北斗卫星导航系统
飞机管理系统	先进任务管理系统(AMMS),外挂管理系统
战术任务系统	火控计算机,有源电扫描阵列雷达,分布式孔径系统 EODAS,多功能目标指示系统

E.4.9　隐身设计

为控制方案 A 中全向 RCS 的峰值数量,修改 V 尾在水平投影面上符合平行原则,使尾翼产生的峰值与主翼产生的峰值合并。此外,修改进气口形状,使之与机翼后缘及 V 尾后缘平行。方案 B 中,采取使机翼两端后缘与同侧主翼后缘平行的方案,消除了机翼两侧的 RCS 尖峰,使得尖峰集中到机身后侧,如图 E.12 所示。

图 E.12　平行原则示意图

方案 A 机身整体采用多截面机身，从正面看上去近似为五边形，使雷达波向特定的方向反射，且机翼与机身连接处采用翼身融合，更符合隐身特性要求。针对方案 B，调整了机身内部布置，降低了机身高度，削减了机身周向的 RCS 值。

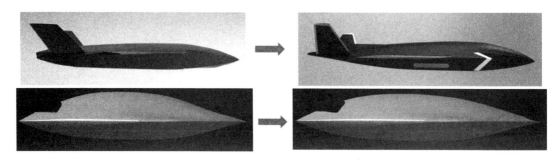

图 E.13　机身改进示意图

为了进一步改善隐身性能，对机翼进行了削尖处理，用透波材料填充翼型，前缘的外形仍然保持原有翼型不变，不影响气动性能，但散射强度变弱。此外，对各口盖、弹仓做锯齿化处理，减少 RCS 尖峰，如图 E.14 所示。对翼梢进行了修改，减少了两侧尖峰，如图 E.15 所示。

图 E.14　锯齿化口盖

图 E.15　翼梢修型

修型后，方案 A 头部 60°范围内，RCS 0.006 m²，全机 0.138 m²（均为几何平均值）；方案 B 头部 60°范围内，RCS 0.000 095 m²，全机 0.000 56 m²（均为几何平均值），如图 E.16 所示。

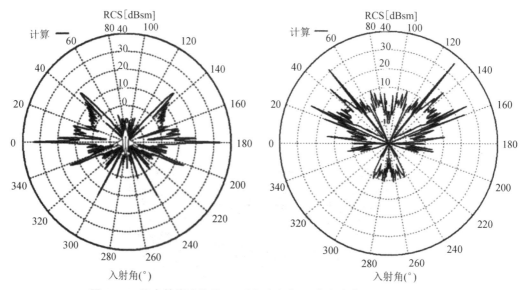

图 E.16　隐身性能改进后 RCS（左为方案 A，右为方案 B，上方为机头）

E.5 主要性能分析

E.5.1 重量特性分析

按照本书及查阅的资料，首先使用近似分析法对重量进行初估。表 E.15 为近似分析法的初估结果。

表 E.15 近似分析法

类型	方案 A			方案 B		
	系数	参数值	重量/kg	系数	参数值	重量/kg
机翼	44 kg/m²	38.21 m²	1 681.24	44 kg/m²	37.57 m²	1 653.08
平尾	20 kg/m²	4.91 m²	98.2	/	/	/
垂尾	26 kg/m²	5.36 m²	139.33	/	/	/
机身	23 kg/m²	97.3 m²	2237.9	23 kg/m²	73.56 m²	1 691.83
起落架	0.033	13 292.42 kg	438.65	0.033	13 292.42 kg	438.65
发动机装机	1.3	1 633.7 kg	2 123.81	1.3	1 633.7 kg	2 123.81
空机其余部分	0.17	13 292.42 kg	2 259.71	0.17	13 292.42 kg	2 259.711

使用统计分类重量对机身机翼结构以及各项系统的重量进行较为精确的估算。在相关数值差别不大的情况下采用取平均值的办法；差别较大时，重新选取其他公式进行计算；若相差仍然很大，则考虑近似分类估计法的重量，权衡后取得最终重量。

使用文献[2]中公式对两种方案在满载及空载下的重心进行了估算，得到的重量及重心结果如表 E.16 所列。

表 E.16 统计分析法

	方案 A			方案 B		
	重量/kg	重心/m	重量占比/%	重量/kg	重心/m	重量占比/%
机翼	1229.05	7.62	6.85	1552.65	8.47	10.68
机身	1545.37	6.28	11.80	1943.78	6.75	13.38
水平尾翼	75.29	13.30				
垂直尾翼	144.10					
等效 V 尾	219.39		1.68			
主起落架	280.00	6.72	2.14	280.00	9.20	1.93
前起落架	150.00	5.02	1.15	150.00	3.90	1.03
发动机	1633.70	11.43	12.48	1633.70	7.75	11.24
发动机系统	558.97	1.91	4.27	426.33	5.66	2.93
燃油系统	665.80	7.02	5.09	697.96	9.07	4.80

续表 E.16

	方案 A			方案 B		
	重量/kg	重心/m	重量占比/%	重量/kg	重心/m	重量占比/%
液压系统	70.06	6.54	0.54		8.25	0.48
航电系统	1 263.92	4.84	9.65	1 801.56	6.00	8.70
电气系统	275.28	5.89	2.10		6.00	1.89
飞控系统	281.43	5.89	2.15	364.89	6.75	2.99
武器 1	720.00	7.78	5.50	720.00	7.80	4.95 1.65
武器 2	240.00	6.55	1.83	240.00	8.47	
燃油重量	3 906.24	7.31	29.84	4 843.80	8.47	33.33
结构重量	3 423.8		26.15	3 926.43		27.02
空机重量	8 224.56		62.8	8 728.08		60.06
总重	13 090.8		100	14 531.88		100

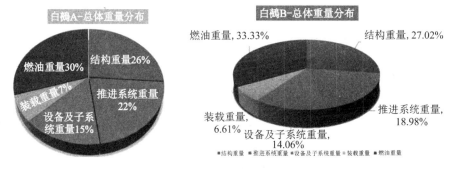

图 E.17 方案 A 总体重量分布图

方案 A 中,通过对需求的综合考虑,结合总体布置、用油顺序的调整,且假设单个油箱用油时,油箱重心的水平位置保持不变,只考虑单个油箱用油对重心位置的影响,最终得到重心包线如图 E.18(a)所示。

由图 E.18(a)可知,方案 A 的重心前后变化在 8%MAC 的范围内,达到了高机动性飞机的要求。

方案 B 存在布局上的特殊性,考虑到目前布局,在重量估算阶段,仍将机翼机身分开进行估算,该参数有待进一步修正。

方案 B 中,通过对需求的综合考虑,结合总体布置、用油顺序的调整,且假设单个油箱用油时油箱重心的水平位置保持不变,只考虑单个油箱用油对重心位置的影响,最终得到重心包线如图 E.18(b)所示。由图 E.18(b)可知,方案 B 的重心前后变化在 8%MAC 的范围内,达到了高机动性飞机的要求。

教师点评 总体设计阶段,性能分析多采用近似方法,精度一般都不高。注意:结果没必要取过多的有效数字,尤其是重量等参数。

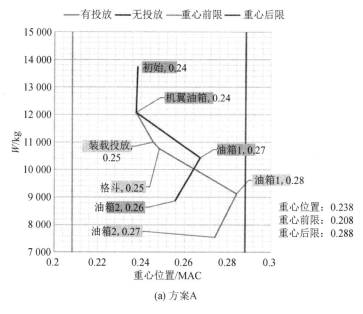

(a) 方案A

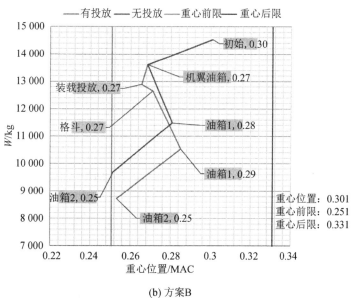

(b) 方案B

图 E.18 重心包线

E.5.2 气动特性分析

1. 工程估算结合 xflow 软件分析

（1）升力系数曲线

根据所选翼型和全机扭转角等数据，算得全机零升迎角 $\alpha_0=-0.374\,27°$。利用升力线斜率的数据，给定一系列马赫数和迎角获得升力系数曲线，如图 E.19 和图 E.20 所示（这里只给出线性段）。

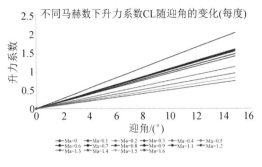
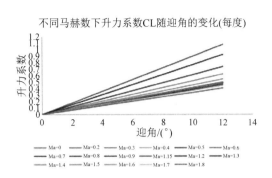

图 E.19　方案 A　　　　　　　　图 E.20　方案 B

（2）零升阻力特性

根据公式计算，获得飞机的零升阻力系数随马赫数的变化曲线如图 E.21 和图 E.22 所示。

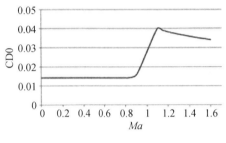
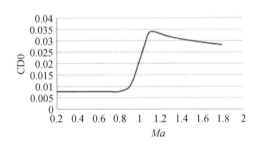

图 E.21　方案 A　　　　　　　　图 E.22　方案 B

（3）升致阻力因子

升致阻力因子 K_1 随马赫数的变化曲线如图 E.23 和图 E.24 所示。

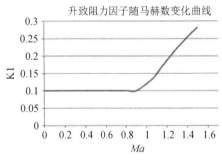
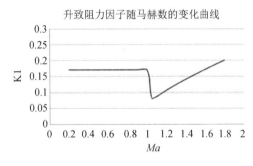

图 E.23　方案 A　　　　　　　　图 E.24　方案 B

（4）全机阻力特性与极曲线

根据公式 $C_D = C_{D0} + K_1 C_L^2$ 获得全机阻力随迎角和马赫数变化如图 E.25～图 E.28 所示。

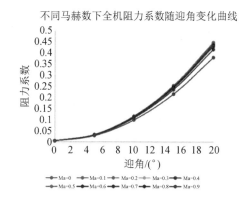

图 E.25 方案 A

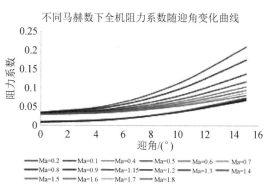

图 E.26 方案 B

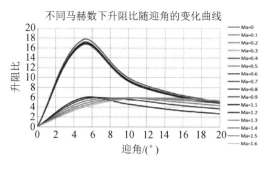

图 E.27 方案 A

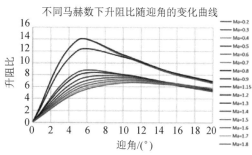

图 E.28 方案 B

2. CFD 计算

由于 fluent 软件耗时较长,因此仅用 fluent 软件对个别工况进行定性分析。对机翼和全机在巡航状态下进行定性分析,全机网格数 500 万,对翼尖进行了加密。采用巡航状态下(11 000 m)高空的气体条件进行仿真。机翼模型计算 0.8Ma 下 1°、3°、5°、13°、15°、17°迎角。全机模型计算 0.8Ma 下 0°迎角。机翼上下表面压强分布如图 E.29 所示。

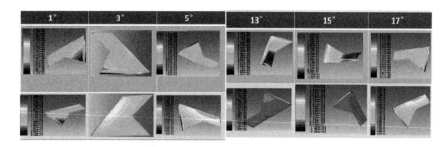

图 E.29 机翼上下表面压强分布

全机后处理图如图 E.30 所示。

教师点评 CFD 主要作用是对其他气动估算方法的验算,以及对全机气动性能的估计。这里虽然开展了这部分工作,但 CFD 计算的作用尚未体现。另外,需指出,这部分工作是针对哪个方案的。

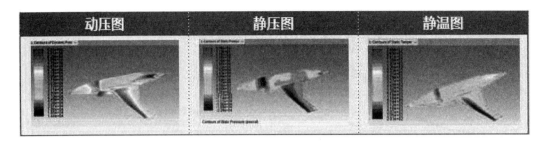

图 E.30　全机后处理图

E.5.3　方案优选

为尽早结束并行设计,需要从两方案中选择更优者进入下一步特性计算和迭代优化中。思路为根据气动数据,计算两种方案的爬升率性能和能量机动性能。如果不能达到需求,则可直接排除对应方案;如果都能达到需求,则再计算其他性能和进一步权衡。

1. 两种方案爬升率性能计算对比

两种方案 0 高度下爬升率曲线如图 E.31 所示。对比设计指标 250 m/s,方案 A(289.6 m/s)达到并很好地超过了指标,方案 B(200 m/s)则差距较大。

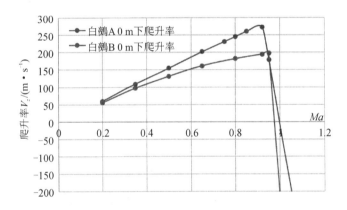

图 E.31　两种方案下海平面爬升率对比

2. 两种方案能量机动性能计算对比

两方案的不同高度 H 下剩余功率 P_s 随飞行马赫数 Ma 变化的曲线如图 E.32 所示。

方案 A 在许多高度下飞行马赫数 Ma 可以达到 1.2 乃至 1.4 以上,在 11 000 m 时可以达到 $1.6Ma$。而方案 B 基本不能实现超声速飞行。通过这两种性能比对,并综合各因素,决定舍弃方案 B,选择方案 A 方案开展进一步的详细性能分析和迭代优化工作。

教师点评　需要简单分析一下"白鹅 A 方案"明显优于"白鹅 B 方案"的原因。通常,如果出现一种方案的性能全面"碾压"另一方案,可能是初始布局选择不合理或中间分析有误造成的。这里应该补充交代一下:后续分析和结果均只针对"白鹅 A 方案"

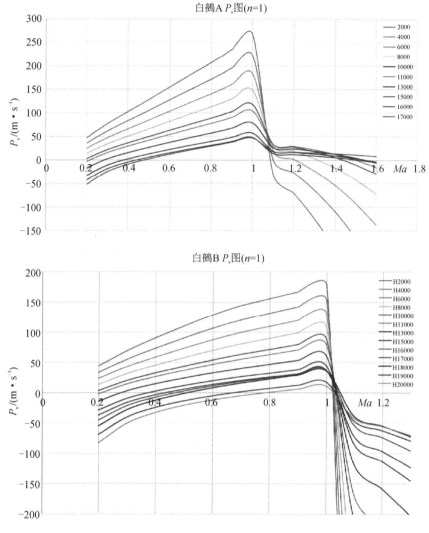

图 E.32 方案 A(左)与方案 B(右)剩余功率曲线

E.5.4 飞行性能

1. 爬升性能

根据爬升率计算公式,计算得出各给定高度下的爬升率随 Ma 变化曲线如图 E.33 所示。

最大爬升率为 289.6 m/s,出现在 0 海平面高度下约 $0.92Ma$ 处,超过设计指标 250 m/s。据各高度下最大爬升率后绘制最大爬升率随高度的变化曲线如图 E.33(b)所示,可得 $V_z=0$ 时的理论静升限为 17 290 m,$V_z=0.5$ m/s 时的实用升限为 17 280 m。

2. 下降性能

在高度 8 000 m 处下降水平距离随下滑速度的变化如图 E.34 所示,得到有利下降速度为 231 m/s。

3. 续航性能

对任务剖面中的第三个巡航段进行等高等速巡航性能的计算。该段为在 $H=11\ 000$ m,

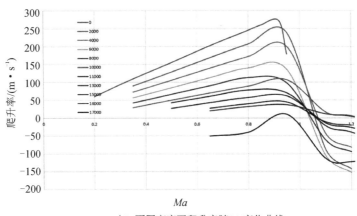

(a) 不同高度下爬升率随 Ma 变化曲线

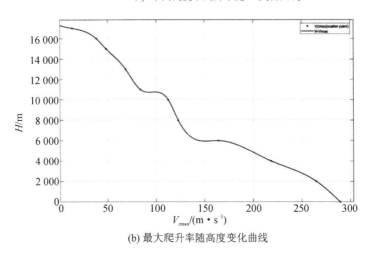

(b) 最大爬升率随高度变化曲线

图 E.33　爬升率曲线

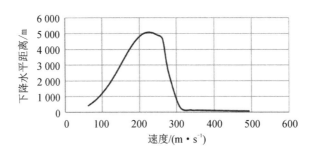

图 E.34　给定高度范围下下降水平距离随速度的变化

$Ma=0.8$ 下巡航，设计指标为不小于 1 125 km。计算得该高度下航程和续航时间随 Ma 变化曲线如图 E.35 所示。

从图中得出，在 $0.8Ma$ 处附近有最大航程，在 $0.6Ma$ 处附近有最大续航时间。综合考虑任务需求和耗油率等因素，选择 $0.8Ma$ 作为巡航马赫数，此时航程超过 1 500 km，满足第三段巡航航程的设计指标。

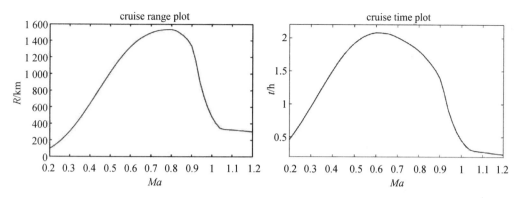

图 E.35 续航高度 11 000 m 下航程、续航时间随 Ma 变化曲线

4. 定常盘旋性能

盘旋参数随高度、马赫数的变化如图 E.36 所示。

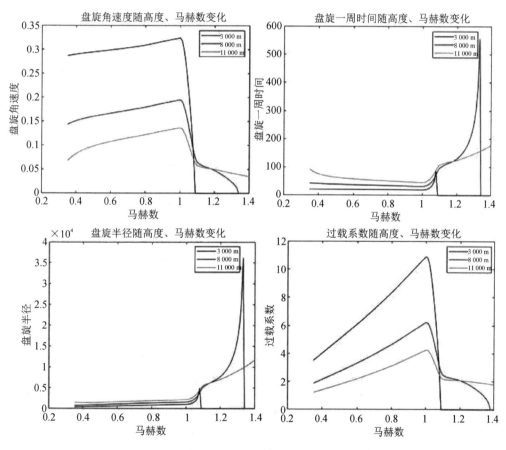

图 E.36 定常盘旋性能

5. 能量机动与使用包线

根据教材相关公式及气动组提供的相应数据,得到飞机剩余功率曲线如图 E.37~图 E.40 所示。

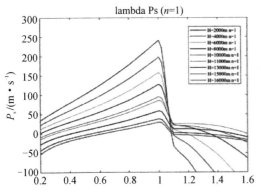

图 E.37　$n=1$ 时 P_s 随高度马赫数的变化曲线

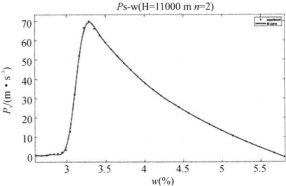

图 E.38　P_s 随转弯速率变化曲线（$n=2$，11 000 m）

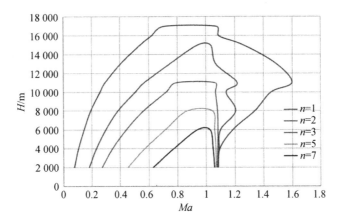

图 E.39　选取不同的 n 时单位剩余功率 $P_s=0$ 的等值线

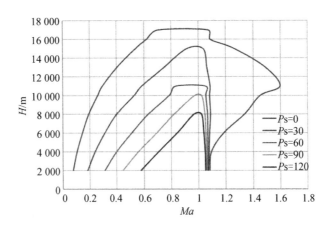

图 E.40　取 $n=1$ 不同单位剩余功率的等值线

由能量机动曲线可得最大升限达到 17 290 m（超越了最初设定的升限 16 000 m 的设计指标），最大马赫数 1.6 左右（符合最初设定的最大马赫数 1.6 设计指标）。飞行包线如图 E.41 所示。

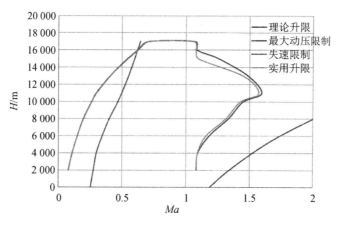

图 E.41 飞行包线

6. 任务剖面性能计算

选择第三种模式下的任务剖面(该任务剖面在设计的三种任务剖面中过程最为复杂,同时航程要求最大),对各任务段进行计算,检验是否符合设计需求。计算结果如表 E.17 所列。

表 E.17 任务剖面计算结果

任务段	设定参数	设计指标	任务要求	实际结果	其他计算结果
起飞	$H=500$ m $V_{end}=0.20Ma$	$x_{takeoff}$	350 m	245.03 m	$t_{takeoff}=7.89$ s $\Delta m_f=18.25$ kg
水平加速	$V=0.20Ma$ $V=0.68Ma$	t_{max}	16.10 s	14.80 s	$x=2.207$ km $\Delta m_f=130.71$ kg
加速爬升	500 m, 0.68Ma 11 000 m, 0.8Ma	t_{max}	90 s	83.95 s	$x=16.119$ km $\Delta m_f=108.15$ kg
亚声速巡航	$H=11 000$ m $V_{cruise}=0.80Ma$	x_{cruise}	800 km	808.52 km	$t_{cruise}=0.952$ h $\Delta m_f=748.69$ kg
盘旋待机	$H=11 000$ m $V=0.20Ma$ $t=150$ s	n	S	3.239	$s=35.422$ km $\omega=7.31°/s$ $\Delta m_f=117.32$ kg
下降	$H_1=11 000$ m $H_2=7 000$ m				$x=234.46$ km $\Delta m_f=1.58$ kg
水平加速	$V_1=0.80Ma$ $V_2=1.40Ma$	t_{max}	48.78 s	68.46 s	$x=25.194$ km $\Delta m_f=406.70$ kg
空中格斗	$V=1.40Ma$ 格斗圈数 $N=2$	n	8	5.391	$s=69.548$ km $\Delta m_f=701.17$ kg
水平减速	$V_1=1.40Ma$ $V_2=0.80Ma$	t_{max}	300 s	260.49 s	$x=735.90$ km $\Delta m_f=13.68$ kg
爬升	7 000 m, 0.8Ma 11 000 m, 0.8Ma	t_{max}	60 s	40.36 s	$x=8.915$ km $\Delta m_f=39.24$ kg

续表 E.17

任务段	设定参数	设计指标	任务要求	实际结果	其他计算结果
亚声速巡航	$H=11\ 000$ m $V=0.80Ma$	x_{cruise}	260 km	269.72 km	cruise$=0.317$ h $\Delta m_f=215.30$ kg
盘旋待机	$H_1=11\ 000$ m $H_2=7\ 000$ m $t=250$ s	n	5	3.696	$s=59.036$ km $\omega=8.438°/s$ $\Delta m_f=195.54$ kg
亚声速巡航	$H=11\ 000$ m $V=0.80Ma$	x_{cruise}	1 125 km	1 131.51 km	$t_{cruise}=1.332$ h $\Delta m_f=744.46$ kg
下降	11 000 m,0.8Ma 3 000 m,0.68Ma				$x=389.39$ km $\Delta m_f=3.49$ kg
空中待机	$t=150$ s				$\Delta m_f=260.19$ kg
下降	$H_1=3\ 000$ m $H_2=1\ 000$ m				$x=119.48$ km $\Delta m_f=1.64$ kg
着陆	$H=500$ m $V_{end}=70$ m/s	x_{LGR}	700 m	816.65 m 571.66 m	$t_{landing}=27.03$ s $\Delta m_f\approx 0$ kg

注:着陆段着陆距离为 816.65 m,采用减速伞后着陆距离缩减为 571.66 m,符合需求。

从计算结果中可以得出:全任务段总航程 $x=3\ 277$ km,满足航程设计指标。全任务段总耗油量 $\Delta m_f=3\ 706.124$ kg,少于飞机燃油总量 $m_{all}=3\ 906.24$ kg,余油占比为 5.4%。综上,该飞机基本满足任务剖面各项指标。

教师点评 起降特性关系到这类低成本飞机的作战使用,是一个重点,建议单独用一小节来介绍。

E.6 其他性能分析

E.6.1 静稳定性分析

选择 0.8Ma 下的亚声速巡航状态以及 1.2Ma 下的超声速突防状态进行计算,计算出飞机在 0.8Ma 亚声速巡航、1.2Ma 超声速突防状态下,稳定裕度分别为 −5.45% 和 0.21%,符合预期。结果表明,飞机在亚声速巡航状态下静不稳定,此时飞机具有良好的机动性能;飞机在超声速突防时是静稳定的,能够实现快速突防的目标。

教师点评 操纵性与稳定性对这类布局的飞机来说很关键,可用迎角范围对隐身飞机的影响比较大,建议增加相关的评估内容。

E.6.2 成本估算

采用兰德 DAPCA IV 模型进行价格估算。通过工程、工艺装备、制造等小组来分析估算研究、发展、试验与鉴定及生产所需工时,然后将工时乘以相应小时费率,可得部分发展与采购费用;通过发展支援、飞行试验、制造材料和发动机制造等方面的费用直接得到另一部分发展与采购费用。考虑通货膨胀,对各项成本进行修正,取修正通货膨胀系数为 3.206 54。最终得出白鹞单机成本为 2 632 万美元。

E.6.3 作战效能评估

依据课本进行计算,参数及结果如表 E.18 所列。

表 E.18 作战效能对比

指标	F-22	F-35C	白鹅
机动性参数	30	22.07	20.08
火力参数	6 793.4	3 124.2	2 484.7
探测能力参数	701.2	790.6	790.6
操纵效能系数	1	1	1
飞机生存力	1.36	1.29	1.16
航程系数	1.21	1.15	1.23
电子战系数	1.05	1.2	1.2
当量航程	88 257	92 222	78 390
当量载弹量	569	2 184	575
空战能力指标	32.51	31.86	30.26
空对地指标	18.61	22.94	20.66
总分	51.13	54.81	50.92

从计算结果可以看出,本方案在空战能力方面与 F-22 与 F-35 相比处于略微劣势。对地攻击能力强于 F-22,而略弱于 F-35;在航程、隐身性等指标上存在一定的优势;在机动性参数上则处于较大劣势;在火力参数方面,尽管装备了先进空空导弹,但由于部分数据的缺失与载弹量的劣势,也处于劣势;探测能力方面很大程度上取决于雷达以及其他航电系统的性能,由于本方案是面向 2030 年设计的飞机,具有后发优势,这方面与 F-22 相比有较大的优势。

E.6.4 主要特点与优势分析

1. 采用先进结构

本机采用智能蒙皮,将天线阵列、射频功能件、传感器等嵌入到机翼、机腹或雷达天线罩等结构中,采用高密度集成设计技术和结构功能一体化成型制造技术,使其既可作为武器平台结构的力学承载功能件,也可以作为收发电磁波及实现隐身的电磁功能件。结构上有利于飞行器气动/隐身一体化外形设计,实现飞行器低可探测。

2. 协同空战能力强

本方案在协同空战方面具有如下优势:

① 升限高,具有超声速能力。本机升限高达 17 000 m,速度最大能到 $1.7Ma$,不论是升限还是最大速度都是远胜于现有无人僚机。

② 协同探测能力强。本方案采用了多平台分布式合成孔径雷达探测,在预定的 4 台僚机共同作用的情况下,探测范围大为增加。通过数据链进行信息迅速交互,云技术计算进行分析,使机群能做到早发现、早决策、早出击。

③ 本机采用传统布局＋λ翼＋全动V尾的布局形式，相比于现在主流的飞翼无尾式布局有更好的操纵性和更强的机动性。因此，本方案在空战中生存能力较强，能够在空战中充分发挥功能，为长机分担任务并提供保护。

教师点评 采用隐身结构技术时需要特别注意成本问题，这类结构通常造价较高且维护成本高，需要在成本中予以考虑。

E.7 权衡优化与新技术

E.7.1 重量核算

由总体布置及重量特性得到V1状态下的最大起飞重量为13 090.8 kg，如表E.19所列。

表 E.19 V1 状态下的最大起飞重量

	装载重量	m_{PL}	960 kg	
m_{0-V1}	实际燃油重量	m_{F-V1}	3 906.24 kg	13 090.8 kg
	空机重量	m_{E-V1}	8 224.56 kg	

由气动特性及飞行性能，可计算出各任务段的燃油重量比。经计算，可得V2状态下的最大起飞重量为129 967.62 kg，如表E.20所列。

表 E.20 V2 状态下的最大起飞重量

	装载重量	m_{PL}	960	kg	
m_{0-V2}	燃油重量比	m_F/m_0	0.288 986	1	12 967.62 kg
	空机重量	m_{E-V1}	8 224.56	kg	

取V_1、V_2状态起飞重量的平均值作为m_0进行迭代，得最终起飞重量为125 08.3 kg，与m_{0-V1}的差别为5.9%，说明初始翼载荷、推重比的选取以及飞机总体布局较为合理，但仍需对设计参数进行细化，如各任务段的参数等。

E.7.2 参数选择矩阵与毯式图

取初始设计点$F/mg=1.25$，$m/S=340$为基准点，取正负20%基本参数变化做出5×5的参数矩阵，其中m为最大起飞重量，T为$0.18\sim0.68Ma$加速时间，X为起飞距离。根据参数选择矩阵绘出叠加性能约束的参数选择矩阵曲线和毯式图，如图E.42和图E.43所示。可以看出，初始基准点的选取是符合两个约束条件下所能达到的最小起飞重量，证明了方案选取的合理性。

E.7.3 新技术

在新技术的选取上，紧扣协同作战、高隐身性、高作战性等需求，在充分研究国内外战斗机近年来的发展趋势后，初步选定了十余种新技术。

由于协同作战是本飞机需要实现的第一需求，所以采用较多能实现飞机协同作战的技术。首先，采用了多功能信息分发系统(MIDS)。该系统以Link16数据链为基础，其信号抗干扰、

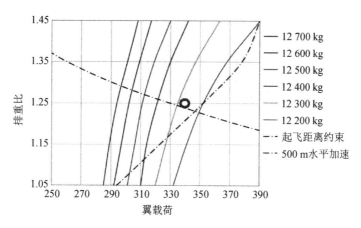

图 E.42　叠加约束的参数选择矩阵曲线

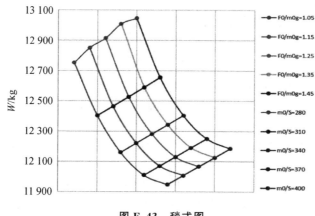

图 E.43　毯式图

抗毁性很强，能够与多种飞机实现数据传输，即便它们使用不同的数据链。其次，采用了作战云技术。在战场中，地面指挥基地、空中作战部队、卫星通讯设备均可以把战场态势信息传递到云端，然后从云端获取相关信息以及有关指令，这样便实现了信息的全方位互通。再者，采用智能决策与自主攻击技术。未来战场形势变化快、作战情景复杂，地面高级指挥部难以快速做出准确有效的判断。这时候，如果无人机具有智能决策系统，它便能进行战场态势感知，自主做出合理的战术策略，实现自主攻击，这样便大大提高了整体的作战效率。

考虑到白鹇成本不应过高，因此在对应其他方面需求的新技术选取上，应尽可能降低成本，对于一些价格高昂的技术则有所取舍。为了实现高隐身性的需求，采用智能蒙皮、复合材料的技术；为了实现高作战性能需求，采用超光谱成像技术；对于飞翼方案，采用涡流控制技术、全动翼尖技术来提高机动性。

E.8　设计指标满足情况

通过以上分析可知该飞机设计指标满足情况如表 E.21 所列。

教师点评　本方案报告从需求分析、设计指标的提出、方案初选、性能分析到方案权衡、设计迭代等环节开展了工作，并对预定设计指标最后开展了指标达成度分析，充分体现了飞机总体设计的任务和工作特点。虽然本报告是精简版,但参考文献能在报告中的相应位置进行引用会更好。

表 E.21　设计指标满足情况

最终设计要求	本方案值	是否满足	最终设计要求	本方案值	是否满足
低成本(≤$2 500万)	$2 632万	×	长航程(>3 000 km)	3 277 km	√
高部署性	N/A	√	高持续盘旋过载能力(5g)	5.39g	√
低燃油消耗率	N/A	√	短起降距离(350/700 m)	245/572 m	√
高载油系数	0.298	√	高载弹量	1 000 kg	√
低结构重量比	0.2615	√	高同时跟踪目标数量(≥6)	23	√
高实用升限(16 000 m)	17 270 m	√	高同时攻击目标数量(≥4)	19	√
高爬升率(250 m/s)	289.6 m/s	√	头向RCS(0.01 m^2)	0.006 m^2	√
高最大马赫数(1.6Ma)	1.72Ma	√	新技术	N/A	√

参考文献

[1] 顾诵芬. 飞机总体设计[M]. 北京:北京航空航天大学出版社,2005.
[2] WAYNE D C. Development of Transonic Area-rule Methodology[J]. Journal of Aircraft 1995 32:5,1056-1061
[3] 《飞机设计手册》总编委会. 飞机设计手册:第10册,结构设计[M]. 北京:航空工业出版社,2000.
[4] 孔繁美,邱栋. V形尾翼的气动特性研究[J]. 北京航空航天大学学报,2001(03):313-316.
[5] 余永刚,黄勇,周铸,等. 飞翼布局气动外形设计[J]. 空气动力学报,2017,35(6):832-836,878.
[6] 张哲溪. 一种变后掠飞翼布局气动性能研究[J]. 内燃机与配件,2019(16):17-18.
[7] 崔娟娟,赵鹏,马文静,等. 智能无人系统最新研究和应用综述[J]. 电子世界,2019(18):90-91.
[8] 刘帆. 电子战无人机航电系统及其发展[J]. 百科论坛电子杂志,2018,(24):721-722.
[9] 沙林炎. 无人机在电子对抗中的应用研究[J]. 数字通信世界,2019,(10):164.
[10] 林万波. 无尾翼布局飞行器涡流控制的方法研究[D]. 南京:南京航空航天大学,2007.
[11] 陈志新,王秀芝,王瑞. 智能隐身蒙皮研究进展及其关键技术分析[J]. 战术导弹技术,2017,(5):6-11.
[12] Boppe C W. Transonic Flow Field Analysis for Wing-Fuselage Configurations.[R].
[13] 江西洪都航空工业集团有限责任公司. 一种混合压缩型面的DSI进气道及其构造方法.
[14] 林一平. 飞机减速伞练就短距着陆神功[J]. 交通与运输,2015,31(06):36-39.